精细化学品化学

（修订版）

程铸生　主编

程铸生　朱承炎　王雪梅　编著

华东理工大学出版社

EAST CHINA UNIVERSITY OF SCIENCE AND TECHNOLOGY PRESS

内 容 提 要

全书分精细化工概念、染料、荧光增白剂、有机颜料、表面活性剂、涂料、香料、农药、化妆品、光谱增感染料及彩色显影成色剂(共十章),详细论述了它们的化学结构、合成化学、应用性能及使用范围。本书涉及面较广,内容也较丰富。

本书可作为高等学校精细化工专业本科生的专业教材,也可供从事精细化工产品研究和生产的专业技术人员参考。

图书在版编目(CIP)数据

精细化学品化学/程铸生主编. —2 版(修订版)
上海:华东理工大学出版社,2002.12(2023.9 重印)
 ISBN 978 - 7 - 5628 - 0708 - 7

Ⅰ. 精… Ⅱ. 程… Ⅲ. 精细化工-化工产品
Ⅳ.TQ072

中国版本图书馆 CIP 数据核字(2002)第 109484 号

精细化学品化学
(修订版)

程铸生 主编
程铸生 朱承炎 王雪梅 编著
华东理工大学出版社发行
上海市梅陇路 130 号
邮政编码 200237 电话 021 - 64250306
上海展强印刷有限公司印刷
开本 850×1168 1/32 印张 17.75 字数 476 千字
2002 年 12 月第 2 版 2023 年 9 月第 21 次印刷

ISBN 978 - 7 - 5628 - 0708 - 7/TQ·55   定价 59.00 元

第 2 版说明

本书自第 2 版出版后,承广大读者及众多院校师生厚爱,选作教材或选为教科书,虽已多次印刷,但仍告售罄。

本书于 1998 年荣获上海市教育委员会颁发的"**上海市高校优秀教材一等奖**",1999 年荣获上海市人民政府颁发的"**科学技术进步奖三等奖**",1998 年荣获"**华东地区大学出版社优秀教材一等奖**",1998 年荣获"**全国高校出版社优秀双效书**"。

本书再版,经多位专家提出建议及适应精细化工专业覆盖感光材料的要求,内容上增加了"**光谱增感染料和彩色显影成色剂**"一章,由陆明湖同志审阅。全书由高昕校改。

本书在成书过程中还得到张诚、杨树清、郑星、祁悦梅、郝慧生、罗红同志的帮助,在此表示感谢!

序

　　精细化学品品种繁多，势难一一赘述，几经斟酌，选定染料、荧光增白剂、有机颜料、表面活性剂、涂料、香料、农药、化妆品等作为本书介绍的主要方面。本书在内容选择上不追求资料性，而着力于教学性；不期望成为工具书，但求阐明观点和方法，提供必要的线索，引导学生思考。

　　本书选材时参考了一些国内外书刊资料，恕不全部列出，仅在篇末列出主要参考文献，请原著者谅解。由于我们水平有限，谬误之处敬请批评改正。

　　全书由程铸生编写1、2、4、5、7、10章，朱承炎编写3、6章，王雪梅编写8、9章，由程铸生主编。

目 录

1 绪 论

1·1 精细化工概念

精细化工是精细化学品生产工业的简称。什么是精细化学品，国际上一般有两种意见：日本把凡是具有专门功能，研究开发、制造及应用技术密集度高，配方技术左右着产品性能，附加价值高，收益大，批量小，品种多的化工产品称为精细化学品；另一种称谓以专用化学品来代替精细化学品。专用化学品是采用美国克林（Kline）分类法分类的，特指那类对产品功能和性能有全面要求的化学品。而在我国，精细化学品一般指深度加工的、技术密集度高和附加价值大的化学品，其多数产品为品种多，更新快，规模小，利润高。它的范围随着社会科学技术的进步，生产和消费水平的提高而不断扩大。

精细化学品的发展，开始是以医药、染料、香料等为代表，以后随着石油化工的兴起，合成材料的发展，使稳定剂、增塑剂和使合成材料具有各种特性的添加剂得到较大的发展。例如畜牧业和机械化饲养业用的兽药和饲料添加剂；由于人们对食品质量要求的提高，从一般改善食品的色、香、味防腐等为主的食品添加剂，发展到与强化食品营养并举的食品添加剂；与环境保护对污水治理要求提高相适应而发展的高效高分子絮凝剂；为减少工业交通、运输、机械和设备的锈蚀而发展起来的包括脱脂剂、洗净剂、成膜抗蚀剂的金属表面处理剂等。当前，国外精细化学品发展的趋向，一方面继续发展原有精细化学品，提高质量，改进性能，增加品种，同时围绕能源和资源的开发和节约，宇航技术和海洋的开发，环境科学、情报事业、生命科学、住宅、旅游、体育等方面的发展，大力研究和开发了技术密集度更高,附加价值更大,具有特殊功能的精细化学品。例如可提高油田采收率的油田精细化学品;能代替油的煤油浆或煤水浆用的添加剂、节能型粘合剂、高效节能催化剂;水溶性的和可生物降解的聚合物;各种高强度轻质量的复合材料、功能性高分子,合成材料以及木材、混凝土补强用的树脂;有机半导体,人造血液等。

精细化工具有较高的经济效益,表现为投资高,利润率及附加价值率高。精细化学品虽然总产量不大,但以其特定功能和专用性质,对于增进工、农业的发展,丰富人民的生活具有重大关系,故它已成为国民经济生产中不可缺少的一个组成部分,在整个国民经济发展中起着越来越重要的作用。

1·2 精细化工分类

对精细化工行业的统计分类,并无一致的统一标准,主要是按性能与用途来划分。一种精细化学品在应用领域其规模还很小时,往往是合并在其他行业类的,当它发展到相当规模时,才加以分类统计。各国的分类也不尽相同,如日本把抗氧剂、阻燃剂、紫外光吸收剂、发泡剂、抗静电剂等都归在塑料添加剂一类内;而美国则把抗氧剂、阻燃剂和紫外光吸收剂都分别作为一类加以统计。因此对于国外精细化学品分类可作为我们了解其范围和发展趋势的参考。日本 1984 年《精细化工年鉴》统计为 35 类,它们是:医药、农药、染料、有机颜料、涂料、粘合剂、香料、化妆品、表面活性剂、合成洗涤剂及肥皂、印刷用油墨、增塑剂、稳定剂、橡胶助剂、感光材料、催化剂、试剂、高分子凝聚剂、石油添加剂、食品添加剂、兽药和饲料添加剂、纸浆和纸化学品、金属表面处理剂、塑料助剂、汽车用化学品、芳香消臭剂、工业杀菌防霉剂、脂肪酸、稀土金属化合物、精细陶瓷、健康食品、有机电子材料、功能高分子、生命体化学品和生化酶等。日本这一分类是按日本精细化工生产具体条件归类的,它不是一项通用准则,各个国家可视本国经济体制、生产和生活水平而进行精细化工分类。

1·3　精细化工生产特点

由于精细化工的含义,决定了精细化工生产和特点,它的生产全过程不同于一般化学品,由化学合成、剂型、商品化三个生产部分组成,由于其产品专用性能,就导致精细化工必然是高技术密集度的产业。对精细化工产品的生产特点可归结为以下四点。

1)多品种小批量

精细化工产品本身用量相对说不是很大,因此对产品质量要求较高,对每一个具体品种来说年产量不可能很大,从几百千克到几吨,上千吨的也有。由于产品必须具有特定功能,故而它又是多品种的。随着精细化学品的应用领域不断扩大和商品的更新换代,专用品种和定制品种越来越多。不断地开发新品种和提高开发新品种的能力是精细化工发展的总趋势,因此多品种不仅是精细化工生产的一个特征,也是评价精细化工发展水平的一个重要标志。

2)综合生产流程和多功能生产装置

由于精细化工产品系多品种、小批量,生产上又经常更换和更新品种,故要求工厂必须具有随市场需求调整生产的高度灵活性,在生产上需采用多品种综合的生产流程和多用途多功能的生产装置,以便取得较大的经济效益。同时由此对生产管理及工程技术人员和工人的素质提出了更严格的要求。

3)高技术密集度

技术密集是精细化工的另一特点,因为在实际应用中精细化学品是以商品综合功能出现的,这就需要在化学合成中筛选不同化学结构,在剂型上充分发挥自身功能与其他配合物的协同作用,在商品化上又有一个复配过程以更好发挥产品优良性能。以上这些过程是相互联系又是相互制约的,这就形成精细化学品技术密集度高的一个重要因素。其次,由于技术开发的成功率低,时间长,造成研究开发投资较高。因此,它一方面要求情报密集、信息快,以适应市场的需要和占领市场,同时又反映在精细化工生产中技术保密性与专利垄断性强,竞争剧烈。

4）商品性强

由于精细化学品商品繁多,用户对商品选择性很高,商品性很强,市场竞争剧烈,因而应用技术和技术的应用服务是组织生产的两个重要环节,在技术开发的同时,积极开发应用技术和开展技术服务工作,以增强竞争机制,开拓市场,提高信誉。

2 染 料

2·1 概 述

2·1·1 染料的概念

染料是能使其他物质获得鲜明而坚牢色泽的有机化合物。并不是任何有色物质都能当作染料使用,染料必须满足应用方面提出的要求:要能染着指定物质,颜色鲜艳,牢度优良,使用方便,成本低廉,无毒性。

现在使用的染料都是人工合成的,所以也称合成染料。

染料应用的途径,基本上有三方面:① 染色 染料由外部进入到被染物的内部,而使被染物获得颜色,如各种纤维、织物、皮革等的染色;② 着色 在物体形成最后固体形态之前,将染料分散于组成物之中,成型后即得有颜色的物体,如塑料、橡胶及合成纤维的原浆着色;③ 涂色 借助于涂料的作用,使染料附着于物体的表面,从而使物体表面着色,如涂料印花油漆等。

染料主要应用于各种纤维的染色,同时也广泛应用于塑料、橡胶、油墨、皮革、食品、造纸、感光材料等方面。

2·1·2 染料的分类和命名

2·1·2·1 染料的分类

染料的分类方法有两种:其一是按照染料的应用方法,其二是根据染料的化学结构。

1) 按染料的应用分类

根据染料应用对象、应用方法及应用性能可将染料分为:

（1）酸性染料、酸性媒介染料及酸性络合染料　在酸性介质中染羊毛、聚酰胺纤维及皮革等。

（2）中性染料　在中性介质中染羊毛、聚酰胺纤维及维纶等。

（3）活性染料　染料分子中含有能与纤维分子中羟基、氨基等发生反应的基团，在染色时和纤维形成共价键结合。能染棉及羊毛。

（4）分散染料　分子中不含有离子化基团用分散剂使其成为低水溶性的胶体分散液而进行染色，以适合于憎水性纤维，如涤纶、锦纶、醋酸纤维等。

（5）阳离子染料　聚丙烯腈纤维的专用染料。

（6）直接染料　染料分子对纤维素纤维具有较强的亲和力能使棉纤维直接染色。

（7）冰染染料　在棉纤维上发生化学反应生成不溶性的偶氮染料而染色，由于染色时在冷却条件下进行，所以称冰染染料。

（8）还原染料　在碱液中将染料用保险粉（$Na_2S_2O_4$）还原后使棉纤维上染然后再氧化显色。

（9）硫化染料　在硫碱液中染棉及维纶用染料。

2）按染料的化学结构分类

偶氮染料、羰基染料、硝基及亚硝基染料、多甲川染料、芳甲烷染料、醌亚胺染料、酞菁染料、硫化染料等。

2·1·2·2　染料的命名

染料是分子结构比较复杂的有机化合物，有些染料至今其结构尚未完全确定，因此一般的化学命名法不适用于染料，另有专用命名法。我国染料名称由三部分组成。

（1）冠称　采用染料应用分类法，为了使染料名称能细致地反映出染料在应用方面的特征，将冠称分为 31 类。即酸性、弱酸性、酸性络合、中性、酸性媒介、直接、直接耐晒、直接铜盐、直接重氮、阳离子、还原、可溶性还原、硫化、可溶性硫化、氧化、毛皮、油溶、醇溶、食用、分散、活性、混纺、酞菁素、色酚、色基、色盐、快色素、颜料、色淀、耐晒色淀、涂料色浆。

（2）色称　表示染料在纤维上染色后所呈现的色泽。我国染料商品采用 30 个色称，色泽的形容词采用"嫩"、"艳"、"深"三字。例如嫩黄、黄、深黄、金黄、橙、大红、红、桃红、玫瑰、品红、红紫、枣红、紫、翠蓝、湖蓝、艳蓝、蓝、深蓝、艳绿、绿、深绿、黄棕、红棕、棕、深棕、橄榄、橄榄绿、草绿、灰、黑。

（3）字尾　补充说明染料的性能或色光和用途。字尾通常用字母表示。常用字母有：B 代表蓝光；C 代表耐氯、棉用；D 代表稍暗、印花用；E 代表匀染性好；F 代表亮、坚牢度高；G 代表黄光或绿光；J 代表荧光；L 代表耐光牢度较好；P 代表适用印花；S 代表升华牢度好；R 代表红光……有时还用字母代表染料的类型，它置于字尾的前部，与其他字尾间加破折号。如活性艳蓝 KN-R，其中 KN 代表活性染料类别，R 代表染料色光。

2·2　光和色

染料的颜色和染料分子本身结构有关，也和照射在染料上的光线性质有关，因此要正确了解颜色与染料结构之间的关系，首先要了解光的物理性质。

2·2·1　光的性质

可见光、γ 线、紫外线、红外线、X 射线等都是波长不同的电磁波。在整个电磁辐射波谱中只有很窄的一部分射线照射到眼睛中才能引起视觉。可见光范围的界限大约为 400～760 纳米。

在波动理论中，光的特性可用波长 λ 和频率 υ 表示，两者关系为：

$$c = \nu \cdot \lambda \tag{2-1}$$

$$c(光速) = 3 \times 10^{10} 厘米/秒$$

不同波长的可见光作用于人眼的视网膜后，视觉反映的颜色感觉也不同。可见光中各种不同波长的光线反映的颜色称为光谱色。

微粒理论中，单色光以每个光子能量来表示其特性。光子能量（E）和频率的关系：

$$E = h\nu \tag{2-2}$$

h 是 Planck 常数，等于 6.625×10^{-34} 焦·秒。

从上式可计算出各种不同的频率光波的能量。光子的能量和波长成反比，所以紫外线的能量较可见光的能量高，红外线的能量较可见光的能量低。同理，在可见光中，波长不同的光线能量也不同，波长短的光线能量高，波长长的光线能量低。

2·2·2 光和色的关系

可见光全部通过透明的物体，则该物体是无色的；若全部被反射，则物体呈白色；若全部被吸收，则物体呈黑色；只有当物体选择吸收可见光中某一波段的光线，反射其余各波段的光线，物体才是有色的。因此所谓物体的颜色就是对可见光选择吸收的结果。

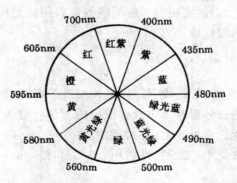

图 2-1　颜色环（每个扇形相当于所注明的色调的单色光波长）

不过我们感觉到的颜色，不是吸收光波长的光谱色，是反射光的颜色，是反射光作用于人眼视觉而造成成的。也就是被吸收光的补色。

例如若某一物体吸收波长为 500～550 纳米的光线（光谱色为绿），我们肉眼感觉到的颜色为紫红，紫红色是光谱色为绿色的补色。光谱色与补色之间关系可用颜色环的形式来描述，如图 2-1 所示。

图中颜色环周围所注的波长标度并无物理意义，但从图中可看出沿着直径方向，每块扇形的对顶处，都有另一块扇形，它们互为补色。例如蓝色（435～480 纳米的扇形）的补色是黄色（580～595 纳米），即蓝光和黄光混合得到的是白光。若某一物质的吸收波长小于 400 纳米或大于 760 纳米，则该物质在紫外光及红外光部分有吸收，物体呈无色。

测定紫外光谱或可见光谱的实验方法，目前几乎都采用自动记录分光光度计。让单色光通过试样，用电子仪器测量出被吸收掉的光辐射量。大家所熟悉的 Beer-Lambert 方程，式(2-3)表示了入射光强度（I_0）和出射光强度（I）与溶液浓度（c）以及光线通过溶液时通道长度（l）之间的关系：

$$\log_{10}(I_0/I) = \varepsilon \cdot c \cdot l \qquad (2\text{-}3)$$

如果用 mol/l 表示浓度，光线通过的路程用厘米为单位，则比例常数 ε 是摩尔吸收率或者叫摩尔消光系数。它是溶质对某特定波长光的吸收强度的一种量度。ε 的最大值（ε_{max}）以及出现最高吸收时的波长（λ_{max}），表示物质吸收带的特性值。用分光光度仪可测定 I_0/I 的比值（光密度），则由上式可求算出 ε_{max}。λ_{max} 说明染料基本颜色。

最大吸收波长 λ_{max} 的增长或减短，染料的色调就改变。一般黄、橙、红称浅色；绿、青、蓝色称深色。所以染料最大吸收波长增大，色调就加深；反之染料最大吸收波长减短，色调就变浅。

颜色的纯度和染料吸收可见光的范围有关。光吸收接近于一种波长，颜色纯度较高。染料吸收可见光后，没有被吸收而被反射出来的反射光量表现为染料亮度。反射光越多，亮度越大。

2·3 染料的发色

2·3·1 经典发色理论

2·3·1·1 发色团与助色团学说

Witt(1876 年)提出,有机化合物至少需要有某些不饱和基团存在时才能发色,他把这些基团称为发色团,如乙烯基 —CH=CH— ,羰基 $C{=}O$,硝基 $-N{\stackrel{O}{\diagdown}}$,偶氮基 —N=N— 等,含有发光团的分子称为发色体,或称色原体。增加共轭双键,颜色加深。羰基增加,颜色也加深。

发色体的颜色,并不一定很深,对各种纤维也不一定具有亲和力。但当引入某些基团后,颜色会得到加深,并对纤维具有亲和力,这些基团称为助色团。它们是—NH₂、—NHR、—OH、—OR 等。此外像磺酸基、羧基等则为特殊助色团,它们对发色并无显著影响,但可使染料具有水溶性和对某些纤维具有亲和力。发色团、助色团理论,在历史上曾对染料化学的发展起过重要作用。

2·3·1·2 醌构理论

Armstrong(1888 年) 提出有机化合物的发色是和分子中醌型结构有关。醌构理论在解释三芳甲烷类及醌亚胺类染料的发色时甚为成功。例如孔雀绿由于分子内醌构体存在,所以呈绿色;而它的隐色体因不具有醌构体,所以无色。

$$(CH_3)_2\overset{\cdot\cdot}{N}\text{—}\bigcirc\text{—}C\text{—}\bigcirc\text{—}\overset{+}{N}(CH_3)_2$$

绿色

醌构体

$$(CH_3)_2\overset{..}{N}\!-\!\!\text{〈苯环〉}\!-\!\!CH\!-\!\!\text{〈苯环〉}\!-\!\overset{..}{N}(CH_3)_2$$

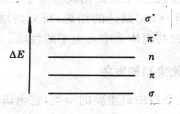

无色

隐色体

但醌构学说不能解释偶氮染料、多甲川染料的发色,由此可见,醌型结构并非染料发色必须具备的一个条件。

2·3·2 近代发色理论

根据量子化学 Hückel 分子轨道理论,分子轨道可用原子轨道的线性组合表示。在碳原子数为偶数的共轭体系中,一半分子轨道具有较低能量,称成键分子轨道;另一半分子轨道能量较高,称反键分子轨道。在基态分子中,两个自旋相反的 p_g 电子占据成键分子轨道 π,此时反键分子轨道 π^* 则是空轨道。但是当有机化合物吸收可见光或紫外光后,σ、π 和 n 电子要迁移到高能量的反键轨道 σ^* 或 π^* 轨道上去,成为分子激态。

量子理论认为物质中电子具有不同能级准位,电子在光的作用下,可发生能级跃迁。这种跃迁有下列几种类型:$\sigma \rightarrow \sigma^*$;$\pi \rightarrow \pi^*$;

$$
\Delta E \uparrow
\begin{array}{l}
\text{―――} \quad \sigma^* \\
\text{―――} \quad \pi^* \\
\text{―――} \quad n \\
\text{―――} \quad \pi \\
\text{―――} \quad \sigma
\end{array}
$$

图 2-2　电子能级图

$n \rightarrow \sigma^*$;$n \rightarrow \pi^*$。

从图可知,能量大小顺序为 $\sigma \rightarrow \sigma^* > n \rightarrow \sigma^* > \pi \rightarrow \pi^* > n \rightarrow \pi^*$。当发生 $\sigma \rightarrow \sigma^*$ 和 $n \rightarrow \sigma^*$ 跃迁时需要的能量较大,一般在紫外区才有吸收。当 $n \rightarrow \pi^*$(分子中含有未共享电子对与 π 键作用)和 $\pi \rightarrow \pi^*$ 跃迁时,所需能量较小,落在可见光范围内。

若 E_1 为分子成键轨道能量，E_2 为分子反键轨道能量，当电子受跃迁时吸收能量 ΔE 和光的波长之间关系为：

$$\Delta E = E_2 - E_1 = \frac{hc}{\lambda}$$

以1摩尔计算，其激化能 E 为：

$$E = \frac{hcN}{\lambda} \tag{2-4}$$

式中：N 为 Avogadro 常数。

$$E(\text{kcal} \cdot \text{mol}^{-1}) = \frac{28.6 \times 10^3}{\lambda(\text{nm})} \tag{2-5}$$

$$E(\text{eV}) = \frac{1240}{\lambda(\text{nm})} \tag{2-6}$$

在国际单位中 kcal·mol^{-1} 应当换算成 kJ·mol^{-1}，1kcal＝4.184kJ。对可见光部分，$\lambda = 400 \sim 760$ 纳米，则激化能 $E_{最高}$ 为298.87kJ/mol。$E_{最低}$ 为157.17kJ/mol。因此激化能在157.17kJ/mol～298.87 kJ/mol 的范围内产生激化状态分子，才能在可见光谱中具有选择吸收能力。作为有机染料，它的激化能必须在这个范围内。

总之物质的颜色，主要是物质中电子在可见光作用下，发生 $\pi \rightarrow \pi^*$（伴随有 $n \rightarrow \pi^*$）跃迁的结果。研究物质的颜色和结构的关系，可归结为研究共轭体系中 π 电子的性质。

2·3·3 偶氮染料的发色

偶氮染料是染料中最重要的一类，它色谱齐全，几乎可染所有纤维，还具有作颜料、分析试剂等特殊用途，因此研究偶氮染料的颜色与其结构的关系具有一定意义。

2·3·3·1 偶氮苯的发色

偶氮染料的母体是偶氮苯，当它吸收光子后，具有两种电子跃迁形式。π 电子发生 $\pi \rightarrow \pi^*$ 跃迁，最大吸收波长为318纳米。另外偶氮基氮原子上未共享电子对的存在，与 π 键的作用产生 $n \rightarrow \pi^*$ 跃迁，但因其能量差小，所以吸收的波长较长（为443纳米），其消光系数很小,而呈现很弱的淡黄色。

2·3·3·2 极性基团的影响

不饱和的偶氮化合物可用通式 A·N=N·B 表示,A、B 为不饱和环状或链状取代基,与偶氮基 —N=N— 组成共轭系统。当 A、B 分别为苯环时,没有引入极性取代基时,即为简单的偶氮苯。如前所述只能呈现很弱的 $n \rightarrow \pi^*$ 吸收,颜色很浅。但当分子中引入极性基后,由于电子云密度向偶氮基转移,而呈现新的吸收,产生各种色泽,成为一个偶氮染料。

(1)取代基的影响 对于一个偶氮染料可用 D—A·N=N·B 表示。D 为给电子取代基,则 —A·N=N·B(或 —N=N·B)相当于一个复合的电子接受体。如给电子取代基在 A 上,吸电子取代基在 B 上,这样就能产生增色效应。但如若吸电子取代基引入 A 上则要引起浅色效应。

为简化起见,我们也可归纳为这样说法:当重氮组分中引入吸电子取代基,如—NO₂、—CN、卤素等。偶合组分中引入给电子取代基,如—N(CH₃)₂则能引起向红效应,颜色加深。例如

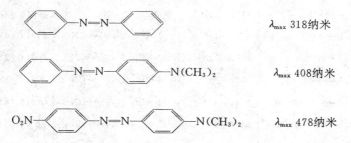

λ_{max} 318纳米

λ_{max} 408纳米

λ_{max} 478纳米

(2)取代基强弱影响 在偶氮染料分子中,在重氮组分上引入吸电子性较强,在偶合组分上引入给电子性较强的取代基,可以增加分子极性,使染料激态分子进一步稳定,而产生深色效应。吸电子取代基中以硝基为最强。

O_2N—⬡—N=N—⬡—N(CH₃)₂ λ_{max} 478纳米

表 2-1 某些取代基的偶氮苯的吸收光谱[*a]

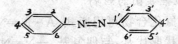

取 代 基	λ_{max} , nm($\log \varepsilon$)	取 代 基	λ_{max} , nm($\log \varepsilon$)
一	318(4.33)[*b]	4-NO$_2$	332(4.38)[*b]
2-NH$_2$	417(3.8)[*c]	4-OH-4'-NO$_2$	386(4.47)[*b]
3-NH$_2$	417(3.1)[*c]	4-NMe$_2$-4'-NO$_2$	478(4.52)[*b]
4-NH$_2$	385(4.39)[*b]	4-NEt$_2$-4'-NO$_2$	490(4.56)[*b]
4-OH	349(4.42)[*b]	4-NMe$_2$-2'-NO$_2$	440(4.43)[*b]
4-SMe	362(4.38)[*b]	4-NMe$_2$-3'-NO$_2$	431(4.46)[*b]
4-NHAc	347(4.37)[*b]	4-NMe$_2$-4'-Ac	447(4.50)[*b]
4-NHMe	402(4.41)[*b]	4-NEt$_2$-4'-Ac	462(4.45)[*b]
4-NMe$_2$	408(4.44)[*b]	4-NEt$_2$-4'-CN	466(4.51)[*f]
4-NEt$_2$	415(4.47)[*b]	4-NEt$_2$-3'-CN	446(4.45)[*f]
2,4—NH$_2$	411(4.32)[*d]	4-NEt$_2$-2'-CN	462(4.48)[*f]
2,4—O$^-$	473(—)[*e]	4-NEt$_2$-2',4'—CN	515(4.60)[*f]
3,4—O$^-$	501(—)[*e]	4-NEt$_2$-2',6'—CN	503(4.52)[*f]
2,5—O$^-$	572(—)[*e]	4-NEt$_2$-3',5'—CN	478(4.53)[*f]
2,4—O$^-$-4'-NO$_2$	574(—)[*e]	4-NEt$_2$-2',5'—CN	495(4.56)[*f]
3,4—O$^-$-4'-NO$_2$	613(—)[*e]	4-NEt$_2$-3',4'—CN	500(4.59)[*f]
2,5—O$^-$-4'-NO$_2$	655(—)[*e]	4-NEt$_2$-2',4',6'-≡CN	562(4.67)[*f]

* a. 乙醇作溶剂。

* b. E. Sawicki, *j. Org. Chem.* , 22, 915(1957)。

* c. M. Martynoff, *Compt. Rend* , 235, 54(1952)。

* d. R. J. Morris, F. R. Jensen, and T. R. Lusebrink, *J. Org. Chem* , 19, 1316(1954)。

* e. R. Wizinger, *Chimia* , 19, 339(1965)。

* f. J. Griffiths and B. Roozpeikar, *J. Chem. Soc. perkin Trans. I.* , 42, (1976)。

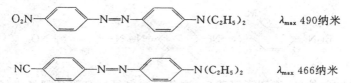

$$O_2N-\underset{}{\bigcirc}-N=N-\underset{}{\bigcirc}-N(C_2H_5)_2 \qquad \lambda_{max}\ 490\text{纳米}$$

$$NC-\underset{}{\bigcirc}-N=N-\underset{}{\bigcirc}-N(C_2H_5)_2 \qquad \lambda_{max}\ 466\text{纳米}$$

（3）取代基数目及位置影响 在偶氮染料分子中，在重氮组分上引入吸电子基数目越多，在偶合组分上引入给电子基数目越多，分子的极性越强，则染料最大吸收波长向长波方向移动越多。一般说重氮组分产生深色效应的最佳位置是在偶氮基的邻、对位上。在偶合组分上产生深色效应最佳位置是在偶氮基的 2,5 位上。以上两条原则是合成深色染料时必备条件。要获得蓝色染料，必须在重氮组分 $2',4',6'$ 位上引入吸电子基、在偶合组分 2,5 位上引入给电子基。

2·3·3·3　偶氮基数量及位置影响

加长偶氮染料的共轭体系，则发生深色效应。要使共轭体系从横向伸展可用萘环代替苯环；要从纵向伸展共轭体系，则常通过增加苯环或偶氮基的数目来实现。与对-氨基偶氮苯在乙醇中 λ_{max} ＝385 纳米相比，可以看出从纵向延伸发色体的共轭体系所产生影响较小。随着偶氮基数目增加，深色位移会迅速地变小。

$$\lambda_{max}^{EtOH}\ 465\text{纳米}$$

$$H_2N-\underset{}{\bigcirc}-\underset{}{\bigcirc}-N=N-\underset{}{\bigcirc} \qquad \lambda_{max}^{EtOH}\ 450\text{纳米}$$

$$H_2N-\underset{}{\bigcirc}-N=N+\underset{}{\bigcirc}-N=N\overset{}{]_n}\underset{}{\bigcirc} \qquad \lambda_{max}^{EtOH}\ \begin{array}{l}n=1416\text{ 纳米}\\n=2428\text{ 纳米}\end{array}$$

在双偶氮染料系列中，如果两个偶氮基在同一苯环上，它们互为对位深色位移最大，如它们互为间位，则深色位移最小。如在邻位则空间作用将会使空间效应减弱。同样萘环的 1,4 位或 2,7 位上连接两个偶氮基时，将产生最大的深色效应。例如染料利用这种效果,得到了深蓝色。这条规律也是制备深色偶氮染料常用 H 酸的原因。

2·3·3·4 杂环的影响

在单偶氮染料中,如偶氮苯染料的一个或两个苯环被杂环所代替,则发生深色效应。常见的苯并噻唑、噻唑和噻吩等含硫杂环作为重氮组分。例如染料

是一类红色或蓝光红染料,其吸收波长比相应的偶氮苯染料增加 $50\sim90$ 纳米。例如上述染料($X=NO_2,R_1=H,R_2=CN,R_3=CH_3$)是蓝光很大的红色染料,在丙酮中最高吸收波长为538纳米。同样染料如没有硝基则为亮红色,在丙酮中最高吸收波长为500纳米。

如果重氮组分改为噻吩和噻唑体系,虽然共轭体系比苯并噻唑染料稍短,但最大吸收波长却长得多,它们是一些分子量低的亮蓝至蓝光绿颜色的染料。例如染料

是深蓝色的,在甲醇中最大吸收波长为593纳米。这些杂环体系深色效应的原因还不清楚。

2·3·3·5 空间效应

在偶氮染料分子中组成的碳原子处在同一平面上,是 π 电子发生作用的必要条件,而分子平面性又是共轭作用的基础,若分子平面被破坏,则分子共轭作用受影响,染料发色就会受到影响。若用下述通式表示偶氮染料的结构,

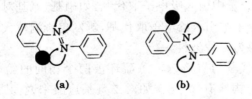

空间障碍来源于三个方面,每一种情况都能引起浅色效应。如果 R_1 比较大,会使给电子取代基旋转到苯环的共轭体系之外,而产生浅色效应。与此类似,R_4 取代基将使吸电子基硝基旋转到苯环的平面之外,而导致浅色效应。如果取代基 R_3 或 R_2 较大时,它们与偶氮基上氮原子上的孤对电子相互作用而失去平面性而产生浅色效应。

第一种情况的空间障碍是比较熟悉的,以上述通式染料($R_1=$ CH_3,$R_2=R_3=R_4=H$)为例,在乙醇中 λ_{max} 为438纳米,和没有空间障碍的染料($R_1=R_2=R_3=R_4=H$)相比,它在乙醇中 λ_{max} 为475纳米。第三种类型的空间障碍比较复杂,仅仅当两个 R_3 基团(或 R_2 基团)位于同一环上时才有意义。当在偶氮基邻位只有一个 R_2 或 R_3 取代基时,它和偶氮基上距离较远的氮原子的孤对电子轨道相互作用,如图2-3(a)所示。当转动成图2-3(b)的形状时,空间障碍就消失了。因此单个的取代基对光谱没有影响,必须两个邻位取代基在同一环上,环和偶氮苯间发生扭曲,分子丧失同一平面才发生浅色效应。

图 2-3　邻位取代的偶氮苯

从下述染料可以说明这种影响。当 $R=R'=H$ 时,染料在甲醇中 λ_{max} 为453纳米。若引入基 $R=CH_3$、$R'=H$ 时,这个染料的光谱不受影响。若引入两个甲基($R=R'=CH_3$),则产生很大浅色效

O_2N —〔benzene ring, R (上), R′ (下)〕— N=N —〔benzene ring〕— N〈C_2H_5 / C_2H_4CN〉

应，λ_{max} 为383纳米。应当指出邻位氰基的空间效应较小，因为氰基的构形是棒状的。其他如 CH_3、Br、CF_3 基团呈球形，空间效应最大。因此在偶氮结构的分散染料中，大量使用2-氰基-4-硝基苯胺作为重氮组分，在6-位上引入卤素或氰基后，在偶合组分上不必过多地引入给电子取代基，即可获得深蓝色染料。又因氰基的引入可提高耐光和耐升华牢度，故近年来在分散染料中大量使用2-氰基-4-硝基苯胺或其6-位衍生物作为重氮组分。

2·3·4 蒽醌染料的发色

蒽醌本身是淡黄色物质，但它的颜色很深的羟基和氨基衍生物，是很有价值的商品染料。特别是蓝色和绿色染料，具有非常好的坚牢度，这是其他染料不及的。它只需要有一个伯、仲、叔氨基取代，就能在410～500纳米范围内产生很强的吸收，得到橙至红色染料。当引入一个羟基时即呈现吸收波长为360～410纳米的黄色。在合成染料中，蒽醌染料居第二大类，仅次于偶氮染料。

2·3·4·1 极性基团对发色影响

在蒽醌分子中引入吸电子取代基，如硝基、氰基对分子发色影响较小。当分子中引入给电子取代基，对发色影响较大，引入羟基、氨基后，即成为一种染料。

（1）取代基位置影响 蒽醌环被两个相同的给电子基所取代，可能的异构体有10个。例如对二氨基蒽醌来说，其中五个异构体光吸收性质已被实验证实，其中以1,4-二氨基蒽醌的深色效应最大，而2,3-取代物颜色最浅。在1,4-位连接两个给电子基，而产生较大深色效应，这一性质已广泛应用于商品染料中。如这两个给电子基足够强时，就能产生蓝到绿光蓝的颜色（λ_{max} 约600纳米）；如果两个给电子基中等强度则呈黄、橙色。如果用两个不同强度的给电子基引入1,4-位,则几乎可产生任何中间色泽,例如1-氨基-4-羟基蒽醌呈红色,1-N-甲氨基-4-羟基蒽醌是紫色,详细见表2-2。

表 2-2 某些给电子基取代的蒽醌的可见最高吸收波长[a]

取 代 基	λ_{max} , nm[b]	取 代 基	λ_{max} , nm[b]
1-NH$_2$	465	2-NH$_2$	410
1-NH$_2$-4-Cl	466	2-NH$_2$-1-Cl	405
1-NH$_2$-4-NO$_2$	460	2-NH$_2$-1-NO$_2$	410
1-NH$_2$-6-Cl	470	2-OH	365
1-NH$_2$-6,7-二氯	477	2-OMe	363
1-NH$_2$-5-OMe	460	2-NMe$_2$	470
1-NHMe	508	1,2-二氨基	480
1-NMe$_2$	504	1,4-二氨基	550
1-OH	405	1,5-二氨基	480
1-OMe	380	1,8-二氨基	492
1-SMe	438	2,3-二氨基	442

a. H. Labhart, *Helv. Chim. Acta*, 40, 1410(1957)。

b. 溶剂为 CH$_2$Cl$_2$。

(2) 给电子基强弱 关于给电子基的强弱对1-位和2-位取代的蒽醌颜色的影响,对2-位来说,因为不可能形成分子间氢键,故各种给电子基深色效应按如下次序:NMe$_2$>NHMe>NH$_2$>NHAc>OMe>OH。当取代基在1-位时,酸性氢原子能与邻近羰基形成氢键,从而使深色效应加强。这是因为给电子基的孤对电子与蒽醌环的共轭作用加强了,从而使深色效应加强。故而给电子基的强弱,在1-位上会出现异常情况,例如—NHMe 基团反而强于—NMe$_2$基团,从而解说了在商品蒽醌染料中不用1-位 N,N-二烷氨基,只带未取代氨基或者带一个 N-烷氨基或 N-芳氨基。

(3) 两个取代基作用 两个取代基的深色作用以1-,4-位最大,而2-,3-位上浅色效应最剧,故在商品染料中广泛应用这条规律。在1,4-二氨基蒽醌的2-位上,引入给电子基,染料最大吸收波长向短波方向移动,引入吸电子基则向长波方向移动。在1,4-二氨基蒽醌及1-氨基,4-芳氨基蒽醌类染料中常出现600及400纳米附近处两个吸收峰,此种现象可用蒽醌本身的发色来加以解说,即把蒽醌看作醌发色团和苯乙酮发色团两个骨架结构的并合,苯乙酮产生 $\pi \rightarrow \pi^*$ 电子跃迁,在245纳米、252纳米及325纳米处有吸收;醌产生 $n \rightarrow \pi^*$ 电子跃迁,在波长为263纳米、272纳米及400纳米处有吸收,因此蒽醌呈微黄色。对于1,4-二氨基蒽醌类染料来说,长波区600纳米的吸收有醌型发色团引起的,属 $n \rightarrow \pi^*$ 电子跃迁。短波长400纳米处的吸收,由于苯乙酮发色团引起的 $\pi \rightarrow \pi^*$ 电子跃迁。例如染料茜素绿,是绿色染料,它在水溶液中的吸收带为410纳米、

608纳米、646纳米。使1,4-二氨基系统一般蓝色中引入了黄色组分(410纳米),由于波长较短的吸收带强度较低,使绿色染料常带有蓝光。

2·3·4·2 空间障碍影响

在蒽醌染料中,由于空间障碍影响,同样也发生浅色效应。例如1,4-二甲苯氨基蒽醌为绿色染料,但如在1,4位上的苯环引入过多甲基则因空间障碍则变成蓝色染料。

绿色

蓝色

2·4 重氮化与偶合反应

偶氮染料是染料分子中含有偶氮基的染料统称。在染料生产中它所占比重最大,一般酸性、冰染、直接、分散、活性、阳离子等染料中大部分属偶氮染料。而在偶氮染料生产中,重氮化与偶合则是两个基本反应。

2·4·1 重氮化

芳香族伯胺和亚硝酸作用生成重氮盐的反应称为重氮化。由于亚硝酸不稳定,通常用无机酸、盐酸或硫酸与亚硝酸钠反应,使生成的亚硝酸立刻与芳伯胺反应。

一般可用下式表示:

$$ArNH_2 + 2HX + NaNO_2 \longrightarrow Ar{-}N_2X + NaX + 2H_2O$$

2·4·1·1 重氮盐的结构

重氮盐的结构为:

$$\left[\ Ar{-}\overset{\oplus}{N}{\equiv}\overset{..}{N} \ \right]Cl^-$$

由于共轭效应影响,单位正电荷并不完全集中在一个氮原子上,所以它的结构又可写为:

$$\left[\ Ar{-}\overset{\oplus}{N}{\equiv}\overset{..}{N} \ \right] \longleftrightarrow \left[\ Ar{-}\overset{..}{N}{=}\overset{..}{\underset{\oplus}{N}} \ \right]$$

大多数重氮盐可溶于水,并在水溶液中能电离。受光与热会分解。干燥时受热或震动会剧烈分解而导致爆炸。但在水溶液中较稳定。溶液中 pH 值低,则稳定,否则它能转变成重氮酸,最后可变成无偶合力的反式重氮酸盐。

$$[\text{Ar—N} \overset{..}{=} \overset{..}{\text{N}}]^{\oplus} + OH^- \underset{k_{-1}}{\overset{k_1}{\rightleftharpoons}} \text{Ar—} \overset{..}{\text{N}} \overset{..}{=} \text{N—OH}$$

$$\text{Ar—} \overset{..}{\text{N}} \overset{..}{=} \text{N—OH} + OH^- \underset{k_{-2}}{\overset{k_2}{\rightleftharpoons}} \text{Ar—} \overset{..}{\text{N}} = \text{N—} \overset{..}{\underset{..}{\text{O}}} : + H_2O$$

由于 $k_2 \gg k_1$,所以中间产物重氮酸,可几乎认为它不存在,而转变

为重氮酸盐。

2·4·1·2 重氮化反应机理

游离芳胺首先发生 N—氮原子上亚硝化反应,然后在酸液中迅速转化为重氮盐

$$\text{Ar—NH}_2 \xrightarrow[\text{X—NO}]{\text{慢}} \text{Ar—NH—NO} \xrightarrow{\text{快}}$$

$$\text{Ar—N} = \text{N—OH} \xrightarrow[\text{H}_3\text{O}^+]{\text{快}} \text{Ar—} \overset{\oplus}{\text{N}} \overset{}{=} \text{N}$$

从重氮化的反应动力学上研究,也揭示了此反应本质。

1) 稀硫酸中苯胺重氮化

在稀硫酸中苯胺重氮化速度,和苯胺浓度与亚硝酸浓度平方乘积成正比。但目前普遍认为,

$$v = \frac{d[C_6H_5N_2^+]}{dt} = k_1[C_6H_5NH_2][HNO_2]^2$$

先是两个亚硝酸分子作用生成中间产物 N_2O_3,然后和苯胺分子作用,转化为重氮盐。

$$2HNO_2 \rightleftharpoons N_2O_3 + H_2O$$

$$\text{\<benzene ring\>}-N=N-OH \longrightarrow [\text{\<benzene ring\>}-\overset{+}{N}=N]\ HSO_4^-$$

真正参加反应的是游离苯胺与亚硝酸酐,从动力学方程式来看是一个三级反应。

2)盐酸中苯胺重氮化

动力学方程式可表示为:

$$v = k_1[C_6H_5NH_2][HNO_2]^2$$
$$+ k_2[C_6H_5NH_2][HNO_2][H^+][Cl^-]$$

此为两个平行反应,一是与上述在稀硫酸中反应相同,是苯胺与亚硝酸酐反应。二是苯胺与亚硝酸和盐酸反应。而亚硝酸与盐酸反应生成的亚硝酰氯 NOCl,它才是与苯胺反应的质点。

$$HNO_2+HCl \longrightarrow NOCl+H_2O$$

由于亚硝酰氯是比亚硝酸酐还强的亲电子试剂,因此可认为苯胺在盐酸中的反应,主要是与亚硝酰氯反应。

$$\text{\<benzene ring\>}-NH_2 +NOCl \xrightarrow{\text{慢}} \text{\<benzene ring\>}-NHNO \longrightarrow$$

$$\text{\<benzene ring\>}-N=N-OH \longrightarrow [\text{\<benzene ring\>}-\overset{+}{N}=N]\ Cl^-$$

综上所述,芳胺的重氮化反应,需经两步,首先是亚硝化反应生成不稳定的中间产物,然后是不稳定中间产物迅速分解,整个反应受第一步控制。

2·4·1·3　重氮化反应的影响因素

影响重氮化反应的因素有下列几个。

1)无机酸

无机酸的用量虽从理论上只需2摩尔,但实际使用时大大过量,一般高达3~4摩尔,目的是稳定生成的重氮盐,反应完毕时介质应呈强酸性,刚果红试纸呈蓝色,pH 值为3。若酸量不足,生成的重氮盐容易和未反应的芳胺偶合,生成重氮氨基化合物,称自偶合反应,为不可逆反应,此时再补加酸也无济于事。

$$ArN_2Cl+ArNH_2 \longrightarrow Ar-N=N-NHAr +HCl$$

无机酸可使原来不溶性的芳胺变成季胺盐而溶解,但铵盐可水解再生成游离芳胺。

$$ArNH_2 + H_3^+O \rightleftharpoons ArNH_3^+ + H_2O$$

当无机酸浓度增加时,游离胺的浓度降低,而使重氮化速度变慢。而另一方面,反应中还存在亚硝酸的电离平衡。

$$HNO_2 + H_2O \rightleftharpoons H_3^+O + NO_2^-$$

无机酸浓度加大,可抑制亚硝酸的电离,这显然有利于加速重氮化。一般当无机酸浓度较低时,后一反应是主要的,因此无机酸浓度增加,有利于加速反应。但随着酸浓度增加,前一反应是主要的,而使反应速度降低。

无机酸不同,参与重氮化反应的亲电子试剂也不同。稀硫酸中参与反应的是亚硝酸酐;盐酸中参与反应的是亚硝酰氯;在浓硫酸中则是亚硝基正离子 NO^+。它们亲电子性强弱顺序为:

$$NO^+ > NOCl > N_2O_3$$

2）亚硝酸用量

反应过程中,必须自始至终保持亚硝酸过量,否则也会引起自偶合反应。检定亚硝酸过量方法是用淀粉碘化钾试纸试验。过量的亚硝酸能使试纸变蓝色。由于空气中酸性也能使试纸变色,所以试验时间应以1秒左右为准。过量太多的亚硝酸,对下一步偶合不利,可加尿素或氨基磺酸破坏之。当然也可加少量原料芳伯胺以反应去除过量亚硝酸。亚硝酸钠一般配成浓度为35%的溶液使用,因为在此浓度下,$-15℃$也不会结冰。

3）反应温度

反应温度一般在低温0~5℃进行,因为重氮盐在低温较稳定。另外在较高温度下亚硝酸也易分解。但对某些稳定的重氮盐来说,温度可提高,如对-氨基苯磺酸,可在10~15℃下进行分解;1-氨基萘-4-磺酸,可在35℃进行重氮化。

4）芳胺碱性强弱

碱性较强的一元胺与二元胺如苯胺、甲苯胺、甲氧基苯胺、二甲苯胺、甲-萘胺、联苯胺和联甲氧苯胺等。由于这些芳胺碱性较强,与无机酸生成的铵盐较难水解,重氮时用酸量不宜过多,否则会使溶液中游离胺减少而影响反应。重氮时一般用稀酸,然后在冷却下加入亚硝酸钠溶液(称顺重氮化法)。

碱性较弱的芳胺如硝基苯胺、硝基甲苯胺、多氯苯胺等。它们含有吸电子基,碱性较弱,生成的铵盐极易水解成游离芳胺,因此它们重氮化比碱性较强的芳胺快。必须用较浓的酸,并且要迅速加入亚硝酸钠溶液以保持亚硝酸在反应中过量。否则很易生成自偶合反应而成重氮氨基化合物沉淀,使重氮化失败。

弱碱性芳胺如6-氯-2,4-二硝基苯胺或6-溴-2,4-二硝基苯胺、1-氨基蒽醌、6-甲氧基-2-氨基苯并噻唑等。由于这类芳胺的铵盐很易水解,它们重氮化就要用亚硝酰硫酸,在浓硫酸或冰醋酸中进行。由于此时参加反应的是最强亲电子试剂,重氮化剂亚硝基正离子 NO^+,才能使电子云密度显著降低的氮原子进行 N-亚硝化反应。

2·4·2 偶合反应

重氮盐和酚类、芳胺作用,生成偶氮化合物的反应叫偶合反应,而酚类和芳胺称偶合组分。

$$Ar—N_2Cl + Ar'OH \longrightarrow Ar—N=N—Ar—OH$$
$$Ar—N_2Cl + Ar'NH_2 \longrightarrow Ar—N=N—Ar'—NH_2$$

常用的偶合组分有酚类如苯酚、萘酚及其衍生物;芳胺如苯胺、萘胺及其衍生物。其他还有各种氨基萘酚磺酸和含有活泼亚甲基化合物,如乙酰乙酰苯胺、吡唑啉酮等。

2·4·2·1 偶合反应机理

偶合反应为一亲电子取代反应。重氮盐正离子向偶合组分上电子云密度较高的碳原子进攻,形成中间产物,然后迅速失去氢质子,不可逆地转化为偶氮化合物。

凡因空间阻碍使偶合反应不易进行的,加入催化剂吡啶等碱性物质,能帮助脱去氢质子,具有加速反应的效果,有时水分子也具有催化作用。例如用对氯苯胺重氮盐分别与1-萘酚-4-磺酸和2-萘酚-6,8-二磺酸偶合,则发现与2-萘酚-6,8-二磺酸偶合反应速度较慢,加了吡啶后,可以加速反应,而与1-萘酚-4-磺酸偶合反应速度正常,不受吡啶影响。这显然是由于2-萘酚-6,8-二磺酸存在空间障碍,影响了1-位上的偶合,催化剂 B 的存在帮助脱去氢质子而加速反应。

2·4·2·2 偶合反应影响因素

1) 重氮与偶合组分的性质

从反应机理知道偶合反应为一亲电子取代反应,故而重氮组分上吸电子取代基的存在,加强了重氮盐的亲电子性,从而偶合活泼性加大;反之芳核上有给电子取代基存在,减弱了重氮盐的亲电子性,而使偶合活泼性降低。

偶合组分上具有吸电子取代基存在时则反应不易进行,相反如有给电子取代基存在,增加芳核的电子密度,可使偶合反应容易进行。

2) 介质的 pH 值

酚为偶合组分,最初随着介质 pH 值增加,偶合速度增大,增至 pH 值为9左右时,偶合速度达最大值,因为在碱性介质中有利于偶合组分的活泼形式酚负离子生成。

$$ArOH \Longrightarrow ArO^- + H^+$$

$$ArN_2^+ + ArO^- \longrightarrow Ar—N=N—ArO^-$$

但当 pH 值大于9时,偶合速度反而变慢,这显然是因为重氮盐在碱性介质中转变为不活泼的反式重氮酸盐之故而失去偶合力。所以酚类的偶合反应一般在弱碱性介质中进行,pH 约为9 左右。从动力学研究上也证明了这点,当重氮盐与酚类在碱性介质中偶合时,它的反应速度常数

$$k' = \frac{k}{\left(1 + \dfrac{K_a}{[H^+]^2}\right)\left(1 + \dfrac{[H^+]}{K_P}\right)} \qquad (2\text{-}7)$$

k、K_a、K_P 等均为常数。

当酸浓度较大时,式(2-7)可变换为

$$k' = \frac{kK_P}{[H^+]}$$

$$\log k' = \log kK_P - \log[H^+]$$

$$\log k' = a + pH \qquad (2\text{-}8)$$

式(2-8)表示了当酸浓度较大时,反应速度常数和 pH 值成线性关系,pH 值较大时,反应速度上升。当酸浓度较小时,式(2-7)可变换为:

$$k' = \frac{k[H^+]^2}{K_a}$$

$$\log k' = \log \frac{k}{K_a} + 2 \log [H^+]$$

$$\log k' = b - 2 pH \qquad (2\text{-}9)$$

式(2-9)表示了当酸浓度较小时,pH 值再增大,反应速度下降。

以芳胺为偶合组分来说,首先随着介质 pH 增大,偶合速度增大,到 pH 为5左右时,偶合速度几乎不变,待 pH 增加至10以上时,

偶合速度下降。开始偶合速率增大原因,是因为游离芳胺浓度增大之故。

$$ArNH_{2固} + H_3^+O \rightleftharpoons Ar\overset{+}{N}H_{3溶} + H_2O$$

$$Ar\overset{+}{N}H_{3溶} + H_2O \rightleftharpoons ArNH_{2溶} + H_3^+O$$

当 pH 大于 10 偶合速度下降原因同酚偶合一样,重氮盐在碱性溶液中不稳定,转变为反式重氮酸盐之故。

从 2,7-氨基萘酚的偶合反应可简单说明酚类和芳胺类偶合反应。首先将其分解成两个单独存在氨基和单独存在羟基化合物来考察,其偶合速率曲线见图(2-4)。

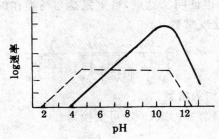

图 2-4   2,7-氨基萘酚的偶合速率曲线

——在 8-位上的反应速率

——在 1-位上的反应速率

含有活泼亚甲基的吡唑酮的偶合范围在 pH＝7～9(即碱性中)进行。

3) 盐效应

这里指的是在偶合之前加盐,这时加盐所起的作用可由 Brönsted 盐效应方程式知

$$\log K_1 = \log K_0 + 1.02 Z_A Z_B \sqrt{I} \tag{2-10}$$

式中 K_0——电解质浓度为零时的反应速度常数;

K_1——电解质浓度为 c 时的反应速度常数;

I——电解质离子强度;

Z_A、Z_B——离子 A、B 所带电荷。

式(2-10)有三种情况:一种是零,一种是正的,一种是负的。关键在于 $Z_A \cdot Z_B$ 的乘积,是正号说明加盐使这个偶合反应速度增加。

以 2-萘胺-6-磺酸做偶合组分,与不同的重氮盐偶合得到图 2-5 曲线。

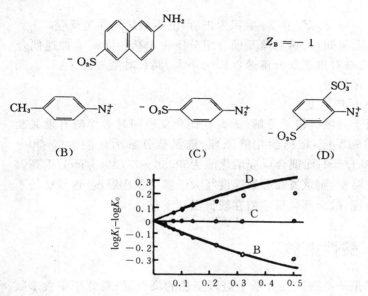

图 2-5 2-氨基-6-萘磺酸和重氮组分 B、C、D 的偶合反应速度和氯化钾离子强度的关系

若用重氮盐为

时,$Z_A=+1$,Z_A 和 Z_B 乘积为负值,说明加盐使这个偶合反应速度降低。

若用重氮盐为

时,$Z_A=0$,Z_A 和 Z_B 乘积为零,说明加盐没有影响。

若用重氮盐为

$$\overset{+}{N}\!\!\equiv\!\!N$$

$^-O_3S^+$ —⟨benzene ring⟩— SO_3^-

时，$Z_A = -1$，Z_A 和 Z_B 乘积为正值，说明加盐能加速反应。

从上可知，若重氮盐及偶合组分所带电荷相同则能加速偶合反应。食盐对重氮盐分解速度影响不大。偶合时间缩短，这对工业生产是有利的。

4）反应温度

由于重氮盐极易分解，故而在偶合反应同时必伴随有重氮盐分解的副反应，根据活化能原理，重氮盐分解活化能为95.30～138.78kJ/mol；而偶合反应活化能为59.36～71.89kJ/mol，提高偶合反应温度，则重氮盐分解速度将大于偶合反应温度，这显然是不利于反应，故而偶合反应需在较低温度下进行。

2·5　酸性染料

它是一类在酸性介质中进行染色的染料。染料分子中大多数含有磺酸基，能溶于水，色泽鲜艳、色谱齐全。主要用于羊毛、蚕丝和锦纶等染色，也可用于皮革、纸张、墨水等方面。按化学结构和染色条件不同又可分为强酸性、弱酸性、酸性媒介、酸性络合染料等。

2·5·1　强酸性染料

最早发展起来的一种酸性染料，要求在较强（pH＝2～4）的酸性染浴中染色，其分子结构简单，分子量低，对羊毛亲和力不大，能匀染，故也称酸性匀染染料，但色泽不深，耐洗牢度也较差，染色时对羊毛有损伤，染后的羊毛手感较差。

强酸性染料染羊毛的染色机理为：在酸性介质中，染料分子与羊毛分子借盐键结合。

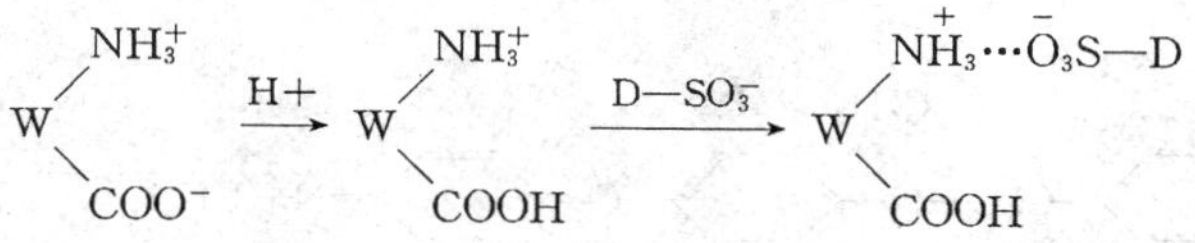

按化学结构强酸性染料又可分为偶氮型、蒽醌型、三芳甲烷型等。其中以偶氮型最多。

以吡唑啉酮及其衍生物为偶合组分的黄色染料具有较好的耐光牢度。

〔例〕 酸性嫩黄 G

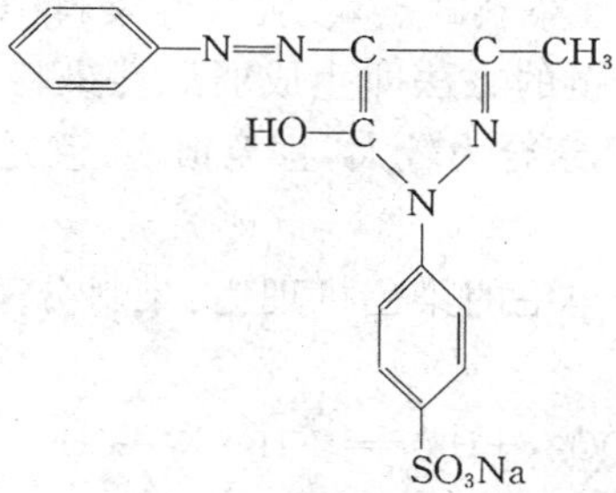

酸性蓝 R 具有鲜艳蓝色，性能优良，它又是制备分散蓝 S-BGL 的原料。

〔例〕 酸性蓝 R

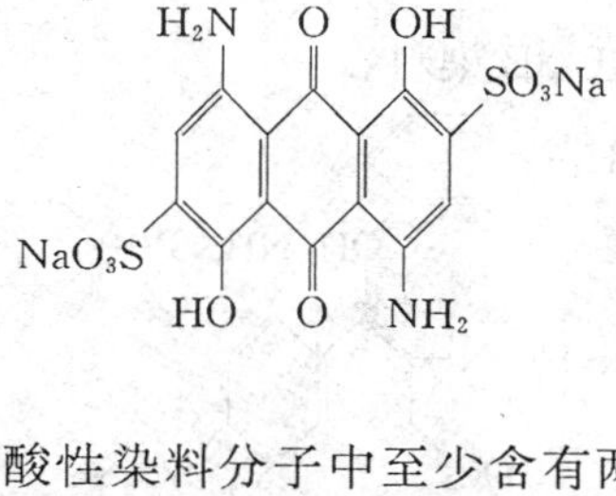

三芳甲烷类强酸性染料分子中至少含有两个磺酸基，第一个磺酸基与氨基结合成内盐。这类染料色光鲜艳，色泽浓深，但耐晒牢度较差。

〔例〕 酸性湖蓝 A

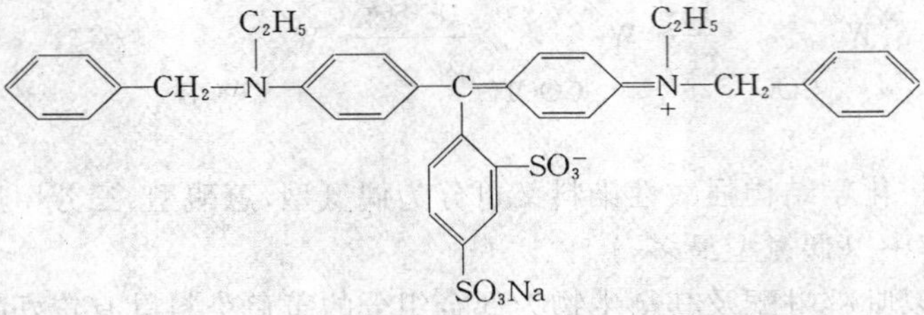

2·5·2　弱酸性染料

为了克服强酸性染料缺点,在强酸性染料中通过增大分子量,引入芳砜基或长碳链的方法即生成弱酸性染料,能在弱酸性介质中染羊毛。它对羊毛亲合力较大,且无损伤,色光较深,坚牢度有所提高。

弱酸性染料染羊毛的染色机理为:染料分子和羊毛间借盐键和范德华力相结合

$$\overset{+}{N}H_3-W-COO^- +H^+ \rightleftharpoons \overset{+}{N}H_3-W-COOH$$
羊毛

$$\overset{+}{N}H_3-W-COOH + D-SO_3^- \longrightarrow \underset{D-SO_3^- \quad D-SO_3^-}{H_3\overset{+}{N}-W-COOH}$$

按加重分子量方法不同,弱酸性染料又有引入芳砜基的普拉型弱酸性染料。

〔例〕　弱酸性红-3B 染料:

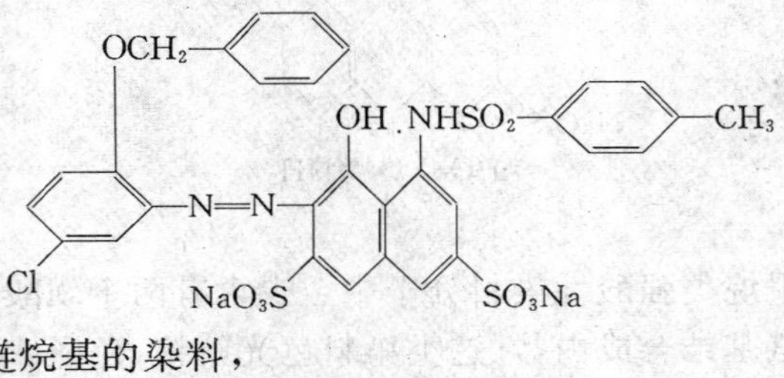

引入长碳链烷基的染料,

〔例〕　卡普仑桃红 B

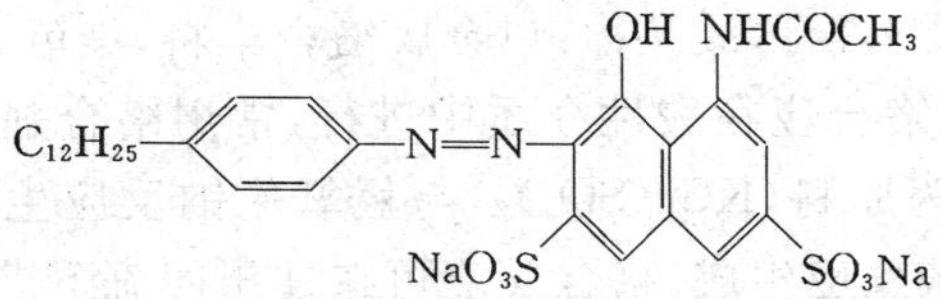

2·5·3　金属媒染与络合染料

酸性染料染色后,用某些金属盐(如铬盐、铜盐等)为媒染剂处理后,由于在织物上形成络合物,而提高了耐晒、耐洗、耐摩擦牢度。但色光较暗,经媒染剂处理后,织物会发生色变,而不易配色。

酸性媒介染料按其结构不同有:

水杨酸衍生的染料

〔例〕　酸性媒介深黄 GG

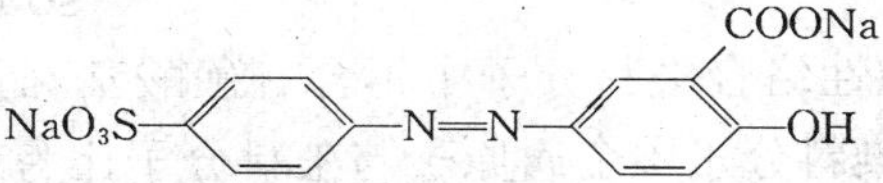

染料分子偶氮基邻位上具有两个羟基或一个羟基一个氨基的染料。

〔例〕　酸性媒介黑 T

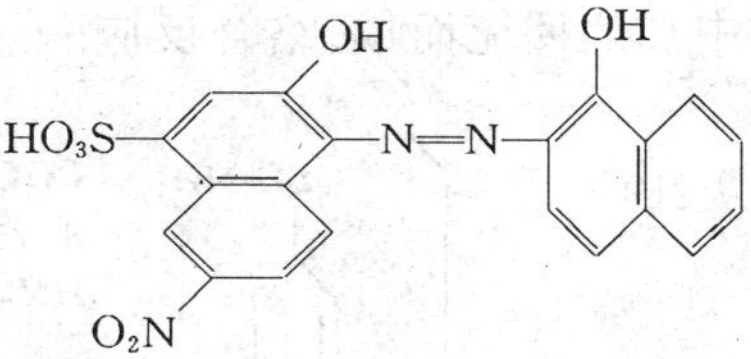

〔例〕　酸性媒介棕 RH

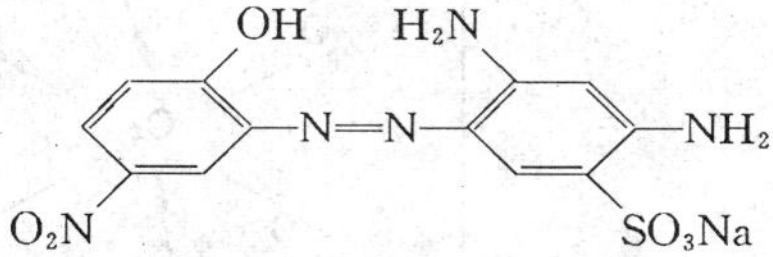

如在制备染料时,已将金属原子引入染料母体,形成染料的络合物,它的母体与酸性媒介染料相似。这种染料称金属络合染料,金属原子一般为铬、钴等,其染品耐晒、耐光等性能优良。金属原子

与染料分子比为1:1,故又称1:1金属络合染料,染色时不需要再用媒染剂处理。络合应在酸性介质中进行,常用络合剂有甲酸铬,它是由铬明矾为原料（$KCr(SO_4)_2$）与氢氧化钠反应生成氢氧化铬,然后再和甲酸反应生成。络合反应可在常压回流下进行,反应时间较长,如用加压法（115～135℃）,则反应时间可缩短。为避免生成铁的络合物,反应必须在搪瓷锅中进行。

[例] 酸性络合紫5RH

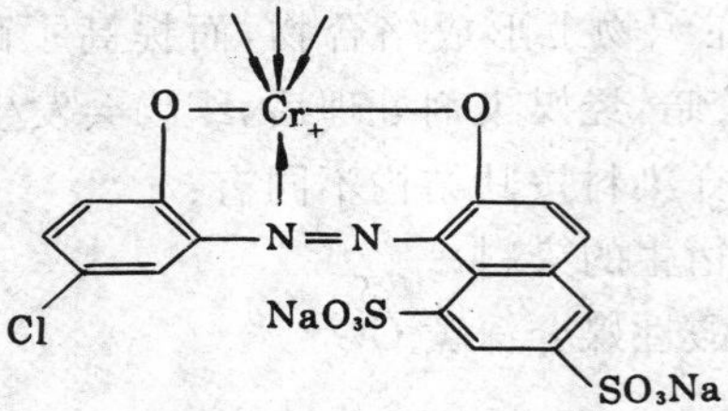

另一类酸性络合染料分子中不含有磺酸基,而含有磺酰氨基等亲水基团,染料分子中金属原子与染料分子比为1:2,故又称1:2金属络合染料。它在中性或弱酸性介质中染色,所以又称中性染料,它适用于皮革、羊毛、聚酰胺纤维染色。络合反应需在碱性介质中进行,常用水杨酸铬钠做络合剂,它的络合能力较强,由铬明矾和水杨酸在碱液中加热回流而成。络合反应一般在常压回流温度下进行。

[例] 中性灰2BL

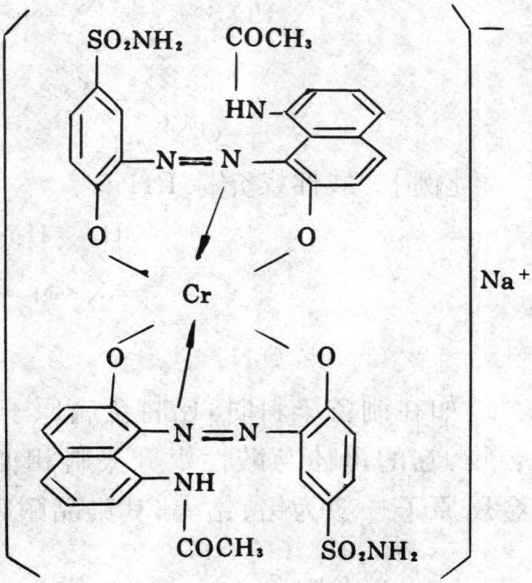

2·6　活性染料

2·6·1　概述

活性染料又称反应性染料,即能与纤维发生化学反应的染料。活性染料分子中含有能与纤维素纤维中的羟基和蛋白质纤维中的氨基发生反应的活性基团,在染色时与纤维形成化学键结合,生成"染料-纤维"化合物。活性染料具有色泽鲜艳,匀染性良好,湿处理牢度好,工艺适应性宽,色谱齐全,应用方便和成本较低等特点,广泛用于棉、麻、粘胶丝绸、羊毛等纤维及其混纺织物的染色和印花。

活性染料分子结构包括母体染料和活性基两个主要部分,活性基常通过某些联结基与母体染料相联。按母体染料不同一般可分为偶氮型、蒽醌型、酞菁型及甲臜型等。按活性基团不同分类见表2-3所示。

表 2-3　活性染料分类表

类　型	活　性　基　团　结　构	公　司	牌　号
均三嗪	D—NH—C 三嗪环(均三嗪),2,4位为Cl	ICI	Procion M
	D—NH—C 三嗪环,Cl与NHR取代	ICI	Procion H
	D—NH—C 三嗪环,Cl与OCH₃取代	Ciba	Cibacron Pront

类　型	活　性　基　团　结　构	公　司	牌　号
均三嗪	D—NH—C ... Cl, N, NH—C$_6$H$_5$（苯环）	Ciba	Cibacron F
乙烯砜	D—SO$_2$—CH=CH$_2$ D—SO$_2$CH$_2$CH$_2$OSO$_3$H	FH	Remazol
嘧啶	D—NH—C ... F, N, Cl, F	Bayer Sandoz	Levafix PA Drimarene R
	D—NH—C ... SO$_2$CH$_3$, N, Cl, CH$_3$	Bayer	Levafix P
	D—NH—C ... F, N, Cl, CH$_3$	Bayer	Levafix PN
喹恶啉	D—NH—C(=O)— ... N, Cl, N, Cl	Bayer	Levafix E
膦酸	D—PO$_3$H$_2$	ICI	Procion T

类 型	活 性 基 团 结 构	公 司	牌 号
3′-羧酸吡啶均三嗪		化药	Kayacelon React

2·6·2　活性染料的化学

2·6·2·1　染色机理

三聚氯氰型活性染料是最早发现的，三聚氯氰的母体是对称三氮苯，三氮苯核上由于共轭效应，氮原子上电子云密度较大。碳原子则成为正电荷中心。在三聚氯氰分子中，由于氯原子引入三氯苯，氯原子的诱导效应及氯原子联结的碳原子上，电子云密度进一

步降低而成为正电荷中心。

染色时纤维素纤维首先和染浴中的碱作用生成纤维素负离子，然后和活性染料作用，

$$纤维—OH+OH^- \longrightarrow 纤维—O^-+H_2O$$

染料和纤维成化学键结合。

对于三氮苯型、二氮苯型活性染料，与纤维素纤维发生亲核取代反应而染色。纤维素负离子向染料分子中正电荷中心碳原子进攻，取代氯原子，而生成"染料-纤维"化合物。

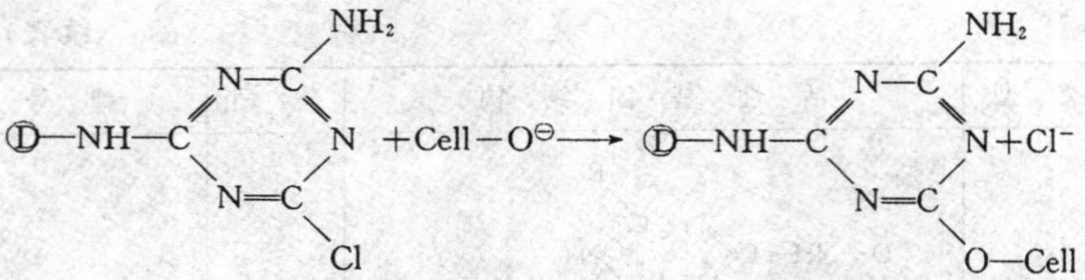

对于乙烯砜型活性染料,则是由于砜基存在而引起共轭效应,使β碳原子上正电荷密度增加,而使纤维素负离子发生亲核加成反应。

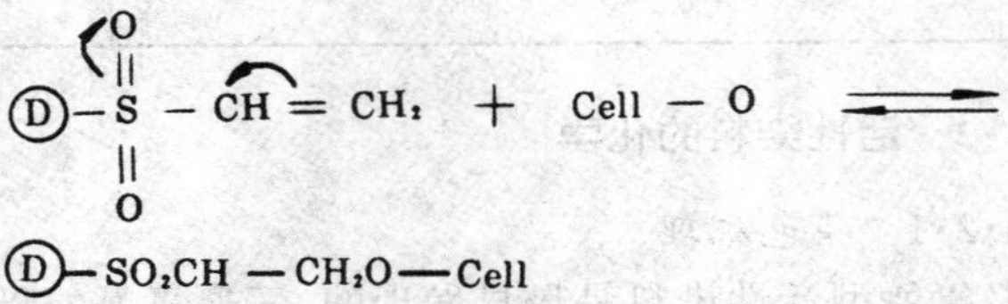

2·6·2·2 活性染料的水解

活性染料在染色和印花过程中,碱性水溶液中的氢氧根负离子,同样能与活性基发生亲核取代或亲核加成反应,而使染料发生水解,失去活性不能再和纤维素纤维结合。

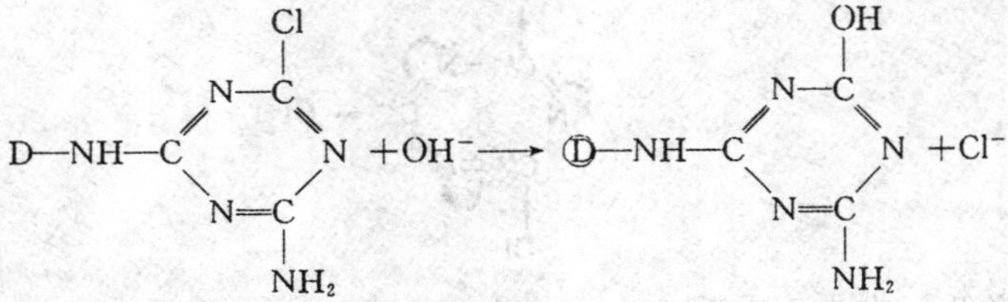

$$\text{\textcircled{D}}-SO_2CH=CH_2 \ +OH^- \longrightarrow \text{\textcircled{D}}-SO_2CH-CH_2OH$$

$$\xrightarrow{H_2O} \text{\textcircled{D}}-SO_2CH_2CH_2OH \ +OH^-$$

活性染料对纤维素染色时,染料和纤维的反应速度,可用下式表示:

$$R_c = K_f[D_f][CellO^-] \tag{2-11}$$

式中　R_c——反应速度;

　　　K_f——染料和纤维反应速度常数;

　　　$[D_f]$——染料在纤维中浓度;

［CellO］——纤维素负离子浓度。

而活性染料的水解反应可用下式表示

$$R_w = K_w[D_s][OH^-] \qquad (2-12)$$

式中　R_w——水解反应速度；

K_w——染料水解反应速度常数；

$[D_s]$——染料在染浴中浓度；

$[OH^-]$——染浴中氢氯根负离子浓度。

二者相对反应速度比

$$\frac{R_c}{R_w} = \frac{K_f[D_f][CellO^-]}{K_w[D_s][OH^-]}$$

其中 $\dfrac{K_f}{K_w}$ 近似值约为 1；而纤维中的活性染料和染浴中的活性染料的相对浓度，前者比后者高得多，即 $[D_f] > [D_s]$；在 pH = 7～13 这个范围内 $\dfrac{[CellO^-]}{[OH^-]}$ 这个比值几乎恒定，约为 30 左右，由此可见，活性染料的染色速度比水解反应快得多，染色中虽有水解副反应发生，但仍以染料与纤维的键合发应为主。

由于活性染料的染色和其水解反应，同属亲核取代反应或亲核加成反应。而且水解反应属均相反应，易于测定其反应速度常数，因此可用水解反应速度常数来代表活性染料活泼性大小。其值越大则活泼性也越大。

活性染料活泼性主要取决于活性基团，主要商品染料活泼性如表 2-4 所示，越往下活泼性越低。

活性染料水解后失去活性，必须洗去，否则影响湿处理牢度。水解是不可避免的，降低了染料在纤维上的固色率，降低了活性染料的利用率，同时又增加了印染废水，因此如何提高活性染料的固色率是活性染料研究中一直感兴趣的课题。

表 2-4 活性基团活泼性比较

商 品 牌 号	活 性 基 团 结 构

Procion M — 三嗪环，2位与4位为 Cl，连接 $-C$ (N=C(Cl), N=C, C(Cl))

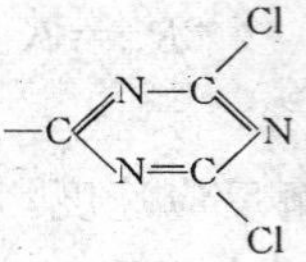

Levafix E — 喹噁啉环，$-C$ 连 O（羰基），环上 N、N 位为 Cl、Cl

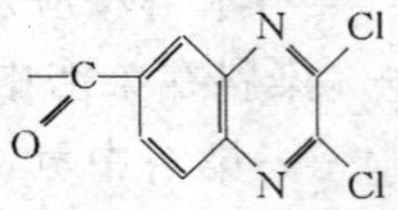

Drimarene R — 嘧啶环，$-C$，环上含 F、Cl、F

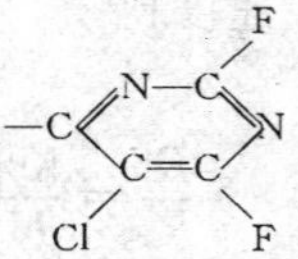

Remazol — $-SO_2CH_2CH_2OSO_3H$

Levafix P — 嘧啶环，SO_2CH_3、CH_3、Cl

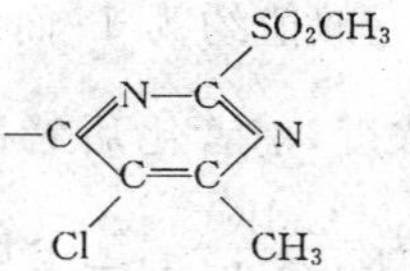

Cibacron Pront — 三嗪环，Cl、OCH_3

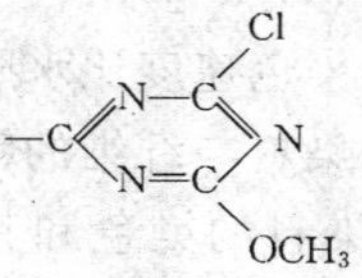

Procion H — 三嗪环，Cl、NHR

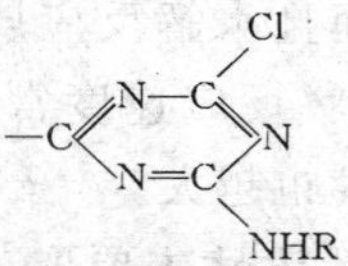

2·6·2·3 活性染料的断键

活性染料与纤维结合生成的"染料-纤维"化学键，还会进一步发生水解即所谓断键。它影响染色纤维湿处理牢度。

染色纤维在使用过程中，在碱性介质中氢氧根离子向染料分子中和纤维联结的碳原子进攻，进行亲核取代反应，于是染色纤维发生水解断键而褪色。在酸性介质中也会水解断键,这是由于先和氢质子作用生成活化络合物,增加了三氮苯核上正电荷密度,有利于水解反应进行。二氯三氮苯型活性染料不耐水解,一氯三氮苯型活性染料较耐水解。

乙烯砜型活性染料的断键牢度在酸性介质中较稳定,但不耐碱。

$$\underset{\textstyle D}{\textcircled{D}} - \underset{\underset{\textstyle O}{\parallel}}{\overset{\overset{\textstyle O}{\parallel}}{S}} - CH_2 - CH_2 - O\,Cell \xrightarrow{\quad -H^+ \quad}$$

$$\textcircled{D} - SO_2 - \overset{\frown}{C}H - CH_2 - \overset{\frown}{O\,Cell} \xrightarrow{\quad -CellO \quad}$$

$$\textcircled{D} - SO_2 - CH = CH_2 \xrightarrow{\quad H_2O \quad} \textcircled{D} - SO_2 - CH_2CH_2OH$$

2·6·3　三氮苯型活性染料

2·6·3·1　三聚氯氰型活性染料

这类活性染料最早发现,色谱齐全。具有两个氯原子的低温型活性染料,反应性能较强,但稳定性较差,用于低温浸染;具有一个活泼氯原子的热固型活性染料,反应性能中等,染料稳定性好,用于轧染和印花。

在三聚氯氰分子中,氯原子具有较高的反应活泼性。它的三个氯原子活泼性各不相同,第一个氯原子最活泼,温度在0～5℃便可与氨反应,第二个氯原子需在40～50℃反应,第三个氯原子最不活泼,要在100～110℃才能反应。因此采取不同条件,可使三个氯原子部分地或全部地被取代,这是合成一系列一氯及二氯三氮苯型活性染料的化学基础。

当三氮苯核上,有不同取代基时,氯原子的活泼性也会受到影响,当引入给电子取代基后,环上电子密度增加,核上碳原子上的正电荷密度就降低,故相应地减弱了氯原子活泼性。引入给电子基影响氯原子活泼性大小,要数苯胺基最大,其次为氨基,最小是甲氧基。故2-氯-4-甲氧基-三氮苯型活性染料的活性介于二氯三氮苯与2-氯-4-氨基-三氮苯型活性染料之间。

三聚氯氰型活性染料生产方法,其母体染料可按一般酸性染料合成方法进行。活性基团引进染料方法一般为:以含有氨基的母体染料与活性基团缩合,如对二氯三氮苯型一般可先合成染料母体,然后和三聚氯氰缩合。对一氯三氮苯型活性染料来说它的合成方法有两种:将二氯三氮苯型活性染料在 40～50℃时和氨基化合物缩合,使第二个氯原子被取代氨基等尾基取代,下列取代氨基为常用尾基:

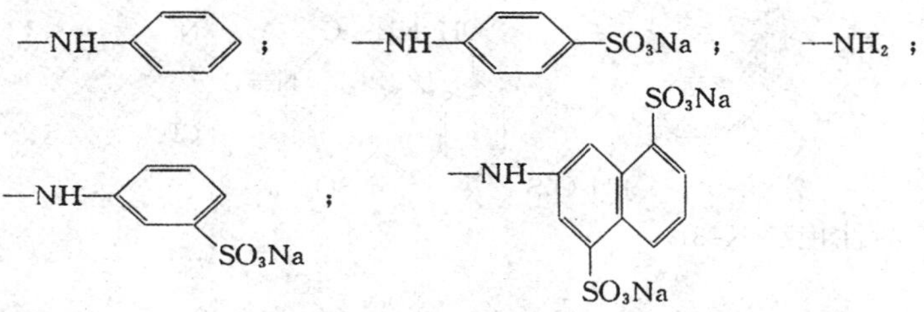

或先制成带有活性基团中间体,然后按一般酸性染料方法合成,如以芳二胺作为重氮组分,则将活性基三聚氯氰先与芳二胺缩合,然后再将另一氨基重氮化后进行偶合,最后用尾基把另一氯原子封闭起来。

因为活性染料极易在空气中吸湿发生水解而丧失活性,因此必须在染料干燥前加入稳定剂,以提高染料在干燥及贮运时的稳定性。常用稳定剂为磷酸二氢钠及磷酸氢二钠的混合物,调节 pH 至 6.8～7 左右。

〔例〕 活性艳黄 X-6G

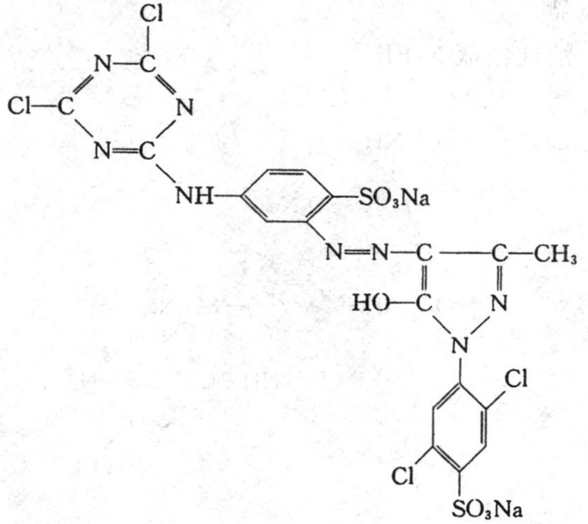

活性艳红 X-3B

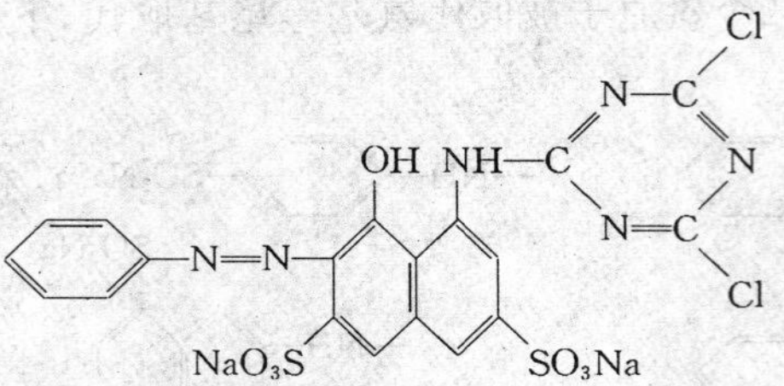

活性艳红 K-3B

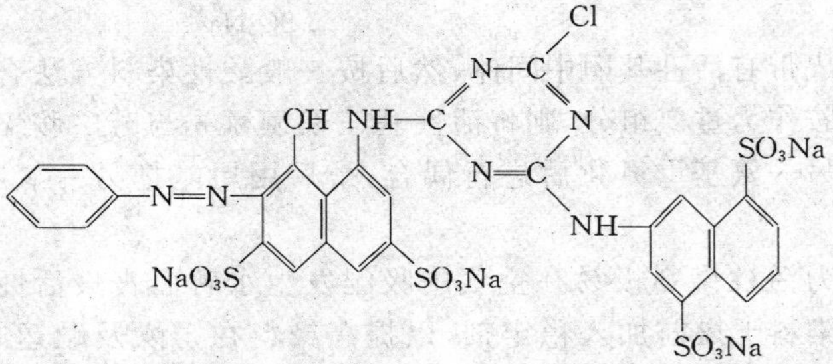

蒽醌型活性染料一般具有鲜艳蓝色色光,常用溴氨酸为原料,在氯化亚铜催化下与芳二胺缩合,再与三聚氯氰进行第二次缩合,即得染料成品。

〔例〕 活性艳蓝 X-BR

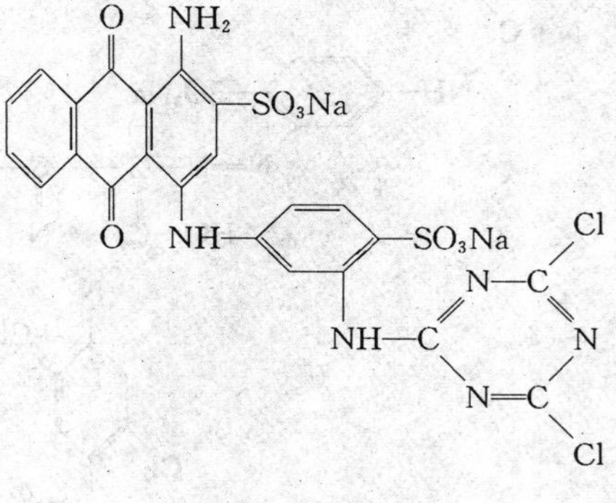

〔例〕 活性艳蓝 K-GR

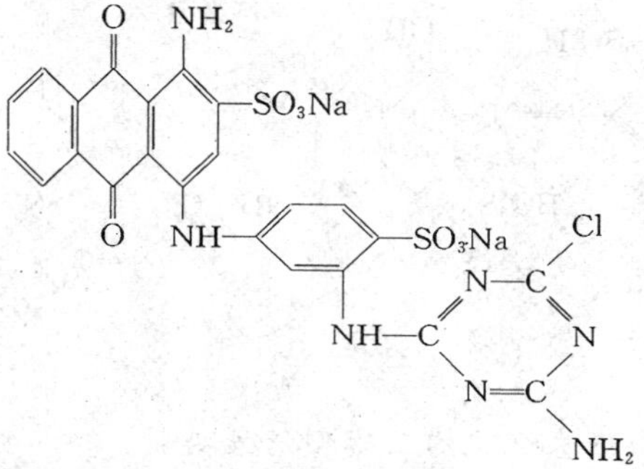

另外一种双偶氮活性染料是由分子中具有两个氨基的双偶氮染料与二分子三聚氯氰缩合而成。

〔例〕 双偶氮活性黑绿 KD-B

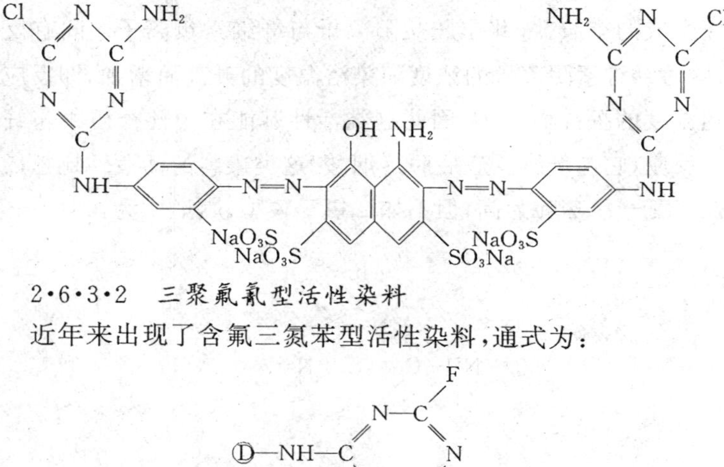

2·6·3·2 三聚氟氰型活性染料

近年来出现了含氟三氮苯型活性染料,通式为:

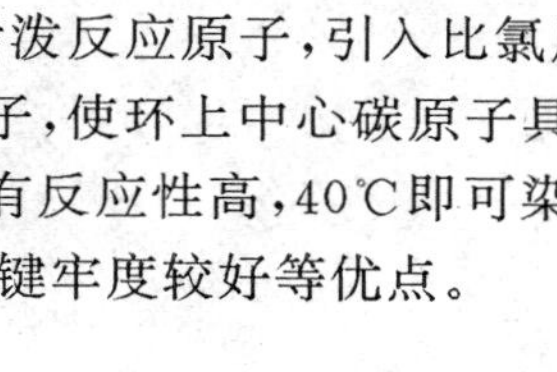

由于改变氮杂环上活泼反应原子,引入比氯原子更强的吸电子基团,作为活泼反应原子,使环上中心碳原子具有更强的正电性,更易与纤维反应。它具有反应性高,40℃即可染色,还可冷轧堆置染色,"染料-纤维"结合键牢度较好等优点。

［例］

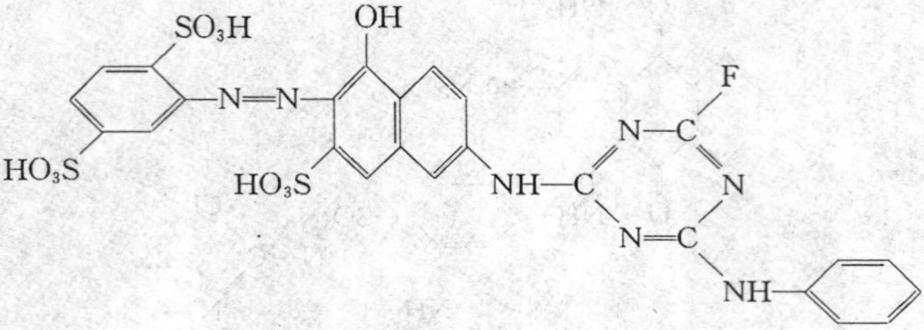

2·6·3·3 羧基吡啶均三嗪型活性染料

日本化药公司前些年开发了一类能在中性染浴中高温浸染，并与纤维素进行反应固色，同时又可与分散染料进行涤棉混纺织物一浴染色的染料，其活性基为一氯均三嗪与烟酸（3-羧基吡啶）反应生成的季胺盐。此季胺盐阳离子与纤维素负离子之间有反应性；同时纤维素阴离子的浓度随染浴温度的升高而增加，即反应速度随温度的提高而增加，因此这类活性基能在中性介质中与纤维发生反应，它与纤维反应后脱落烟酸。这类染料的活泼性比乙烯砜型及二氟一氯嘧啶为高，但不如二氯三嗪型。其通式为：

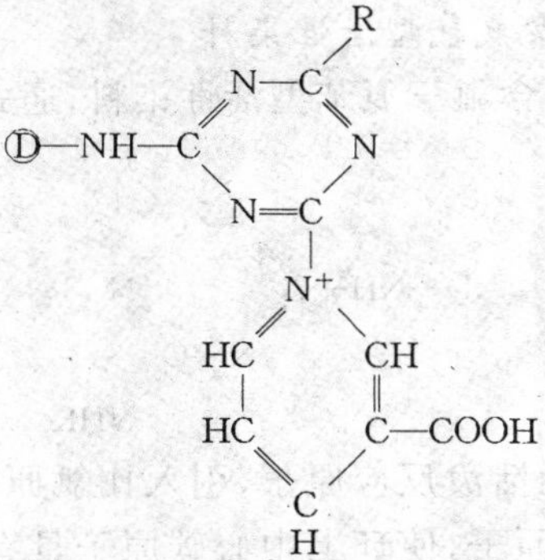

［例］

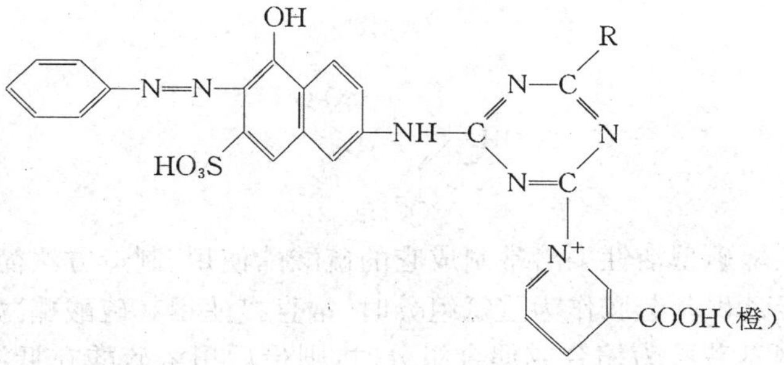
OH
R
N=N
N—C
NH—C
N
HO3S
N=C
N+
COOH(橙)

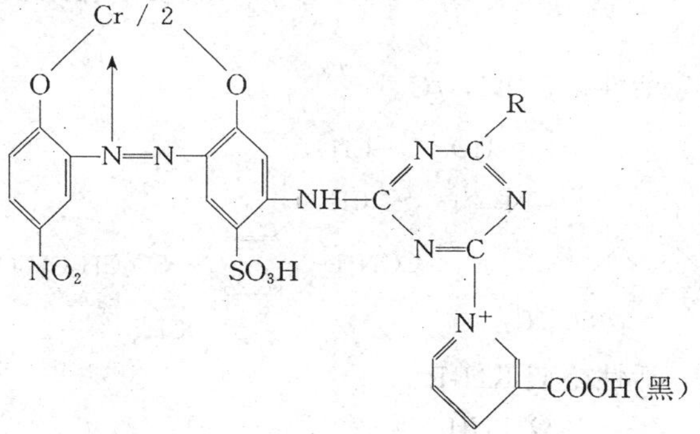
Cr / 2
O
O
R
N=N
N—C
NH—C
N
NO2
SO3H
N=C
N+
COOH(黑)

2·6·4 乙烯砜型活性染料

乙烯砜型活性染料是一类含有β-乙烯砜基硫酸酯作为活性基团的活性染料，这类染料色谱齐全，活泼性中等，固色温度60℃，俗称 KN 型活性染料。

这类活性染料的乙烯砜基，是以β-羟乙砜基苯胺为中间体，直接引入到染料分子中去。常用的β-羟乙砜基苯胺有

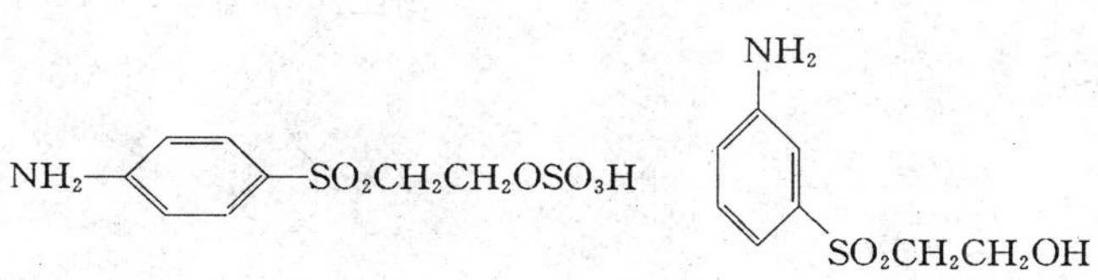
NH2
SO2CH2CH2OSO3H
NH2
SO2CH2CH2OH

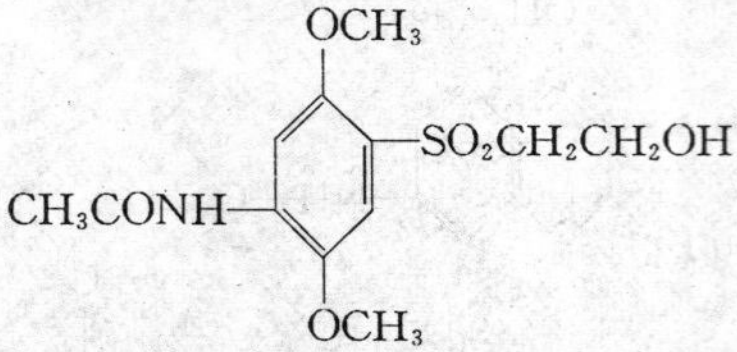

乙烯砜型活性染料常制成它的硫酸酯使用。制造方法简便,如以 β-羟乙砜基芳胺作为重氮组分时,常直接使用其硫酸酯。如以 β-羟乙砜基芳胺为缩合或偶合组分时,则最后用浓硫酸在低温下酯化成硫酸酯。

[例] 活性嫩黄 KN-7G

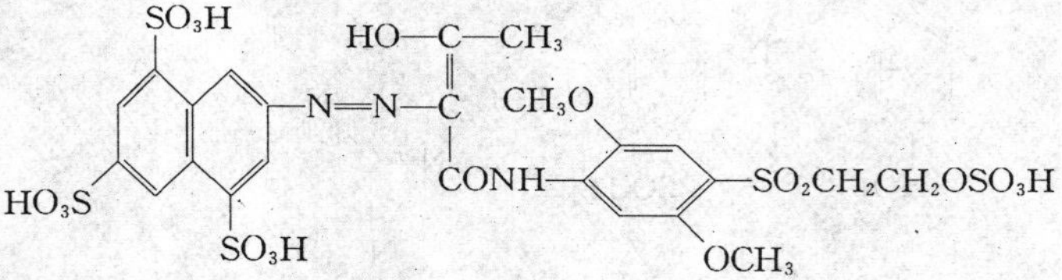

[例] 活性艳蓝 KN-R

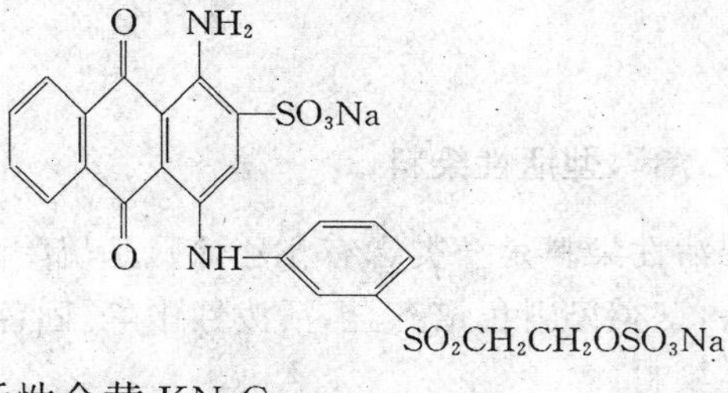

[例] 活性金黄 KN-G

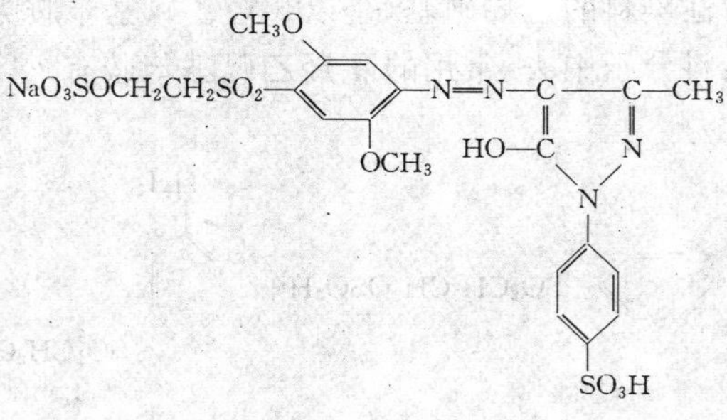

2·6·5 嘧啶型活性染料

嘧啶型活性染料的活性基团为嘧啶核的结构,其中性能较好的活性基团有:

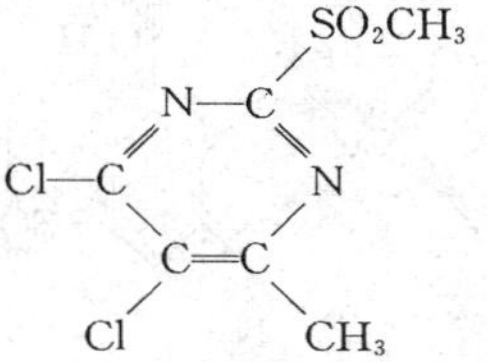

2-甲砜基4-甲基-5,6-二氯嘧啶 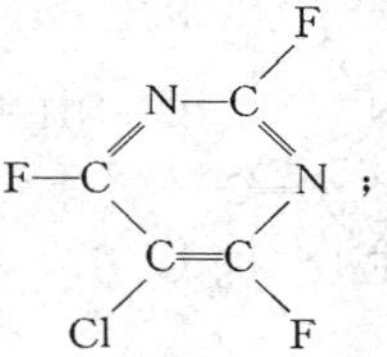 ; 2,4,6-三氟-5-一氯嘧啶

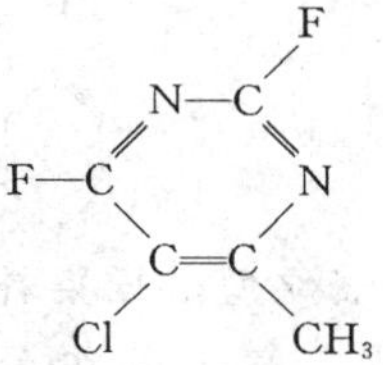

2,4-二氟-5-氯-6-甲基嘧啶

2·6·5·1 甲砜基嘧啶型活性染料

由活性基团2-甲砜基-4,5-二氯-6-甲基嘧啶与具有氨基的染料母体缩合而成。2-位上甲砜基为强吸电子基,具有较高活泼性和纤维素反应,生成"染料-纤维"共价键。由于染色后甲砜基脱落离去故生成的"染料-纤维"键较牢固不易断键。

〔例〕 活性红

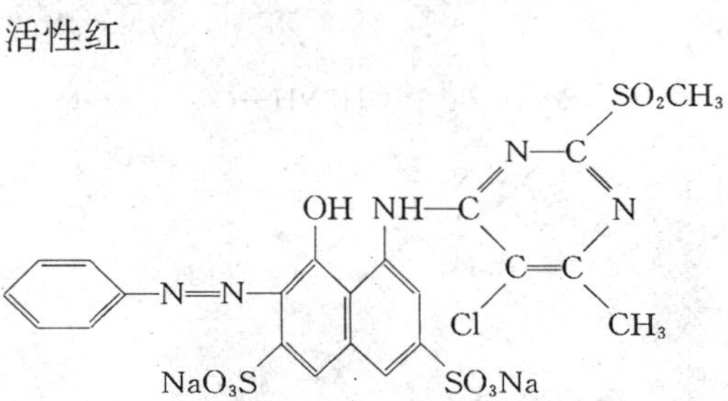

2·6·5·2 2,4-二氟嘧啶型活性染料

这类活性染料的活泼性仅次于二氯三氮苯型,活泼性较高,染色时反应很快,用于印花轧染,也可用于浸染。

[例] 活性深蓝 R-GL

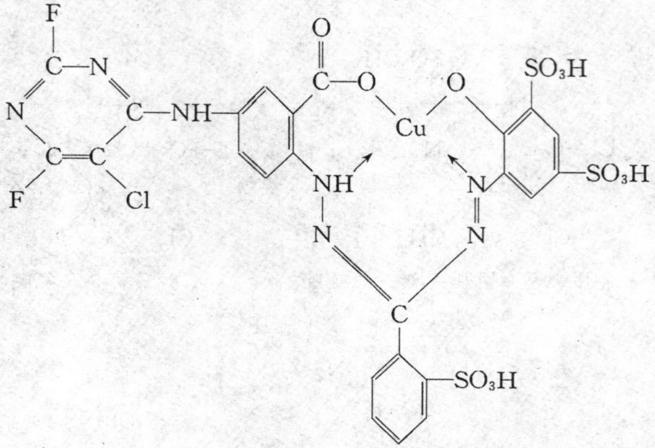

2·6·5·3 氟氯甲基嘧啶型活性染料

这类活性染料由2,4-二氟-5-氯-6-甲基嘧啶与具有氨基的母体染料缩合而成,它的活泼性由于6-位上引入给电子基—CH₃,而稍差于2,4-二氟嘧啶型活性染料,固色率较高,一般可达80%以上,主要用于印花,无直接性,白地沾污少,极易洗去浮色,"纤维-染料"结合键牢固,色谱齐全,色光鲜艳,是目前活性染料中性能较为优良的品种。

[例] 活性艳红 PN-B

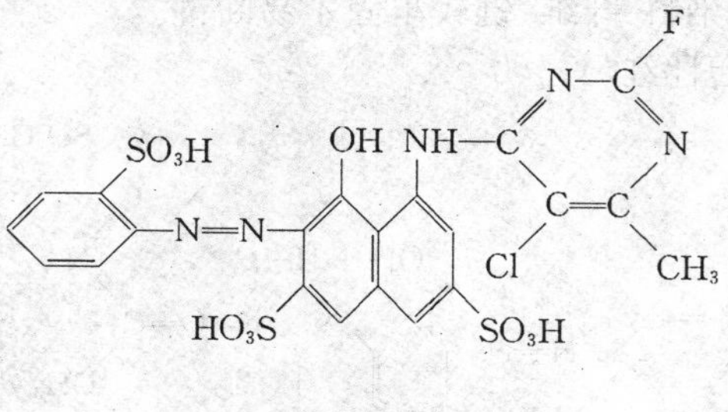

2·6·6 膦酸型活性染料

这类染料是由 ICI 公司于 20 世纪 70 年代末开发的,商品牌号称 ProcionT 型活性染料,染料分子中含有膦酸基。它的染色机理是膦酸基在高温下能与催化剂氰胺或双氰胺作用生成能与纤维素的羟基结合的双膦酸酐,染色中不需在碱性条件下,所以这类活性染料能与分散染料相同条件下染色,即在弱酸条件 pH=6 中固色,故可与分散染料—浴法染涤棉混纺织物。

$$2Ar-\overset{\displaystyle O}{\underset{\displaystyle OH}{P}}-OH \xrightarrow[210\sim220℃\ \ pH=6.0]{H-N=C=N-H} Ar-\overset{\displaystyle O}{\underset{\displaystyle OH}{P}}-O-\overset{\displaystyle O}{\underset{\displaystyle OH}{P}}-Ar$$

$$Ar-\overset{\displaystyle O}{\underset{\displaystyle OH}{P}}-O-\overset{\displaystyle O}{\underset{\displaystyle OH}{P}}-Ar \ + \ Cell-OH \longrightarrow$$

$$Ar-\overset{\displaystyle O}{\underset{\displaystyle OH}{P}}-O-Cell \ + \ Ar-\overset{\displaystyle O}{\underset{\displaystyle OH}{P}}-OH$$

T 型活性染料染色后,脱水剂氰胺本身吸水生成尿素。这类染料由于没有水解反应,

$$H_2NCN + H_2O \longrightarrow NH_2CONH_2$$

故它的固色率很高。

它的制备有膦酸基直接联在母体染料上:

嫩　黄

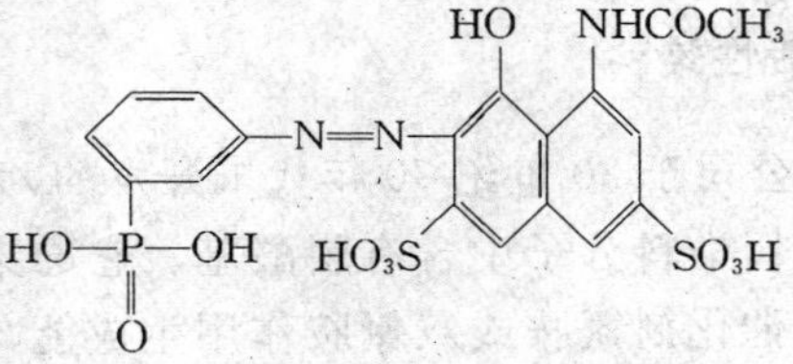

红

或通过联结基一般为三聚氰氯联结在母体染料上：

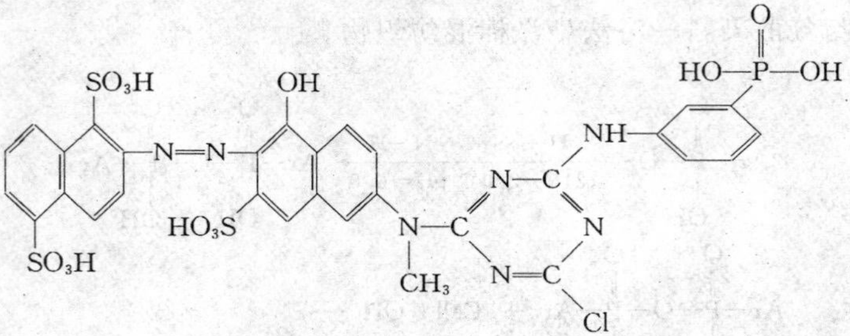

橙

中间体间氨基苯膦酸的合成方法如下：

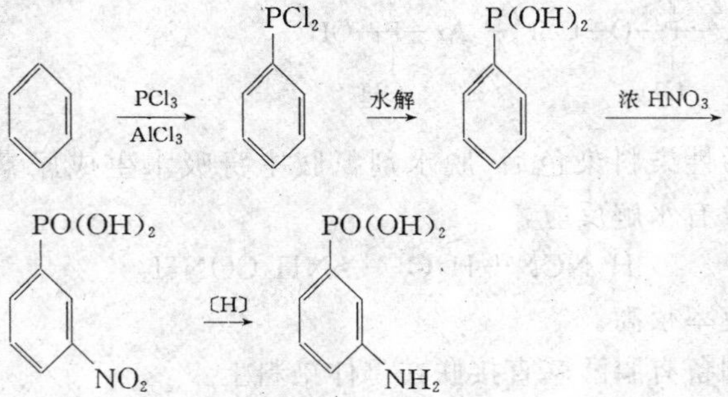

2·6·7　高固色率双活性染料

活性染料的水解反应，降低了它的固色率，既浪费了染料，增加印染工艺中皂洗次数，又增加了印染废水的治理。因此如何减少水解提高固色率一直成为活性染料的中心而被研究。双活性染料不失为简单易行的途径。它们有两个三聚氯氰环的，也可以是乙烯砜基及一氯三氮苯的两个活性基。

[例] 双活性蓝光红

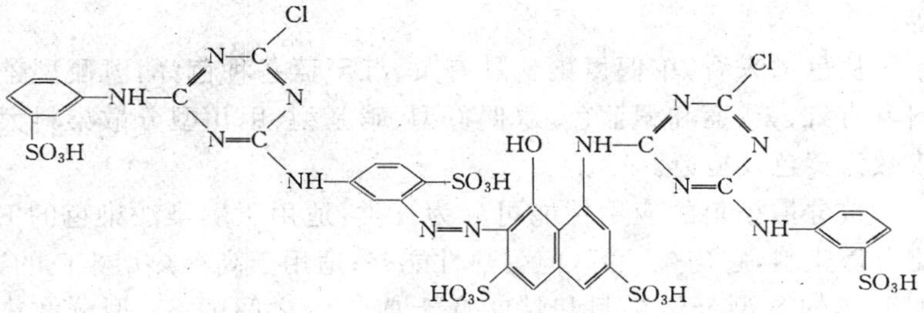

[例] 活性深蓝 M-4G

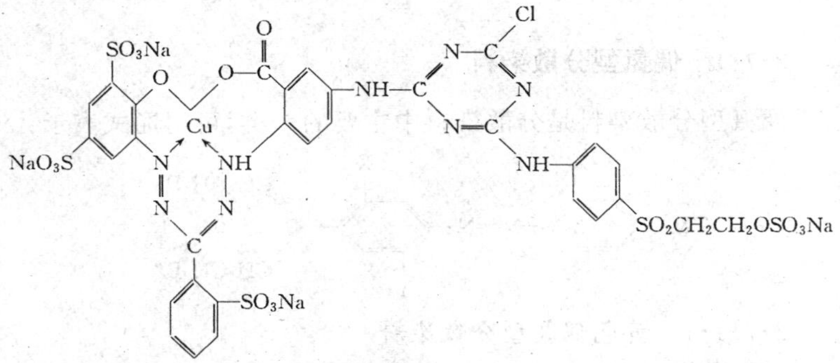

2·7 分散染料

分散染料在水中呈分散微粒状态。分子中不含有磺酸基等水溶性基团,但含有羟基、偶氮基、氨基、羟烷氨基、氰烷氨基等极性基团,属非离子型染料,在水中仅有微溶性。在染色时需依赖助剂分散剂的作用,在水中呈高度分散的颗粒(直径约为0.5～2微米),所以分散染料需经过特殊加工处理后才能商品化。

分散染料主要用于合成纤维,特别是聚酯和醋酸纤维的染色。聚酯纤维由于其优越的服用性能,发展极为迅速,在各种合成纤维中其产量占首位,因而分散染料也相应地获得很大发展,在国外其产量占首位。

按化学结构的不同,分散染料主要可分为偶氮型及蒽醌型两种,前者约占60%,后者约占25%左右,此外还有硝基、苯乙烯型等。

从色谱来看,单偶氮染料具有黄、红至蓝各种色泽,蒽醌型染料具有红、紫、蓝和翠蓝色。双偶氮型、硝基型、甲川型分散染料大多数为黄色及橙色。

按分散染料的应用性能可分为三类:适用于竭染法染色的 E 型分散染料,它匀染性好,但耐热性能差;适用于高温热熔染色的,耐升华的 S 型分散染料和性能介于前二者之间的 SE 型分散染料。

2·7·1 偶氮型分散染料

偶氮型分散染料是分散染料中主要的一类,可用通式表示:

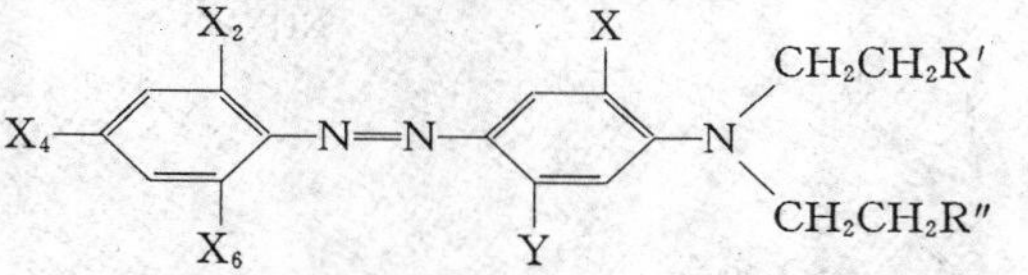

2·7·1·1 黄色偶氮型分散染料

分散黄棕 S-2RFL

其结构式为

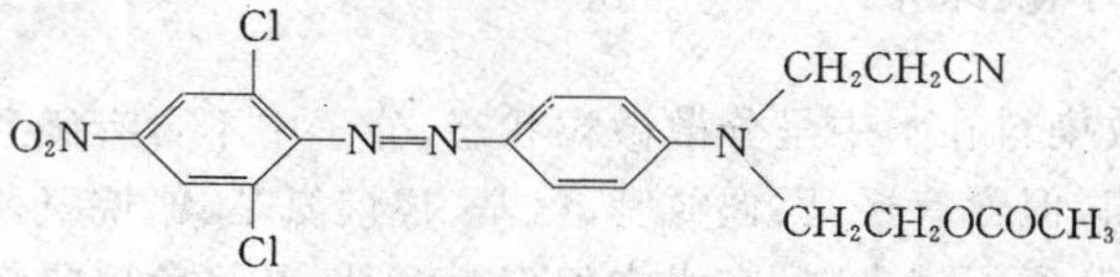

耐晒牢度7级,耐升华牢度4级,匀染性及耐湿处理牢度也较好,主要用于热熔法拼灰、棕、黑等色,极少单独应用。

分散黄棕 S-2RFL 的合成方法为:

(1)重氮组分2,6-二氯-4-硝基苯胺的合成

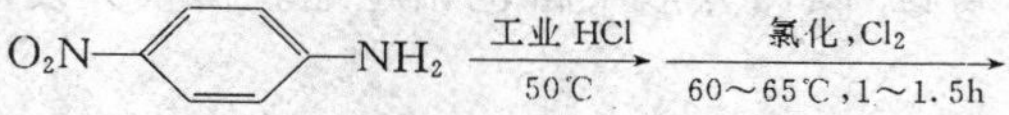

$$\xrightarrow[\text{过滤}]{\text{加水稀释}}$$

（2）偶合组分 N-(β-氰乙基)-N-(β-乙酰氧乙基)苯胺的合成

$$\xrightarrow[\text{(2) 加入 } CH_2=CH-CN ,100\sim110℃]{(1)\ HCl,pH=6}$$

$$\xrightarrow[\text{环氧乙烷}]{5℃通入}\quad\xrightarrow[\text{在150℃保温2h}]{6h 内升温至150℃}$$

$$\xrightarrow[100℃,2h]{(CH_3CO)_2O}$$

深棕色粘稠液体

  苯胺与丙烯腈加成反应,加入少量二价铜盐作催化剂,可提高转化率。反应应在密闭下进行,防止丙烯腈挥发,可保证反应物中丙烯腈浓度,使氰乙基化反应完全。反应完毕后一般可用亚硫酸氢钠破坏未反应的丙烯腈。

  （3）染料合成

  重氮组分4-硝基-2,6-二氯苯胺用亚硝酰硫酸进行重氮化,加偶合组分的醋酸溶液进行偶合,在偶合前加少量助剂平平加使反应顺利进行。

$$\xrightarrow[\text{重氮化,10}\sim\text{15℃}]{H_2SO_4+NaNO_2}\quad\xrightarrow[\text{加入平平加}]{\text{冰水稀释}}$$

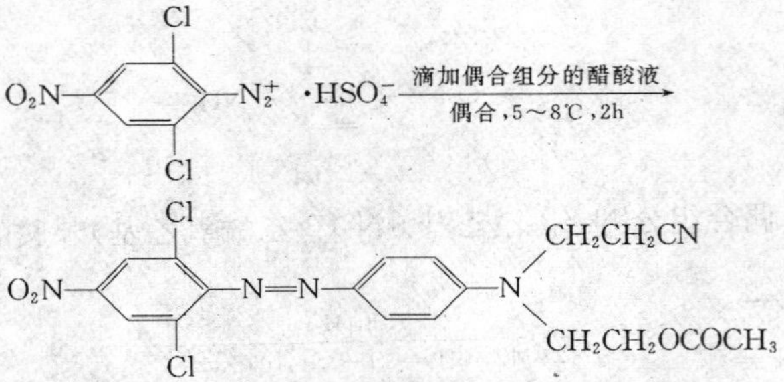
滴加偶合组分的醋酸液
偶合，5～8℃，2h

其他偶氮型黄色分散染料，常见品种有：

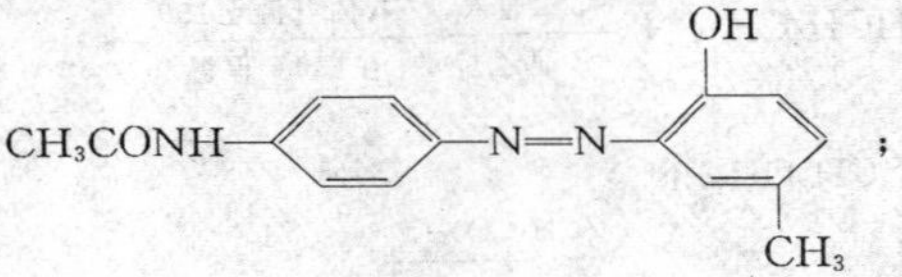

分散黄 G

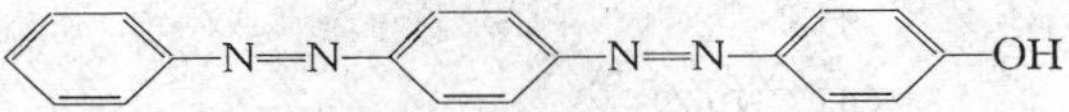

分散黄 E-RGFL

2·7·1·2　红色偶氮型分散染料

1）分散红玉 S-2GFL

分散红玉 S-2GFL 的结构式为：

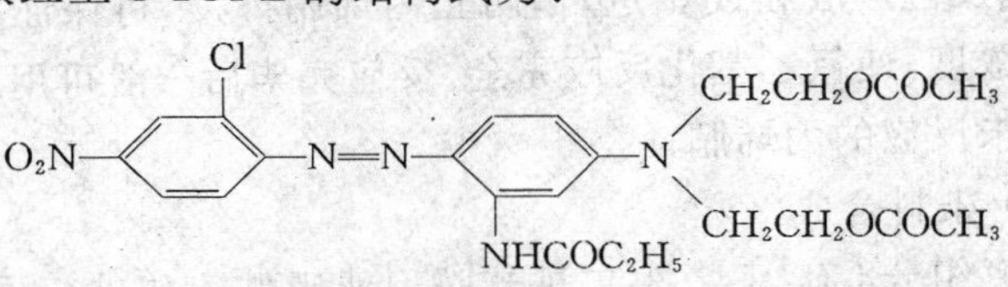

它与分散蓝 S-2GL，分散黄棕 S-2RFL 能拼出较好的棕、藏青和灰等颜色，是拼色的主要品种。

分散红玉 S-2GFL 的合成方法为

（1）重氮组分2-氯-4-硝基苯胺的合成

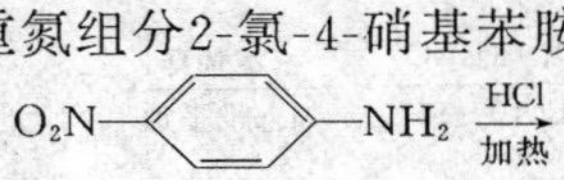
HCl
加热

要避免次氯酸钠过量而造成二氯化,生成2,6-二氯-4-硝基苯胺。

（2）偶合组分3-丙酰氨基-N,N-二(β-乙酰氧乙基)苯胺的合成

硝基物的还原,可用骨架镍为催化剂,在气液相下加氢还原,生成的产品质量纯,收率高,不生成大量废水及铁渣。

（3）染料合成

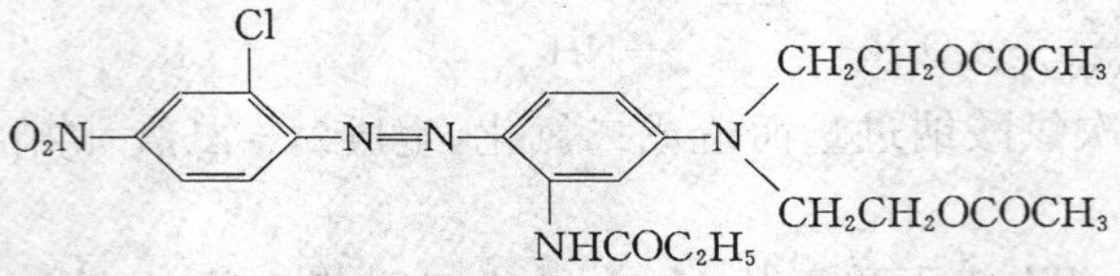

偶合反应是在醋酸和醋酸钠介质中进行,无机酸的存在会使染料部分水解,使乙酰氧乙基变成羟乙基。此染料的偶合组分也可用间乙酰氨基-N,N-二乙酰氧乙基苯胺。

2）分散红玉 SE-GFL

分散红玉 SE-GFL 的结构式为

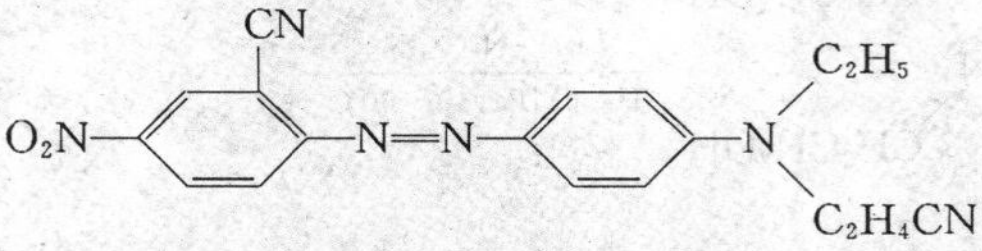

合成方法:

（1）重氮组分2-氰基-4-硝基苯胺是重要的 SE 型分散染料红色染料的重氮组分,它进一步在6-位上卤化后,又可得蓝色染料重氮组分。采用非氰路线合成方法有多种:

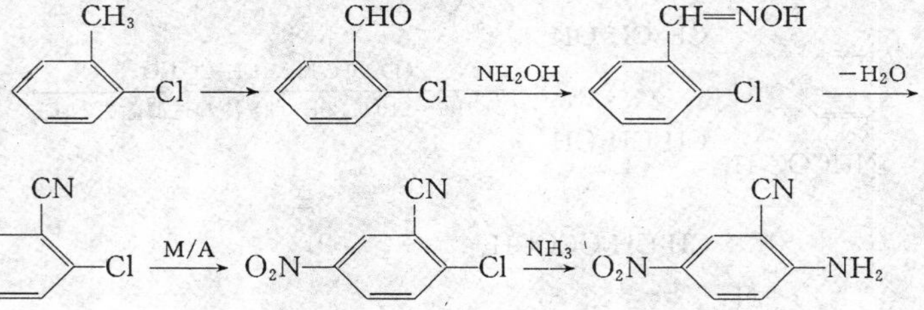

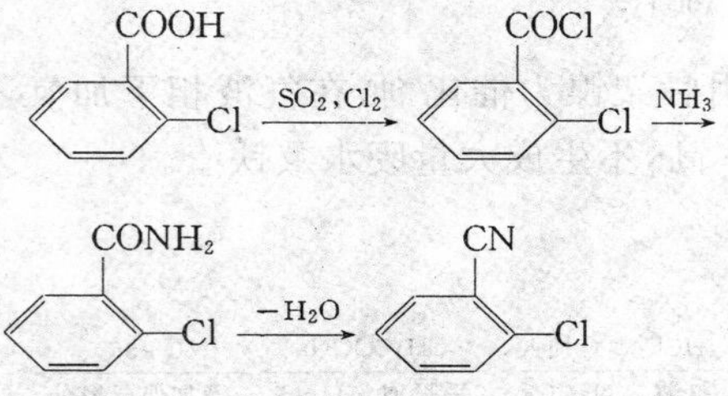

C

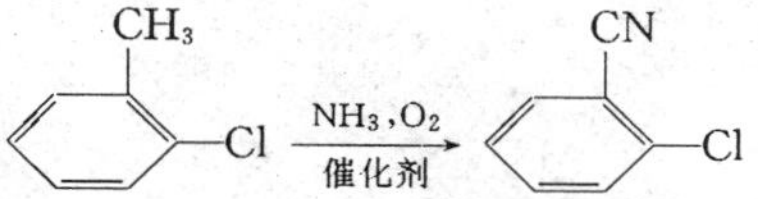

D

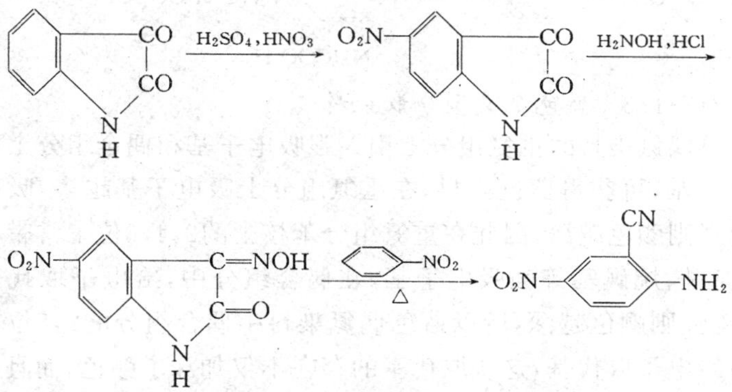

（2）偶合组分 N-乙基-N-(β-氰乙基)苯胺的合成

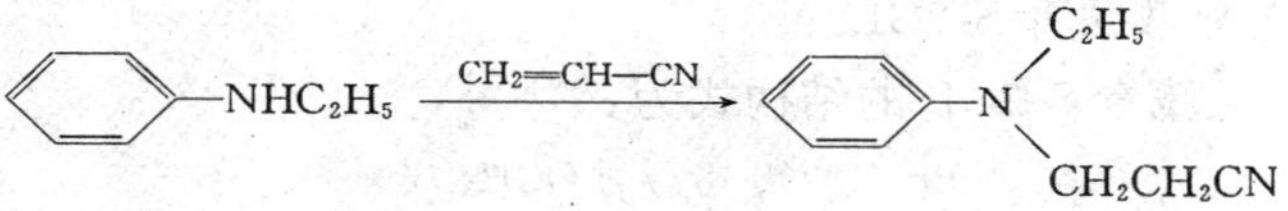

（3）染料合成

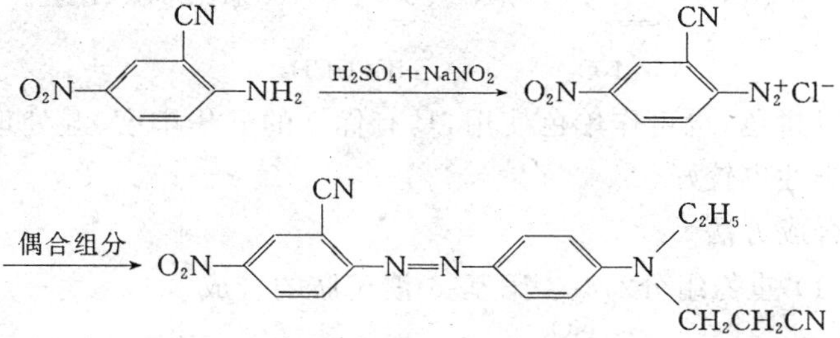

3）其他红色偶氮型分散染料

常见的有：

分散大红 S-3GFL

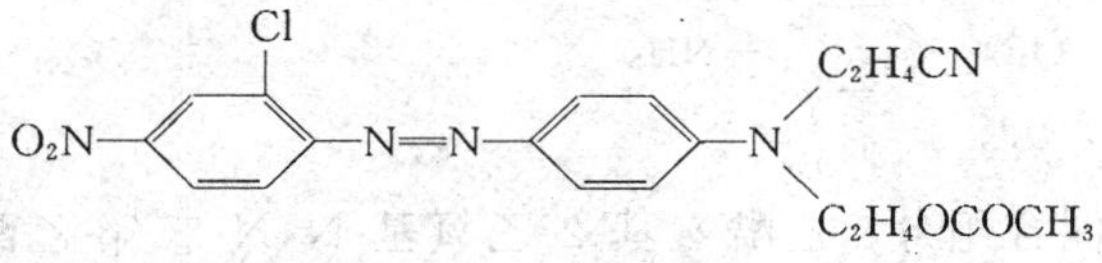

分散大红 S-BWFL

$$O_2N-\!\!\!\bigcirc\!\!\!-N\!\!=\!\!N-\!\!\!\bigcirc\!\!\!-N(C_2H_4OCOCH_3)_2$$
$$\qquad\qquad\qquad\qquad\qquad NHCOC_2H_5$$

2·7·1·3　蓝色偶氮型分散染料

单偶氮染料的重氮组分上引入强吸电子基和偶合组分上引入给电子基,可获得蓝色染料。在重氮组分上吸电子基越多,吸电子性越强则颜色越深。因此在重氮组分苯核上的2,4,6位上常带有硝基、氰基、烷砜基等强吸电子基。在偶合组分中,给电子取代基越多、越强则颜色越深,所以蓝色偶氮染料中偶合组分的2,5位上常带有给电子取代基,这些取代基的存在不仅加深了颜色,而且对提高染料耐光、耐升华牢度等也有较显著的影响。

1) 分散藏青 S-2GL

分散藏青 S-2GL 的结构式为:

$$O_2N-\!\!\!\bigcirc\!\!\!-N\!\!=\!\!N-\!\!\!\bigcirc\!\!\!-N(C_2H_4OCOCH_3)_2$$

它可以拼色,也可作单色使用,具有优良的升华牢度、湿处理牢度且匀染性也较好。

合成方法

(1) 重氮组分2,4-二硝基-6-溴苯胺的合成

$$\xrightarrow[\text{Br}+\text{NaOCl},50\sim55\text{℃}]{\text{氯苯},H_2O}$$

(2) 偶合组分5-乙酰氨基-2-乙氧基-N,N-二(β-乙酰氧乙基)

· 60 ·

苯胺的合成。

以对氨基苯乙醚为原料,可得较好的成品质量及较高收率,在此法中硝化收率为93%,

$$\text{（对氨基苯乙醚, OC}_2\text{H}_5\text{ / NH}_2\text{）} \xrightarrow[\text{室温}]{(CH_3CO)_2O} \text{（OC}_2\text{H}_5\text{ / NHCOCH}_3\text{）} \xrightarrow[\text{硝化}]{M/A,0\sim5℃}$$

$$\text{（OC}_2\text{H}_5\text{ / NO}_2\text{ / NHCOCH}_3\text{）} \xrightarrow[\text{还原}]{Na_2S,80\sim100℃} \text{（OC}_2\text{H}_5\text{ / NH}_2\text{ / NHCOCH}_3\text{）} \xrightarrow[\text{75}\sim80℃,\text{羟乙基化}]{H_2O,\text{环氧乙烷}}$$

$$\text{（OC}_2\text{H}_5\text{ / N(CH}_2\text{CH}_2\text{OH)}_2\text{ / NHCOCH}_3\text{）} \xrightarrow[\text{酯化}]{(CH_3CO)_2O,\text{室温}}$$

$$\text{（OC}_2\text{H}_5\text{ / N(CH}_2\text{CH}_2\text{OCOCH}_3\text{)}_2\text{ / NHCOCH}_3\text{）}$$

还原收率为95%左右,羟乙基化可在常压下进行,所得染料总收率可达60%左右。

（3）染料合成　将2,4-二硝基-6-溴苯胺,用亚硝酰硫酸,在40℃进行重氮化,偶合时先将偶合组分在冰水中稀释,然后加入重氮盐在0~5℃偶合,偶合时 pH 约为2~3,加入助剂 OP-10,可使生成的染料容易过滤;并且可得较细染料颗粒,偶合收率约为80%。如用对氨基苯甲醚为原料,也能得到近似色光染料。

$$\text{（O}_2\text{N- 苯环 -NO}_2\text{ / NH}_2\text{ / Br）} \xrightarrow[40℃]{H_2SO_4+NaNO_2} \text{（O}_2\text{N- 苯环 -NO}_2\text{ / N}_2^+ \cdot HSO_4^- \text{ / Br）}$$

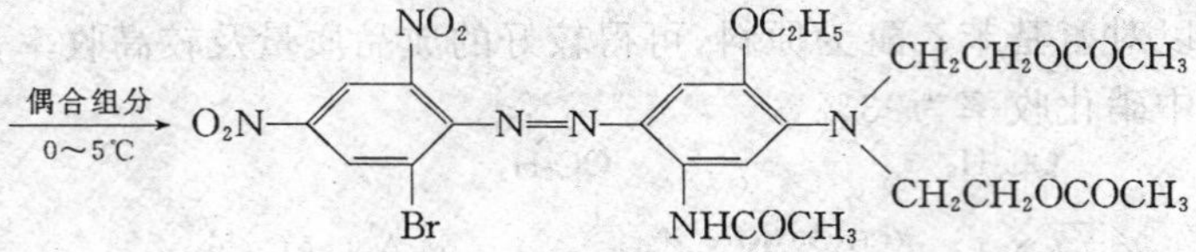

$$\xrightarrow[\text{0~5℃}]{\text{偶合组分}}$$

其他蓝色偶氮型分散染料中具有优良性能品种,大多在重氮组分苯核偶氮基邻位的硝基,或溴被氰基所取代。这类染料色泽鲜明,日晒牢度及升华牢度均甚优越。

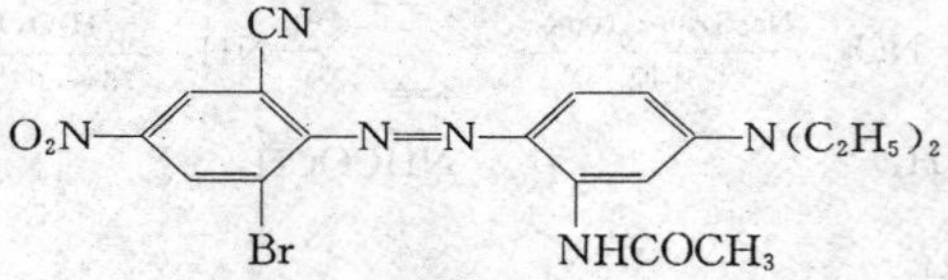

分散蓝 SE-2R

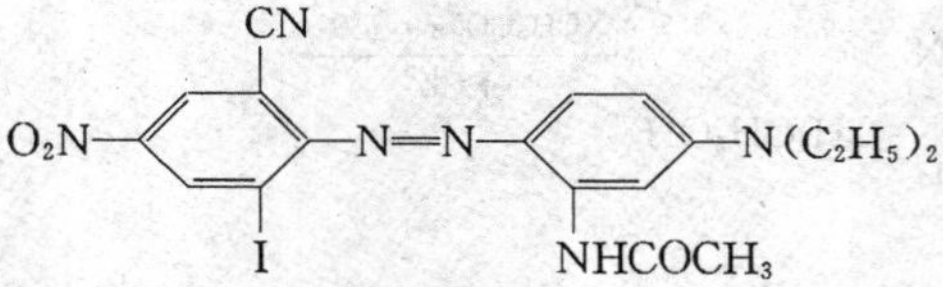

分散蓝 KB-FS

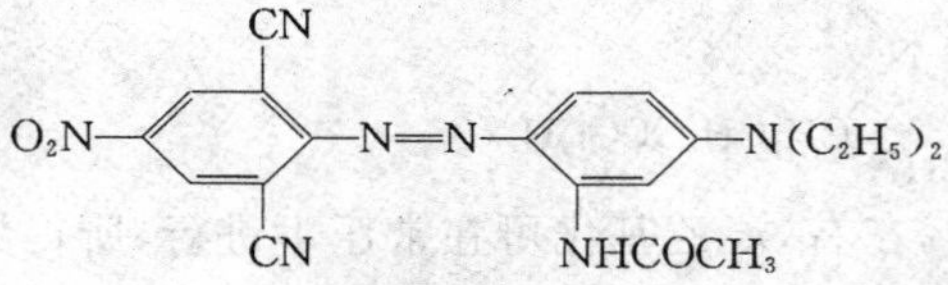

分散蓝 BBLS

2·7·2　蒽醌型分散染料

蒽醌型分散染料色谱包括红、紫、蓝等色,在深色品种中占重要地位。这类分散染料的日晒、皂洗等牢度比一般偶氮型分散染料要好,而且色泽较鲜艳,但制造方法复杂,价格较贵。

2·7·2·1　1-氨基-4-羟基-蒽醌的 β-位取代物

这类染料通式如下:

若 X 为 OCH$_3$，OCH$_2$CH$_2$OH，OCH$_2$CH$_2$OCH$_2$CH$_2$OC$_2$H$_5$，OC$_6$H$_5$均为红色。

这类染料常用1-氨基蒽醌为原料经溴化和醇或酚缩合而成。

分散红3-B

合成方法为：

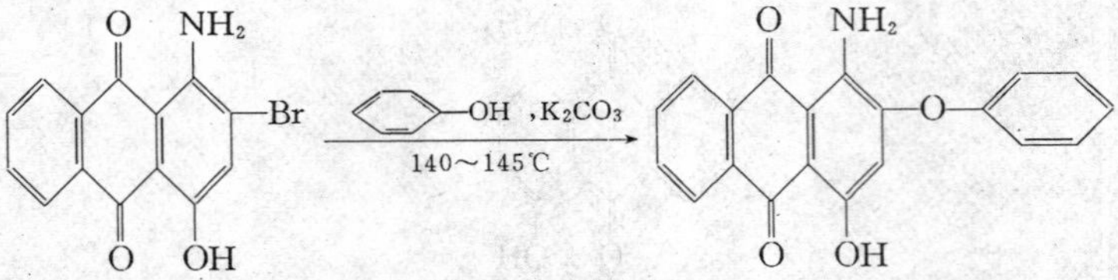

分散红3B 色光鲜艳,可与分散黄 RGFL,分散蓝2BLN 拼成藏青及灰色,日晒牢度、匀染性及提升率较好,但升华牢度较差仅2级,故仅适用于高温高压法染色。

2·7·2·2 1,5-二氨基-4,8-二羟基蒽醌衍生的分散染料

这类染料的通式如下:

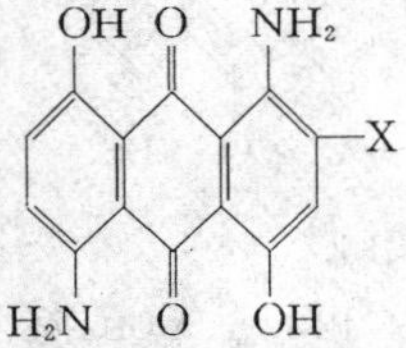

色光鲜艳、性能良好的蒽醌型蓝色分散染料大多具有上述结构,在β位引入取代基能调整色光及增强升华牢度。

分散蓝2BLN

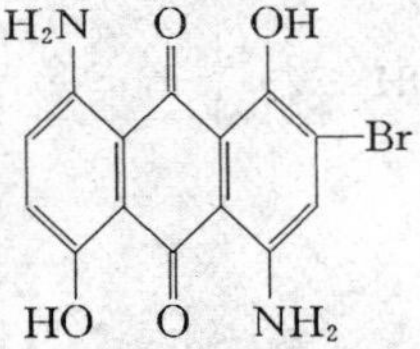

分散蓝2BLN 具有鲜艳的色光,日晒及湿处理牢度均优良,但升华牢度稍差。它的中间体1,5-二苯氧基蒽醌,目前有两种合成方法。

以蒽醌为原料,在硫酸汞存在下经磺化定位生成蒽醌1,5-二磺酸,然后在盐酸中加入氯酸钠溶液转变生成二氯蒽醌,再以苯酚和氢氧化钠在140~150℃加热反应生成1,5-二苯氧基蒽醌,此法缺点在于汞害严重。

O

SO$_3$H

$\xrightarrow[\text{H}_2\text{SO}_4\cdot\text{SO}_3]{\text{HgSO}_4}$

$\xrightarrow{\text{HCl}+\text{NaClO}_3}$

HO$_3$S

O   Cl

$\xrightarrow[\text{140}\sim\text{150℃},\text{8}\sim\text{10h}]{\text{◯—OH},\text{NaOH}}$

Cl   O

以非汞法生产1,5-二苯氧基蒽醌,是用蒽醌直接硝化得1,5-二硝基蒽醌,然后和苯酚、氢氧化钠在140℃反应,硝基被苯氧基取代。由于硝基吸电子性大于氯基,因此与硝基相联结芳环的碳原子与氯基相联结芳环的碳原子相比,前者正电荷更大,因此更易和苯氧基负离子发生亲核取代反应,生成1,5-二苯氧基蒽醌。由于蒽醌在直接硝化时有副产物1,8-二硝基蒽醌生成,故而制成染料的色光不及汞法纯正,但工艺上避开了汞,仍不失为一个重要技术突破。

O   NO$_2$

$\xrightarrow[\text{140℃}]{\text{◯—OH},\text{NaOH}}$

O$_2$N   O

以1,5-二苯氧基蒽醌合成染料方法,可用下式表示。

$\xrightarrow[\text{加入 HNO}_3\text{40℃},\text{8h}]{\text{先溶于 H}_2\text{SO}_4\text{后在20℃}}$

上述苯氧基化虽革除了汞害，但生产中仍有含酚污水产生，工业上目前也有采用甲氧基化方法以减少污染。

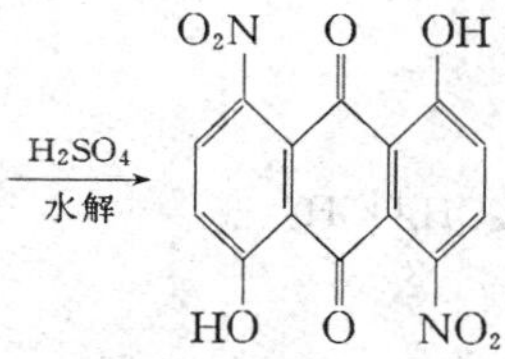

$$\xrightarrow[\text{水解}]{H_2SO_4}$$

分散蓝 S-BGL

由类似结构的两个组分混合而成,此染料也是蓝色分散染料中优良品种之一,色光鲜艳,各项牢度均十分满意,可以单独使用,也可拼色使用。

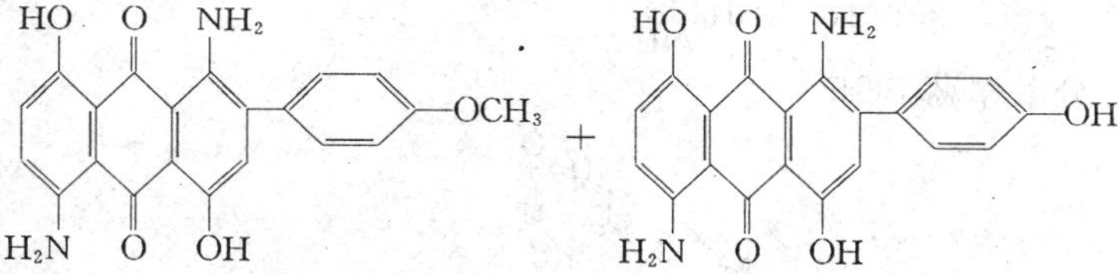

其他稠环型分散染料以 1,4-二氨基-2,3-二羧酰亚胺是其中主要代表。

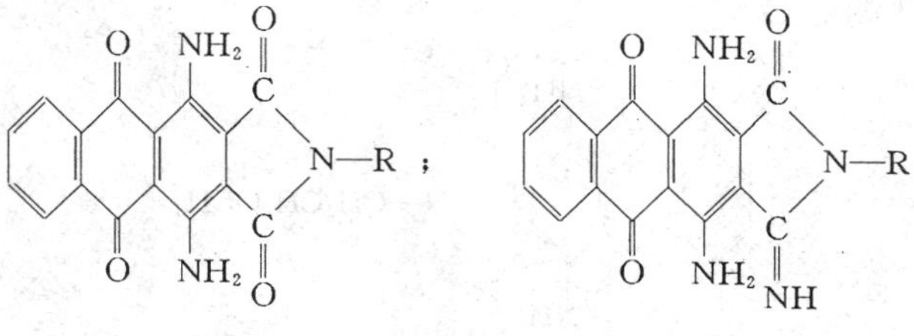

<table>
<tr><td>(a)</td><td>(b)</td></tr>
</table>

这类染料为翠蓝色,色光纯正,日晒牢度尚可,但提升率、升华牢度较差。合成工艺复杂,价格较贵,通过改变取代基 R,可以得到性能较好的染料。在制备染料(b)生产过程中会部分水解生成染料(a),所以实际上产品是混合物。

〔例〕 分散翠蓝 BL

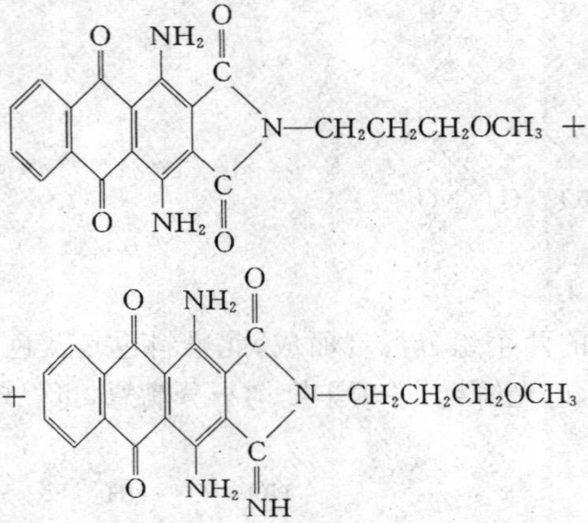

分散翠蓝 BGF

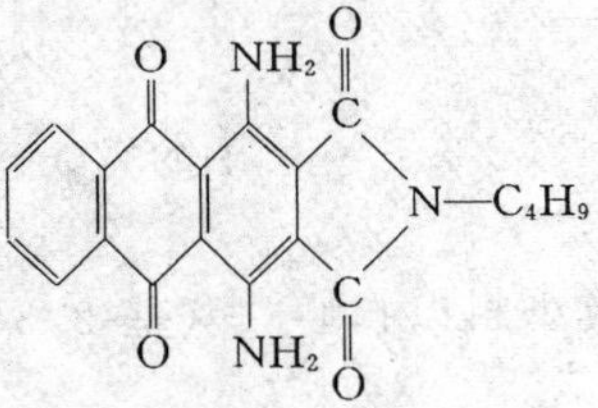

分散湖蓝 G

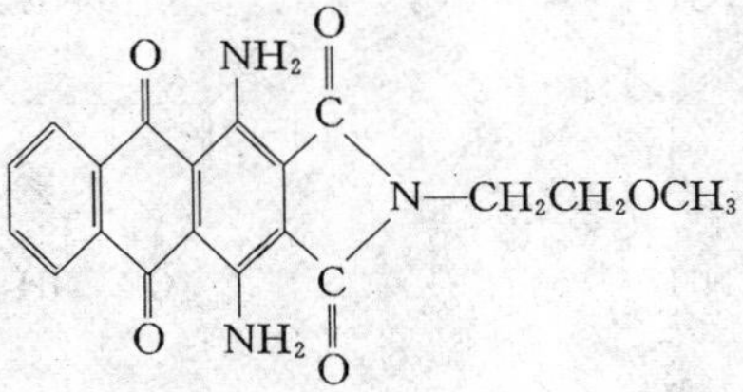

2·7·3 分散染料的商品化后加工

分散染料商品必须满足以下几个方面要求：

（1）分散性 染料在水中能迅速分散成为均匀稳定的胶体状悬浮液。

（2）细度 染料颗粒要达到1微米左右，以免在印染过程中产生色斑。

（3）稳定性　在放置及在高温染色条件下染料不发生凝聚现象。

为了满足以上要求，对染料必须研磨及微粒化操作，并将几种助剂配合起来使用，以防止凝聚。一般是将染料、助剂（分散剂）与水配成浆状液体，用玻璃珠进行砂磨，直到取样测定其扩散度合格为止，一般需时十几至几十小时不等，视染料性质而定。染料研磨时，染料浓度过高不利于研磨及与玻璃珠分离。研磨时提高温度能加速染料分子运动，抑制染料细粒凝聚，提高研磨效率，但有些染料则相反，在高温时反而易凝聚，对这类染料应在低温下进行研磨。分散剂的用量应保持染料细度为度，太过量的分散剂会降低印染时染料的上色率。另外研磨时 pH 值必须控制，否则碱性太大会使部分偶氮型分散染料发生水解，影响染料色光。总之研磨时浓度、温度及分散剂用量应视染料不同而有所改变。

砂磨过程中，分散剂的作用一方面使染料分散，另外又能防止细颗粒染料凝聚。常用分散剂为扩散剂 MF，它是 β-萘磺酸衍生物与甲醛的缩合产物，另外也可采用木质素磺酸钠，不同分散染料，应采用不同分散剂以达到最佳效果。为提高染料商品质量，常加入一些其他助剂。

分散染料商品形态很多，除粉状外，有浆状、粒状、液状等。新的形态能简化应用手续，提高染色效果，改善劳动保护条件。

2·7·4　分散染料化学结构与牢度关系

分散染料分子结构简单，分子量较低，不具有强的电离基团，分子间吸引力不大，具有一定蒸气压，能升华。在高温热熔法染色时，升华影响更大，故耐升华牢度是分散染料的一项重要指标。

2·7·4·1　分散染料的耐升华牢度与化学结构间的关系

分散染料耐升华性能和分子大小、分子间吸引力大小和染料分子极性有关。染料分子量增大，分子间范德华力增大，不易升华；染料分子极性增大，也不易升华。

（1）偶氮型分散染料　主要从染料分子的极性来考虑，分子的极性增加,耐升华牢度也增加,但如果分子极性过高,会降低染料在纤维中扩散能力。

在重氮组分上引入极性基,染料升华牢度提高,吸电子基影响大于给电子基。如染料

当 R 为 CN,NO$_2$,Cl,CH$_3$,OCH$_3$,H 时,其耐升华牢度依次下降。

偶合组分氨基上引入给电子基,染料极性增大,从而提高耐升华牢度。如染料

当 R 为 H、C$_2$H$_4$OH 时,则后者耐升华牢度优于前者,而两个取代基为羟乙基氨基时则更佳。

偶合组分取代氨基的间位引入给电子基酰氨基、甲基也有利于提高耐升华牢度。

以下列染料为例:不仅 R、R′ 为给电子基羟基时能提高耐升

华牢度,而且当 R、R′ 为—CN 时,也能提高耐升华牢度,这是因为氰基的存在增加了染料在纤维中的溶解度。

(2)蒽醌型分散染料 对于蒽醌型分散染料来说,增大分子量是提高升华牢度的主要方法。以 α-位取代基对染料影响为例:

当 R 为 OH、NH₂、NH—⟨苯环⟩、NHCO—⟨苯环⟩ 其升华牢度依

次增大。以 β-位取代基对染料影响为例：

当 R 为 H、Br、O—⟨苯环⟩、O—⟨苯环⟩—Cl、O—⟨苯环⟩—CH₂—

，其升华牢度依次增大。

2·7·4·2 分散染料的耐晒牢度与化学结构间关系

1）偶氮型分散染料

经研究在非蛋白质纤维上，偶氮染料的光褪色为光氧化反应，首先在光照和水、氧的存在下生成氧化偶氮苯衍生物。

然后在光能作用下,发生重排、水解、把偶氮染料断裂分解生成肼及邻苯二醌,从而破坏了发色系统而褪色。

由此可见,偶氮染料分子中引入给电子基,使偶氮基上电子云密度增大,使光氧化反应加速。染料分子中引入吸电子基,由于降低了偶氮基上氮原子的电子云密度,从而阻止光氧化反应,而提高耐晒牢度。

在重氮组分上引入吸电子基时,以氰基最佳,卤素次之。在偶氮基邻位引入硝基,反而降低其耐晒牢度,有人认为由于邻位硝基的氧原子与偶氮基的 β-氮原子形成了配位键,在光能作用下,转变成氧化偶氮苯衍生物,从而使染料褪色:

$$\xrightarrow[\text{转位}]{h\nu}$$

在偶合组分上,端氨基的变化会影响耐晒牢度,下列染料的耐晒牢度依次下降:

在偶合组分上引入—N(C$_2$H$_4$CN)$_2$基使给电子能量降低,而耐晒牢度升高。若偶合组分的偶氮基邻位引入酰氨基,也能提高耐晒牢度。

2）蒽醌型分散染料

蒽醌型分散染料的光褪色较为复杂,据推测可能是与分子中氨基与氧原子结合生成羟氨基衍生物有关,故氨基碱性越大,电子云密度越大,染料耐光牢度越低。

在 4-位取代的 α-氨基蒽醌分子中,牢度取决于 R 的性质 R 基的给电子性越大,耐晒牢度越低。例如

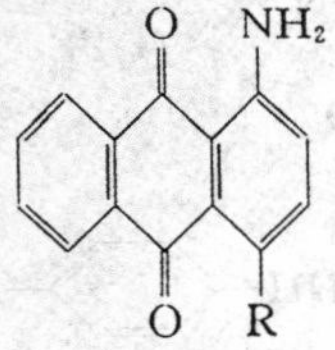

其中,R＝NHCH$_3$,NH$_2$,NH——⟨⟩,OH,NHCO——⟨⟩。因 R
基不同,其耐光牢度依次升高。羟基所以耐晒牢度较好,是因为羟基和羰基形成氢键之故。在 α-氨基的 β-位上引入吸电子取代基,则氨基碱性下降,耐光牢度提高。

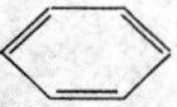

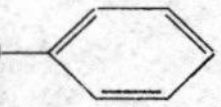

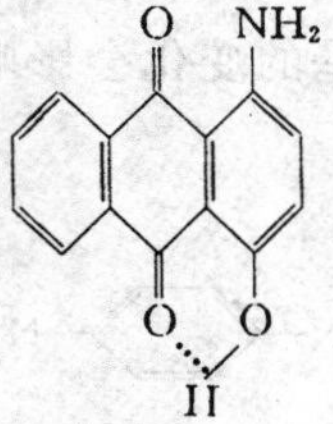

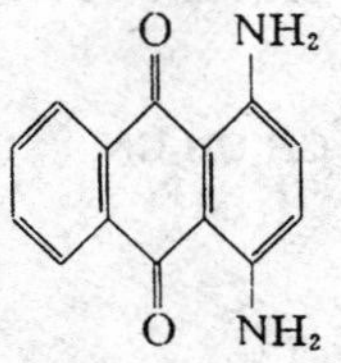

4级 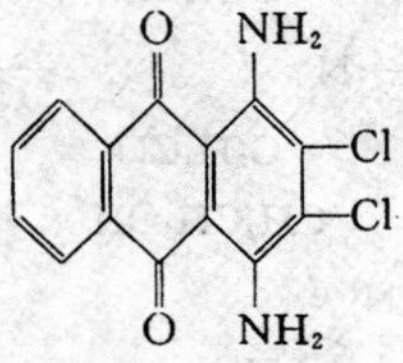 ； 6级 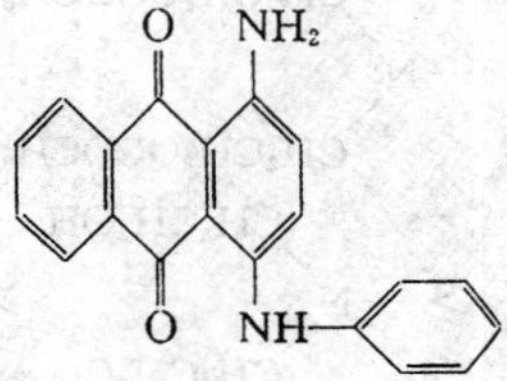 ； 4.5级

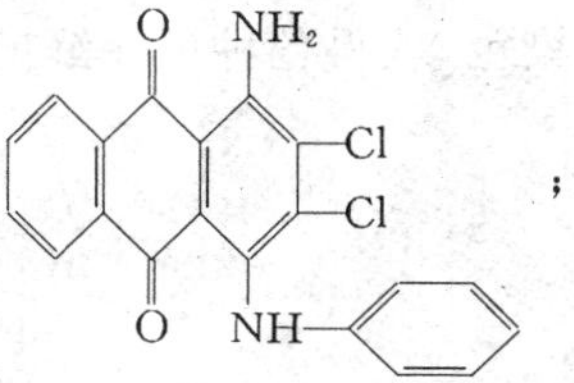

6级 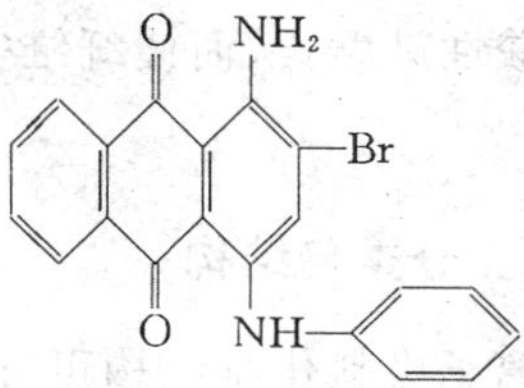 ; 6级

增大染料分子量,也能提高耐光牢度,但不能过大,否则会影响染着量。

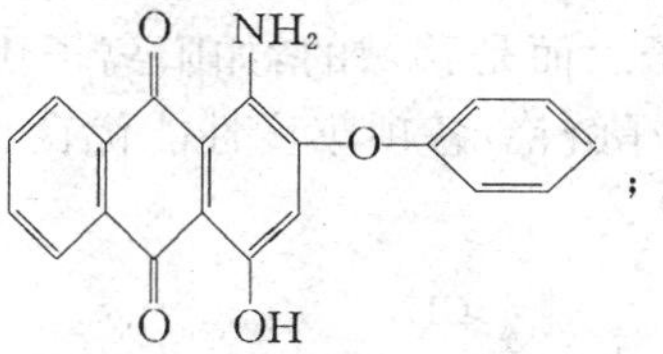

4级 ;

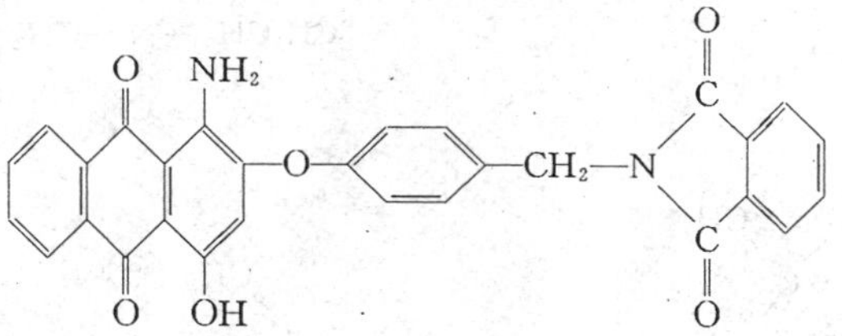

6级

2·8 阳离子染料

阳离子染料是聚丙烯腈纤维的专用染料。染料在水溶液中电离生成带阳电荷的有色离子,能上染聚丙烯腈纤维。聚丙烯腈纤维俗称腈纶,是三大合成纤维之一,质地轻,保暖性好,故又称人造羊毛。但由于其分子结晶度高,分子链间作用力强,而造成染色困难,因此当丙烯腈聚合时,加入其他单体共聚,如衣康酸、丙烯磺酸钠、苯二烯磺酸,以及其他相应化合物,由它们提供阳离子染料可以染

色结合的酸性染席,从而使纤维完美地染色,获得各种色泽鲜艳的色谱。

2·8·1 分类与结构

按阳离子染料化学结构可分为两类:

(1)隔离型 染料分子中阳离子基团与共轭体系之间为隔离基所分开,染料的阳电荷定域在染料分子的某个原子上,如阳离子海军蓝。

(2)共轭型 染料分子中阳离子处于共轭体系中,阳电荷并不固定在某一原子上而是移域的,如阳离子桃红 FG。两类染料中以共轭型为主,色泽鲜艳,各项牢度性能优良。

常用的阳离子染料的成盐烷基有甲基、丙酰胺基等,烷化剂前者用硫酸二甲酯,后者用丙烯酰胺。成盐烷基不同直接影响染料亲水性,亲水性 K 值大,可降低染色速度,从而达到匀染。为了增大亲水性,成盐烷基可以是 $CH_2CHOHCH_3$ 及 CH_2CH_2COOH 等。阳离子染料中的阴离子是染料的成盐离子,它能影响染料溶解度,其中以甲基硫酸盐最大,氯盐次之,氯化锌复盐最小。如一氯盐阳离子染料因溶解度太大而不易析出时,可加入氯化锌使其复盐析出。阳离子染料常用的杂环中间体有噻唑、吲哚、三氯唑及咪唑等衍生物。

2·8·2 阳离子染料用杂环中间体

1) 1,3,3-三甲基-2-亚甲基吲哚啉及其 ω 醛的合成

1,3,3-三甲基-2-亚甲基吲哚啉及其 ω 醛的合成产物结构如下,

1,3,3-三甲基-2-亚甲基-吲哚啉简称三倍司,由苯肼和各种甲基酮,如丙酮、丁酮、戊酮等为原料经缩合,脱氨环构,烷化等反应而成。

合成吲哚啉的反应机理为：

反应式中各个中间产物均曾被分离检测得到。

ω醛是由三倍司分子中引入醛基，用二甲基甲酰胺在三氯氧磷的存在下作用而得。其合成法为：

$$(CH_3)_2NCHO + POCl_3 \longrightarrow (CH_3)_2NCHO \cdot POCl_3$$

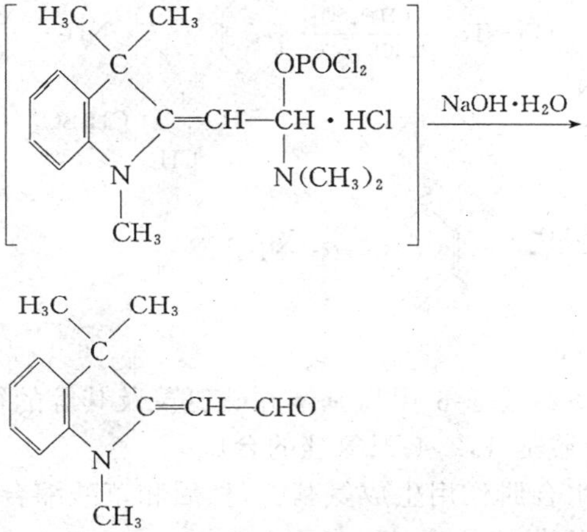

$$\left[\begin{array}{c} \text{(结构式)} \end{array} \right] \xrightarrow{\text{NaOH·H}_2\text{O}}$$

2）2-氨基苯并硫氮茂及 N-甲基-2-苯并硫氮茂腙的合成

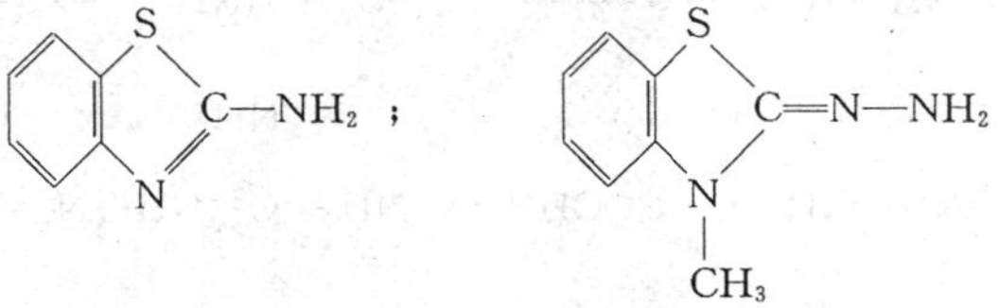

2-氨基苯并硫氮茂又称2-氨基苯并噻唑

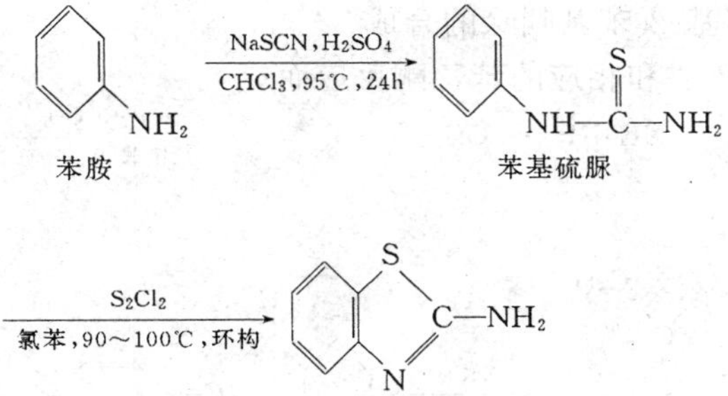

苯胺 $\xrightarrow[\text{CHCl}_3,95℃,24h]{\text{NaSCN,H}_2\text{SO}_4}$ 苯基硫脲

$\xrightarrow[\text{氯苯,90～100℃,环构}]{\text{S}_2\text{Cl}_2}$

硫氮茂腙的合成方法为：

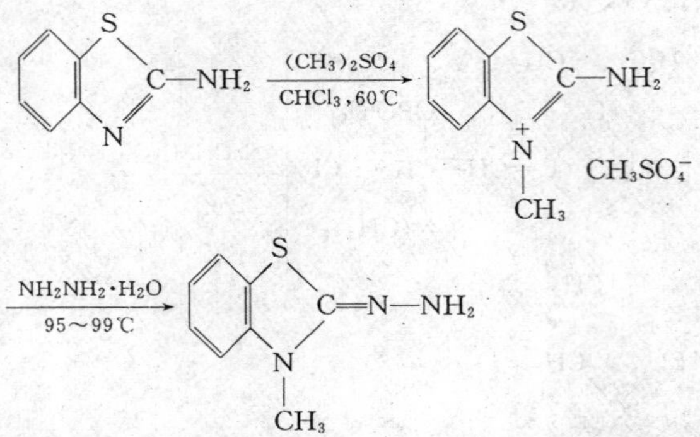

用同样方法可制备2-氨基-6-甲氧基苯并硫氮茂及其腙的衍生物。

3）5-氨基-3-羧基-1,2,4-三氮唑的合成

它由氰胺和水合肼作用生成氨基胍，然后和草酸缩合，在碱性介质中闭环酸析而成。

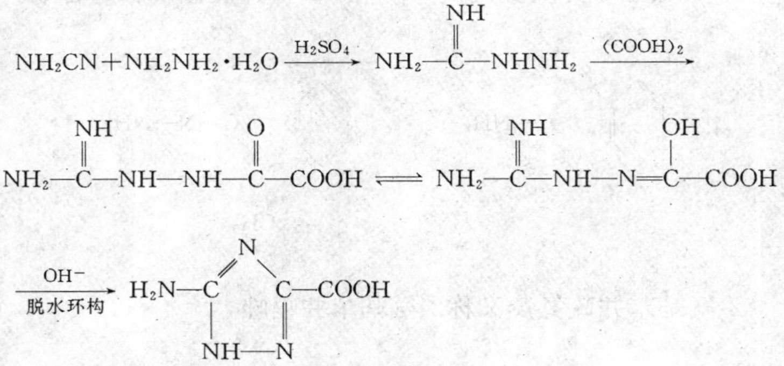

4）N-甲基-2-苯基吲哚的合成

它是由苯肼和相应的苯乙酮反应而成

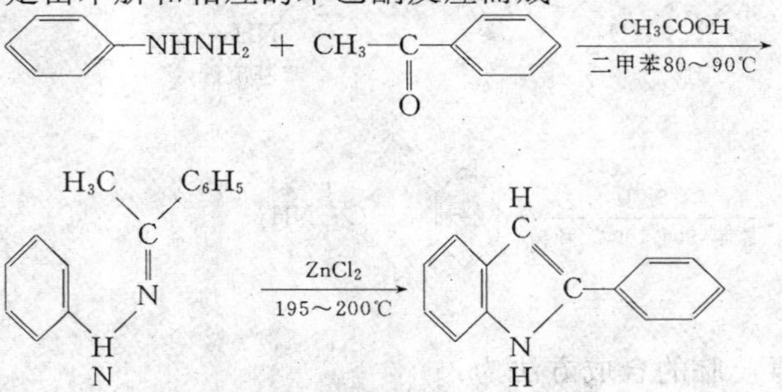

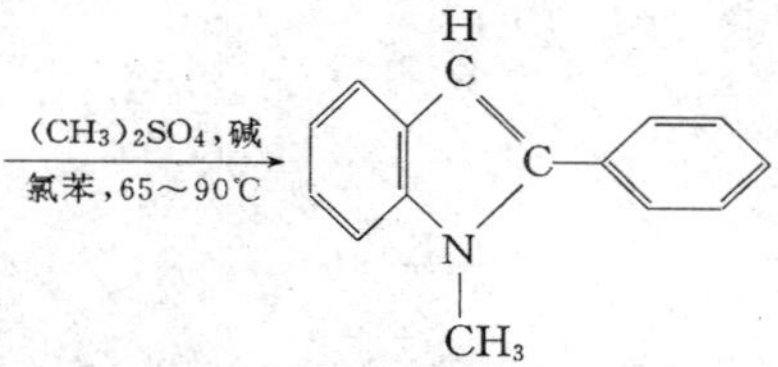

$$\xrightarrow[\text{氯苯},65\sim90℃]{(CH_3)_2SO_4,碱}$$

5）2,2-二氯甲基苯并咪唑的合成

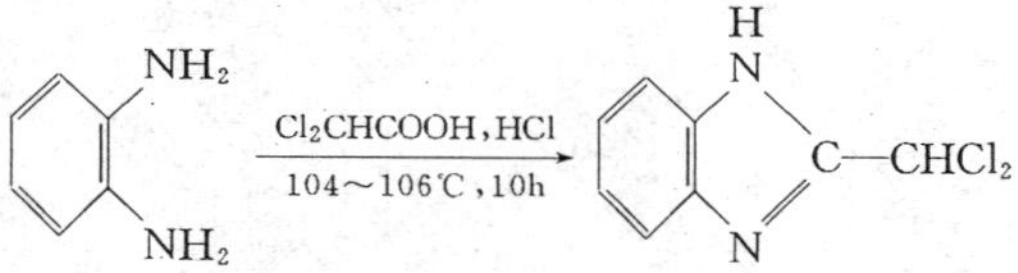

$$\xrightarrow[104\sim106℃,10h]{Cl_2CHCOOH,HCl}$$

2·8·3 阳离子染料的合成

几个阳离子染料拼染时的性能——配伍性,被阳离子染料的亲和力和扩散速度所影响。目前阳离子染料可拼染性的配伍性能测定方法中,最常用的方法为配伍值法,配伍值相同的染料才可拼染,否则会造成染色不匀的结果。用数值表示阳离子染料配伍性能,称配伍值,常以 K 值代表。K 值相同的黄、红、蓝三原色能拼染出各种色泽不同的颜色。配伍值越大,染料的吸尽速度越低,匀染性好;配伍值小,则上染速度快,匀染性不好。配伍值 K 与阳离子染料结构有关,引入亲水基团,可提高 K 值。如成盐烷基 CH_3、$CH_2CHOHCH_3$、CH_2CH_2COOH 它们亲水性依次增大,引入染料后其 K 值也依次增大。染料分子中引入疏水性基团,则 K 值降低。

现列举配套使用的阳离子染料。

1）K 值为1.5,适宜染深色色谱

阳离子嫩黄7GL

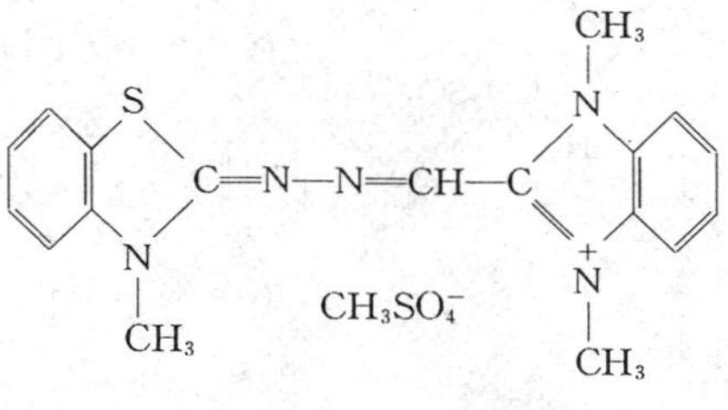

其合成方法为：

阳离子红2GL

其合成方法为：

$$\xrightarrow[3\sim4\text{℃}]{NO\cdot HSO_4}$$

$$\xrightarrow[\text{乳化剂 OP } 0\sim5\text{℃}]{}$$

$$\xrightarrow[pH=8\sim9,25\sim30\text{℃}]{(CH_3)_2SO_4-MgO}$$

阳离子艳蓝 RL

其合成方法为：

$$\xrightarrow[10\text{℃}]{}$$

$$CH_3O \longrightarrow \text{(benzothiazole ring)} \overset{S}{\underset{N}{C}} - N = N - \text{(benzene ring)} - N(CH_3)_2 \xrightarrow[\text{氯仿,60℃}]{(CH_3)_2SO_4}$$

$$CH_3O \longrightarrow \text{(benzothiazolium ring)} \overset{S}{\underset{N^+}{C}} - N = N - \text{(benzene ring)} - N(CH_3)_2$$

$$\overset{|}{CH_3} \qquad CH_3SO_4^-$$

2）K 值为3 的染料

阳离子黄4G

$$\begin{array}{c} H_3C \quad CH_3 \\ C \\ \text{(indolium ring)} \; C - CH = CH - NH - \text{(benzene ring)} \begin{array}{c} OCH_3 \\ OCH_3 \end{array} \\ N^+ \qquad ZnCl_3^- \\ | \\ CH_3 \end{array}$$

其合成方法为：

$$\begin{array}{c} H_3C \quad CH_3 \\ C \\ \text{(indoline ring)} \; C = CH - CHO \end{array} + NH_2 - \text{(benzene ring)} \begin{array}{c} OCH_3 \\ OCH_3 \end{array} \xrightarrow[\text{26~30℃}]{30\%H_2SO_4}$$

$$\begin{array}{c} \quad | \\ CH_3 \end{array}$$

$$\begin{array}{c} H_3C \quad CH_3 \\ C \\ \text{(indolium ring)} \; C - CH = CH - NH - \text{(benzene ring)} \begin{array}{c} OCH_3 \\ OCH_3 \end{array} \xrightarrow{ZnCl_2} \\ N^+ \\ | \qquad Cl^- \\ CH_3 \end{array}$$

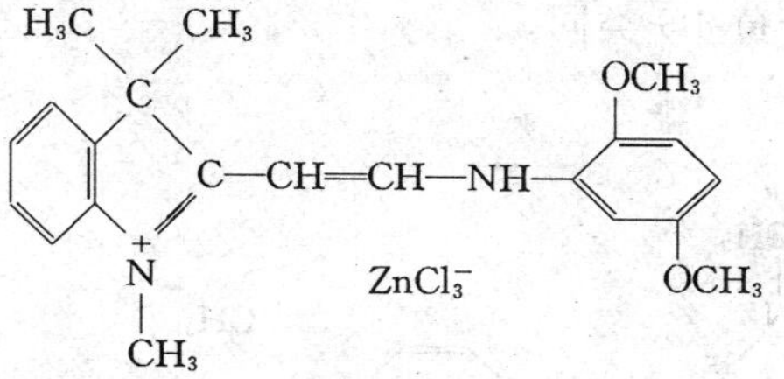

$$H_3C \quad CH_3$$

阳离子红 BL

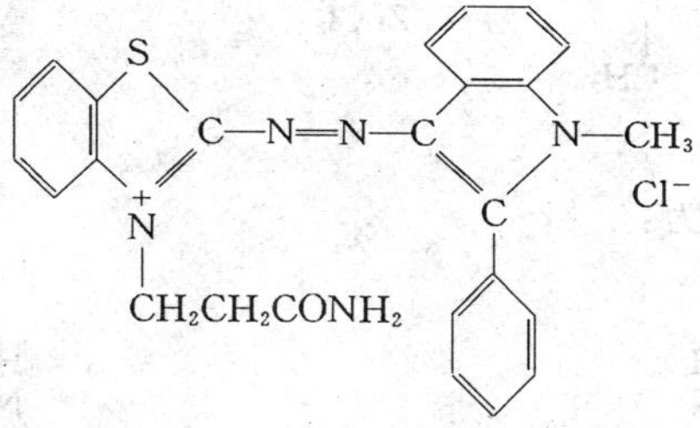

合成方法与阳离子红 2GL 相同,只是母体染料与丙烯酰胺在盐酸介质中95℃烷基化,则生成阳离子红 BL。

阳离子艳蓝 GL

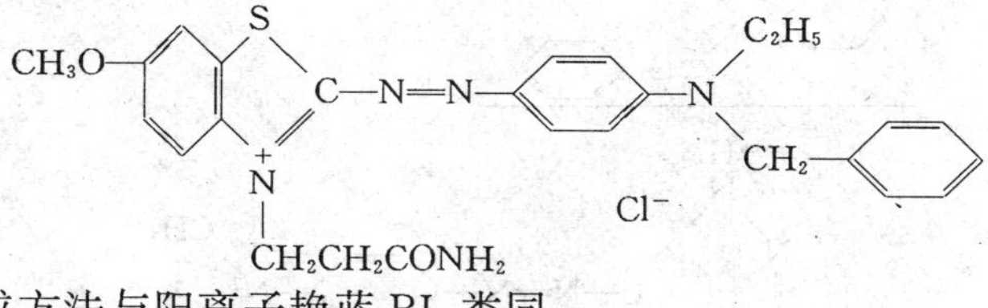

合成方法与阳离子艳蓝 RL 类同。

3) K 值为3.5匀染性好适宜染浅色

阳离子黄 X-6G

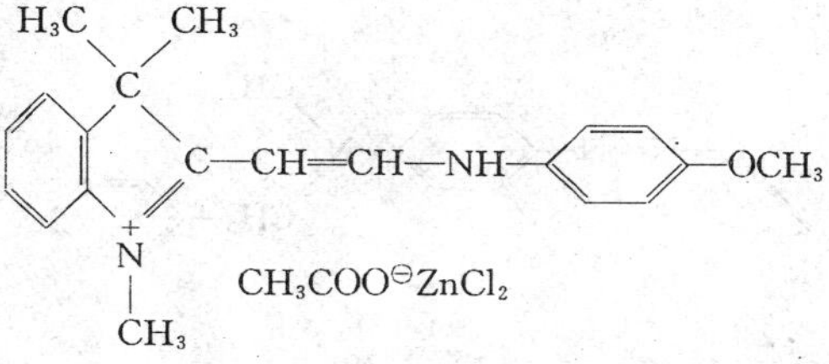

合成方法与阳离子黄 4G 类同。

阳离子红 XGRL

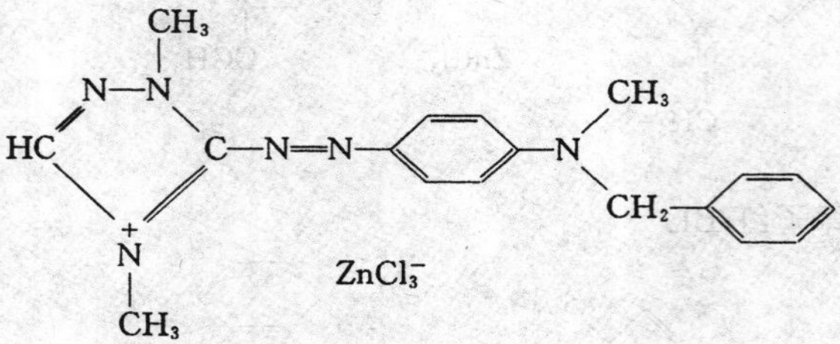

CH₃
N—N
HC
C—N═N—
N
CH₃
CH₂
N
CH₃
ZnCl₃⁻

合成方法为：

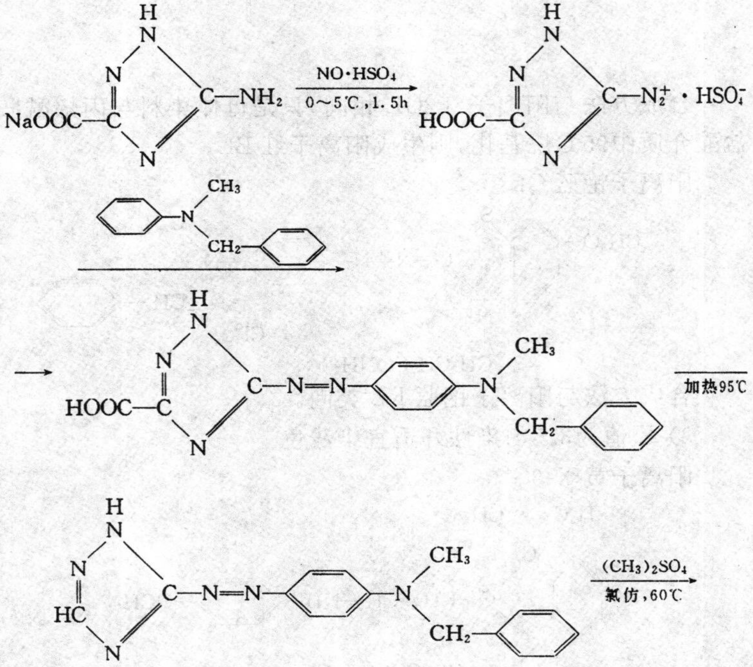

NaOOC—C
C—NH₂
NO·HSO₄
0～5℃，1.5h
HOOC—C
C—N₂⁺·HSO₄⁻
CH₃
N
CH₂
HOOC—C
C—N═N—
加热95℃
HC
(CH₃)₂SO₄
氯仿，60℃

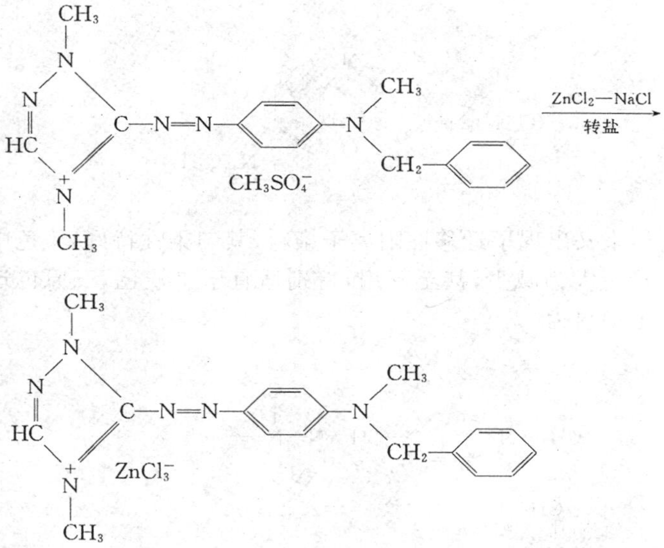

$$\text{ZnCl}_2\text{—NaCl} \atop \text{转盐}$$

阳离子蓝 XGRL

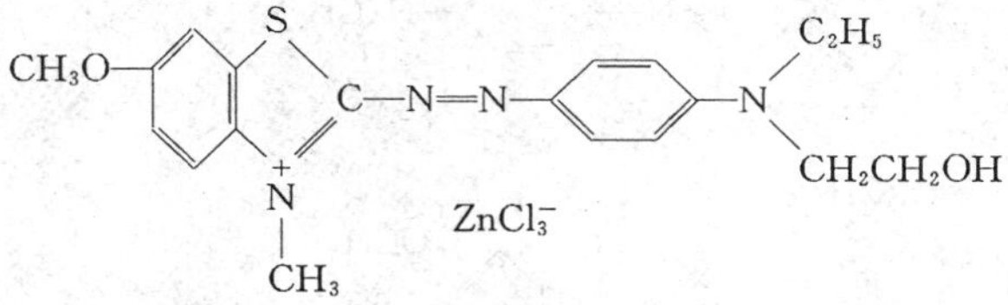

合成方法与阳离子艳蓝 RL 类同,在用硫酸二甲酯 N 烷基化后,再用氯化锌及氯化钠转盐成为氯化锌复盐形式。

2·8·4 其他类型阳离子染料

在共轭型阳离子染料中其他还有三芳甲烷类染料,如阳离子蓝 G

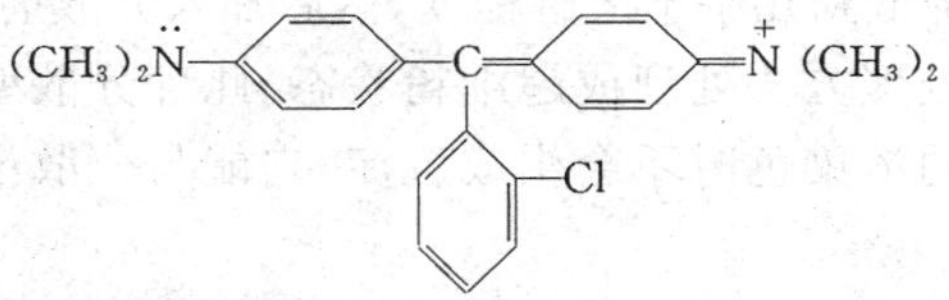

噁嗪类染料如阳离子翠蓝 GB

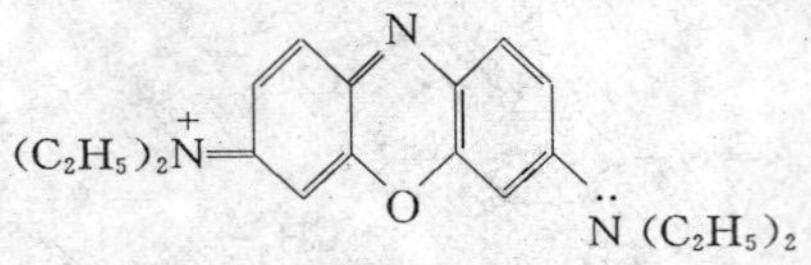

　　近年来又出现了迁移性阳离子染料,其匀染性特好,染色中缓染剂用量可大为减少,甚至不用,特别适宜于染浅色。三原色迁移性阳离子染料为

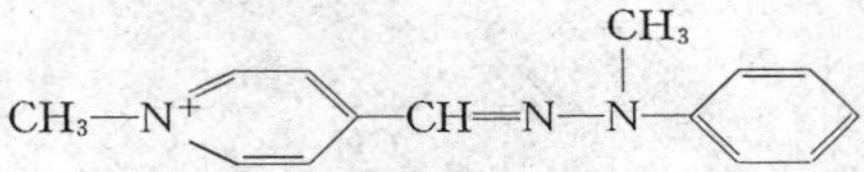

黄　X⁻

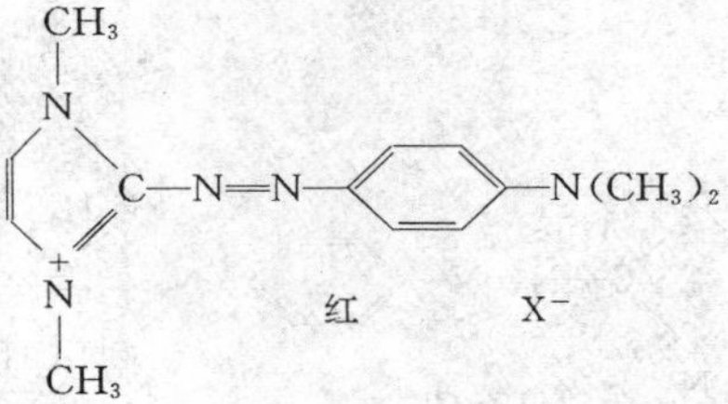

红　X⁻

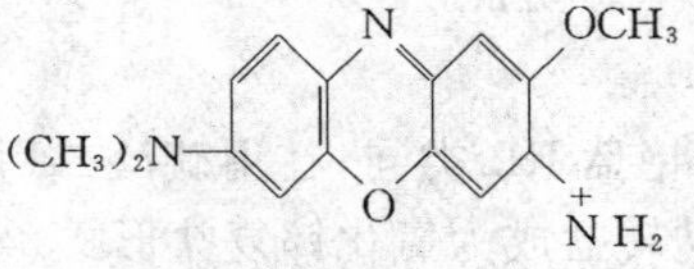

蓝　X⁻

　　为解决腈纶与其他纤维混纺织物的一浴染色,发展了分散型阳离子染料,更换染料的阴离子部分,使其分子量加大,从而使染料的溶解度降低到几乎不溶解程度,然后加入分散剂,用与分散染料相同的后处理方法处理成超细粉状态。此种分散型阳离子染料与其他染料同浴染色时不会生成沉淀,它能与分散染料同浴染涤腈混纺织物。

　　〔例〕

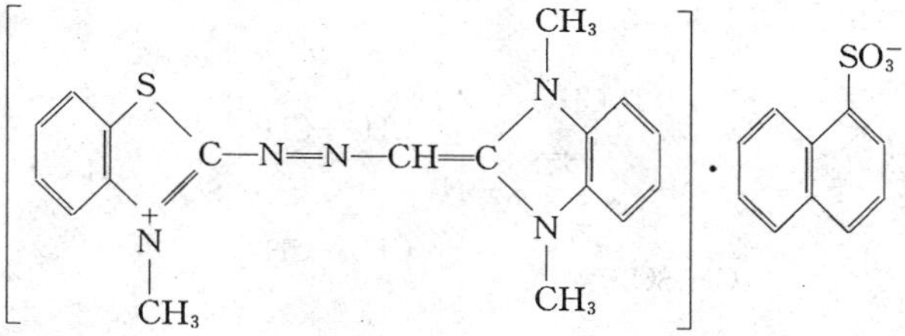

黄色

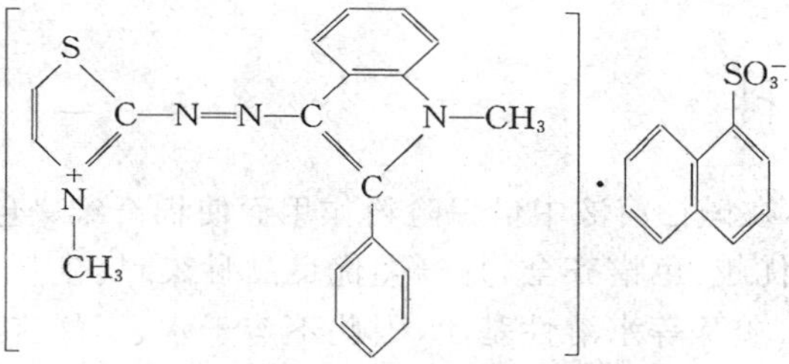

红色

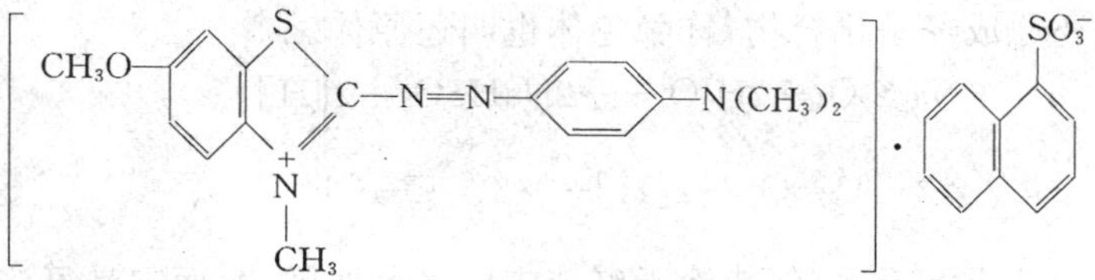

蓝色

阳离子染料以其色泽鲜艳光亮而超过其他染料,酸改性涤纶纤维的出现,为阳离子染料的应用又开辟了一个新途径,用阳离子染料染酸改性涤纶所得效果,比分散染料染涤纶纤维优越得多,色光鲜艳更受人们喜爱。从而出现了适用于酸改性涤纶的阳离子染料。例

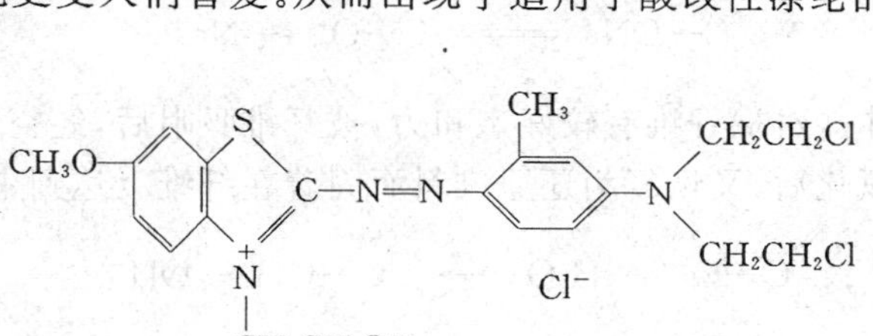

蓝

红

2·9 还原染料

旧称瓮染料,在碱性溶液中借保险粉作用而使棉纤维染色。其耐晒和耐洗牢度优越,色谱齐全,是一类优良品种染料。染料分子中不含有磺酸基、羧基等水溶性基团,因此不溶于水,不能直接染色。但它们分子中都含有两个以上羰基,在保险粉(连二亚硫酸钠)作用下还原成羟基化合物,称隐色体也叫还原体。

$$Na_2S_2O_4 + 2H_2O \longrightarrow 2NaHSO_3 + 2[H]$$

$$2 \quad C=O + 2[H] \longrightarrow 2 \quad C-OH$$

还原体不溶于水,但能溶于碱液中成隐色体钠盐,而它是可溶于水的,并进一步电离。

$$C-OH + NaOH \longrightarrow C-ONa + H_2O$$

$$C-ONa \Longleftrightarrow C-O^- + Na^+$$

隐色体盐对棉纤维有较好亲和力,被纤维吸附后,经空气或其他氧化剂氧化后,又恢复为还原染料而固着在纤维上达到染色。

$$C-O^- + H_2O \longrightarrow C-OH + OH^-$$

$$2 \quad C-OH \xrightarrow{(O)} C=O + H_2O$$

还原染料按化学结构不同通常分为:靛类染料,蒽醌和蒽酮染料及可溶性还原染料。

2·9·1 靛类染料

靛类染料是从古老的植物染料靛蓝发展而来的,目前植物靛蓝已被合成靛蓝所代替。靛类染料包括靛蓝和硫靛的衍生物,前者只有蓝色,后者有橙、红、紫、棕、灰等颜色。

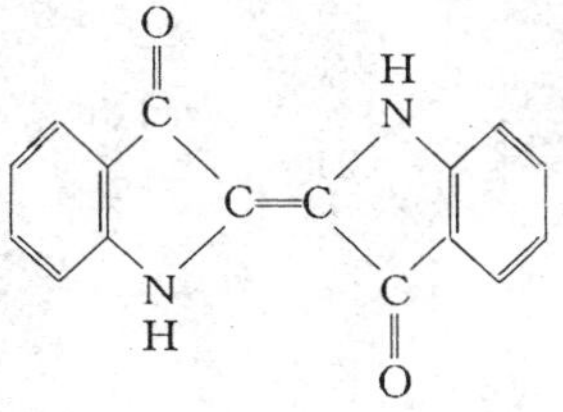

靛蓝 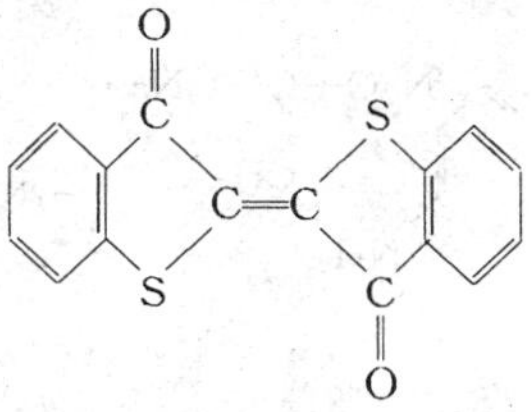 ; 硫靛

2·9·1·1 靛蓝

用苯胺为原料,与氯乙酸缩合生成苯基甘氨酸,再经氢氧化钠高温碱熔环构成为羟基吲哚,再在碱溶液中经空气氧化而得靛蓝。

苯基甘氨酸盐的制备:苯胺和氯乙酸的缩合,用氢氧化亚铁缩合剂可防止氯乙酸水解。

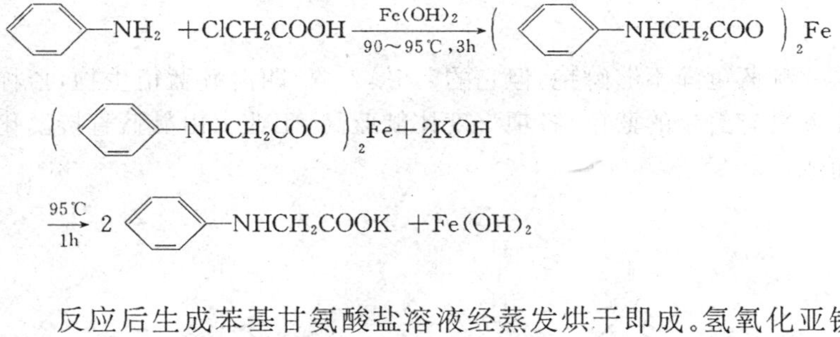

反应后生成苯基甘氨酸盐溶液经蒸发烘干即成。氢氧化亚铁可在反应锅中以硫酸亚铁与氢氧化钠制备,然后再加苯胺等原料反应。

羟基吲哚的制备:将苯基甘氨酸盐加入到氨基钠、氢氧化钠及氢氧化钾混熔体中,在200℃反应2小时。

将碱熔物稀释,通空气氧化,即生成靛蓝沉淀,酸化至中性即得成品

靛蓝色泽不够鲜艳,但它的5,5′,7,7′-四溴靛蓝衍生物,俗称溴靛具有鲜艳的蓝色,各项牢度比靛蓝高,工业上由靛蓝直接溴化而成。

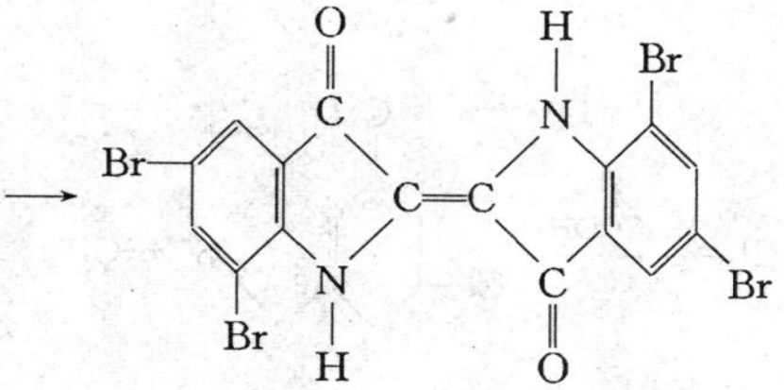

2·9·1·2 硫靛

硫靛是靛蓝结构中的亚胺基用—S—替代的衍生物。靛蓝是

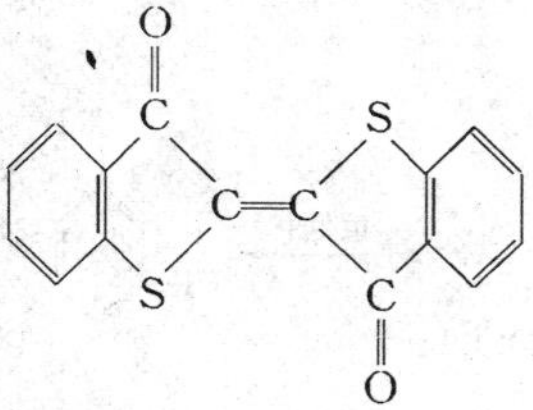

氮杂茚的衍生物,而硫靛是苯并硫茂的衍生物。

它的制法和靛蓝相同,是红色染料,称硫靛蓝光红。它的应用方法也与靛蓝相似,但色泽不够鲜艳,耐晒、耐洗牢度也较差。

硫靛的衍生物,种类繁多,都具有鲜明的红或紫色彩,坚牢度优良,部分品种可与多环还原染料中的坚牢品种有同样价值,而使用时温度可较低,碱性可以减弱。

〔例〕 还原桃红 R

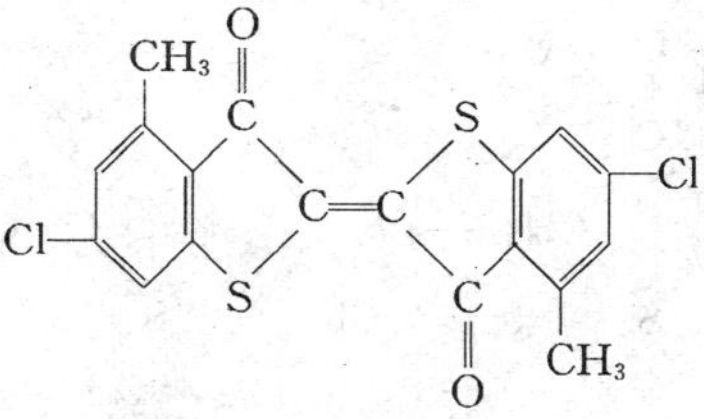

其合成方法为：

许多硫靛衍生物可作为涤棉混纺染料使用，同时上染涤棉两种纤维。

〔例〕 聚酯士林橙 R

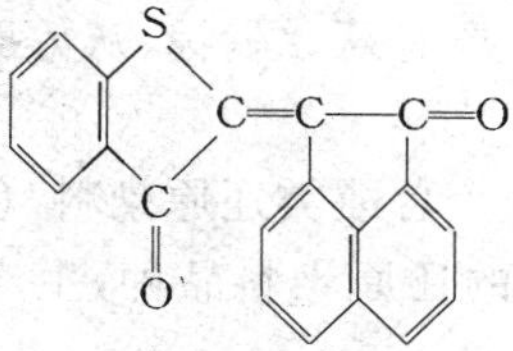

聚酯士林红 B

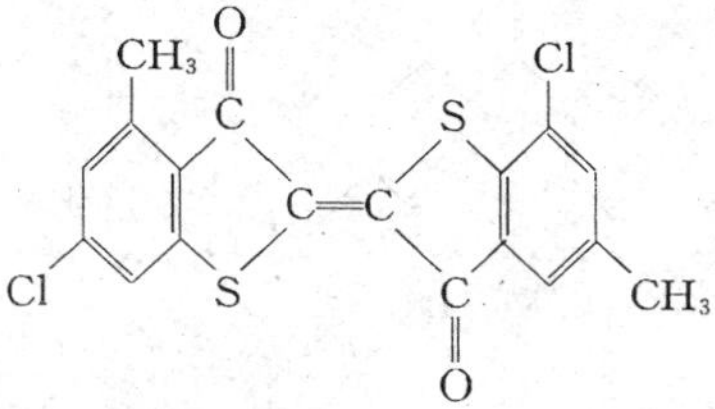

聚酯士林紫2B

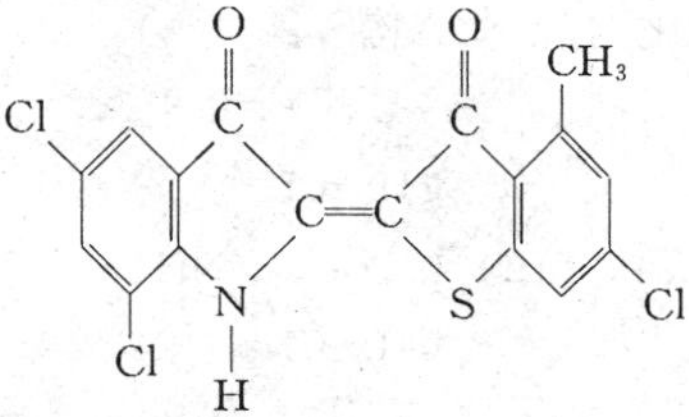

聚酯士林蓝 G

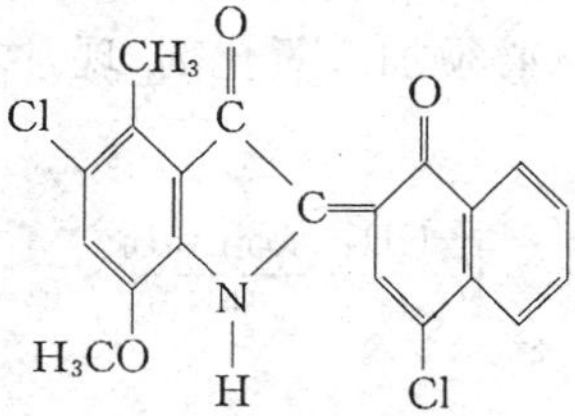

2·9·2　蒽醌和蒽酮染料

还原染料的重要类型,是蒽醌或蒽酮的衍生物,染品色泽鲜艳,有优良的坚牢度,主要有蓝、绿、棕、灰等颜色。

2·9·2·1　还原蓝 RSN

1901年发现的第一个蒽醌类还原染料,色泽鲜艳,各项牢度优越,直到现在仍为主要的还原染料品种,生产上具有很大价值。它的结构式为

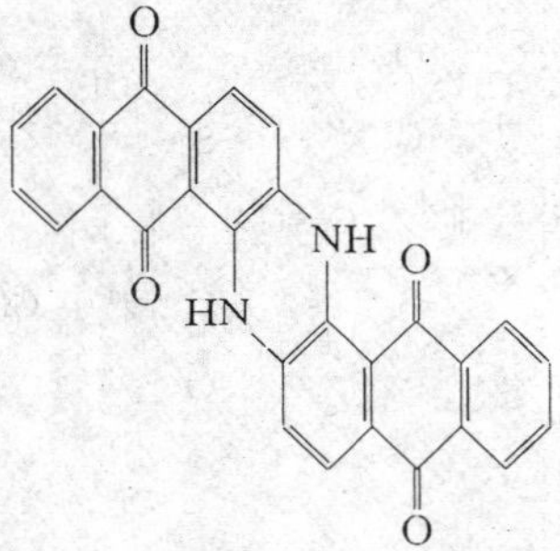

染料分子中含有氢化对氮苯结构

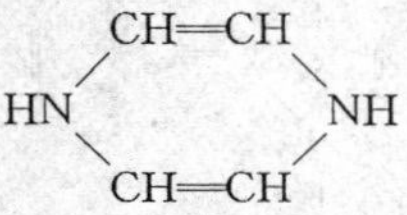

在工业上它是用 2-氨基蒽醌,在无水乙酸钠及氧化剂存在下,于210～230℃与氢氧化钾、氢氧化钠混合物熔融而制备的。它是一个脱氢环构反应,所以必须加入氧化剂,现常用硝酸钠。

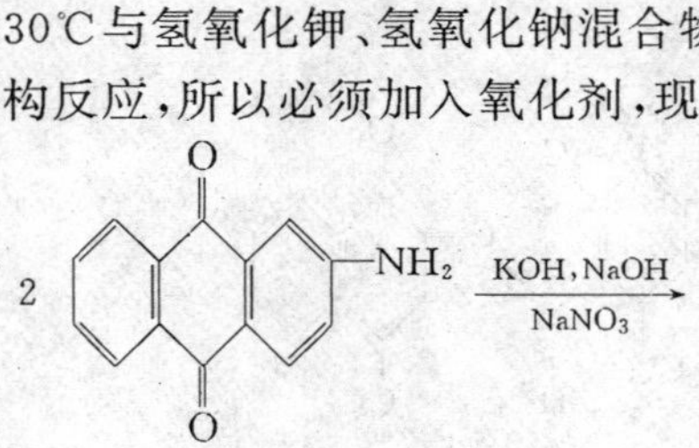

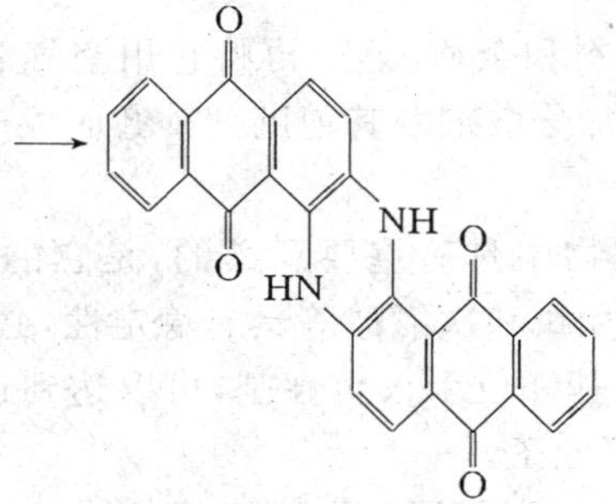

碱熔温度必须控制适当,温度过低会生成茜素产物,而影响染

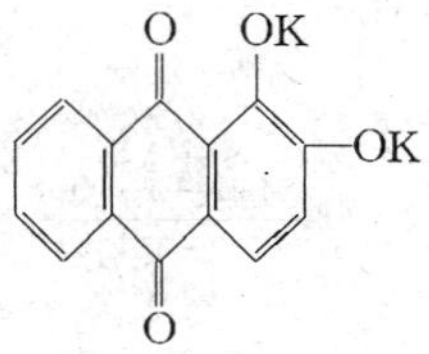

料色光。但温度过高又会生成黄蒽酮杂质。

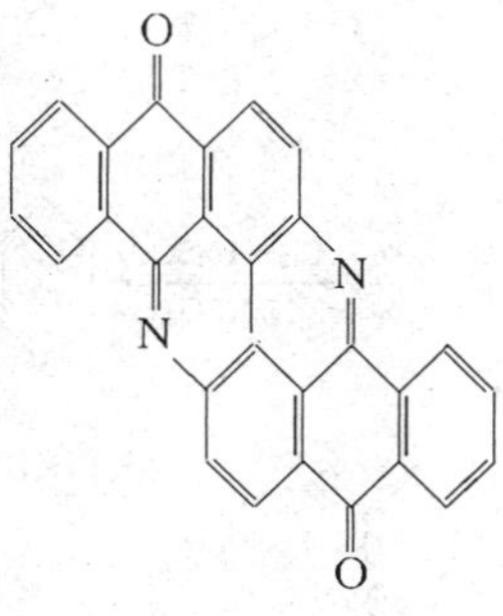

　　由于反应非常复杂,生成杂质除茜素、黄蒽酮外还有其他杂质,碱熔反应完毕后必须精制。

　　精制方法是将碱熔物料稀释后,加保险粉还原成染料隐色体的钾钠盐,过滤除去副染料和杂质。然后再将它用空气氧化,使其又重新析出得染料。最后加分散剂及其他助剂砂磨而成产品。用于染棉布及人造丝。

在还原蓝 RSN 衍生物中具有重要意义的,是它的卤素衍生物。为了使染料对氧化剂如氯和次氯酸等具有稳定性,必须降低亚胺基上活泼性,而在亚胺基邻位引入负性基,可以达到这个目的,最方便的方法是引入卤素原子。

产生卤素衍生物方法,可用还原蓝 RSN 直接卤化,用氯气氯化是工业上常用方法。如还原蓝 BC,它是还原蓝 RSN 的 3,3′-二氯衍生物。合成方法为:

还原蓝 BC 耐氯漂性能优良,为重要蓝色还原染料品种。

2·9·2·2　还原棕 BR

还原棕 BR 是一个各项牢度均很好，具有两个氮荡核的衍生物，虽然 1,1'-二蒽醌胺和 2,2'-二蒽醌胺类型的染料隐色体，对纤维没有亲和力，但在蒽醌之间，环化成氮荡核衍生物时，就能得到很好的染料，色谱包括黄、橙、棕、绿等各种颜色。还原棕 BR 为我国生产的主要棕色还原染料之一。

它的合成方法是以 1-氯蒽醌及 1,4-二氨基蒽醌为原料、经下述过程制备的。

BR 棕亚胺

$$\xrightarrow{\text{KMnO}_4\text{—NaClO}} \xrightarrow{\text{HCl 酸煮}} \text{还原棕 BR}$$

结构更为复杂的染料如还原咔叽,是含有四个氮芴环结构的染料。先以1摩尔的1,4,5,8-四氯蒽醌与4摩尔的1-氨基蒽醌之比的混合物,在纯碱、铜粉存在下,220～230℃缩合成二胺类衍生物,然后在160℃与三氯化铝、食盐加热闭环,再氧化而成染料。

〔例〕 还原咔叽2G

2·9·2·3. 还原艳绿 FFB

它属于苯绕蒽酮衍生物染料,苯绕蒽酮的结构式如下:

　　苯绕蒽酮在乙酸钠存在下,用氢氧化钠和氢氧化钾在高温碱熔,可生成联苯绕蒽酮(紫蒽酮)。

联苯绕蒽酮本身也是个还原染料,称还原深蓝 BO,染棉为暗蓝色,具有全面牢度。

　　还原艳绿 FFB,是联苯绕蒽酮衍生物中特别有意义的染料,具有蓝光艳绿。它是最坚牢和最鲜艳的绿色染料,对光、氯、酸及水洗等的坚牢度都很好,而且对纤维的亲和力也很好。

　　工业生产方法,是用苯绕蒽酮为原料,脱氢缩合生成4,4′-联苯绕蒽酮,氧化环构生成二羟基紫蒽酮,最后甲基化生成染料。

另一种制备艳绿 FFB 染料的方法,是以紫蒽酮为原料,用二氧化锰为氧化剂在硫酸中氧化成酮,再用亚硫酸钠还原,最后用苯磺酸甲酯甲基化生成染料。

2·9·3   可溶性还原染料

将染料还原成水溶性的隐色体硫酸酯盐,染色时经纤维吸附,再经氧化剂的酸性溶液处理即可显色。但对纤维亲和力较低,适宜染浅色。一般可分为溶靛素和溶蒽素两类。它们是靛族还原染料和蒽醌还原染料隐色体的硫酸酯盐。由于可溶性还原染料染色时不需进行还原,也不用碱,因此应用范围可扩大到其他纤维。它的合成方法大多采用将还原染料直接加入叔胺和氯磺酸的混合液中,然后加入金属粉末,被还原生成的染色隐色体,立刻酯化生成可溶性还原染料。

[例]   溶蒽素 IBC

它的合成方法一般不用还原蓝 BC 还原及酯化方法,因为这样仅得到难溶于水的二硫酸酯盐,故一般以其中间体为原料进行合成。

还原蓝 IBC 染色性能良好,适用于染浅色。

[例] 溶靛素桃红 IR

它的合成方法用一般通用法制备

$\xrightarrow{\text{盐析}}$ 溶靛素桃红 IR

2・10 其他类染料

2・10・1 直接染料

直接染料是能在中性或弱碱性介质中加热煮沸,直接上染棉纤维的一种染料。染料不借助媒染剂的作用而能直接上染的性能称为直接性。这种直接性是凭借直接染料与棉纤维之间的氢键和范德华力结合而成。

直接染料具有从黄到黑的各种色谱,生产工艺简单,使用方便,价格低廉,广泛用于棉纤维染色,也可用于粘胶、真丝等纤维的染色以及制革、纸张等的着色。

直接染料有四类:

普通直接染料:主要以联苯胺及其衍生物,或以 $4,4'$-二氨基二苯乙烯-$2,2'$-二磺酸为重氮组分的双偶氮或多偶氮染料。这类染料对纤维有较大的亲和力,但耐晒及耐洗坚牢度差。由于联苯胺已确定为致癌物质,20 世纪 70 年代以来,世界各国已先后禁止生产使用,并选用无毒或毒性较小的中间体来代替联苯胺。

[例] 直接黑

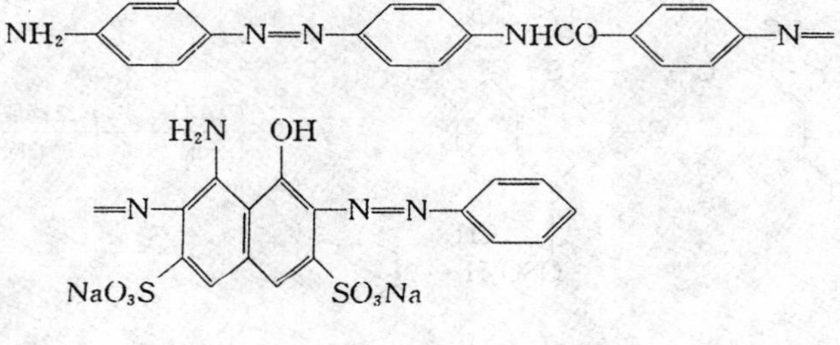

直接冻黄 G

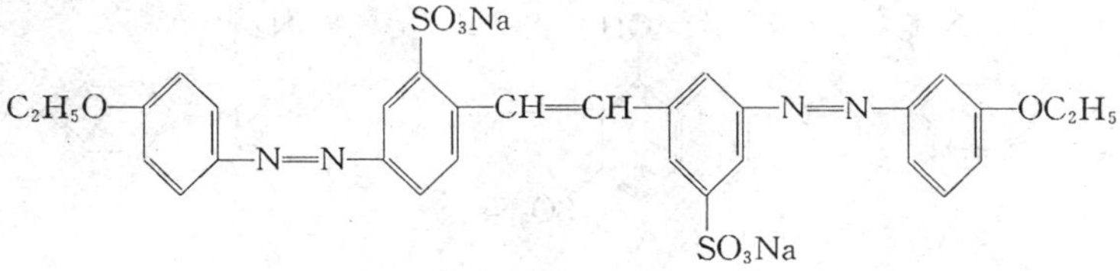

耐晒直接染料：耐晒牢度在5级以上，其化学结构种类较多，有尿素型、三聚氯氰型、噻唑型、二恶嗪型等，例如直接耐晒黑 G：

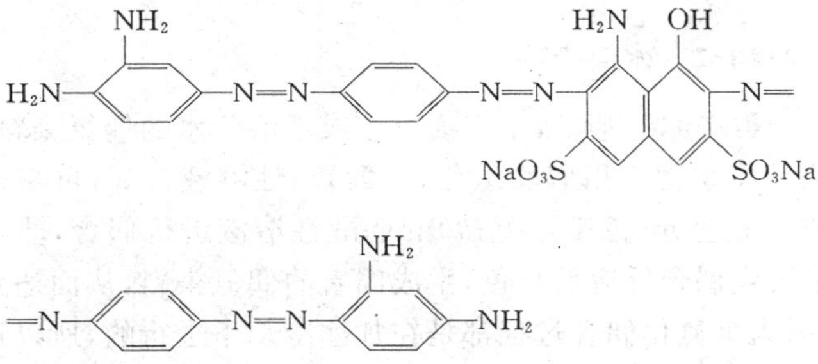

铜盐直接染料：分子中含有铜，它是由偶氮型染料，经铜盐处理而得。由于染料与铜离子形成稳定络合物，从而提高了耐晒牢度。

[例]　直接耐晒红玉 BBL

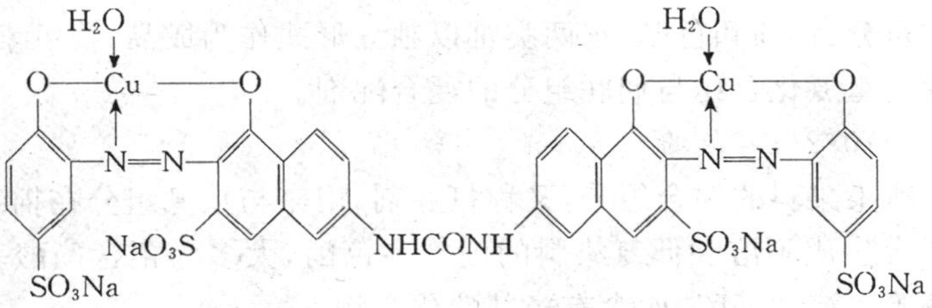

直接重氮染料：分子带有伯芳胺基，上染后可以在棉纤维上再进行重氮化，并与偶合组分偶合。如直接耐晒黑 GF

2·10·2　冰染染料

　　一类在冰冷却下，于织物上生成不溶于水的偶氮染料。通用的方法是将织物先用偶联组分（色酚）碱性溶液打底，再与通过冰冷却的重氮组分（色基重氮盐）的弱酸性溶液进行偶合，即在织物上直接发生偶合反应而显色，生成固着的偶氮染料，从而达到印染目的。因为重氮化偶合过程都是在加冰冷却下进行的，所以这一染色法称冰染法；用来生成这些染料的化合物统称为冰染染料。鉴于在纤维上生成的这些单偶氮染料是不溶于水的，所以它也称不溶性偶氮染料。

　　冰染染料色泽鲜艳，色谱齐全，耐晒及耐洗牢度良好、价格低廉、应用方便，但摩擦牢度较差。主要用于棉织物的染色和印花。

　　冰染染料分子结构是以不含可溶性基团为特征的，按照使用形式可分：色酚和色基，这两类都以独立形式作为成品；快色素类，即稳定重氮化合物与偶联组分的混合配剂。

2·10·2·1　色酚

　　冰染染料的偶合组分，又称打底剂，用来与重氮组分在棉纤维上偶合生成不溶性偶氮染料的酚类称色酚，大多为不含磺酸基或羧基等水溶性基团，而含有羟基的化合物。

　　色酚 AS 产量最大，用途最广，俗称纳夫妥 AS，其结构为：

合成方法是把2,3酸和芳胺的混合物在氯苯中,和三氯化磷加热作用而成,反应中应无水存在。

常用品种有:

色酚 AS-BS ;   色酚 AS-ITR ;

色酚 AS-D ;   色酚 AS-E ;

色酚 AS-BO   色酚 AS-OL ;

以上品种,经偶合后所得偶氮染料中没有黄色。具有以下乙酰乙酰芳胺类型的色酚,可生成黄色染料。

[例] 色酚 AS-G

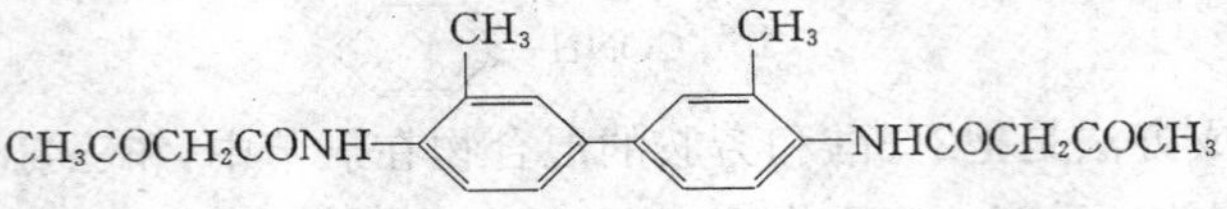

$$CH_3COCH_2CONH-\text{(芳环)}-NHCOCH_2COCH_3$$

色酚 AS-GR

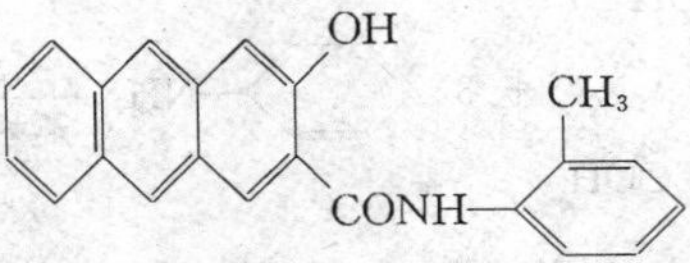

它们与蓝色基 BB 重氮盐偶合可得带蓝光绿色。

色酚 AS-LB

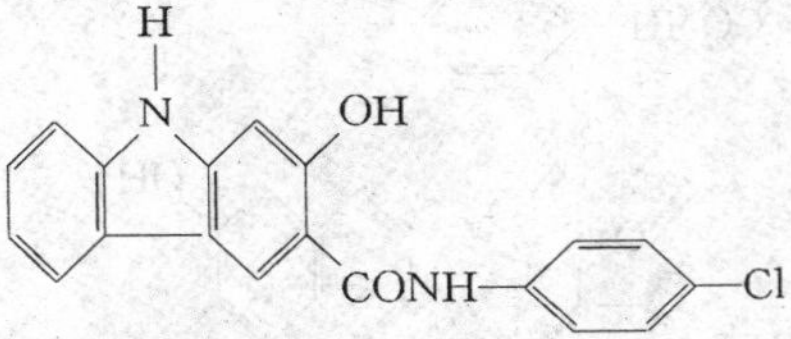

与红色基 B 重氮盐偶合生成棕色。

色酚 AS-SG

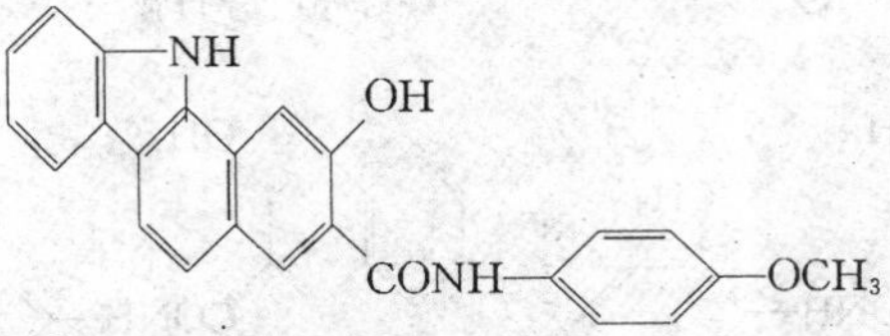

与红色基 B 重氮盐作用,生成坚牢的黑色。

2·10·2·2 色基

色基又称显色剂,是冰染染料的重氮组分,是不含磺酸基或羧基等水溶性基团,而带有氯、硝基、氰基、三氟甲基、芳胺基、甲砜基、乙砜基或磺酰胺基等取代基的芳胺类化合物。它的名称上标记的颜色并不表示它仅能生成的颜色,与不同的色酚偶合可得到不同的颜色,故而常以它与色酚 AS 生成的颜色命名。它的合成方法可参照有关中间体的合成方法。主要品种有:

黄色基

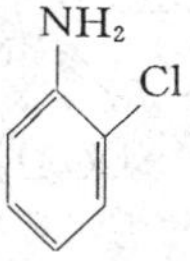

黄色基 GC

橙色基

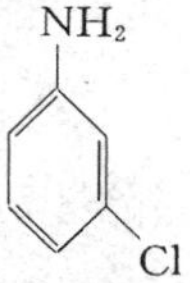

橙色基 G

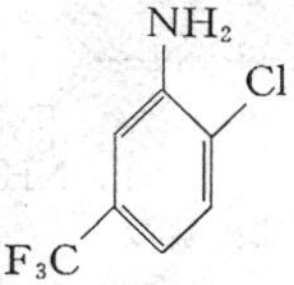

橙色基 RD

红色基

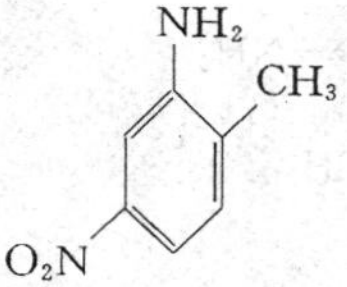

大红色基 G

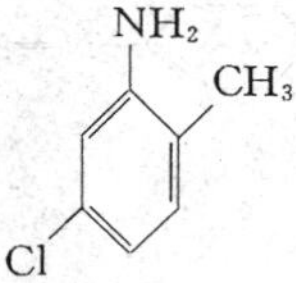

红色基 KB

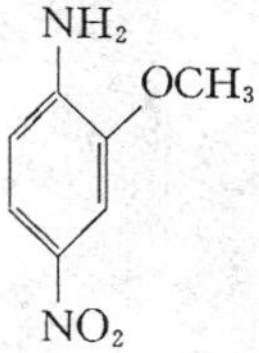

红色基 B

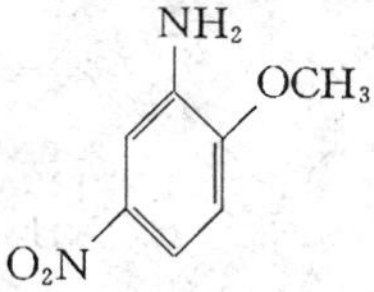

大红色基 RC

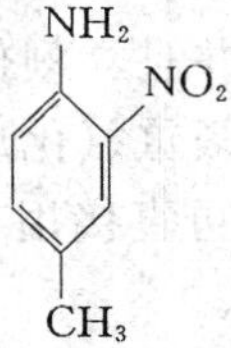

红色基 GL

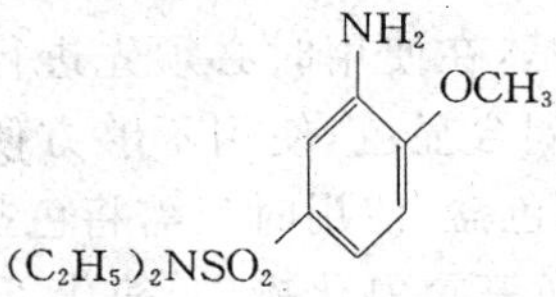

红色基 ITR

蓝色基

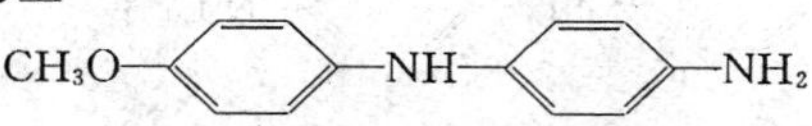

蓝色基 VB(凡拉明蓝色基 B)

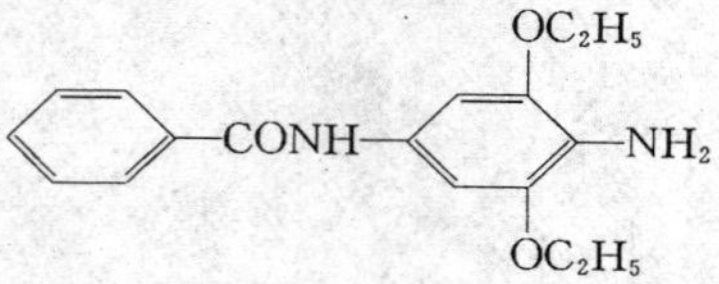

蓝色基 BB

棕色基

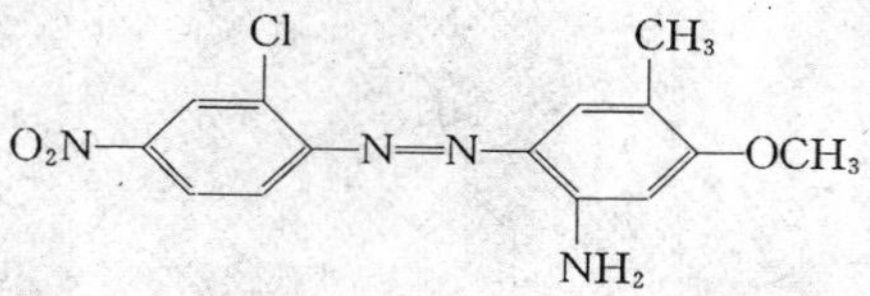

棕色基 V

黑色基

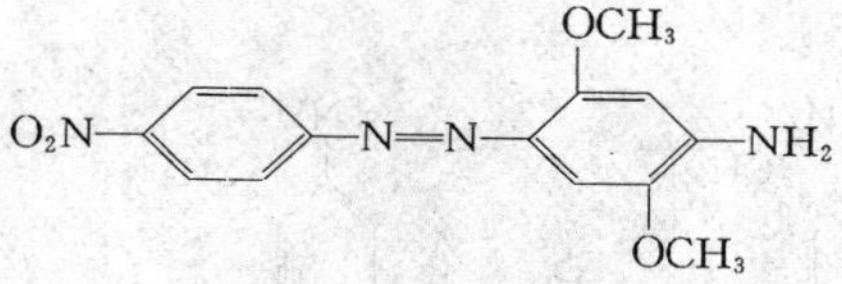

黑色基 K

橄榄绿色基

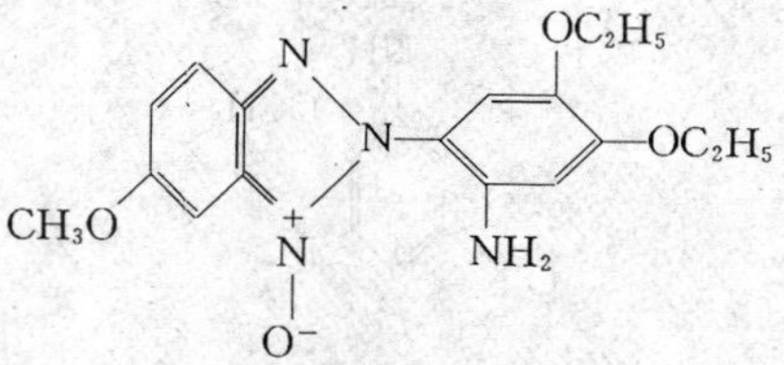

Variogen Base Ⅲ

上述色基,在使用时必须先进行重氮化,并且立刻使用,和色酚在纤维上偶合显色,使用不够方便。如将色基重氮化后,预先制成重氮盐,即色盐,使用时只需将色盐溶解,便可直接用来显色,染色中省去了色基重氮化操作,简化了染色过程。

〔例〕 蓝色盐 VB

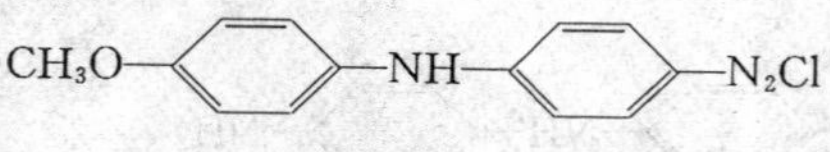

黑色盐 K

O_2N—⟨benzene⟩—$N=N$—⟨benzene with OCH_3 top and OCH_3 bottom⟩—N_2Cl]$_2$ · $ZnCl_2$

2·10·2·3　快色素类冰染染料

由特制的稳定重氮盐与色酚的混合物,二者混合在一起但不发生偶合反应,它不需经过打底和显色,而在印花后经酸化或汽蒸等手续而显色生成染料,故而能直接用于印花。工业生产的有快色素、快磺素、快胺素三类。

(1) 快色素　呈亚硝酸胺的形式,稳定重氮盐和色酚的混合物,如红色基 KB 的重氮盐用碱处理变成亚硝酸胺后和色酚 AS-D 混合配成快色素红 FHG。应用快色素印花要用汽蒸后在酸性浴中显色,也能通过含酸的蒸汽来显色。它的缺点是稳定性差,对酸高度敏感,甚至空气中二氧化碳也会使其生成染料,因此不宜久藏。

(2) 快磺素　基于重氮化合物的中性溶液与亚硫酸作用生成重氮磺酸盐的原理,故而快磺素是呈重氮磺酸盐形式的稳定重氮盐和色酚的混合物。应用时需用氧化剂重铬酸钠氧化,再用汽蒸与色酚偶合显色。

如蓝色基 B 重氮化后和亚硫酸钠作用形成蓝色基 B 的重氮磺酸钠稳定盐与色酚 AS-D 配成快磺素盐深蓝 G

CH_3O—⟨benzene⟩—NH—⟨benzene⟩—$N=N—SO_3Na$

$+$ ⟨naphthalene with OH and $CONH$—⟨benzene with CH_3⟩⟩

(3) 快胺素　重氮胺基化合物是一个稳定化合物,遇酸会分解出原来的重氮盐,用它和色酚混合即为快胺素。重氮胺基化合物由色基重氮盐和某些胺类作用而成。

如快胺素红 G,由红色基 KB 重氮盐加到2-氨基-4-磺酸苯甲酸稳定液中,经盐析干燥,制成稳定重氮化合物,再与色酚 AS-D 混合即成快胺素红 G。

在应用时和快色素一样,也需用汽蒸和酸显色,但比快色素稳定。如选用胺类适宜,形成的重氮胺基化合物与色酚配成中性素,印花时只需用中性汽蒸即可显色,使用更为方便。

2·10·3　硫化染料

硫化染料是由芳烃的胺类、酚类或硝基物与硫磺或多硫化钠通过硫化反应生成的染料。硫化染料不溶于水,染色时需使用硫化钠或其他还原剂,将染料还原成可溶性隐色体盐。它对纤维具有亲和力而上染纤维,然后经氧化显色,恢复其不溶状态而固着在纤维上。所以硫化染料也可称是一种还原染料。

$$R—S—S—R' \xrightarrow{2[H]} R—SH \ + \ R'—SH$$

硫化染料　　　　　　隐色体

$$R—SH \ + \ R'—SH \ +2NaOH \Longleftrightarrow R—SNa+R'—SNa+2H_2O$$

隐色体盐

$$R—SH+R'—SH \xrightarrow{[O]} R—S—S—R'+H_2O$$

硫化染料可用于棉、麻、粘胶等纤维,能染单色,也可拼色,耐晒牢度较好,耐磨坚牢度较差,色谱中少红色、紫色,色泽较暗,适合染深色。

由于硫化染料常呈胶状,不能结晶,更不易提纯,故而它们的分子结构也难以测定。

硫化染料工业生产方法有两种：烘焙法，将原料芳烃的胺类、酚类或硝基物与硫磺或多硫化钠在高温下烘焙，以制取黄、橙、棕色染料。如硫化黄棕5G，由2,4-二氨基甲苯与硫加热至220℃以上硫化制得。烘焙时硫又作为溶剂，故而过量的硫可用氢氧化钠处

理，以减少染料中游离硫的含量；第二种方法又称煮沸法，将原料芳烃的胺类、酚类或硝基物，与多硫化钠在水中或有机溶剂中加热煮沸，以制取黑、蓝、绿色硫化染料。如硫化黑它是用2,4-二硝基氯苯和氢氧化钠溶液，在近沸腾的情况下，水解制成二硝基苯酚溶液，随后与多硫化钠水溶液，按一定的分子比加热煮沸，在加压或不加压下进行还原和加硫反应而制得，硫化时，酚钠与多硫化钠的分子比、多硫化钠 Na_2S_x 中的 x（即硫指数）以及反应温度不同，硫化黑染料的色光会有青光、青红光和红光的差异。若硫指数 x 不变，而多硫化钠与酚钠的分子比为1.2时，生成染料带红光；为1.7时，则生成的染料带青光。

多硫化钠的配置

$$Na_2S + (x - 1)S \xrightarrow{98 \sim 100℃} Na_2S_x$$

硫化：整个反应中有还原、硫化、缩合及聚合等四个反应同时进行。

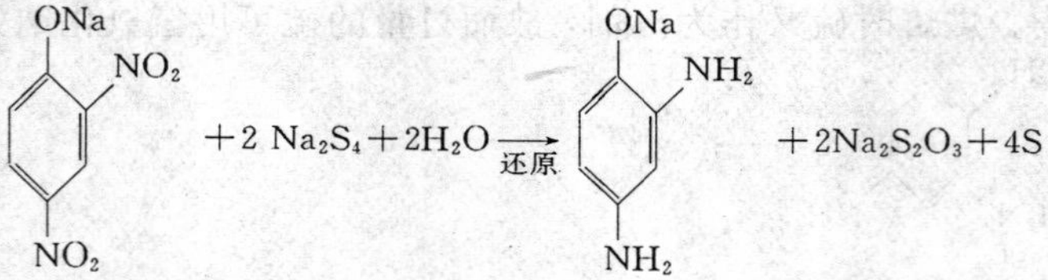

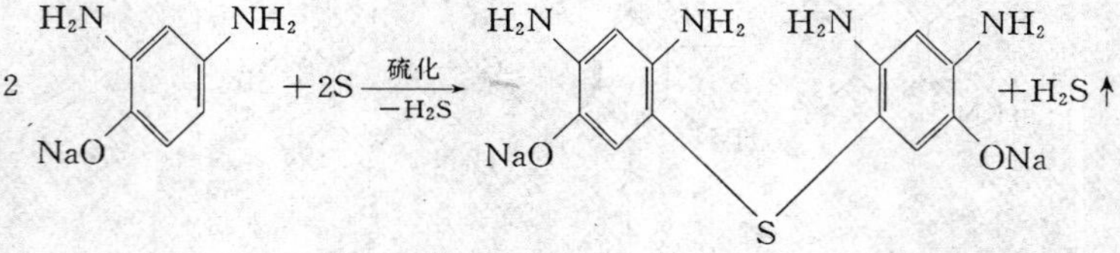

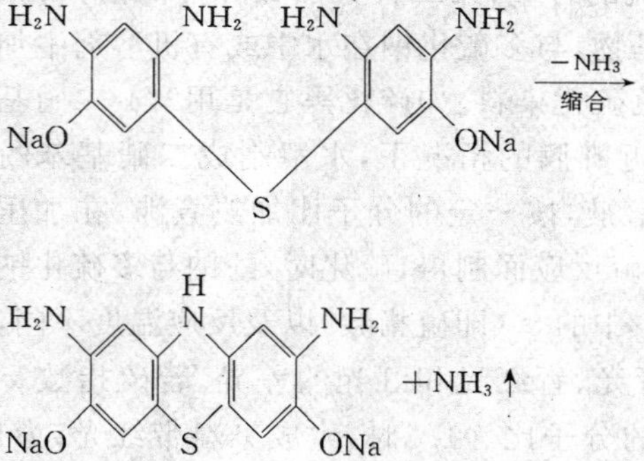

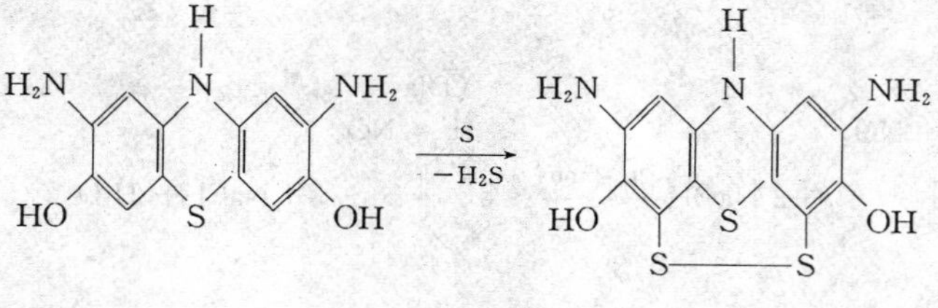

$+2Na_2S_4 + 2H_2O \xrightarrow{还原} \quad +2Na_2S_2O_3 + 4S$

$+2S \xrightarrow[-H_2S]{硫化} \quad +H_2S\uparrow$

$\xrightarrow[缩合]{-NH_3}$

$+NH_3\uparrow$

$\xrightarrow[-H_2S]{S}$

2

$$\xrightarrow{-H_2O}$$

$$\xrightarrow[\text{氧化}]{\text{聚合}}$$

硫化黑染料最大的缺点是有脆布现象:这是因为硫化黑分子中含有多硫链状的活性硫。它很不稳定,当将染料加热或放置于湿热的空气中时就易氧化生成硫酸,造成对棉布的脆损,近年来通过改进生产工艺,加入甲醛及一氯醋酸,使不稳定的硫稳定下来,制成一种防脆硫化黑染料。

硫化还原黑 CLN,是由对氨基苯酚和2-萘酚缩合,再与2,4-二氨基甲苯、亚硝酸钠在丁醇溶剂中和多硫化钠进行硫化而得。

$$\xrightarrow[\text{脱水}]{100\text{℃}}$$

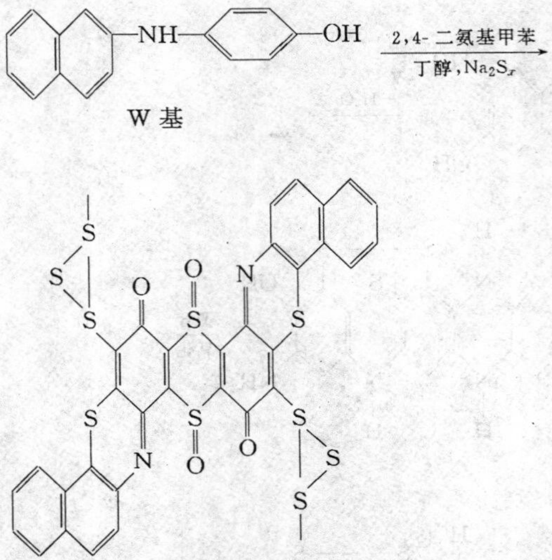

W 基

2,4-二氨基甲苯
丁醇，Na$_2$S$_x$

　　硫化还原黑 CLN 色泽鲜艳乌黑，对棉布无脆布作用，坚牢度也好，可用作代替还原染料中的黑色染料。

3 荧光增白剂

3·1 概　述

织物、纸张漂白后,为了获得更加满意的白度,或者某些浅色印染织物要增加鲜艳度,通常采用能发荧光的无色化合物进行加工,这种化合物称为荧光增白剂。

人们发现马栗树皮中含有的无色物质——马栗树皮素,即 6,7-二羟基香豆素,在紫外光下能发生蓝色荧光。将未漂过的亚麻织物,在马栗树皮水溶液中浸渍后,其白度显著增加,但因其不宜曝晒,易为水洗除,故无实用价值。直至以 4,4′-二氨基二苯乙烯-2,2′-二磺酸为主要原料的二苯乙烯系荧光增白剂的相继出现,才进入了实用阶段。

目前,荧光增白剂的品种较多,广泛地应用于合成洗涤剂、纺织、造纸和塑料工业等。全世界生产的荧光增白剂化学结构类型约有 15 种以上,商品牌号约为 300～360 个,年总消耗量超过 45000 吨。其应用于合成洗涤剂中的量为最大,纺织和造纸工业次之,塑料工业较小。

中国现阶段生产的荧光增白剂约有 10 余个品种,年产量 2000 吨左右。

3·1·1　有机化合物的荧光

一般而言,当紫外光照射到某些物质的时候,这些物质吸收紫外光后会发射出各种颜色和不同强度的可见光,而当紫外光停止照射时,这种光线也随之很快地消失,这种光线就称为荧光。

各种物质的分子具有不同的化学结构,因此具有不同的能级。大多数分子在室温时均处在基态的最低振动能级,当物质被光线照射时,该物质的分子吸收了和它所具有的特征频率相一致的光线,而由原来的能级跃迁至第一电子激发态或第二电子激发态的各个不同振动能级以及各个不同转动能级,如图 3-1 中的(1)和(2)所示。大多数多原子分子的有机化合物的振动能级的型式较为复杂,在它们的吸收光谱中由基态至第一电子激发态各个不同振动能级的跃迁只呈现一个宽阔的吸收带,由基态至第二电子激发态各个振动能级的跃迁则呈现另一个宽阔而波长较短的吸收带,如图 3-2,图 3-3 所示。

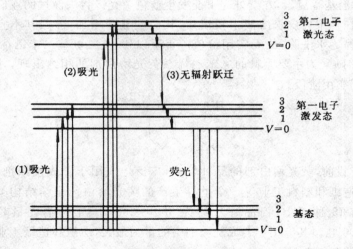

图 3-1 吸收光谱和荧光光谱能级跃迁示意图

大多数的分子在吸收了光而被激发至第一或以上的电子激发态的各个振动能级之后,在很短暂的时间内急剧降落至第一电子激发态的最低振动能级,在这一过程中它们和同类分子或其他分子撞击而以热的形式消耗了相当于这些能级之间的能量,因而不发出光,如图 3-1 中(3)所示。由第一电子激发态的最低振动能级继续往下降落至基态的各个不同振动能级时,则以光的形式发出,所发生的光即是荧光,如图 3-1 中的(4)。某些荧光增白剂的荧光发射光谱如图 3-3、图 3-4 所示。

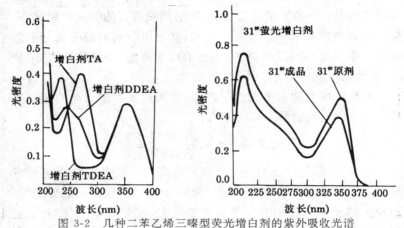

图 3-2 几种二苯乙烯三嗪型荧光增白剂的紫外吸收光谱

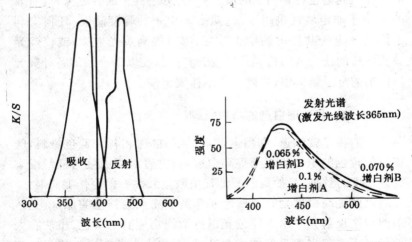

图 3-3 荧光增白剂 CL 的紫外吸收光谱与荧光发射光谱

图 3-4 两种二苯乙烯三嗪型荧光增白剂处理的棉织品所发射的荧光光谱

由此可见,发生荧光的第一个必要条件是该物质的分子必须具有与所照射光线相同的频率,而分子具有怎样的频率是与它们的结构密切联系着的。因此,要发生荧光,首先必须有一个能够吸收光线的化学结构。发生荧光的第二个必要条件是:吸收了与其本身特征频率相同的能量之后的分子,必须具有高的荧光效率。许多会吸光的物质并不一定会发生荧光,就是由于它们的吸光分子的荧光效率不高,而将所吸收的能量消耗于碰撞(以热的形式)中放出,因此无法发出荧光。

荧光效率也称为荧光量子产率,它表示所发出荧光的量子数和所吸收激发光的量子数的比值。

$$荧光效率(\varphi) = \frac{发出的量子数}{吸收的量子数}$$

显然,有机化合物的结构与它们的荧光有密切关系。荧光通常是发生于具有刚性结构和平面结构的 π-电子共轭体系的分子中,随着 π-电子共轭度和分子平面度的增大,荧光效率也将增大,它们的荧光光谱也将移向长的波长方向。分子共平面性越大,其有效的 π-电子非定域性也越大,也就是 π-电子共轭度越大。任何有利于提高 π-电子共轭度的结构改变,都将提高荧光效率,或使荧光波长向长的波长方向移动。这些结构特征,在以下介绍的各种荧光增白剂的分子结构中,可以充分地体现出来。

3·1·2 荧光增白剂的增白机理

人们很早就知道,利用上蓝剂,例如群青和各种蓝色染料,能使略带黄色的织物给视觉提高白度,如群青对漂白过的棉纤维有提高白度的效果;又如蛋白纤维常用微量酸性青莲等作上蓝剂。

上蓝提高白度是利用蓝色光和黄色光互为补色的原理。上蓝剂使织物反射光中增加蓝色光以抵消织物原有的黄色。虽然在人们目光下看起来似乎增加了白度,但事实上上蓝剂也吸收了一部分光线,因此织物总的反射率有某些下降,所以比较起来带有一些灰暗。这是上蓝的不足之处。

荧光增白剂自身无色，在织物上不但能反射可见日光，同时还能吸收日光中的紫外光而发射波长为415～466纳米，即紫蓝色的荧光，正好同织物原来反射出来的黄色光互为补色，相加而成白光，使织物具有明显的洁白感。由于荧光增白剂发射荧光，使织物总的可见光反射率较原来增大，故也提高了亮度，使织物的白度比一般漂白或上蓝过的更为悦目。荧光增白剂用于浅色织物，也同样使亮度增加而起增艳作用。荧光增白剂是利用光学上的补色作用来增白，因此又可称为光学增白剂。漂白、上蓝、荧光增白在织物上的反射率的比较如图 3-5 所示。

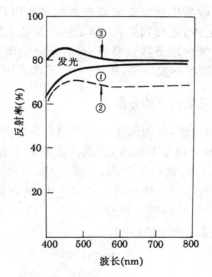

图 3-5　漂白、上蓝和荧光增白在织物上的反射率的比较
①漂白棉布；②漂白棉布上蓝处理；③漂白棉布荧光增白剂增白

各种荧光增白剂因其化学结构不同，其发射的最大荧光波长有所差异，因而荧光色调也不同。最大荧光波长在415～429纳米间者呈紫色调；在430～440纳米间者呈蓝色调；在441～466纳米间者呈带绿光的蓝色。因此用荧光增白剂增白的织物上的白度有偏红、偏青等不同色调，必要时还可用颜料或染料加以校正。

荧光增白剂一般对紫外线较敏感,所以用荧光增白剂处理过的产品,长期在阳光下曝晒,则会因荧光增白剂分子的逐渐被破坏而白度减退。

荧光增白剂要在日光下才有柔和耀目的荧光光泽,在白炽灯光下因没有紫外线,所以看起来没有像在日光下洁白耀目。

荧光增白剂的增白,只是光学上的增亮补色,并不能代替化学漂白。因此,含有色素的纤维,如原棉织物,如若不经漂白就用荧光增白剂处理,则不能获得洁白效果。

虽然许多有机化合物能产生荧光,但具有实用价值的荧光增白剂,除了能吸收紫外光而发出紫蓝色的荧光和具有高的荧光效率为必要条件之外,还必须:本身无色或接近无色,对纤维有良好的亲和力,溶解性或分散性要好;具有较好的耐洗、耐晒和耐熨烫的牢度;用于塑料的要耐热,相容性好,不渗出不析出等。

3·1·3 荧光增白剂的分类

根据以上的论述,作为荧光增白剂的有机化合物,其分子结构必须具有一定的 π-电子共轭度,因此大多数的荧光增白剂都是某些特定结构化合物,例如香豆素、二苯乙烯、噁唑、吡唑等的衍生物。这些母体化合物的结构也是荧光发色体,所以目前荧光增白剂均按其母体的化学结构进行分类。

1) 二苯乙烯型荧光增白剂

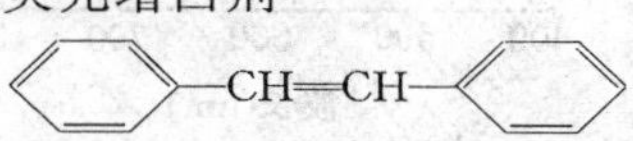

$$\text{〈〉}-CH=CH-\text{〈〉}$$

以二苯乙烯为母体所得的衍生物,如荧光增白剂 VBL

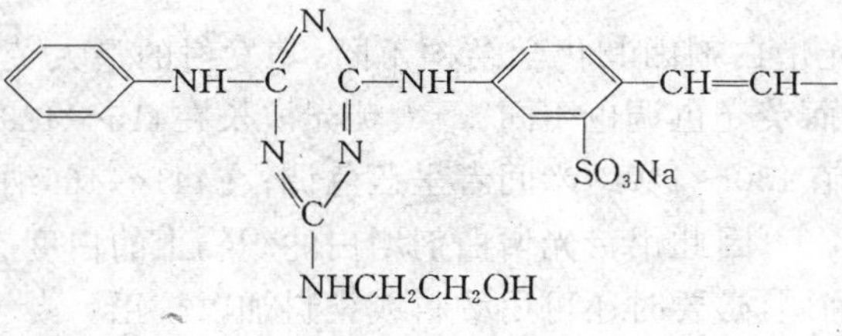

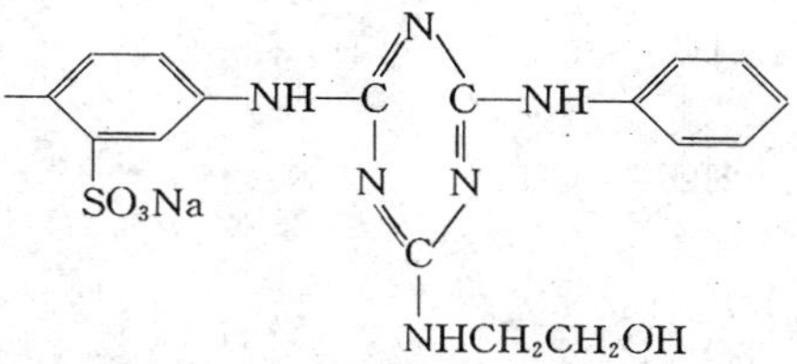

2）双苯乙烯型荧光增白剂

分子中具有双苯乙烯

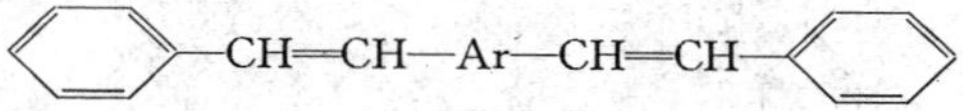

的结构，如

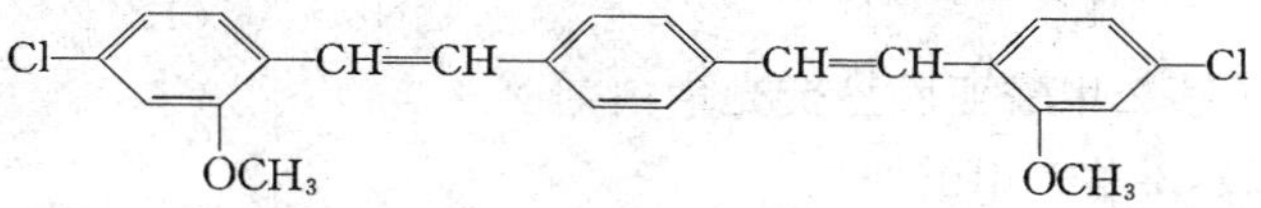

3）香豆素型荧光增白剂

以香豆素

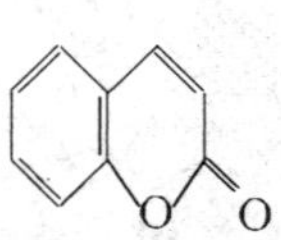

为母体所得的衍生物，如荧光增白剂 PEB

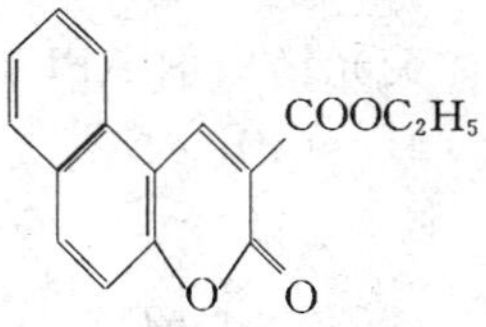

4）唑型荧光增白剂

分子结构中具有含氮杂环，主要有

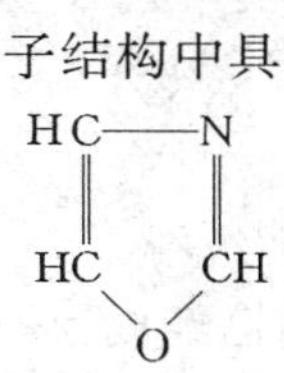

噁唑 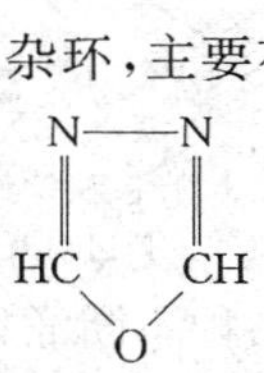　　　　　噁二唑 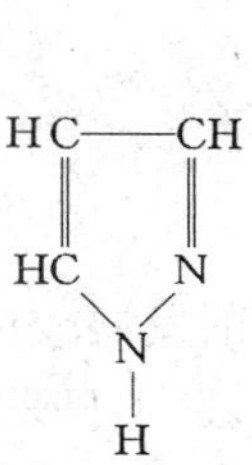　　　　　吡唑

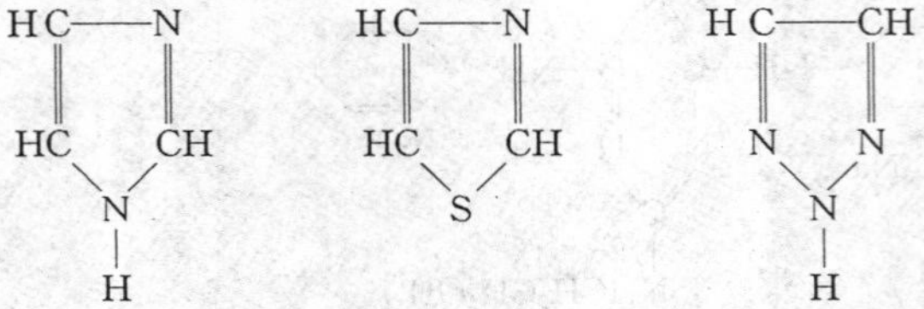

咪唑　　　　　　噻唑　　　　　　三唑

含噁唑环的衍生物,如荧光增白剂 DT

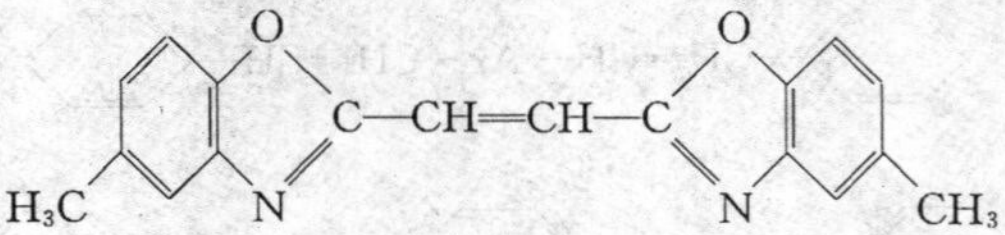

5) 萘二甲酰亚胺型荧光增白剂

以1,8-萘二甲酰亚胺

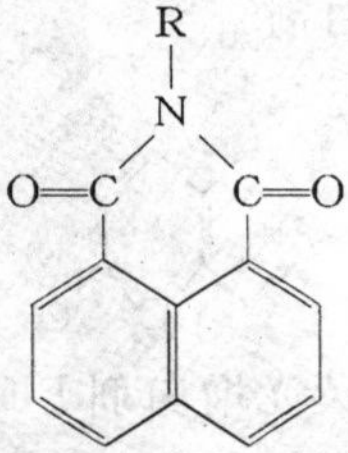

为母体所得的衍生物,如荧光增白剂 APL,

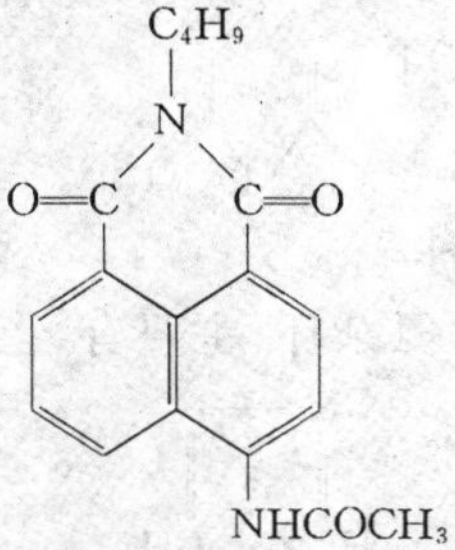

荧光增白剂的发展较快,新品种不断涌现,目前已经成为一类重要的化工产品。以上只是根据主要的品种归纳为五大类。

荧光增白剂也可按应用分类,如纤维素纤维、蛋白质纤维、聚酯纤维及塑料等应用的各类荧光增白剂。由于不少增白剂可以有多种用途,所以这种分类目前尚不十分合理。

3·2 二苯乙烯型荧光增白剂

二苯乙烯型荧光增白剂是以二苯乙烯为母体的各种衍生物。由于原料来源方便,制造工艺较简单,对各种纤维的适应性强,因而是目前产量最大、品种最多的一类。按其结构特征主要分为三类。

3·2·1 二苯乙烯三嗪型

结构通式为:

表 3-1 二苯乙烯三嗪型荧光增白剂

名　称	R'	R''
VBL[①]	—NH—⬡	—NHCH$_2$CH$_2$OH
VBU[①]	—NH—⬡—SO$_3$Na	—N(C$_2$H$_5$)$_2$
BC[①]	—NH—⬡—SO$_3$Na	—NH$_2$
31号[①]	—NH—⬡　—NH—⬡(Cl)	—NHCH$_2$CH$_2$OH
JD-3[①]	—NH—⬡(Cl)	—NHCH$_2$CH$_2$OH

名　称	R′	R″
C. I. 71②	—NH—	—N O
C. I. 32②	—NH—	—OH

①国内商品牌号；②染料索引荧光增白剂编号。

这类结构的荧光增白剂是商品化最多的一类,部分品种如表3-1中所列。这类化合物的最大紫外吸收波长为350纳米左右,最大荧光波长在432～442纳米间,正是蓝色荧光范围。它们主要用于棉、纸张和洗涤剂,具有较好的水洗牢度和一定的耐晒牢度。对锦纶、维纶再生纤维乃至蛋白纤维等纺织品也都有良好的增白效果。

这类荧光增白剂的合成方法是以4,4′-二氨基二苯乙烯-2,2′-二磺酸(简称 D.S.D 酸)和两个分子三聚氯氰缩合,其余的氯原子再分别被以上所列的取代基取代而成。

D.S.D 酸是重要的中间体,其合成方法如下:

$$2 \text{ O}_2\text{N} - \bigcirc - \text{CH} = \text{CH} - \bigcirc - \text{NO}_2 + 9 \text{ Fe} + 4 \text{ H}_2\text{O}$$
$$\text{SO}_3\text{H} \quad \text{HO}_3\text{S}$$

$$\longrightarrow 2 \text{ H}_2\text{N} - \bigcirc - \text{CH} = \text{CH} - \bigcirc - \text{NH}_2 + 3 \text{ Fe}_3\text{O}_4$$
$$\text{SO}_3\text{H} \quad \text{HO}_3\text{S}$$

荧光增白剂 VBL 的合成方法如下：

$$\text{H}_2\text{N} - \bigcirc - \text{CH} = \text{CH} - \bigcirc - \text{NH}_2 + 2\text{Cl} - \text{C} \underset{\text{N}}{\overset{\text{N}}{\rightleftarrows}} \text{C} - \text{Cl}$$
$$\text{SO}_3\text{Na} \quad \text{NaO}_3\text{S} \qquad \qquad \text{Cl}$$

$$\xrightarrow[\text{0~5℃, pH5~6}]{\text{Na}_2\text{CO}_3}$$

$$\underset{\text{Cl}}{\overset{\text{Cl}}{\text{C}}} \cdots \text{C} - \text{NH} - \bigcirc - \text{CH} = \text{CH} - \bigcirc - \text{NH} - \text{C} \cdots \underset{\text{Cl}}{\text{C}}$$
$$\text{SO}_3\text{Na} \quad \text{NaO}_3\text{S}$$

$$\xrightarrow[\text{30℃, pH6~7}]{2 \bigcirc - \text{NH}_2}$$

$$\underset{\text{Cl}}{\text{C}} \cdots \text{C} - \text{NH} - \bigcirc - \text{CH} = \text{CH} - \bigcirc - \text{NH} - \text{C} \cdots \underset{\text{Cl}}{\text{C}}$$
$$\text{NH} - \bigcirc \qquad \text{SO}_3\text{Na} \quad \text{NaO}_3\text{S} \qquad \text{NH} - \bigcirc$$

$$\xrightarrow[\text{100~110℃}]{\text{H}_2\text{NCH}_2\text{CH}_2\text{OH}}$$

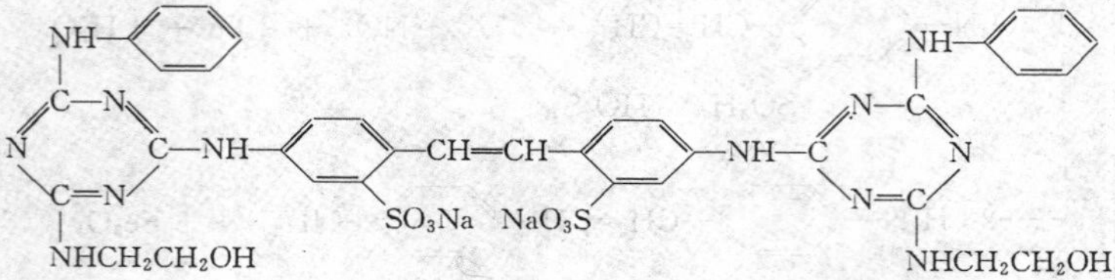

除了对称结构以外，也有不对称结构，例如

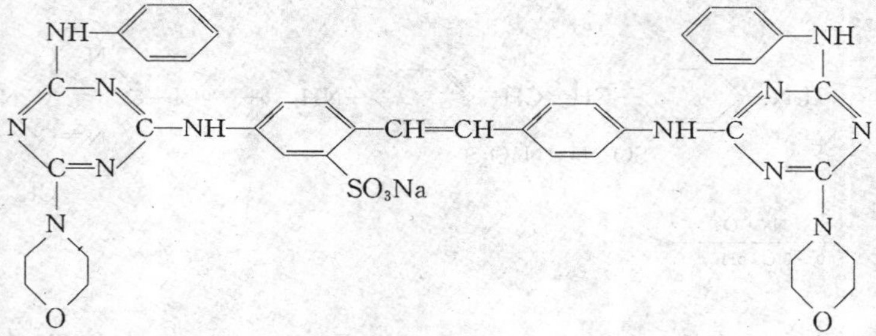

其合成过程较复杂。

3·2·2 二苯乙烯双酰胺基型

这种类型是荧光增白剂中早期的品种，例如荧光增白剂 BR，由 D. S. D 酸和苯基异氰酸酯反应而成。

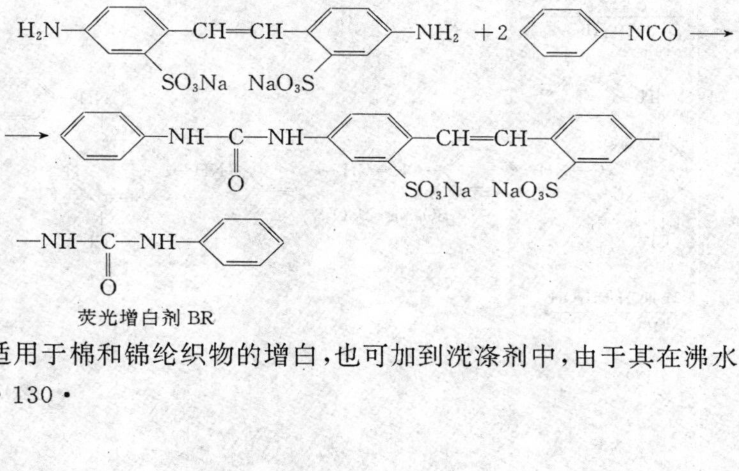

荧光增白剂 BR

它适用于棉和锦纶织物的增白，也可加到洗涤剂中，由于其在沸水中稳定性较差,耐晒牢度也欠佳,已逐渐被其他品种所代替。

3·2·3 二苯乙烯三氮唑型

以 D.S.D 酸为原料可制得对称二苯乙烯三氮唑型荧光增白剂,例如这类化合物比二苯乙烯三嗪型的增白效果好,具有良好耐氯漂稳定性。耐晒牢度也较好。缺点是色调偏绿。常用于合成洗涤剂制造工业。

据研究,具有不对称结构的这类荧光增白剂,其性能较具有对称结构的更好,例如

R 为—SO₃Na 即荧光增白剂 RBS,适用于棉及聚酰胺的增白;R 为—SO₂NHC₂H₅、—CN 或—SO₂CH₃可用于聚酯纤维的增白。

3·3 双苯乙烯型荧光增白剂

这类荧光增白剂开发得较晚。大多数是由二乙基苄基膦酸酯与适当取代的苯甲醛缩合而制得,例如

可用来增白热塑性塑料如聚氯乙烯、聚苯乙烯和 ABS 等。

用类似的方法可合成含有磺基、烷氧基、氰基、氯（同时可含有氰基）和三氟甲基的双苯乙烯增白剂。

有报导制得了如下结构的化合物，

$$CH_3OOC \underset{\hspace{2em}}{\underline{\hspace{2em}}} CH=CH \underset{\hspace{2em}}{\underline{\hspace{2em}}} CH=CH \underset{\hspace{2em}}{\underline{\hspace{2em}}} COOCH_3$$

它可以在制造聚酯时参与共缩聚，用量为 3～20 ppm，可增白聚酯而不影响聚酯的性能。

下列结构的两性荧光增白剂，可以在洗涤剂中和阳离子柔软剂一起使用，而有较好的增白作用。

$$\underset{O(CH_2)_3\overset{+}{N}(CH_3)_2}{\underset{CH_2COO^-}{\hspace{2em}}} CH=CH \underset{\hspace{2em}}{\underline{\hspace{2em}}} \underset{\hspace{2em}}{\underline{\hspace{2em}}} CH=CH \underset{O(CH_2)_3\overset{+}{N}(CH_3)_2}{\underset{CH_2COO^-}{\hspace{2em}}}$$

3·4 香豆素型荧光增白剂

这类增白剂按香豆素分子中引入取代基的种类和位置的不同，主要有以下四类。

3·4·1 3-羧基香豆素增白剂

这类增白剂中的重要代表为荧光增白剂 PEB。其合成方法如下：

$$\underset{OH}{\boxed{}} \xrightarrow[\text{C}_2\text{H}_5\text{OH},55\sim60℃]{\text{CHCl}_3,\text{NaOH}} \underset{OH}{\overset{CHO}{\boxed{}}} \xrightarrow[(\text{CH}_3\text{CO})_2\text{O},130℃]{\text{CH}_2(\text{COOC}_2\text{H}_5)_2}$$

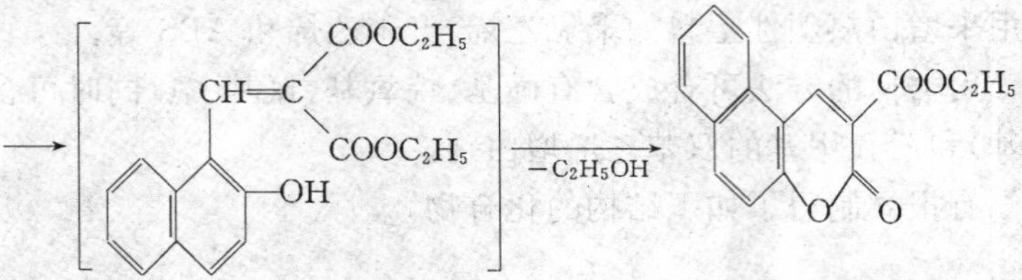

增白剂 PEB

增白剂 PEB 用于聚氯乙烯和赛璐珞的增白。

3·4·2　4-甲基-7-取代氨基香豆素增白剂

代表性的品种如增白剂 WS，其荧光色调为蓝光紫。合成方法如下：

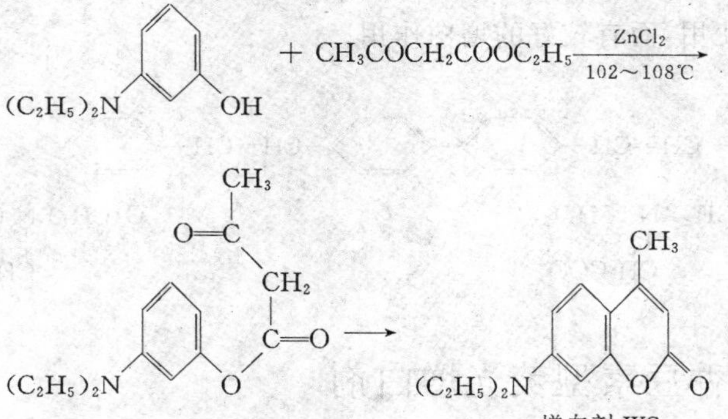

增白剂 WS

实际使用的是它的硫酸盐，可用于羊毛、蚕丝、二醋酸纤维、锦纶和维纶的增白。它的日晒牢度和水洗牢度均属中等；耐酸、耐硬水，但不耐碱和氯漂。

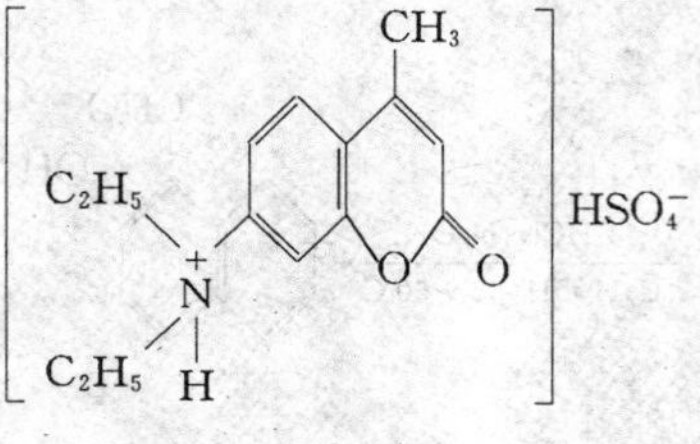

3·4·3   3-苯基-7-取代氨基香豆素增白剂

苯基香豆素有优良的耐光性,因此是当前合成纤维用的重要增白剂,其通式为

所用基本原料3-苯基-7-氨基香豆素可用如下方法合成:

以3-苯基-7-氨基香豆素为原料可制得具有实用价值的增白剂,例

$$\xrightarrow{\text{H}_2\text{NCH}_2\text{CH}_2\text{OH}}$$

$$\xrightarrow{\text{H}_2\text{NCH}_2\text{CHN(CH}_3)_2}$$

这些是羊毛和聚酰胺纤维用的增白剂。

3·4·4 杂环香豆素增白剂

这类增白剂是在香豆素母体上连接各种杂环而成。主要用于合成纤维。

含三唑结构的如增白剂 EGM，用于聚酯纤维的增白。其合成方法如下：

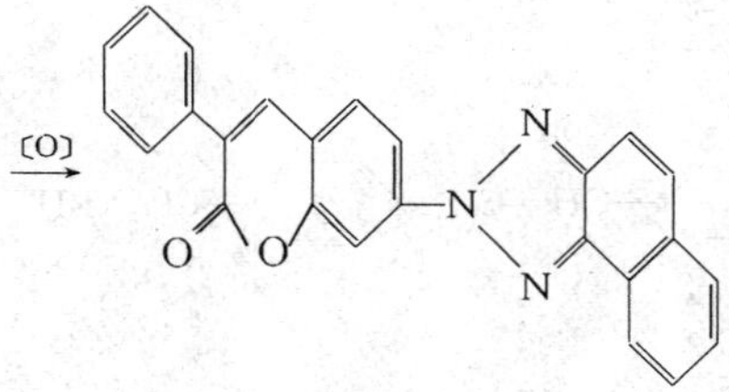

$$\xrightarrow{[O]}$$

增白剂 EGM

由取代的水杨醛和三唑基或四唑基乙酸缩合可制得含三唑基或四唑基的香豆素荧光增白剂。例如

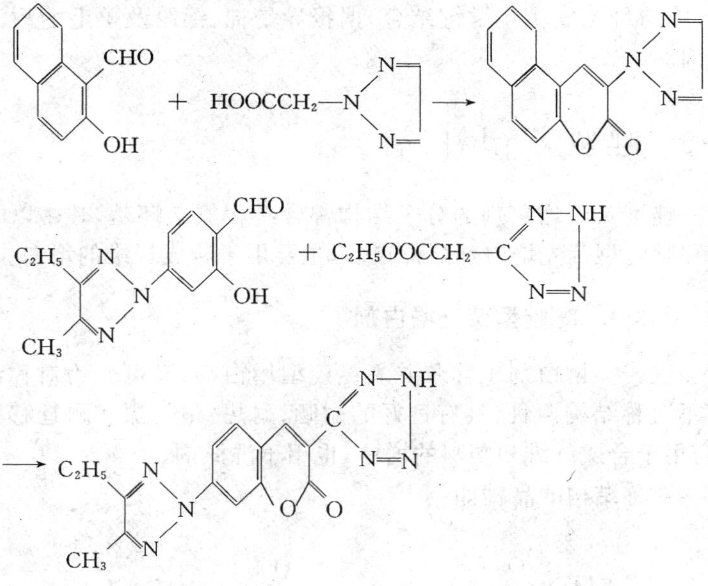

香豆素分子和噁唑环结合的增白剂为

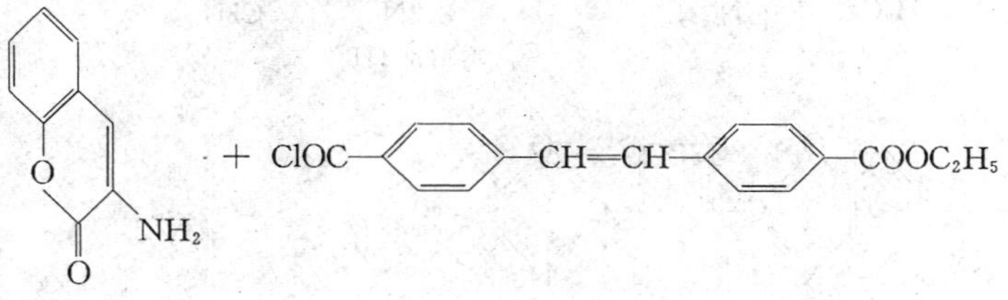

· 137 ·

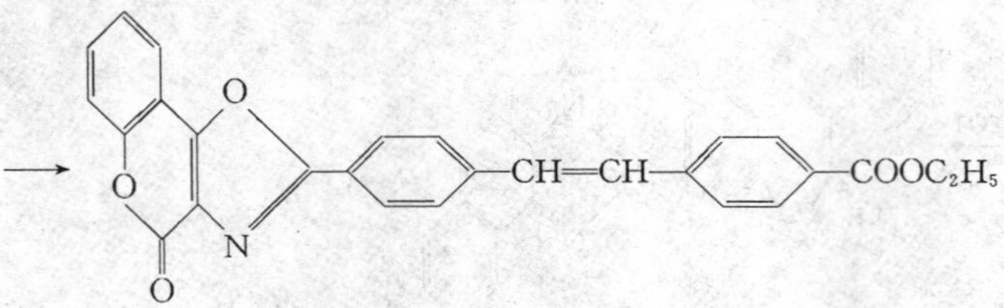

还有所谓纤维活性香豆素类增白剂,它们含有与活性染料类似的活性基团,如氯三嗪基、二氯喹噁啉基、氯嘧啶基、磺酰乙基等,能与纤维发生化学键结合。据报导是棉、锦纶及羊毛的耐洗增白剂。

3·5 唑型荧光增白剂

唑型荧光增白剂的分子结构都含有含氮杂环基,其中以噁唑型和吡唑型荧光增白剂品种较多,主要用于合成纤维的增白。

3·5·1 噁唑型荧光增白剂

这一类增白剂也称苯并氧氮茂型增白剂,又可分为对称结构和不对称结构两种,具有良好的耐晒、耐热、耐氯漂和耐迁移等性能,用于合成纤维和塑料的增白,也用于洗涤剂。

对称结构的品种如

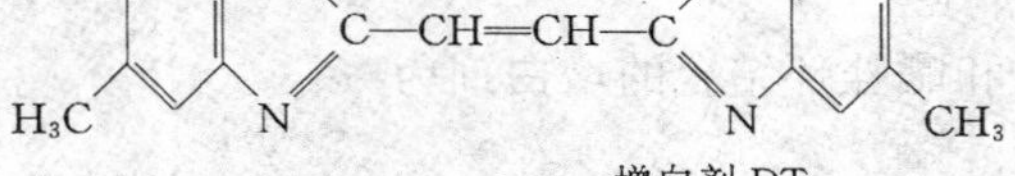

增白剂 DT

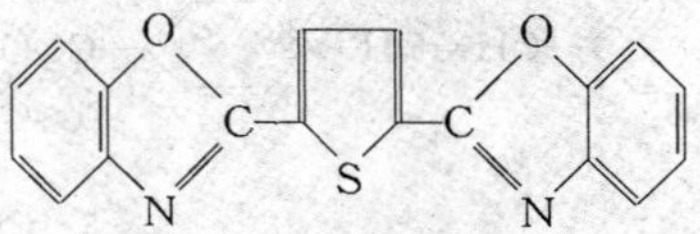

增白剂 EBF

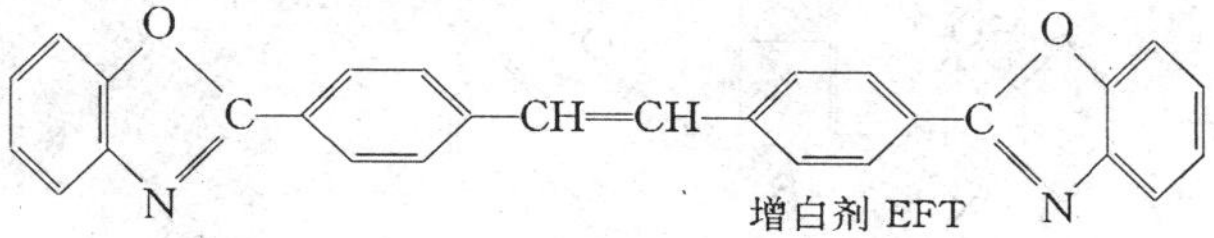

增白剂 EFT

其合成方法可用邻氨基酚及其衍生物与二元酸或其酰氯作用而成。

由邻氨基对甲苯酚与羟基丁二酸（苹果酸）反应生成增白剂 DT。

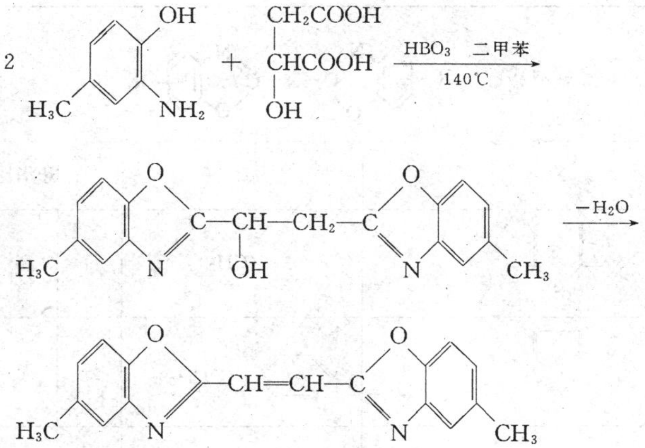

增白剂 DT 的荧光色调为红光蓝,非离子性,不溶于水但能良好地分散在水中。主要用于涤纶白色产品的增白,其日晒和水洗牢度均较好,并耐氯漂。

由邻氨基苯酚与噻吩-2,5-二羧酸反应生成增白剂 EBF

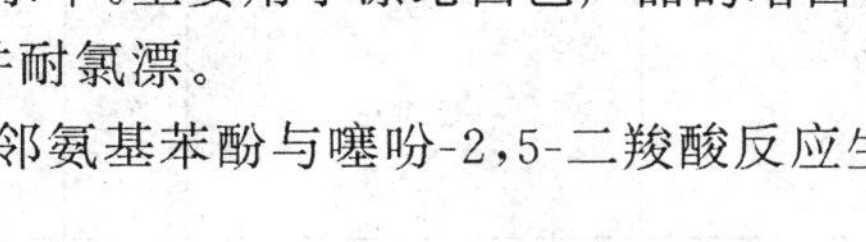

　　增白剂 EBF 呈鲜艳的蓝色荧光,非离子性,可与水以任何比例稀释分散。主要用于涤纶和醋酸纤维的增白。其性能优良,耐硬水、耐酸碱、耐晒,对氧化漂白性稳定,能与大多数织物整理剂共浴使用。

表 3-2　对称结构噁唑型荧光增白剂

通式：

X	R	热稳定性	升华性	荧光色调
	—C(CH₃)₃	好	高	绿
		好	无	绿
	—H	不好	高	蓝
	—COOR′	好	无	蓝光绿
	H	不好	中等	蓝
	—COOC₄H₉	好	无	蓝

由邻氨基苯酚与二苯乙烯-4,4′-二羧酸反应,则生成增白剂 EFT

$$2 \quad \text{(邻氨基苯酚)} \quad + \quad \text{HOOC} - \bigcirc - \text{CH}=\text{CH} - \bigcirc - \text{COOH}$$

$$\longrightarrow$$

增白剂 EFT 其耐热、耐光、耐氯漂各项牢度指标都好,特别适用于涤纶和涤棉混纺织品的增白。

对称结构噁唑型荧光增白剂的品种很多,用于聚酰胺、聚酯和聚丙烯腈纤维原浆增白的某些荧光增白剂的结构与性能如表3-2所示。

用于聚氯乙烯、聚苯乙烯、聚丙烯和聚乙烯等塑料增白的某些品种的结构与性能如表3-3所示。

表 3-3　噁唑型荧光增白剂的结构与性能

结　构　式	耐迁移性	日晒牢度	增白效果
(噁唑-噻吩-噁唑结构)	极好	好	好
(噁唑-萘-噁唑结构)	极好	好	极好
(噁唑-二苯乙烯-噁唑结构)	好	好	中等

不对称结构噁唑型荧光增白剂较对称结构的具有更好的增白效果。例如

$$\text{(naphtho-oxazole)}-C=CH-CH=CH-C_6H_4-Cl$$

$$H_3C-\text{(benzoxazole)}-C=CH-CH=CH-C_6H_4-COOR$$

$$\text{(benzoxazole)}-C-\text{(thiophene)}-C_6H_4-CN$$

等,都可作聚酯纤维增白剂。

近年来又发展了具有噁二唑结构的荧光增白剂,如

$$H_3COOC-C_6H_4-CH=CH-C\underset{O}{\overset{N-N}{\diagdown}}C-CH=CH-C_6H_4-COOCH_3$$

$$\text{(benzoxazole)}-C_6H_4-CH=CH-C_6H_4-C\underset{O-N}{\overset{N}{\diagdown}}C-C_6H_5$$

3·5·2 吡唑啉型荧光增白剂

这一类主要用于腈纶纤维的增白。如增白剂 BD(也称 DCB),荧光色调微红紫,主要用于腈纶纤维的增白和增艳,其日晒和耐水洗牢度均较好,但对氯漂不稳定,合成方法如下:

$$Cl-C_6H_4-COCH_3 + CH_2O + \text{(morpholine)}NH\cdot HCl \xrightarrow[\text{回流}]{HCl, C_2H_5OH}$$

$$\longrightarrow \text{Cl}-\underset{}{\bigcirc}-\text{COCH}_2\text{CH}_2\text{N}\underset{}{\bigcirc}\text{O}\cdot\text{HCl}$$

$$\text{Cl}-\bigcirc-\text{COCH}_2\text{CH}_2\text{N}\bigcirc\text{O}\cdot\text{HCl} + \text{H}_2\text{NHN}-\bigcirc-\text{SO}_2\text{NH}_2$$

$$\xrightarrow[\text{回流}]{\text{乙二醇乙醚}}\left[\text{Cl}-\bigcirc-\underset{\text{CH}_2-\text{CH}_2-\text{N}\bigcirc\text{O}\cdot\text{HCl}}{\overset{\text{N}-\text{NH}-\bigcirc-\text{SO}_2\text{NH}_2}{\underset{|}{\overset{\|}{\text{C}}}}}\right]$$

$$\longrightarrow \text{Cl}-\bigcirc-\underset{\text{CH}_2-\text{CH}_2}{\overset{\text{N}}{\underset{|}{\overset{\|}{\text{C}}}}}\text{N}-\bigcirc-\text{SO}_2\text{NH}_2 + \text{HN}\bigcirc\text{O}\cdot\text{HCl}$$

增白剂 BD

若以对-甲砜基苯肼与对-氯-β-吗啉基丙酰苯盐酸盐反应则可得增白剂 AD,也用于腈纶纤维的增白。

$$\text{Cl}-\bigcirc-\underset{\text{CH}_2-\text{CH}_2}{\overset{\text{N}}{\underset{|}{\overset{\|}{\text{C}}}}}\text{N}-\bigcirc-\text{SO}_2\text{CH}_3$$

增白剂 AD

以上两例均为非离子型结构。近年来也有阳离子型的荧光增白剂,如

$$\text{Cl}-\bigcirc-\underset{\text{CH}_2-\text{CH}_2}{\overset{\text{N}}{\underset{|}{\overset{\|}{\text{C}}}}}\text{N}-\bigcirc-\text{SO}_2\text{CH}_2\text{C(CH}_3)_2\text{CH}_2\overset{+}{\text{N}}\text{(CH}_3)_3$$

含有磺酸基的吡唑啉衍生物,如增白剂 WG 是羊毛和蚕丝增白增艳用优良增白剂,荧光色调绿光蓝,耐日晒和耐水洗牢度中等。也可用于聚酰胺的增白。

$$\bigcirc-\underset{\text{CH}_2-\text{CH}_2-\bigcirc}{\overset{\text{N}}{\underset{|}{\overset{\|}{\text{C}}}}}\text{N}-\bigcirc-\text{SO}_3\text{H}$$

增白剂 WG

3·5·3 其他唑型荧光增白剂

噻唑型荧光增白剂如增白剂 RS,可由邻氨基苯硫酚与苯丙烯酰氯缩合而成

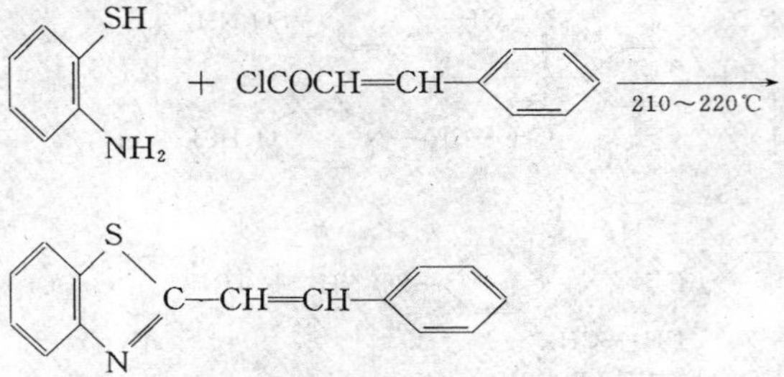

$$210\sim220℃$$

增白剂 RS

是纤维素和聚酰胺用的增白剂。

咪唑型荧光增白剂如增白剂 WT,

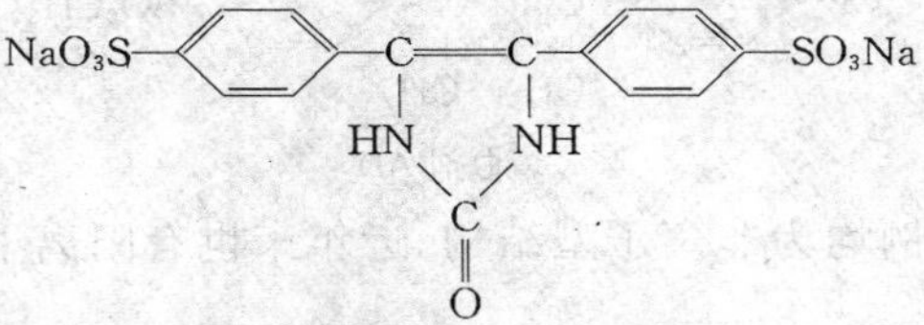

它专用于蛋白纤维,在弱酸浴中进行增白。

3·6 萘二甲酰亚胺型荧光增白剂

这一类中具有实际价值的荧光增白剂的通式如下:

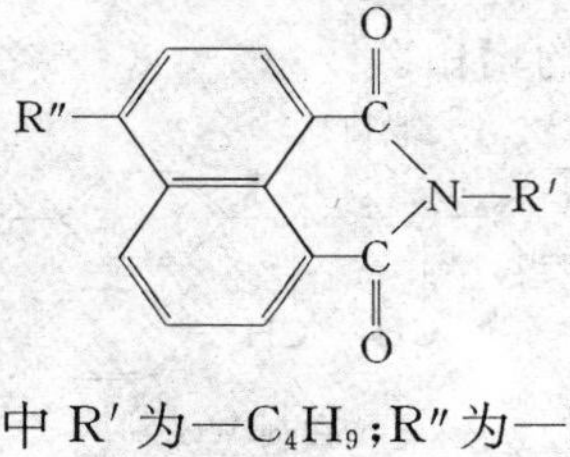

增白剂 APL,其中 R' 为 $—C_4H_9$;R'' 为 $—NHCOCH_3$,可供聚酰

胺、聚酯、聚氯乙烯的增白。合成方法如下：

荧光增白剂 APL

增白剂 AT，R′ 为—CH$_3$；R″ 为—OCH$_3$，为聚酯、聚丙烯腈、聚酰胺
纤维用增白剂，耐光性优良，荧光呈紫色。合成方法如下：

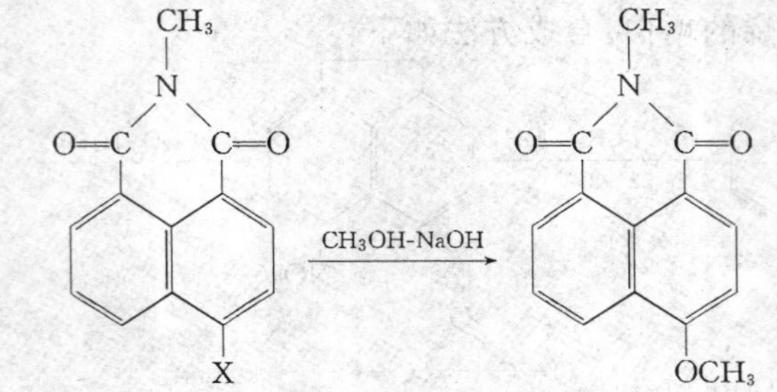

CH₃OH-NaOH

X 为—SO₃Na、—NO₂或—Br   荧光增白剂 AT

近年来报导了具有各种不同 N-取代基的荧光增白剂结构，例如 N-酰胺基萘二甲酰胺以及含苯并三唑或萘并三唑基的萘二甲酰胺。

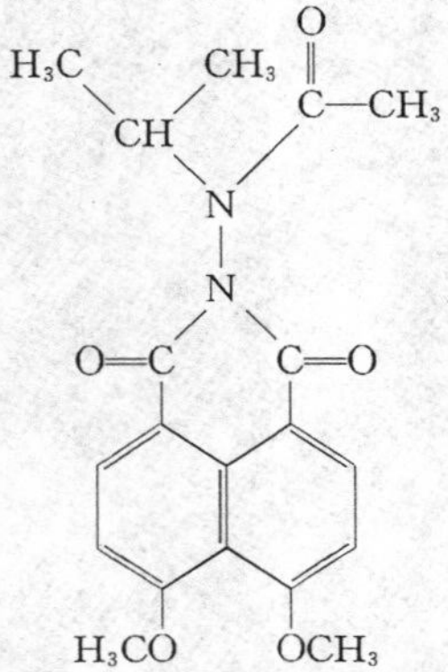

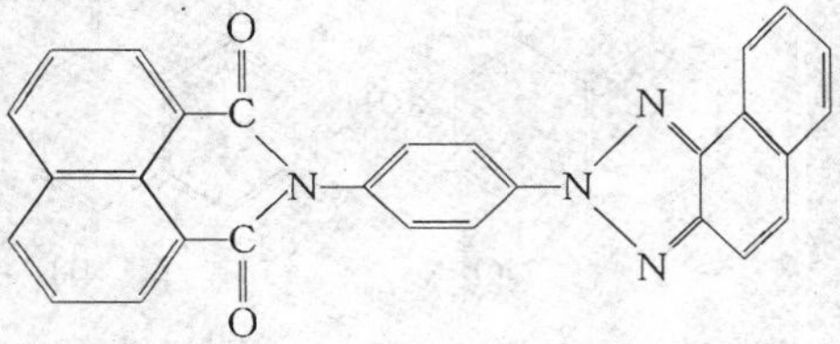

3·7　荧光增白剂混合物的增效作用

用两种聚酯纤维用的荧光增白剂混合物，在某些情况下会出现增效作用，即其增白效果比总浓度相同的单一（其中任何一种）增白剂的效果都好。例如下列荧光增白剂：

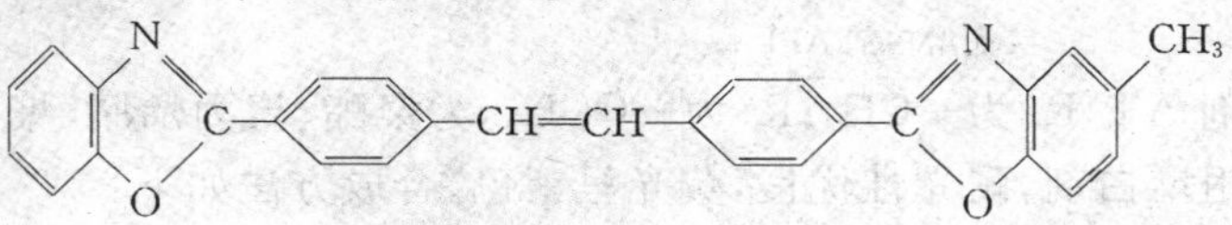

①

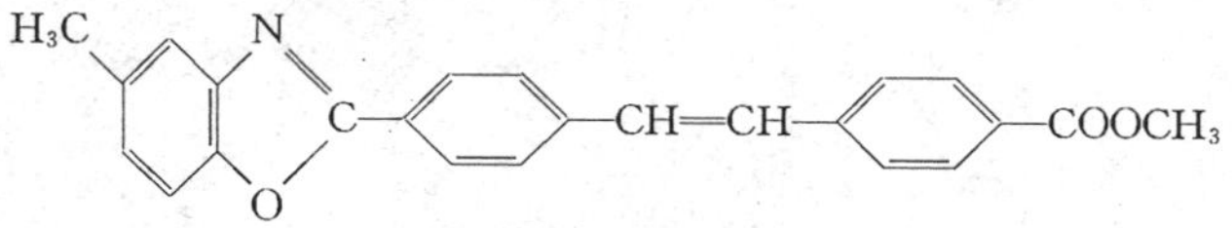

H_3C — N — C — CH=CH — COOCH$_3$

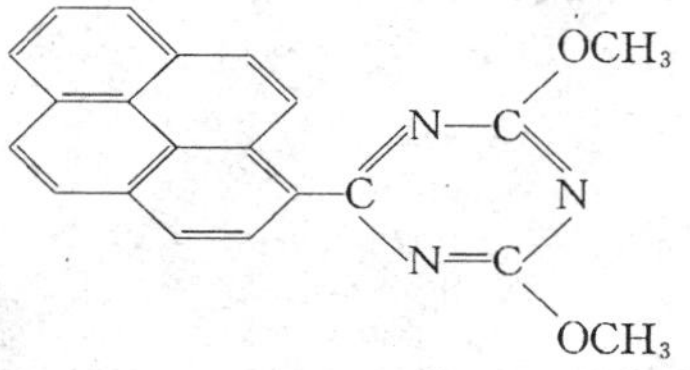

②

OCH$_3$

N — C

C

N

N — C

OCH$_3$

③

N — C — CH=CH — C — N — C — CH$_3$

O — N

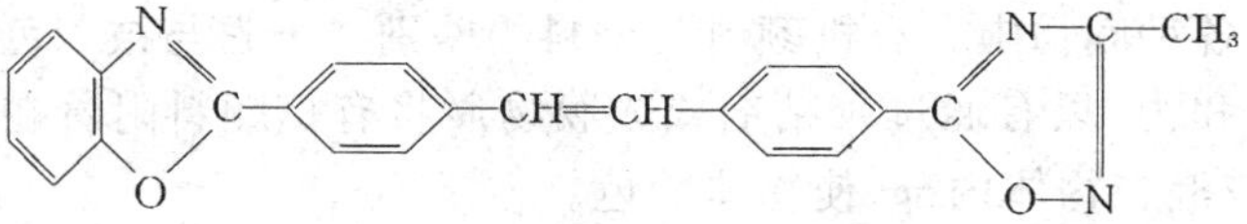

④

当用荧光增白剂①和②的混合物增白涤纶纤维,比单独使用①或②更为有效。有时三组分荧光增白剂混合物比两组分混合物效果更好(表3-4)。

表 3-4 增白剂混合物的增效作用

增白剂	比例	浓度,g/L	相对白度
①	1	0.8	154
②	1	0.8	151
①+②	25:75	0.8	158
③+④	25:75	0.5	146
①+③+④	6:23:71	0.5	149

关于混合增白剂的增效作用,目前的报导主要仅涉及聚酯纤维的增白。

4 有机颜料

4·1 概　　述

　　有机颜料为不溶性的有色有机物,它不溶于水,也不溶于使用它们的各种底物中。有机颜料与染料的差别在于它与被着色物体没有亲和力,只有通过胶粘剂或成膜物质将有机颜料附着在物体表面,或混在物体内部,使物体着色。

　　其生产所需中间体,生产设备以及合成过程均与染料的生产大同小异,因此常将它放在染料工厂中生产。

　　有机颜料与无机颜料相比,通常具有较高着色力,颗粒容易研磨和分散,不易沉淀,色彩也较鲜艳,但耐晒、耐热、耐气候性能较差。颜料特性包括耐晒、耐水浸、耐酸、耐碱、耐有机溶剂、耐热、晶型稳定、分散性、抗迁移性及遮盖力等。

　　有机颜料普遍用于油墨、涂料、橡胶制品、塑料制品、文教用品和建筑材料物的着色。还用于合成纤维的原浆着色和织物涂料印花。

　　由于石油化工的迅速发展,各种合成材料、塑料对颜料的需求迅速猛增,使有机颜料发展成为一类重要的着色材料,据 1973 年染料索引第三版所载,已登录的品种有 500 多个,但常年生产、使用广泛、性能优良的品种仅 40～50 个,年产量超过千吨以上者仅11 只,即 CI 颜料黄:1,3,12,14;CI 颜料红:3,48,49,53,57;CI 颜料蓝 15;CI 颜料绿 7。11 个品种颜料产量约占有机颜料的 80%,可见产品相当集中,而其中有相当一部分是偶氮型颜料,尽管它们只有中等坚牢度,但由于色彩鲜艳,价格便宜,仍被广泛应用于油墨、油漆及部分塑料着色。颜料的消耗在不同的国家,比例不一样,大多数国家油墨使用的颜料量大约占颜料总产量的 1/3,其次为涂料、塑料、橡胶等。

有机颜料按化学结构可分为:

1) 偶氮颜料

耐晒黄 G

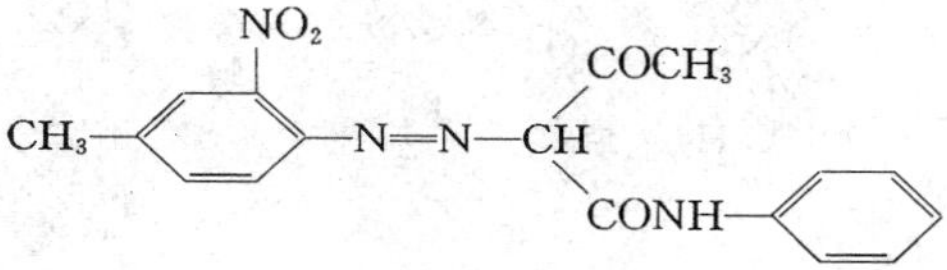

2) 色淀

立索尔大红粉

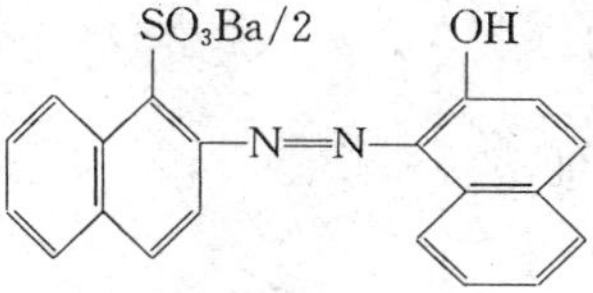

3) 异吲哚啉酮

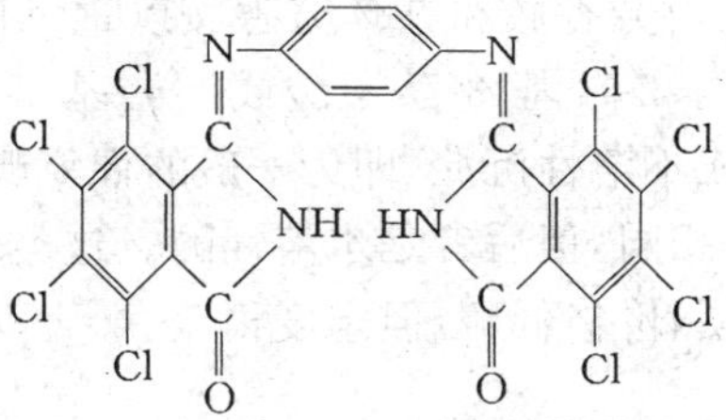

4) 喹吖啶酮

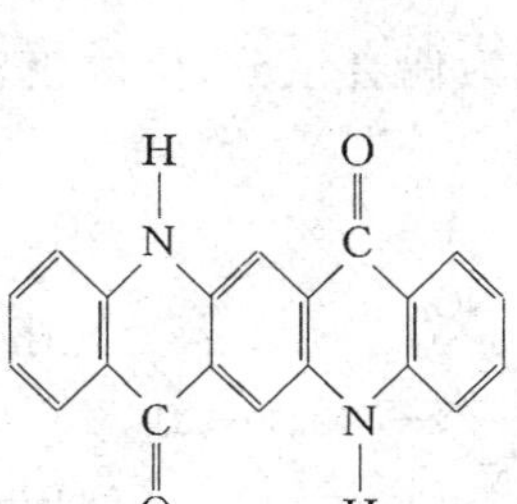

5）二噁嗪

永固紫 RL

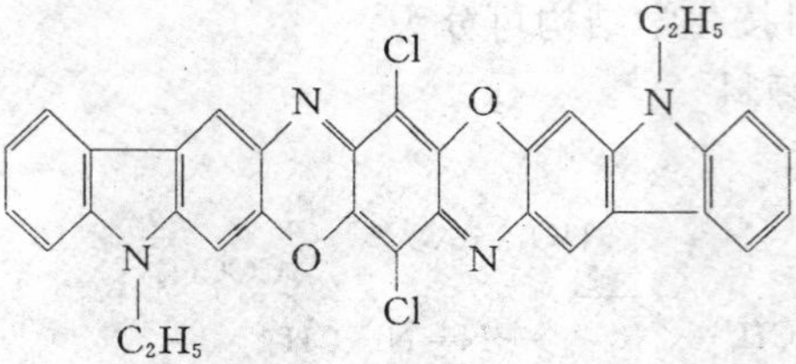

6）酞菁

铜酞菁 CuPC

7）还原颜料

4·2　偶氮颜料

分子结构中含有偶氮基（ —N═N— ）的水不溶性的有机化合物，在有机颜料中是品种最多和产量最大的一类。

偶氮颜料是由芳香胺和杂环芳香胺以重氮化再与乙酰芳胺、2-萘酚、吡唑啉酮、2-羟基-3-萘甲酸或 2-羟基-3-萘甲酰芳胺等偶合组分偶合，生成不溶性沉淀，即为一般的偶氮颜料。其合成方法与偶氮染料基本相同，但后者是水溶性的。这类颜料色泽鲜艳，着色力高，制造方便，价格低廉，但牢度稍差。

4·2·1　单偶氮及双偶氮颜料

以乙酰乙酰芳胺为偶合组分，生成汉沙系黄色单偶氮颜料，例：

耐晒黄 10G

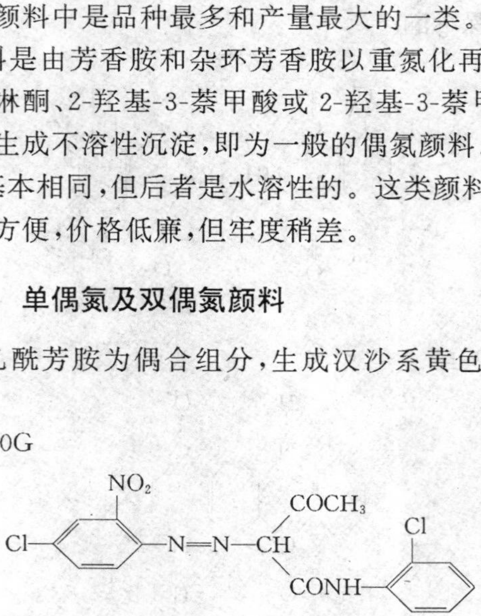

耐晒黄 G

$$CH_3 - \overset{\displaystyle NO_2}{\underset{}{\bigcirc}} - N = N - \overset{\displaystyle COCH_3}{\underset{CONH - \bigcirc}{\overset{|}{CH}}}$$

二者耐光牢度较好,但在有机溶剂中稳定性较差。

如用 3,3′-二氯联苯胺或 3,3′-二甲基联苯胺为重氮组分,与乙酰芳胺偶合,可制得透明度甚佳,着色力高,印刷性能优越的黄色颜料,大量用于油墨中。

[例] 联苯胺黄

$$\bigcirc - NHCO - \overset{CH_3CO}{\underset{}{\overset{|}{CH}}} - N = N - \overset{Cl}{\underset{}{\bigcirc}} - \overset{Cl}{\underset{}{\bigcirc}} - N = N - \overset{COCH_3}{\underset{CONH - \bigcirc}{\overset{|}{CH}}}$$

永固黄 GG

$$\overset{H_3CO}{\underset{}{\bigcirc}} - NHCO - \overset{CH_3CO}{\underset{}{\overset{|}{CH}}} - N = N - \overset{Cl}{\underset{}{\bigcirc}} - \overset{Cl}{\underset{}{\bigcirc}} - N = N - \overset{COCH_3}{\underset{CONH - \bigcirc}{\overset{|}{CH}}} \overset{OCH_3}{}$$

上述两个颜料,是重要的黄色有机颜料品种,因为联苯胺为致癌物质,常用替代物为 4,4′-二氨基苯甲酰苯胺,由此制得的黄色颜料可用于塑料着色,其耐晒、耐热性能良好。

$$\overset{Cl}{\underset{Cl}{\bigcirc}} - N = N - \overset{COCH_3}{\underset{CONH - \bigcirc - NHCO - \bigcirc -}{\overset{|}{CH}}}$$

$$\overset{H_3COC}{\underset{-NHCO}{\overset{|}{CH}}} - N = N - \overset{Cl}{\underset{Cl}{\bigcirc}}$$

以吡唑啉酮为偶合组分也能生成黄、橙色颜料

[例] 汉沙黄 R

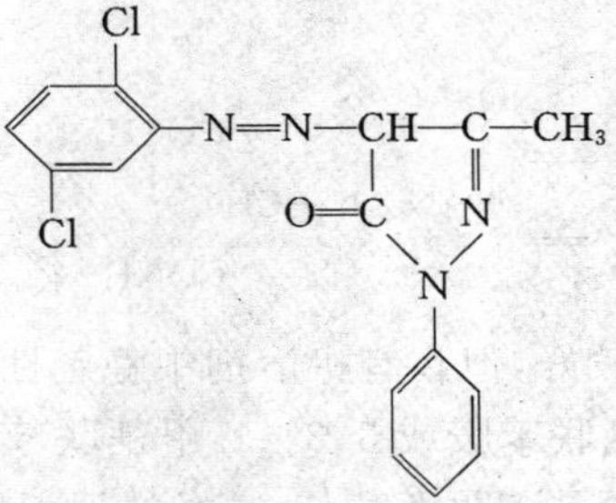

永固橙 G

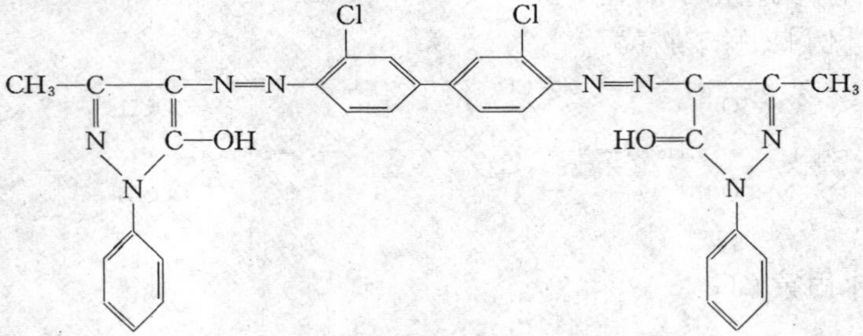

以 β-萘酚或色酚 AS 为偶合组分可制得红色颜料。

[例] 甲苯胺红

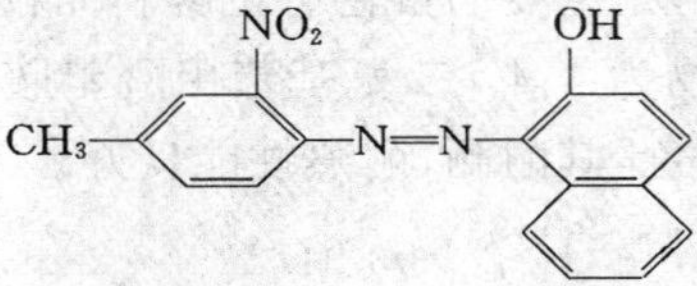

永固红 FR

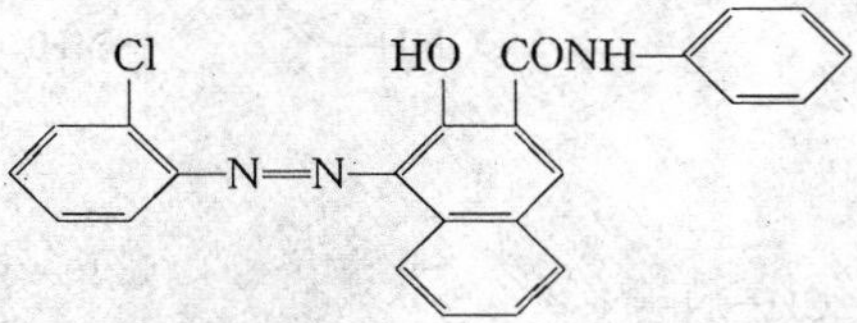

颜料分子中虽含有羟基,但能与它邻位中的偶氮基的氧原子生成氢键,因而降低了溶解度。

4·2·2 缩合型偶氮颜料

一般偶氮颜料使用时,有渗色和不耐高温等缺点,为提高耐晒、耐热、耐有机溶剂等颜料性能,可以通过芳香二胺将两个分子缩合成为大分子,这样制成的颜料称为大分子颜料,或缩合偶氮颜料。俗称固美脱颜料,分子量一般在 1000 左右。

用对苯二胺的衍生物制备成双乙酰乙酰芳胺,作为偶合组分,和分子中具有羧基的重氮组分重氮化后偶合,可制得一系列黄色缩合型偶氮颜料。生成的双偶氮颜料,在二氯苯中加入氯化亚砜,转变成酰氯,最后加入芳胺缩合,生成酰氨化合物。

[例] 固美脱黄 3G

合成方法为:

与 CH_3COCH_2CONH- ... $-NHCOCH_2COCH_3$ 偶合

（含 CH_3、Cl 取代基的苯环）

$$\xrightarrow{\text{偶合}}$$

$$\xrightarrow[\text{二氯苯}]{SOCl_2}$$

$$\xrightarrow[\text{缩合}]{}$$

如果偶合组分为：

$$CH_3COCH_2CONH-\underset{CH_3}{\overset{CH_3}{\bigcirc}}-NHCOCH_2COCH_3$$

则可制备固美脱黄 GR。

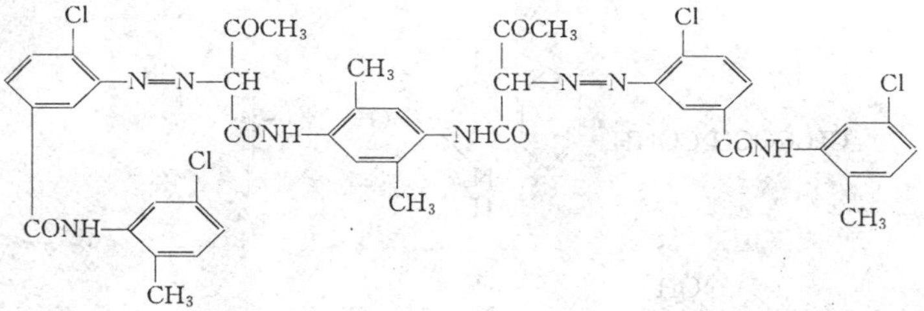

以 2，3-酸为偶合组分，就能得到红色颜料，待生成单偶氮颜料后，转成酰氯，再与芳二胺缩合即成缩合型偶氮颜料。缩合反应一般在溶剂中高温下进行。

〔例〕 固美脱红 BR

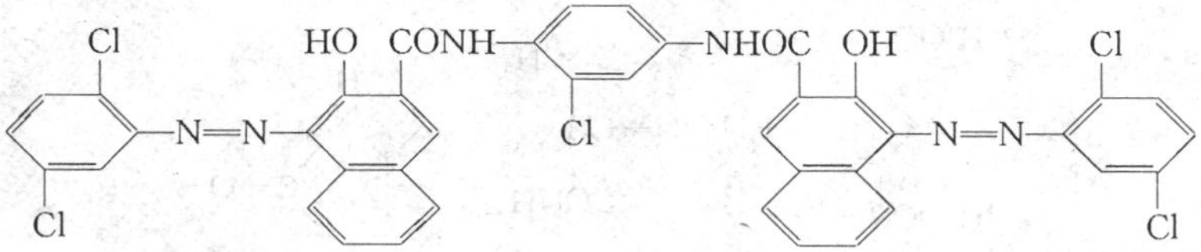

固美脱红玉 B

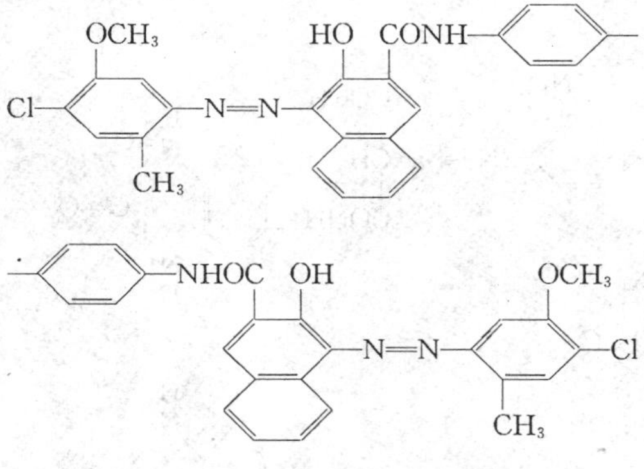

4·2·3　苯并咪唑酮类偶氮颜料

以苯并咪唑酮类结构为偶合组分的单偶氮颜料，其耐热性、抗迁移性、耐有机溶剂等性能良好，可用于塑料着色。

其偶合组分有：

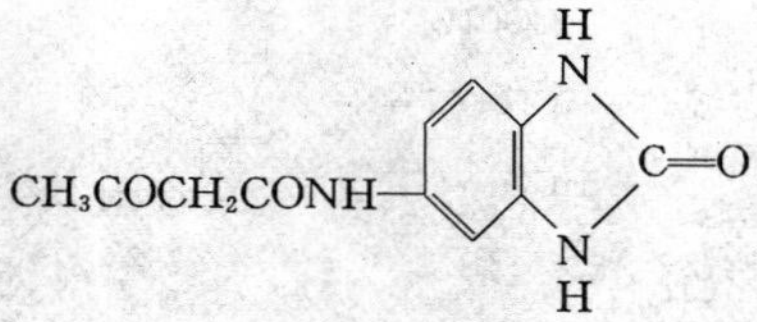

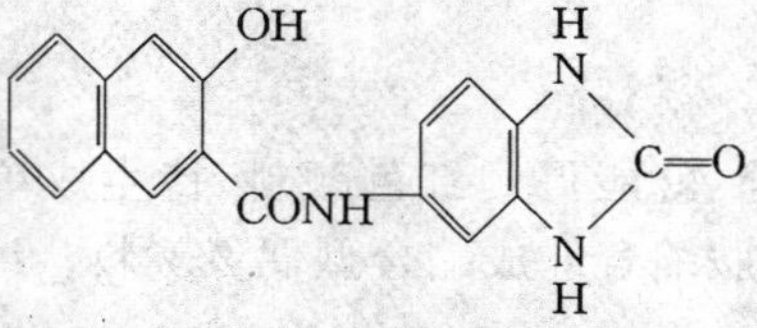

$$CH_3COCH_2CONH-$$

（苯并咪唑酮结构）

前者可合成黄色颜料，后者可合成红色颜料。

[例] PV 坚牢黄 H2G

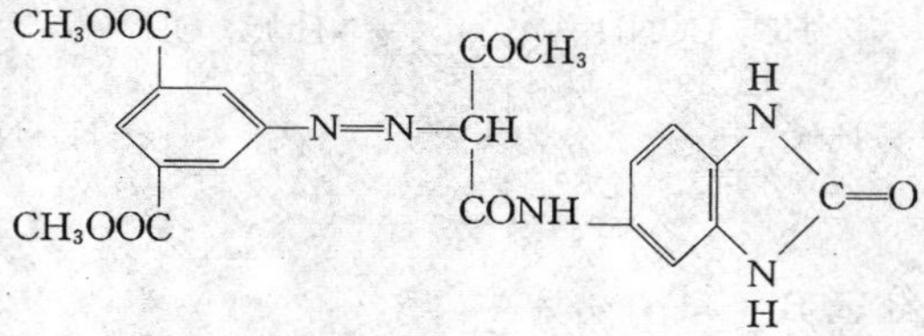

PV 橙 HL

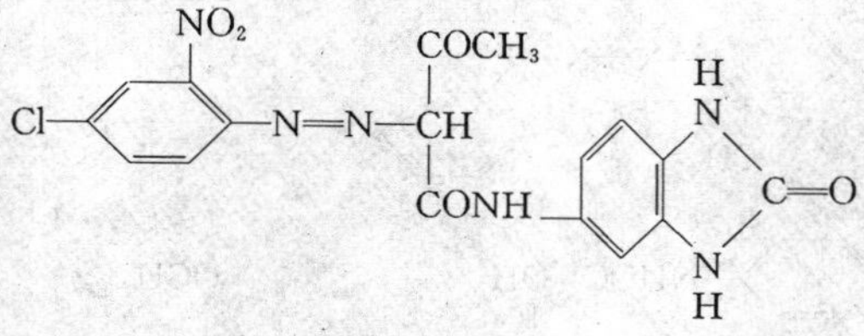

PV 洋红 HF3C

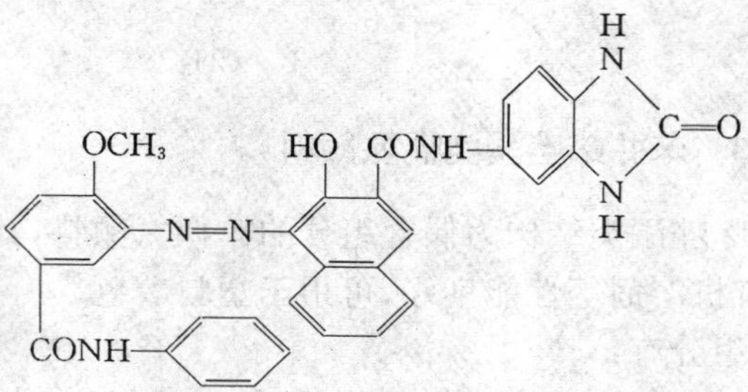

PV 坚牢紫红 HFM

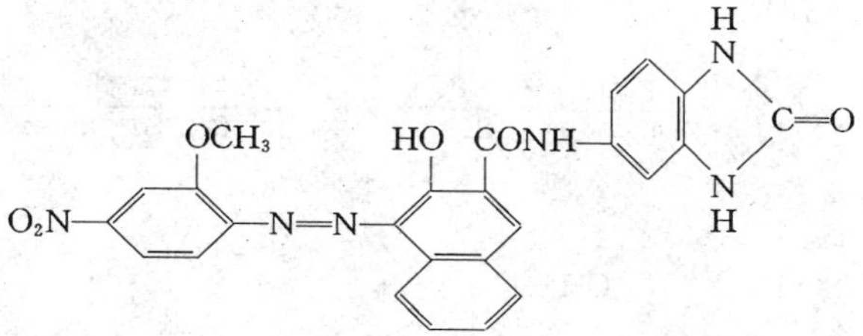

将偶合组分的碱液,加到重氮组分中去偶合,反应完后,再加乳化剂,并加热至沸,过滤。再用 DMF 或吡啶处理得软质颜料其着色力较高。

4·3 色　　淀

水溶性染料(如酸性、直接、碱性染料),经与沉淀剂作用生成的水不溶性的颜料。沉淀剂主要为酸、无机盐、载体等。制备色淀方法一般把具有磺酸基、羧酸基等的染料,和硫酸钠、硫酸铝混合,然后加入氯化钙或氯化钡作为沉淀剂,使生成的染料钙盐、钡盐沉淀在硫酸钡或氢氧化铝上而成为色淀。色淀的色光鲜艳、色谱齐全、成本低廉,它的耐晒牢度比原水溶性染料高。按化学结构它又可分为偶氮色淀、三芳甲烷色淀等。

4·3·1　偶氮色淀

用结构简单、颜色鲜明的偶氮染料,分子中含有磺酸基,加入氯化钡为沉淀剂,如用氯化钙作沉淀剂,则色淀色光偏蓝。

立索尔大红

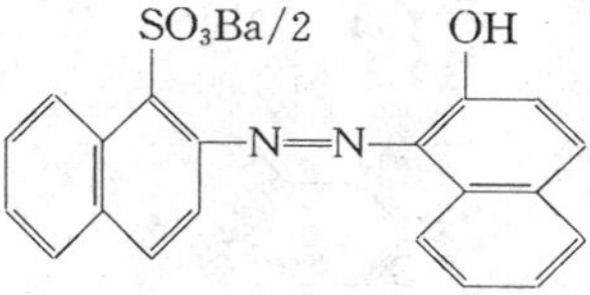

合成方法为：

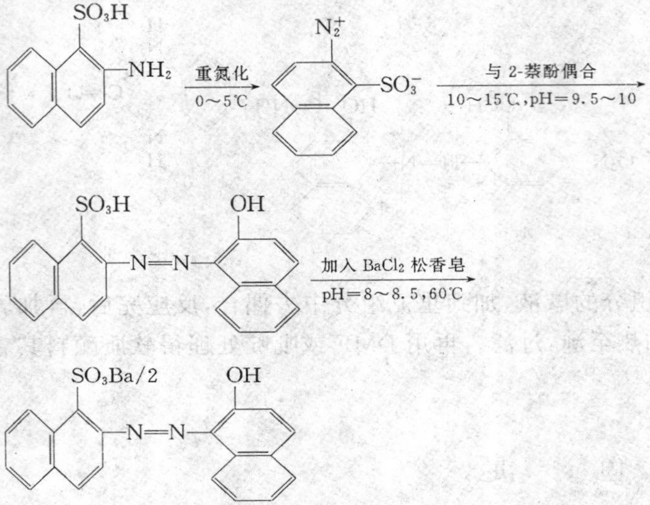

用于制造油墨、文教工业的水粉、油彩、蜡笔等着色颜料,在涂料中也可应用。它着色力高,遮盖力差,耐晒,耐酸,耐热性一般,并微有水渗性。

[例]　立索尔宝红

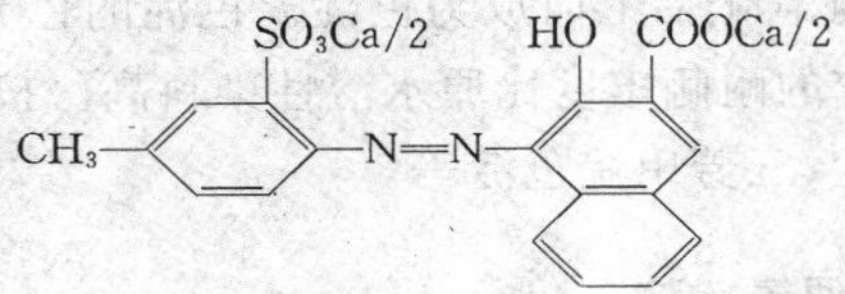

合成方法为：

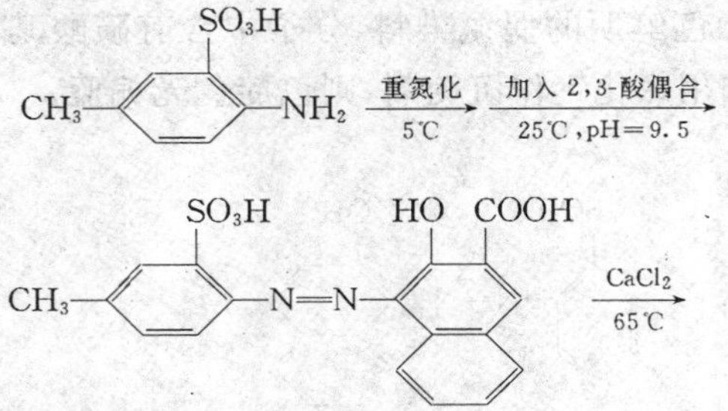

除用于文教工业制造油墨、油彩、水彩颜料外,还可用于涂料工业造漆用,也可作为橡胶、塑料、日用化学制品的着色剂。

[例] 色淀紫酱 BLC

颜料鲜艳,分散性好,易研磨,着色力较强,耐晒和耐热性也好,用于涂料印花浆、油墨,也用于塑料、橡胶、人造革、文教用品的着色。

4·3·2 三芳甲烷色淀

三芳甲烷类染料,可以和酸沉淀剂、磷酸-钼酸、磷酸-钨酸、单宁酸等作用生成不溶性色淀。如用单宁酸为沉淀剂时,所得颜料耐光牢度较差。磷钼钨杂多元酸是由钨酸钠、钼酸钠和磷酸氢二钠的混合溶液经盐酸酸化制得。

$$H_7\left[P\begin{matrix}(W_2O_7)_m\\(Mo_2O_7)_n\end{matrix}\right]m+n=4$$

所用染料反应物料比例不同,m 及 n 值有相应改变。它和染料 D 反应可用下式表示

$$4D \cdot HCl + H_7\left[P\begin{matrix}(W_2O_7)_m\\(Mo_2O_7)_n\end{matrix}\right] \longrightarrow D_4 \cdot H_3\left[P\begin{matrix}(W_2O_7)_m\\(Mo_2O_7)_n\end{matrix}\right] + 4\,HCl$$

[例] 孔雀绿耐晒色淀

$$\left[(CH_3)_2N\underset{\underset{C_6H_5}{|}}{C}\!\!=\!\!\!\!\!\begin{array}{c}\end{array}\!\!\!\!=\!\!N^+(CH_3)_2\right]_4 \cdot H_3\left[P\begin{array}{c}(W_2O_7)_m\\(Mo_2O_7)_n\end{array}\right]$$

色泽鲜艳、质地柔软,具有良好耐晒性,耐热性也好。用于油墨及文教用品着色。

4·3·3　酞菁色淀

酞菁色淀是由酞菁磺酸钡沉淀在硫酸钡或铝钡白等底粉上而成。

底粉的制造

$$Al_2(SO_4)_3 \cdot 12H_2O + 3Na_2CO_3 \longrightarrow 2Al(OH)_3\downarrow + 3Na_2SO_4$$

$$BaCl_2 + Na_2SO_4 \longrightarrow BaSO_4\downarrow + 2NaCl$$

色淀的制造

$$CuPC(SO_3Na)_2 \xrightarrow[pH8.5\sim9.2]{BaCl_2} CuPC(SO_3Ba/2)_2$$

4·4　酞菁颜料

分子中的主体是酞菁,结构式为:

它们是水不溶性有机物,主要为蓝色和绿色颜料。其发色团共轭体系为 18 个 π 电子的环状轮烯。结构上由四个吲哚啉结合而成一个多环分子和叶绿素、血红素等相似,为一平面型分子,金属原子位于对称中心。

酞菁分子较为稳定,加热至 580℃ 也不分解,耐浓酸和浓碱的侵蚀,色泽为纯正的翠蓝色,吸收波长达 720nm。

酞菁颜料具有色泽鲜艳、着色力高,具有耐高温和耐晒的优良性能,颗粒细,极易扩散和加工研磨。主要用于油墨、印铁油墨、涂料、绘画水彩、油彩颜料和涂料印花以及橡胶、塑料制品的着色。此外又是制造活性染料、酞菁直接染料等的原料。在染颜料工业中占有重要地位。

4·4·1　酞菁颜料的合成

4·4·1·1　铜酞菁

酞菁蓝为鲜艳的带绿光蓝色颜料,是国内目前有机颜料中产量最大、应用最广的优秀品种,其制法有两种。

(1) 苯酐尿素法　在苯酐、尿素、氯化亚铜和催化剂钼酸铵存在下,以三氯苯为溶剂,加热至 172~200℃,需 15~20h 而成,此法称溶剂法。

$$2C_6H_4(CO)_2O + 4NH_2CONH_2 + Cu_2Cl_2$$

$$\xrightarrow[170\sim200℃]{钼酸铵} CuPC + 4CO_2 + 8H_2O + CuCl_2$$

尿素在钼酸铵的催化下生成异氰酸,与苯酐发生反应生成 1-氨基-3-亚氨基异吲哚啉。

$$NH_2CONH_2 \xrightarrow[\triangle]{钼酸铵} HN{=}C{=}O + NH_3$$

四个分子的 1-氨基-3-亚胺基异吲哚啉脱氢转变成铜酞菁。

上述方法也可不用三氯苯作溶剂,把原料混合后直接加热反应称烘焙固相法,但产率较低。

（2）苯二腈法　以邻苯二腈为原料和铜盐直接在 300℃加热，或以硝基苯为溶剂加热，也可制得铜酞菁。

$$4 \quad \text{[邻苯二腈 CN/CN]} \quad +Cu^+ \quad \xrightarrow[1h]{300℃} \quad CuPC$$

4·4·1·2　酞菁绿

由铜酞菁氯化而成，色光鲜艳，各项性能优越，是重要的绿色颜料。

氯化是在三氯化铝及氯化钠的混合物中进行，以三氯化铁为催化剂，在 200℃左右通入氯气，当酞菁分子引入 8 个以上氯原子时，则色泽渐转绿，当引入 14～15 个氯原子时，即得性能非常优良的酞菁绿。要全部引入 16 个氯原子是很困难的。这样所得颜料若嫌黄光不足，常用溴代替部分氯生成溴化酞菁以增加其黄光。含溴量一般为 25%～30%。

酞菁绿主要用于涂料、油墨、塑料、橡胶、涂料印花浆、漆布和文教用品的着色。

$$\xrightarrow[FeCl_3]{AlCl_3\text{-}NaCl}$$

　　除铜酞菁外,酞菁分子中金属原子如用钴、铁、镍代替,可得不同颜料的酞菁,合成方法与铜酞菁相似,只是采用不同的金属盐。其中以钴酞菁为主,它经磺化得磺化钴酞菁。而钴酞菁本身也可作还原染料使用,它与保险粉作用能生成可溶性隐色体盐,对棉纤维有亲和力而上染,氧化后又生成不溶性的蓝色钴酞菁。磺化钴酞菁称还原艳蓝 4G,用于棉织品染色也可用于纸张着色。

$$SO_3Na(20\% \sim 50\%)$$

隐色体盐

4·4·2 酞菁素

酞菁素是指能在纤维上生成酞菁中间体,进一步反应生成酞菁的一类颜料,所以它具有酞菁鲜艳的色泽及优良牢度。

酞菁素艳蓝 IF3G,结构上为二亚胺基异吲哚啉,工业上有时用它的硝酸盐。

它的合成方法为以苯酐、尿素、硝酸铵为原料,钼酸铵为催化剂,在二氯苯溶剂中加热,可得不溶于水的 1,3-二亚氨基异吲哚啉硝酸盐如加碱处理可得游离 1,3-二亚氨基异吲哚啉。如不用溶剂采用固相融焙法,所得成品产率较高。

印染时,在还原剂存在下,二价铜盐和酞菁素艳蓝 IF3G 反应,在纤维上直接生成铜酞菁。

一般用铜盐为α-取代氨基乙酸的铜络合物，俗称酞菁素 K，其合成方法为：

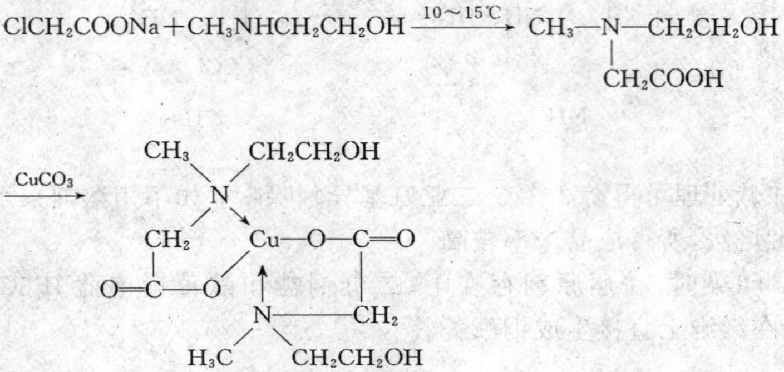
ClCH₂COONa＋CH₃NHCH₂CH₂OH
10～15℃
CH₃—N—CH₂CH₂OH
CH₂COOH
CuCO₃
CH₃
CH₂CH₂OH
N
CH₂
Cu—O—C=O
O=C—O
N—CH₂
H₃C
CH₂CH₂OH

酞菁素紫，结构上与酞菁素蓝 IF3G 相似，其结构为：

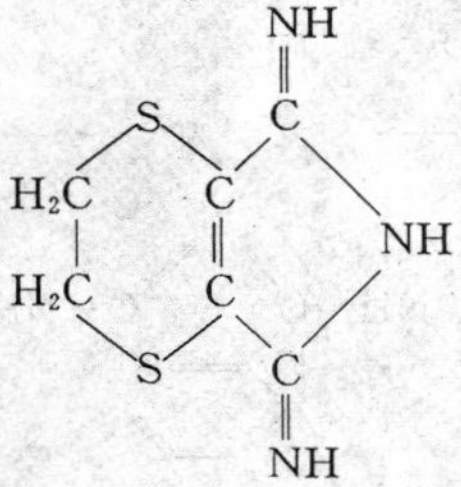
NH
C
S
H₂C
C
NH
H₂C
C
S
C
NH

将氰化钠与二甲基亚砜混合，加入二硫化碳，生成物再加水溶解，静置脱硫，再加二氯乙烷环构，通氨即成。酞菁素紫和酞菁素 K 在纤维上作用生成紫色。

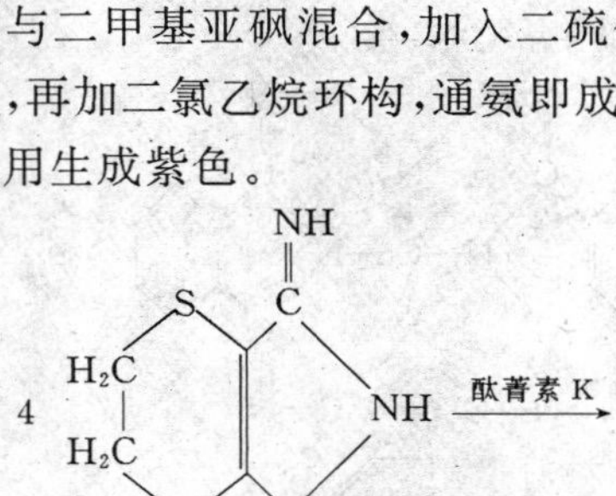
NH
C
S
H₂C
4
NH
酞菁素 K
H₂C
S
C
NH

酞菁素艳蓝等在实际使用时,常用酞菁素助剂 BSM 及 BSK,在这些助剂内已有还原剂存在,故只需将酞菁素艳蓝 IF3G、酞菁素 K 和酞菁素助剂调成印浆,施加在纤维上经简单的汽蒸,即生成蓝色铜酞菁。酞菁素助剂 BSM 由硫代双乙醇 $S(CH_2CH_2OH)_2$、

三异丙醇胺 $N(CH_2\overset{\underset{\textstyle CH_3}{|}}{CH}{-}OH)_3$ 和甲酰苯胺 $HCONH{-}\langle\bigcirc\rangle$ 、平平加及少量水组成。酞菁素助剂 BSK 与酞菁素助剂 BSM 基本组成

相同,只是三异丙醇胺换成羟乙基氨二乙酸 $N\overset{\underset{\textstyle CH_2COOH}{|}}{\underset{|}{\overset{\textstyle CH_2CH_2OH}{|}}}\!{-}CH_2COOH$ 。

4·5 喹吖啶酮颜料

分子基本结构为喹吖啶酮的颜料

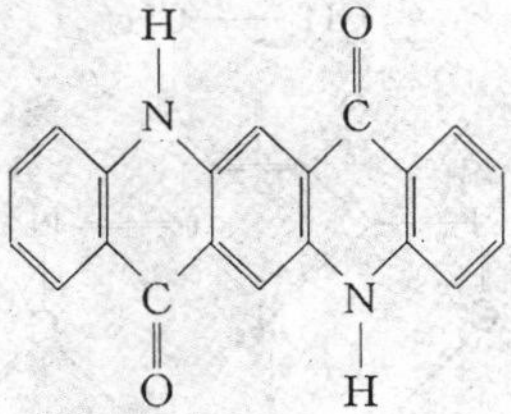

这类颜料由于其耐热、耐晒、鲜艳度等性能与酞菁系颜料相当,故商品称为酞菁红,其实二者分子结构完全不同。广泛应用于高级油墨、油漆、喷漆、合成纤维的原浆着色以及塑料的着色。

喹吖啶酮的合成方法有三种。

以丁二酸二乙酯为原料自身缩合成二酮,再与苯胺缩合生成酯,最后经闭环氧化。

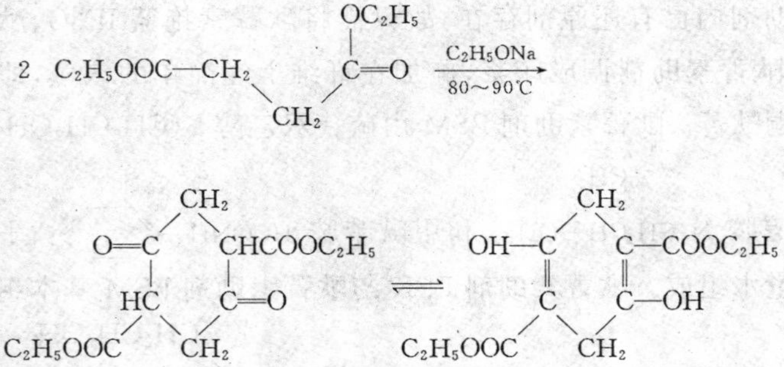

2,5-双(乙氧基羰基)环己-1,4二酮

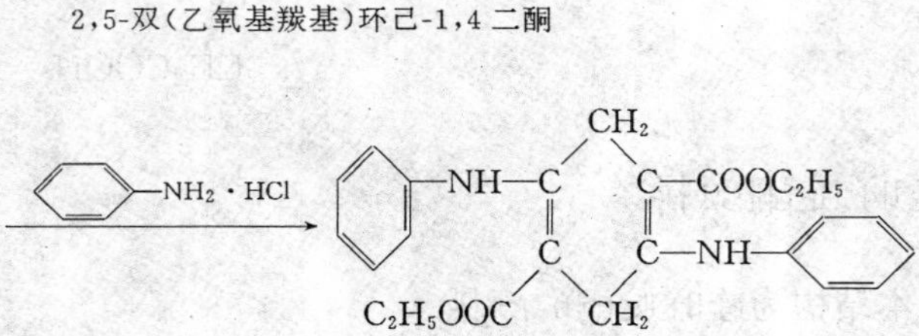

2,5-二苯氨基-3,6-二氢对苯二甲酸二乙酯

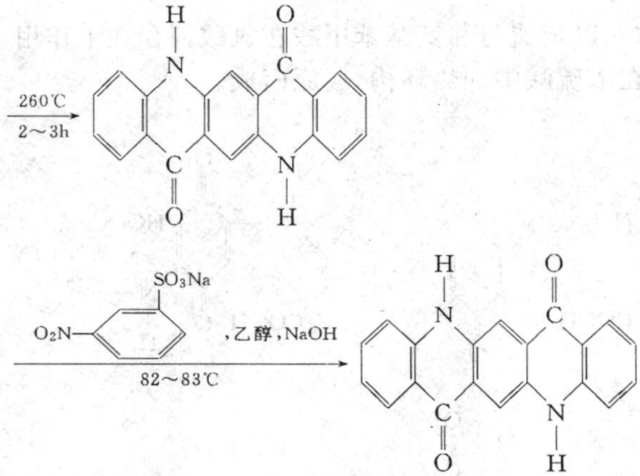

260℃
2～3h

SO_3Na

O_2N—

，乙醇，NaOH

82～83℃

第二种方法以苯二甲酸为原料，先卤化再与苯胺缩合、环构而成。

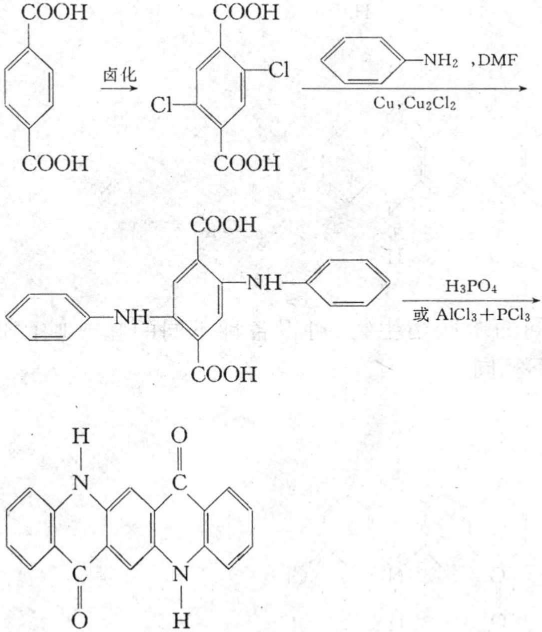

COOH

卤化

COOH

—NH_2 ，DMF

Cu，Cu_2Cl_2

COOH

H_3PO_4

或 AlCl_3＋PCl_3

第三种方法以苯醌与邻氨基苯甲酸在氯酸钾存在下作用生成双苯醌,然后在浓硫酸中加热环构,还原而成。

$$\xrightarrow{\text{H}_2\text{SO}_4}$$

$$\xrightarrow{[\text{H}]}$$

如用不同的苯胺衍生物,可得各种不同的喹吖啶酮取代物,其色光也各不相同。

黄光红

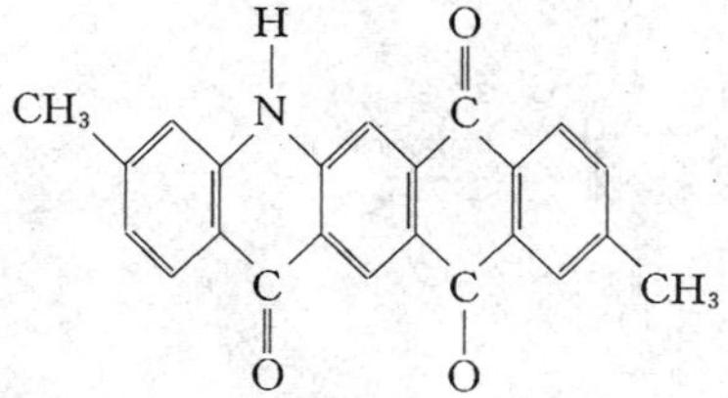

蓝光红

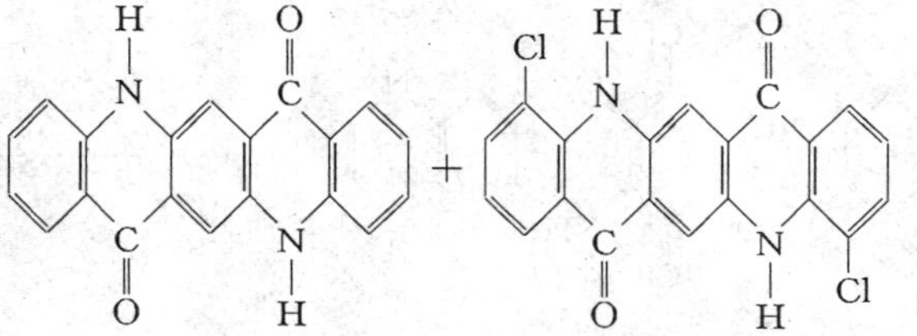

大红

4·6 二噁嗪颜料

二噁嗪类颜料,具有较高的着色力,色光鲜艳,是一类重要有机颜料。

其通式为:

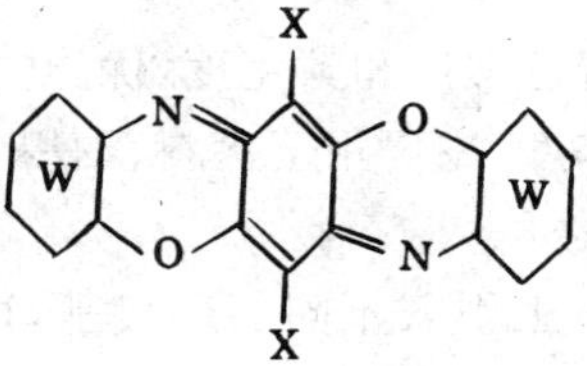

式中 W 为具有取代基的苯核,X 常为氯原子。

它的合成方法一般为:四氯苯醌与芳胺反应,然后在苯磺酰氯存在下氧化闭环而成。也可用四氯苯醌与邻氨基苯甲醚反应,脱卤化氢缩合,然后再脱醇缩合而成。

永固紫 RL 的合成:用四氯苯醌与 8-氨基-N-乙基咔唑缩合,氧化闭环而成,得亮紫色颜料。

それ具有高的着色强度和鲜艳度,优异的耐热性和抗渗化性能,以及良好的耐晒牢度。主要用于涂料、油墨、橡胶、塑料和合成纤维的原浆着色。

如在两侧苯核上引入不同的取代基,可得不同色光的紫色颜料。例如:

红光紫

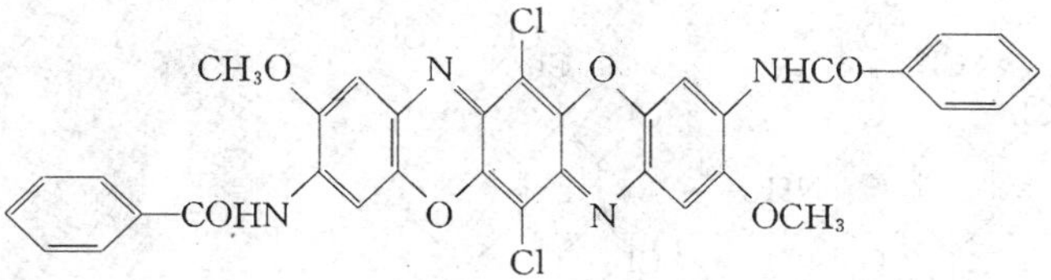

紫

4·7 异吲哚啉酮颜料

它是继喹吖啶酮及二噁嗪后又一类颜料新品种,具有优良耐光、抗迁移性能和耐热性,分解温度可达 400℃,着色力比酞菁稍差,主要应用于塑料着色,另外用在高级油墨、油漆中。

其通式为:

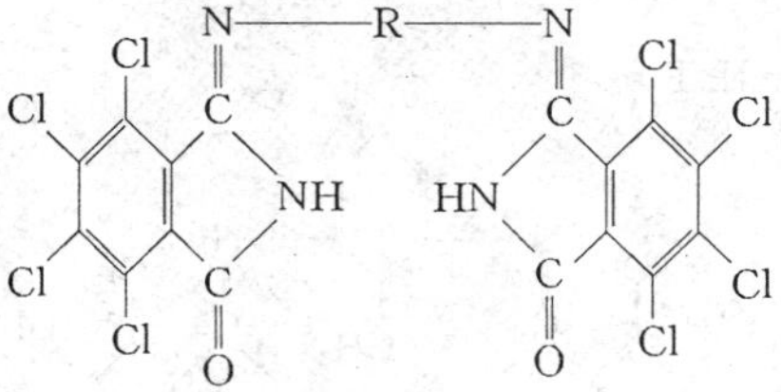

异吲哚啉酮颜料是由 3,3,4,5,6,7-六氯异吲哚啉酮和二元胺缩合而成。而前者的合成方法为由苯酐通氯,然后和尿素反应而成。

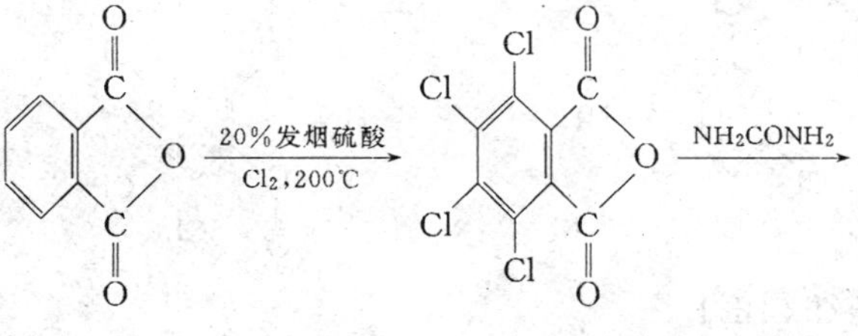

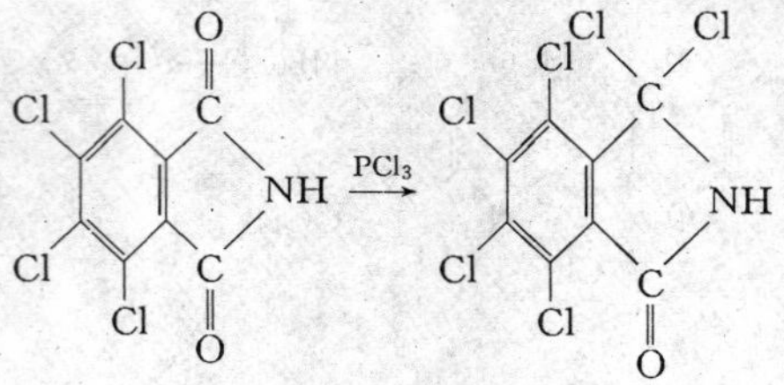

应用不同的二元胺,可得不同色光的黄至红色颜料。

[例] 伊佳净黄 2RLT

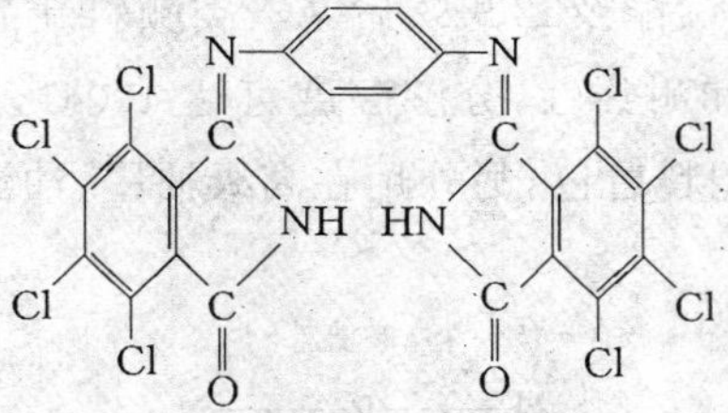

伊佳净黄 2GLT

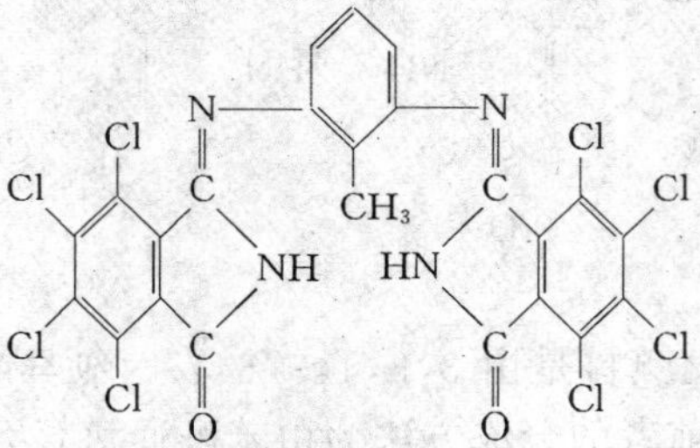

伊佳净橙 RLT

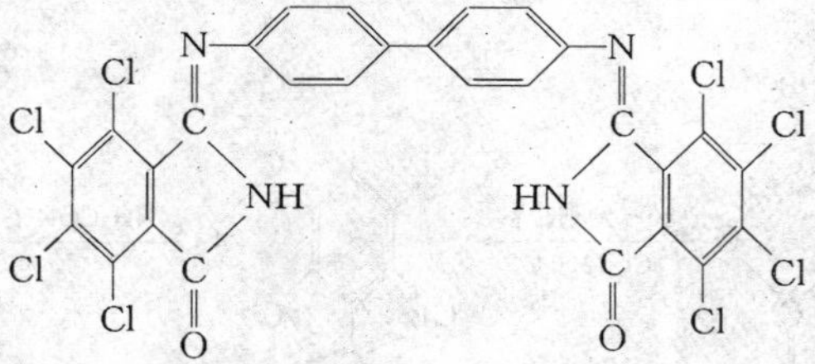

伊佳净红 2BLT

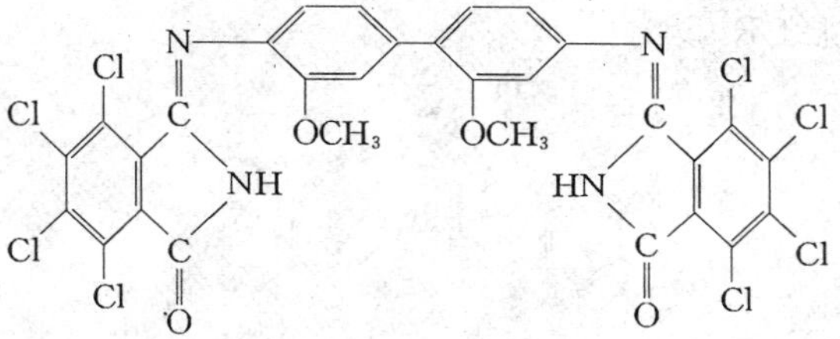

此类颜料分子的对称性是决定其性能优良与否的主要因素。

4·8　还原颜料

　　某些还原颜料能应用于塑料、涂料等的着色,作为有机颜料使用,具有较好的耐热、耐晒、耐溶剂、抗迁移等性能。重要品种有:

　　还原黄 G

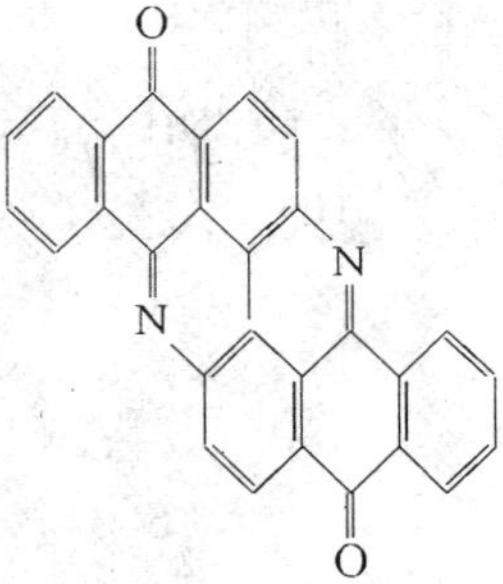

　　还原金橙 G

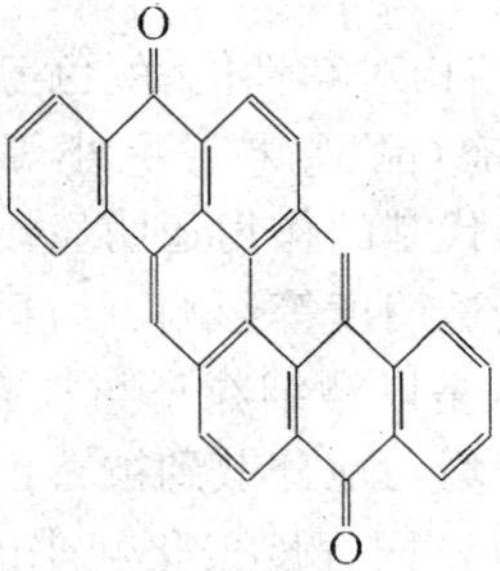

还原桃红 R

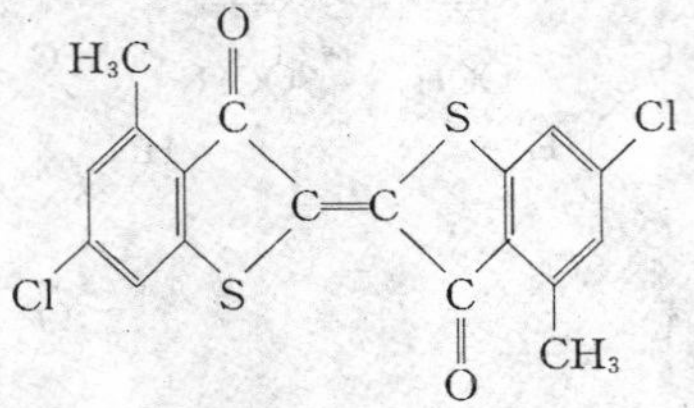

还原艳紫 RR

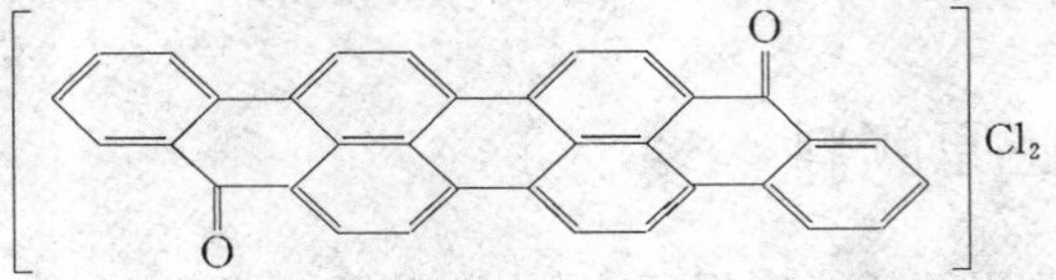

还原蓝 RSN

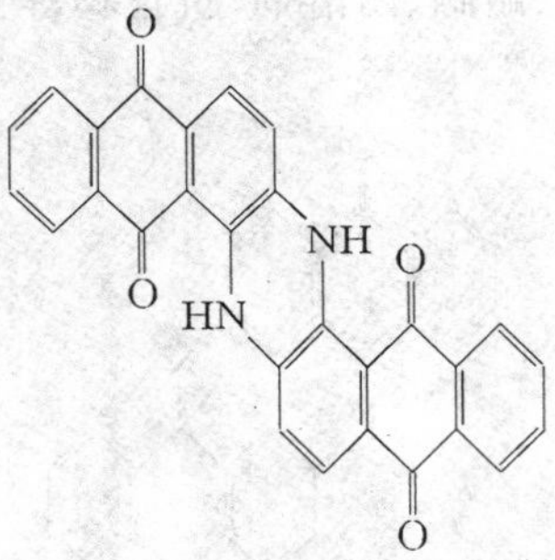

4·9 有机颜料的颜料化

　　颜料分子的化学结构对其性能、颜色等起着决定性的作用,然而颜料分子的物理形态(晶型、粒子大小等)不仅会使色光产生变化,有时甚至比引入取代基的作用还明显,至于颜料物理形态对其色光、着色力、遮盖力、透明度等影响更为显著。

　　有机颜料的应用,是以微细粒子与被着色的介质进行充分的机械混合,使颜料粒子均匀地分散到被着色的介质中,以达到着色的目的,故而它总是以不同程度聚集起来的微晶粒子存在于使用介质中。它们对入射光具有折射及散射作用。如果颜料粒子的折射率高于使用介质的折射率,则入射光线将部分地被颜料粒子表面所反射。颜料与使用介质之间的折射率差别越大,反射率越大,颜料则更多表现为不透明。

4·9·1　颜料物理状态对其性能影响

4·9·1·1　粒子状态与耐溶剂性

如果颜料与溶剂的亲和力小,分子极性强,则在溶剂中的溶解度低,其耐溶剂性或耐油渗性能好。偶氮颜料中的某些色淀,具有高的无机性其溶解度低;如果颜料分子中含有极性取代基

$\langle \!\!\!\!\bigcirc \!\!\!\!\rangle$—CONH—、—NHCONH—、—NHCONHCO—等,可促使分子间或分子内形成氢键,改变分子的聚集状态,降低在有机溶剂中的溶解度,明显地提高耐迁移性能。

颜料分子结构对称性强(如异吲哚系颜料)其耐油渗性好;若颜料的分子量增加,则其粒子亦大,也利于耐油渗性能的提高。

4·9·1·2　粒子状态与耐晒性能

在光线照射下,当粒子较大时,可将所吸收的光能加以分散,相对说比粒子小的颜料具有较好的耐晒性能。当粒子大时其比表面积小,吸收的光能被分散,在空气与水分存在下,它的耐晒性能可获提高。

Chareles 等认为,对于粒子较大的颜料其褪色速度与粒子直径的平方成反比,($V \propto \dfrac{1}{d^2}$);而粒子较小时褪色速度与粒子直径成反比($V \propto \dfrac{1}{d}$)。可能的解说是随着晶体粒的加大,所吸收的光量子只穿透粒子的外表面,在此局部位置分层地进行颜料分子的光化学分解。因而具有较大晶核的颜料显示出更高的光照稳定性。

4·9·1·3　粒子的大小与色力、色光关系

颜料色力取决于颜料粒子的大小、粒子的折光指数 n 及吸收

系数 k。当粒子直径很大时其色力与粒子直径成正比，随粒子加大色力降低，与 n 及 k 无关；当粒子直径特别小时，其色力不再与粒子大小有关；对于中等的粒子（其直径为 0.05～0.5 微米），则色力与粒子的 n、k 值有关。研究了 β-型铜钛菁在蓖麻油清漆中的色力、色光、流变性与粒子大小之间关系，表明粒子直径为 0.08 微米时达到最高色力。

同时粒子大小及晶型还影响到色光及遮盖力，例如喹吖啶酮类颜料（γ）型

粒子大小（微米）	0.05～0.1	0.2～0.4	0.4～0.8
色光			蓝光红
遮盖力	透明	好	好
着色力	最高	较高	低

当 $d \geqslant 1$ 微米时，为黄光红。

再如甲苯胺红颜料，尽管化学结构式、晶形等均相同，但其色光由黄光到蓝光红不等，而具有多种不同商品。这是生产工艺条件不同而造成的。反应浓度较低的颗粒最细、色光最黄、着色力也高。反之反应浓度过高颗粒粗大、色光发蓝、着色力低。

4·9·1·4 颜料的晶型

有机颜料中，经常有同质多晶或同质异晶现象。同一化学结构，而结晶形态不同的颜料，其色光、性能也有较大差别。

如铜酞菁颜料，其 α 型是红光蓝，着色力高，但稳定性较差；而 β 型是绿光蓝，稳定性好，但着色力稍差。又如喹吖啶酮颜料，从 X-射线测定中它具有四种不同型态，其中 α 及 γ 型为蓝光红色颜料，着色力强，但对溶剂不稳定。β 型为紫色颜料，生产上一般制得为 α 型，但可经过晶相调整得到所需的 β 型、γ 型。

改进有机颜料耐热性能的有效途径是增加分子量，引入卤素、金属原子、极性基团及稠环结构。但颜料晶型对热稳定性也有关，当对颜料加热时，可以很容易地转变为其他晶型，随之其色光及色力发生变化。如 β 型铜酞菁颜料对热为稳定的，而 α、γ、δ 型铜酞菁，加热至 300℃ 处理 8～10h，即部分地转变为 β 型铜酞菁，在

330℃左右完全转变为β型铜酞菁。

4·9·2　颜料化

有机颜料的颜料化,实质上是通过适当的工艺方法,调整颜料粒子大小。对于粒子过小的可用溶剂处理,使其结晶进一步增大,而对于粒子过大的则需要进行粉碎,分散或加入添加剂来减少凝聚作用;以及改变粒子的结晶状态,使之达到适宜作为颜料用的晶型。各种颜料其颜料化方法也不一样。事实上从应用观点看,化学制备出的颜料只能称作半成品,不进行改性处理,就不能成为应用性能良好的产品。颜料化方法主要有以下几种。

4·9·2·1　溶剂处理

溶剂处理主要用于偶氮颜料,其工艺简单、效果良好,只需将粉状或膏状粗颜料与适当有机溶剂,在一定温度下搅拌一段时间,即可达到晶型稳定,粒子增大,提高了耐热性,耐晒性和耐溶剂性,增大遮盖力。

溶剂一般采用强极性溶剂如DMF,吡啶,DMSO,N-甲基吡啶烷酮、喹啉、氯苯、二氯苯、甲苯、二甲苯、低级脂肪醇类等。溶剂的选择及颜料化条件决定于颜料的化学结构,不易得出一个固定的处理方法。

分子中含有苯并咪唑酮类偶氮颜料,其粗颜料颗粒坚硬,不能加工成印墨,着色力低,各项牢度低劣,如颜料经过DMF颜料化后性能明显提高。将粗喹吖啶酮在沸腾的二甲基甲酰胺中加热,可从α型转变为γ型;采用甲苯、二甲苯处理铜酞菁可使α型转变为β型。

4·9·2·2　水-油转相法

刚刚生成的颜料沉淀,颗粒可能很细,但在烘干过程中,总要发生聚集固化,而使颗粒变得粗大。但如果利用有机颜料的亲油疏水性,将分散在水中很细的颜料粒子在高速搅拌下,加入到与水不相溶的有机高分子物质中(油相),则颜料粒子便渐渐由水中转入油相中,再蒸除油相中少量水分,获得油相膏状物,经高速搅拌,便达到油墨、涂料使用粘度要求,省却了干燥过程,防止颜料粒子凝集,提高了颜料的色力。若事先用表面活性剂对颜料进行处理,可加快转相速度。经过这种挤水换相,颜料的分散性、鲜艳度、着色力均有改进。

若要得到粉状易分散颜料,可用水-气转相方法。这是在颜料的水介质分散体中,吹入某种惰性气体,气体被颜料吸咐,或者颜料被吸咐在小气泡的表面上,成为泡沫状漂浮在液面上,而粗大的颗粒,则沉到液底。把浮在液面上泡状部分分离出来,烘干,可得较松软的颜料。这种方法借用气体来完成相转换,所以称为气相挤水。用气体相转移得到的颜料粘度几乎近于油墨用的粘度要求。

4·9·2·3 无机酸处理法

无机酸处理法中应用最多的是硫酸,有时也可用磷酸、焦磷酸等。具体工艺一般又可分为酸溶法、酸浆法及酸研磨法,主要应用于铜酞菁颜料。

酸溶法:粗酞菁(β型),溶于 95％以上硫酸,注入水中,煮沸,过滤即成。同样它也应用于喹吖啶酮颜料,即将粗喹吖啶酮溶解在浓硫酸中,在 65℃加入甲苯搅拌,倒入沸水中析出也可得到 β型结晶。

酸浆法:也应用于粗酞菁的颜料化,以 60～80℃硫酸长时间搅拌,生成浆状酞菁硫酸盐,再注入水中得到粒子均匀的 α型铜酞菁。

酸研磨法:在无机盐存在下,通过具有强剪切力作用的特殊设备来处理,实现晶型的转变。硫酸用量少,除使用硫酸外,还可采用氯乙酸、低级脂肪酸、芳磺酸等。

4·9·2·4 机械研磨法

机械研磨法是借助机械力在助磨剂氯化钠、硫酸钠等存在下,使晶型发生转变,并达到满意的分散度,如粗酞菁用盐磨法,铜酞菁与无机盐之比为 2：3,于 60～80℃下在球磨机中进行研磨,可得 α型铜酞菁,再如 α型喹吖啶酮,在少量二甲苯或邻二氯苯存在下,加食盐研磨,可得稳定的 β型结晶。如将 α型喹吖啶酮,在少量

DMF 存在下,加食盐研磨,可得 γ 型结晶。

4·9·2·5　颜料的表面处理

有机颜料虽然通过机械粉碎方法,可对不同聚集状态的粒子进行分散,但最终分散程度与颜料的聚集程度及聚集状态的粒子强度有关。所谓颜料的表面处理,就是在颜料一次粒子生成后就用表面活性剂将粒子包围起来,把易凝集的活性点钝化。这样就可有效地防止颜料粒子凝集,即使出现粒子凝集也是一种松散的凝集,容易分散;可有效地降低粒子与使用介质之间的表面张力,增加颜料粒子的易润湿性;也改进了耐晒、耐气候牢度。

目前常见的表面处理方法:

(1) 表面活性剂处理　用表面活性剂处理有机颜料是简便易行的改性方法,不仅改变颜料粒子表面的亲油性或亲水性,有时还会改变颜料的晶型、粒子大小等,不同的 HLB 值表面活性剂,对颜料粒子大小有不同影响,一般用 HLB 值小的表面活性剂,颜料粒子变大,使遮盖力、耐气候性提高,流动性改善,同时仍保持原来光泽,适宜于作涂料用。

合理使用阴离子和非离子表面活性剂对有机颜料的水性分散体、贮存稳定性、不沉淀、不分层等可获得良好效果。

应该指出用表面活性剂改性处理有机颜料,其用量应控制在临界胶束浓度以下,否则会形成胶束,不易过滤。

(2) 松香皂及其衍生物处理　使用松香对有机颜料进行表面处理,广泛用于偶氮颜料,尤其用于偶氮色淀的处理。用松香处理后的颜料,其粒子外围形成一层松香膜,对颜料结晶的增长有阻碍作用,因此可生成微细松软的颜料,其着色力不会因加入松香而下降,反而有所提高。用松香处理后的颜料用于印刷油墨时,具有透明性好、光泽大、易分散的特点。处理方法有两种,一是把松香皂溶液加入偶合反应生成的颜料悬浮液中,充分搅拌后,再加入水溶性金属盐溶液(如 $BaCl_2$,$CaCl_2$)生成难溶的松香酸盐沉积在颜料粒子表面,也可以加酸在颜料粒子表面生成难溶的松香酸。另一种方法是在偶合前把松香皂溶液加入到偶合组分的溶液中,在重氮盐溶液中加入金属盐(如 $BaCl_2$,$CaCl_2$),这样,在偶合的同时颜料粒子表面就生成松香酸盐。由于天然松香对氧化作用较敏感,熔点低,不利于贮存,且又降低了机械性能,近年来已采用抗氧化性强的松香衍生物如二氢化松香酸、四氢化松香酸。

(3) 有机胺处理　用脂肪胺处理有机颜料是基于在挤水换相过程中,颜料粒子的转移可以通过加入水溶性的胺盐而加快的事实已很早被采用。使用的胺应与颜料表面有化学吸附力,使胺的极性一端被吸附在颜料粒子表面上,长链的碳氢基团向外伸展,与展色剂间有相容性和亲和性,从而可降低颜料与展色剂间表面张力,有利于润湿,有利于分散加工。

使用的胺类有十二烷胺、硬脂胺和松香胺等,胺类可以在颜料制备过程中以游离胺或胺盐形式加至颜料悬浮液中,过滤之前加入碱使胺盐转变为游离胺。偶氮颜料用胺类处理,可以在偶合反应中完成,而且效果明显。

4·9·2·6　制备颜料衍生物

在非含水印墨及涂料体系中,可通过加入颜料本身衍生物即同类颜料衍生物使其抗絮凝性及易分散性得以改进,该法主要用于酞菁颜料生产上。由于酞菁颜料分子极性小容易凝聚,如果在铜酞菁分子中引入极性基团则更易于被展色树脂所吸附。在酞菁分子中引入 CH_2Cl 基,再与不同胺类反应,由于生成的衍生物容易吸附在颜料粒子上,当它们分散在展色剂中时,已经吸附了胺类衍生物的颜料粒子,又可把展色料分子吸附在表面上,形成了由展色料分子所包覆的立体屏障,阻止了粒子间相互接触,从而提高了稳定性。文献报导可将铜酞菁进行氯乙酰化,与不同胺类缩合,再与酞菁相混合研磨,可制得相当于 ε 型红光强的酞菁蓝。

某些偶氮颜料,如含乙酰乙酰芳胺的双偶氮颜料,可与脂肪胺发生反应,把缩合物少量地混合到原来颜料当中,可改进颜料的分散性及流动性。

总之,有机颜料颜料化的改性方法,从技术上说都有一定效果,但实际上有些方法在工业上没有获得推广,主要原因是工艺改进后,价格随之上升,所以必须提高有机颜料的使用经济性。研究有机颜料的晶型转变及其颜料化方法,对于开拓颜料新品种、新剂型具有很重要的现实意义。

5　表面活性剂

表面活性剂是从 50 年代开始随着石油化工飞速发展与合成塑料、合成橡胶、合成纤维一并兴起的一种新型化学品。目前已被广泛应用于纺织、制药、化妆品、食品、造船、土建、采矿以及洗涤等各个领域，它是许多工业部门必要的化学助剂，其用量虽小，但收效甚大，往往能起到意想不到的效果。

给表面活性剂下一个既科学、严密而又简明的定义是困难的。通常是某种物质当它溶于水中即使浓度很小时，能显著降低水同空气的表面张力，或水同其他物质的界面张力，则该物质称为表面活性剂。

5·1　表面活性剂的结构和分类

5·1·1　结构

水溶性表面活性剂的分子结构都具有不对称的、极性的特点。分子中同时具有亲水基和亲油基，亲油基又称疏水基，它们都是由长烃链—CH_2—CH_2—CH_2—CH_2—组成的，链有长有短，有的具

有 支 链 $CH-CH_2-$ 或 者 被 杂 原 子

—$(CH_2)_x$—O—CH_2— 或环状原子团　—$(CH_2)_x$—⬡— 所中断，它一般可从石油化工或油脂产品中获得。亲水基则有羧基、磺酸基、硫酸酯基、醚基、氨基、羟基等。通常用符号表示如下：

表面活性剂　　　　亲水基　　　　亲油基

由于这种不对称的极性结构,表面活性剂被定向吸附在水溶液同其他相的界面上,这样大大改变了体系的物理性质,特别是各相界面的界面张力。这些物理性质的改变将在下面详细研究。

亲油基,顾名思义即为亲油性原子团,它是与油具有亲和性的。例如肥皂,它是脂肪酸钠盐,是最常见的表面活性剂,它的分子结构如图所示:

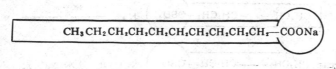

$CH_3CH_2CH_2CH_2CH_2CH_2CH_2CH_2CH_2CH_2$—COONa

它的亲油基和石蜡 $CH_3CH_2\cdots CH_2CH_3$ 的构造完全相同,故又称石蜡基 $CH_3CH_2\cdots CH_2CH_2$—,这种结构在石油和油脂成分中占大部分。如石油成分之一的石蜡:$CH_3CH_2CH_2\cdots CH_2CH_2CH_3$,油脂成分之一的月桂酸三甘油脂:

$$CH_3—CH_2—CH_2—CH_2—CH_2—CH_2—CH_2—CH_2—CH_2—CH_2—CH_2COOCH_2$$
$$CH_3—CH_2—CH_2—CH_2—CH_2—CH_2—CH_2—CH_2—CH_2—CH_2—CH_2COOCH$$
$$CH_3—CH_2—CH_2—CH_2—CH_2—CH_2—CH_2—CH_2—CH_2—CH_2—CH_2COOCH_2$$

当它与油接触时,不但不相排斥,反而互相吸引。所以亲油基和油一样,具有憎水性能,也叫憎水基。

亲水基是容易溶于水或易于被水所润湿的原子团,如磺酸基、羟基、羧基等。

5·1·2 分类

表面活性剂的分类有很多方法,但最常用和最方便的方法是按离子的类型分类。

按离子的类型分类,是指表面活性剂溶于水时,凡能电离生成离子的叫离子型表面活性剂;凡不能电离生成离子的叫非离子型表面活性剂。而离子型的还要按生成的离子种类再进行分类,因此它的分类一般以亲水基的结构为依据。

(1)阴离子型表面活性剂 这类表面活性剂溶于水后生成离子,其亲水基团为带有负电的原子团,例如阴离子表面活性剂溶于水中的状况图示如下:

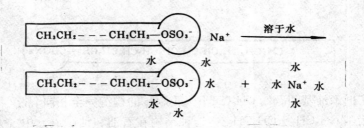

按其亲水基不同又分为

A. 脂肪羧酸酯类 $\boxed{R}$ —COONa

B. 脂肪醇硫酸酯类 $\boxed{R}$ —OSO₃Na

C. 烷基磺酸酯类 $\boxed{R}$ —SO₃Na

D. 烷基芳基磺酸酯类 $\boxed{R}$ —⟨benzene ring⟩—SO₃Na

E. 磷酸酯类 $\boxed{R}$ —OPO₃Na₂

(2)阳离子型表面活性剂 这类表面活性剂溶于水后生成的亲水基团为带正电荷的原子团。阳离子表面活性剂溶于水中的状况图示如下:

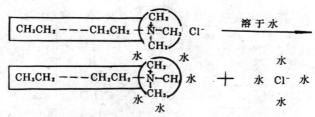

按其化学结构又分为:

A. 伯胺盐　$\boxed{R}$ —$NH_2 \cdot HCl$

B. 仲胺盐　$\boxed{R}$ —$\overset{\overset{\displaystyle CH_3}{|}}{\underset{\underset{\displaystyle H}{|}}{N}}$ $\cdot HCl$

C. 叔胺盐　$\boxed{R}$ —$\overset{\overset{\displaystyle CH_3}{|}}{\underset{\underset{\displaystyle CH_3}{|}}{N}}$ $\cdot HCl$

D. 季胺盐　$\boxed{R}$ —$\overset{\overset{\displaystyle CH_3}{|}}{\underset{\underset{\displaystyle CH_3}{|}}{N}}$ —CH_3Cl

（3）非离子型表面活性剂　这类表面活性剂在水中不会离解成离子,自然也不带电荷。非离子型表面活性剂溶于水中的状况的图示如下:

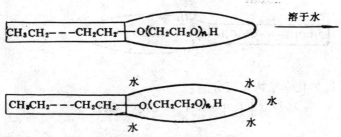

它们的憎水基一般为烃链,亲水基大都是氧乙烯基—O—

CH_2CH_2—。按其化学结构不同，又可分为：

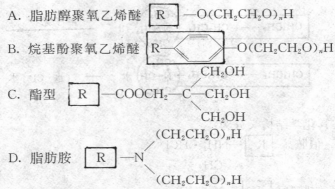

A. 脂肪醇聚氧乙烯醚 $\boxed{R}$—$O(CH_2CH_2O)_nH$

B. 烷基酚聚氧乙烯醚 R—⬡—$O(CH_2CH_2O)_nH$

C. 酯型 $\boxed{R}$—$COOCH_2$—$\overset{CH_2OH}{\underset{CH_2OH}{C}}$—$CH_2OH$

D. 脂肪胺 $\boxed{R}$—$N\overset{(CH_2CH_2O)_nH}{\underset{(CH_2CH_2O)_nH}{}}$

（4）两性类表面活性剂　这类表面活性剂广义地说即同时具有阴离子、阳离子或同时具有非离子和阳离子或非离子和阴离子的，有两种离子性质的表面活性剂的总称。但习惯上所说的两性表面活性剂是指由阴、阳两种离子所组成的表面活性剂。这种两性表面活性剂中，结构上同时存在着性质相反的离子。在水中同时带有正、负电荷，在酸性溶液中呈阳离子表面活性，在碱性溶液中呈阴离子表面活性，在中性溶液中呈非离子表面活性。两性表面活性剂在水中的状况图示如下：

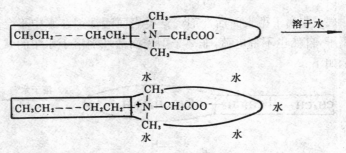

按其化学结构又可分为：

A. 氨基酸型 $\boxed{R}$—$NHCH_2CH_2COOH$

B. 甜菜碱型

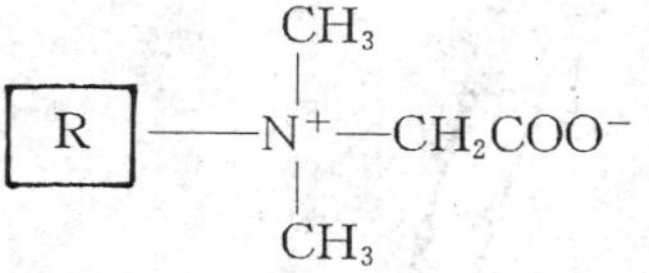

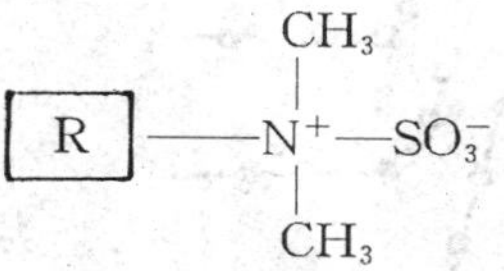

$$R—N^+(CH_3)_2—CH_2COO^-$$

$$R—N^+(CH_3)_2—SO_3^-$$

这种按离子类型的分类方法有许多优点,因为每种离子表面活性剂都有其特性,所以只要明白该种表面活性剂的离子类型,是阴离子型的还是非离子型的,就可约略推测其应用范围。例如已知某表面活性剂是阴离子型的,便可知道若与阳离子型表面活性剂混合时就会产生沉淀,因此不能二者同时使用。还可知道阴离子表面活性剂对于酸性染料,直接染料不会有什么不良影响,可一起使用,而阳离子表面活性剂的情况恰好与此相反。从实际应用情况来看,作为洗涤剂使用的表面活性剂大多是阴离子型和非离子型的,通常不使用阳离子型,这一区别是很显著的。

就用量来说,水溶性表面活性剂占总产量70%以上,其中阴离子表面活性剂占 65%～70%;阳离子表面活性剂只占 5%～8%,两性表面活性剂占 2%～3%,非离子型表面活性剂占 25%左右。上述数据只是个一般概念,各国的实际使用比例差异颇大。

5·2 表面活性剂的物性

5·2·1 表面张力

表面活性剂是由憎水基和亲水基所组成的化合物,它的最大特性之一就是即使在低浓度下也能显著地降低水的表面张力。如图 5-1 所示,当添加微量(浓度低于 10^{-2}mol/L)典型的非离子表

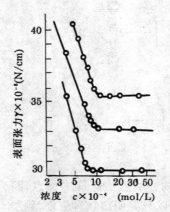

图 5-1 癸基聚氧乙烯醚水溶液表面张力——浓度曲线

面活性剂癸基聚氧乙烯醚后,水溶液的表面张力就由原来 20℃时的 $72.2×10^{-5}$N/cm 降为 $30×10^{-5}$N/cm 左右。表面张力降低得越多,表面活性就越大。

所谓表面张力就是使液体表面尽量缩小的力,也可认为是作用于液体分子间的凝聚力。由于液体表面分子和液体内部分子受力情况不同,空气对液体表面分子的吸引力小,液体内部分子对表面分子吸引力大,因此液体表面分子受到收缩力的作用。表面分子由于液体内部分子间的凝聚力(使其表面积尽量缩小的力)强烈地引向内部,因而水滴成为圆球型。要想使液体表面伸展,就必须抵抗这个使表面缩小的力。若形成液体的单位面积所需要的功为 γ,则形成 dA 面积就需做出 γdA 的功。从热力学上看它是一种在一定温度、一定压力下的可逆功,等于该体系自由焓的增加值 dG,即

$$d G = \gamma \, d A \qquad (5-1)$$

因此
$$\gamma = (\frac{\partial G}{\partial A})_{T \cdot p} = G^s \qquad (5-2)$$

γ 表示单位面积的表面自由焓,G^s 若用单位长度的力表示,则称为

表面张力。各种液体表面张力如表 5-1 所示。

表 5-1　各种液体表面张力

液　　体	与液体接触气体	温度(℃)	表面张力(10^{-5}N/cm)
水银	空气	20	475
水	空气	20	72.75
水	空气	25	71.96
乙醇	空气	0	24.3
乙醇	氮气	20	22.55
苯	空气	20	28.9
橄榄油	空气	18	33.1

　　由上表可知,水银的表面张力最大,当它落到地上呈球形,此外水的表面张力也很大,而苯等有机物的表面张力则较小。

　　从图 5-1 可知,当水中加入表面活性剂后,水的表面张力即下降,开始时表面张力随表面活性剂的浓度增加而急剧下降,以后则·大体上保持不变。

　　开始时表面张力开始急剧下降,后来又保持恒定,不再下降,这主要是由溶液的表面结构决定的。表面活性剂是由亲水基和疏水基组成的有机物,在水溶液中,为缓和它的疏水基和水的排斥作用,只能把亲水基留在水中,而把疏水基伸向空气,于是表面活性剂分子聚集在空气和水接触的界面上。从图 5-2 中按(a)(b)(c)(d)顺序逐渐增加表面活性剂的浓度;当水中表面活性剂浓度很低时,此时空气和水几乎还是直接相接触,故而水的表面张力下降很小,接近于纯水状态(图 5-2 a);当水中表面活性剂浓度增加时,表面活性剂分子很快聚集到液面上,从而使表面张力急剧下降,与此同时表面活性剂分子相互把疏水基靠近,开始形成小型胶束(图 5-2 b);当表面活性剂的浓度再增加时,最终在水的表面形成单分子膜,此时水的表面张力降到最低点(图 5-2 c);若再增加表面活性剂浓度,表面张力不再下降,呈水平状态,溶液中表面活性剂分子形成胶束(图 5-2 d)。表面活性剂形成胶束的最低浓度,称临界

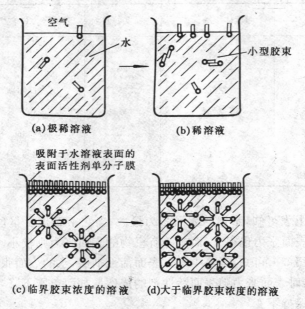

(a)极稀溶液　　　　　(b)稀溶液

吸附于水溶液表面的
表面活性剂单分子膜

(c)临界胶束浓度的溶液　　(d)大于临界胶束浓度的溶液

图 5-2　表面活性剂的浓度变化和表面活性剂的活动情况的关系

胶束浓度(CMC)。表面活性剂浓度达到临界胶束浓度时,原以低分子状态存在的表面活性剂分子,即聚集在一起形成胶束,当表面活性剂浓度高于或低于该浓度时,溶液的表面张力和有关物理性质将有很大差别。临界胶束浓度一般都很低,大约在 0.02% ～ 0.4%(质量)或0.0001～0.02mol/L 左右(图 5-2 c)。当表面活性剂浓度大于临界胶束浓度时,此时水溶液表面已形成了单分子薄膜,空气与水的接触面积已不会再缩小,因此也就不会再降低表面张力,呈水平状态(图 5-2 d)。

以上只是解释了加入表面活性剂和提高表面活性剂的浓度在开始时表面张力急剧下降,而当达到一定浓度后就保持恒定不再下降的道理,其中临界胶束浓度是一个重要的界限。但到底胶束是

怎样形成的,要弄清这个问题可从表面活性剂在水中不同浓度时,它的分子所处的状态来考察。

如图 5-2 a 所示,当表面活性剂以单分子状态溶于水时,它完全被水包围。由于憎水基一端被水排斥,亲水基一端被水吸引,因而表面活性剂分子被溶于水中,其亲水基与水的亲合力大于憎水基与水的相斥力之故。

表面活性剂在水中为了使其憎水基不被排斥,它的分子不停地转动,通过下列途径寻求成为稳定分子。首先像图 5-2 b 所示,把亲水基留在水中,憎水基伸向空气。其次像图 5-2 c 一样让表面活性剂分子的憎水基相互靠在一起,以尽量减少憎水基和水的接触面积,这样前者就是表面活性剂分子吸附于水面形成定向排列的单分子膜,后者就形成了胶束。

图 5-2 b 仅仅由两个分子组成,它只是胶束的最初形式,当再增加表面活性剂的浓度,胶束就增加至几十、上百,最终形成正规的球状胶束,此时憎水基完全被包在球的内部,几乎和水脱离接触。这样的胶束,由于只剩下亲水基方向朝外,也可看成只是由亲水基组成的球形高分子。它与水没有任何相斥作用,所以它可以稳定地溶解于水中。如前所述,胶束最初由二至三个分子开始,直到完全成形的球形、棒状或层状等多种形状的多分子胶束。

表面活性剂水溶液的浓度达到临界胶束浓度时,原先以少数分子状态存在的表面活性剂胶束,立刻形成很大集团,成为一个整体。因此以临界胶束浓度为界限,高于或低于此浓度时,水溶液的表面张力及其他许多物理性质都有很大的差异。因此只有当表面活性剂溶液浓度稍大于临界胶束浓度时,才能充分显示其作用。

由于表面活性剂溶液的一些物理性质如电阻率、渗透压、冰点下降、蒸汽压、粘度、密度、增溶性、洗涤性、光散射以及颜色变化等在临界胶束浓度时都有显著变化,所以通过测定这些显著变化的转折点,就可获知临界胶束浓度。用不同的方法测得的临界胶束浓度大致上是比较一致的。严格地说临界胶束浓度并非一个点,它有一定幅度,因此叫临界胶束浓度范围更为恰当。表 5-2 为一些表面活性剂的临界胶束浓度测定值。

表 5-2　一些表面活性剂临界胶束浓度实测值

表　面　活　性　剂	测定方法	温度℃	CMC mol/L
棕榈酸钠盐 $C_{15}H_{31}COONa$	电导度	52	0.0032
月桂醇硫酸酯钠盐	电导度	25	0.0081
$C_{12}H_{25}OSO_3Na$	渗透压	21	0.0070
	折光率	35	0.010
	表面张力	20	0.0069
	粘度	20	0.0090
十二烷基磺酸钠　$C_{12}H_{25}$⟨⟩SO_3Na	电导度	60	0.0012

由上表可知,临界胶束浓度都很低,在使用表面活性剂时,浓度一般要比临界胶束浓度稍大些,否则其表面活性的性能不能充分发挥。

与表面活性剂降低水的表面张力的基本性质具有直接关系的效用有润湿、渗透、乳化、分散、增溶、发泡、消泡和洗涤作用等。具有间接关系的有平滑柔软、匀染、抗静电、杀菌、防锈等。

5·2·2　界面电荷

从电化学可知,一般在两个相接触面上的电荷分布是不均匀的。例如在粉状物、乳浊液、溶胶等分散体系中,分散相粒子是带电的。特别是加了表面活性剂后,由于活性剂的吸附而产生界面电荷的变化,对接触角、界面张力等的界面现象或者分散体系特有的凝聚和分散、沉降、扩散等现象有着相当重要的作用。

在固液相界面上,固相表面因本身电离或吸附溶液中的离子而带电时,在界面周围必然吸引着与固相表面电性相反、电荷相等的离子,就在界面上形成双电层结构。但由于离子的热运动,使这些离子中只有一部分是紧密排列在与固相表面相距约为离子半径

处形成紧密层,其余离子则向界面周围扩散,形成扩散层,叫做扩散双电层。实际上它包括紧密层和扩散层,如截取颗粒一部分来

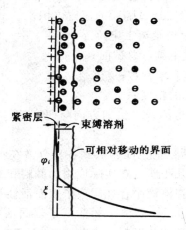

图 5-3　双电层的结构和相应的电位

看,其电荷分布就如图 5-3 所示。图中颗粒吸附正离子而带正电。分布在溶液中的负离子由于静电吸引之故,离开界面越远处分布越少,在负电荷为零处,即为扩散双电层的边缘,从固体表面至此处的电位差即为电子学中热力学电位 φ_i(电极电位)。然而颗粒总在不断运动,图 5-3 所示虚线表示固相移动时的滑移界面,固相粒子移动时带动左边的溶剂化层,并带动其中负离子一起移动。当它沿着滑移界面相对于液相运动时,必然在界面上产生电位差,称为动电位或 ξ 电位。动电位与滑移界面两边的电荷有关,所以不仅随液相内离子浓度变化,还与其紧密层内离子浓度有关。

动电位 ξ 与热力学电位 φ_i 不同,φ_i 总比 ξ 大,其值主要取决于溶液中与固体成平衡的离子浓度。动电位则随溶剂化层中离子浓度而改变,少量外加电解质会显著影响动电位,随着电解质浓度增加,动电位不断降低,甚至可改变符号。

测定电泳或电渗的速度可计算动电位的数值:

电泳
$$\xi = \frac{4\pi\eta u}{\varepsilon E}$$
(5-3)

电渗 $$\xi = \frac{4 \pi \eta V}{q \varepsilon E}$$ (5-4)

式中 u ——电泳时界面移动速度；

V ——电渗时通过隔膜的流体体积；

E ——每单位距离上电位降；

q ——隔膜毛细管总截面；

ε ——液体介电常数；

η ——液体的粘度系数。

从上式,可用电泳或电渗的方向与速度计算动电位的数值与符号。

离子型表面活性剂也能影响到各种分散在水中的颜料、油和脂的表面动电位,几乎所有在实际应用的颜料和油脂,它们在水中都具有负电荷,如在溶液中存在阴离子表面活性剂,则负电荷就大大增加。据对有阴离子、阳离子和非离子表面活性剂的溶液的测定,阴离子表面活性剂使颜料负电荷增加,而阳离子表面活性剂使

表 5-3 肥皂对各种粒子迁移速度的影响

分 散 物 质	在 28℃ 时 迁 移 率	
	在 水 中	在肥皂溶液中
石蜡油	−71	−125
棉籽油	−61	−116
炭黑	−45	−53
不溶性染料	−46	−59
氧化铁	−21	−58
葡萄球菌	−28	−41

颜料负电荷降低,甚至可能改变电荷符号。在含有电解质的非离子表面活性剂溶液中,负电荷显著降低,但此时未发现电荷符号改变。

表 5-3 列出了肥皂对各种粒子迁移速度的影响。

动电位反映了质点表面带电的情况,与胶体系统的稳定性和

许多其他性质密切相关。

5·2·3 胶束和增溶

由于表面活性剂分子由难溶于水的疏水基和易溶于水的亲水基组成,属于双亲媒性物质。由于具有这种双重性,所以在低浓度时,它以单分子或离子形式处于高度分散状态,但在超过一定浓度范围后,它急速地聚集,形成了所谓胶束的分子或离子集合体。这个浓度就是前文讲过的临界胶束浓度(CMC),一般离子型表面活性剂在 $10^{-4}\sim10^{-2}$ mol/L 范围内,非离子表面活性剂在 10^{-4} mol/L 以下。离子型表面活性剂的 CMC 决定于疏水基长度,一般疏水基碳原子数越多则其 CMC 越小,而且疏水基中引入双键或支链一般会使 CMC 值变大。亲水基种类,对离子型表面活性剂影响较小,而对于非离子表面活性剂如聚氧乙烯链变长,则 CMC 变大。两性表面活性剂的 CMC 随无机强电解质的添加而降低。在活性剂水溶液的代表性性能中,还有一种能使有些不溶于水或微溶于水的有机物发生溶解的增溶作用,由于它是在 CMC 浓度以上发生的,所以和胶束形成有密切关系。

一般认为胶束内部与液状烃近似,因此如在 CMC 浓度以上的活性剂溶液中加入难溶于水的有机物质时,就得到溶解的透明水溶液,称为增溶现象,这是由于有机物进入与它本身性质相同的胶束内部而变成在热力学上稳定的各向同性溶液。把增溶的物质叫被增溶物质,在一定浓度的活性溶液中,所溶解的被增溶物质的饱和浓度叫做增溶量。增溶是以 CMC 为起点随着浓度增加而增溶量大致以直线增长,因此也可用增溶来确定 CMC 值。对各类不同的表面活性剂它们的增溶能力也不同。图 5-4 表示了烷基数在7～13的脂肪酸钾对染料1-邻甲苯基偶氮-β-萘酚的增溶实例,由图可知增溶能力是以增溶曲线的斜率(表面活性剂单位浓度下的被增溶物质的浓度)来表示的。

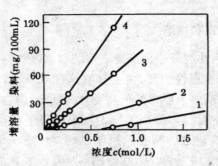

图 5-4　脂肪酸钾对染料(1-邻甲苯基偶氮-β-萘酚)的增溶

1—$CH_3(CH_2)_6COOK$；2—$CH_3(CH_2)_8COOK$；

3—$CH_3(CH_2)_{10}COOK$；4—$CH_3(CH_2)_{12}COOK$

5·3　表面活性剂的合成

　　表面活性剂的合成以有机化学为基础,它与石油化学、油脂化学等有机化学工业有密切关系。按其结构主要分为疏水基与亲水基两部分,下面概要叙述合成方法。

5·3·1　疏水基物料

　　目前使用的主要疏水基物料为烃类、碳化氟类和有机硅三大类。烃类中又分为两类,第一为油脂和油脂化学品,如甘油三酸酯、脂肪酸、脂肪醇、脂肪酸衍生物($RCOOR'$、$RCOCl$、$RCONH_2$、RNH_2、RSH)、树脂酸类等。第二为石油和石油化学制品,包括 n-烷烃、环烷酸、α-烯烃、聚烯烃、烷基苯、烷基酚、合成醇、合成脂肪酸、聚氧链烯二醇;碳化氟类有全氟化脂肪酸和脂肪醇,部分氟化脂肪酸和脂肪醇;有机硅类主要为聚硅氧烷类。

　　烃类的碳原子数大多在8～20范围内。直链烷烃由石油经分子筛法精制得到。利用石蜡的热裂解或齐格勒法得到的 α-烯烃是直链的,而丙烯、丁烯的低聚烯烃,因带有较多的甲基支链,故这种聚烯烃和苯的加成物是一种硬性烷基苯。而如由 α-烯烃和 n-烷烃的单氯化物和苯反应可得到软性烷基苯类。烷基酚多半带有来自聚烯烃的支链烷基。

合成醇的制法大致有三种：

（1）齐格勒法　制得饱和直链伯醇，具有与天然油酯醇同样的偶碳数，

$$(C_2H_5)_3Al \xrightarrow{CH_2=CH_2} [H(C_2H_4)_n]Al \xrightarrow[H_2O]{(O)} H(C_2H_4)_nOH$$

（2）羰基合成醇　如果以 α-烯烃为原料，则为饱和直链或带甲基支链的伯醇。

$$RCH=CH_2 \xrightarrow[\text{羰基钴}]{CO+H_2} RCH_2-CH_2CHO \xrightarrow{H_2} R(CH_2)_3OH$$

如果由支链聚烯烃或内烯烃制得，则全是支链结构，如进一步以醇醛缩合、格尔贝特缩合，则变成高度支链的伯醇。

$$RCH=CH_2 \xrightarrow[\text{羰基钴}]{CO+H_2} R-CH(CHO)CH_3 \xrightarrow{H_2} R-CH(CH_3)CH_2OH$$

（3）n-石蜡烃直接氧化得到全部是仲醇，

$$CH_3(CH_2)_nCH_3 \xrightarrow[H^+]{O_2,B_2O_3} CH_3-\overset{|}{\underset{|}{C}}-\overset{|}{\underset{|}{C}}\cdots\overset{|}{\underset{|}{C}}-\overset{|}{\underset{|}{C}}-CH_3$$

烃基位置无规则分布在碳链内部。

合成脂肪酸是以石蜡烃直接氧化得到的直链脂肪酸和利用烯烃经科尔反应制成的高度支链结构的新酸。

$$C_{10}H_{20}O + CO + H_2O \xrightarrow{酸} C_7H_{15}-\overset{\overset{\displaystyle CH_3}{|}}{\underset{\underset{\displaystyle CH_3}{|}}{C}}-COOH ,$$

$$C_4H_9-\overset{\overset{\displaystyle CH_3}{|}}{\underset{\underset{\displaystyle CH_3}{|}}{C}}-COOH , \quad (C_3H_7)_3-C-COOH$$

碳化氟类中采用的是直链脂肪酸等经电解氟化或由四氟乙烯单体经调聚而得到的全氟化碳或部分氟化碳。

有机硅类主要以二甲基二氯硅烷为原料制成的聚二甲基硅氧烷及其衍生物。

亲水基引入联结到疏水基上,即生成表面活性剂。

5·3·2　阴离子表面活性剂

人们很早就使用阴离子表面活性剂,由于它的价格和性能都比较适宜,因此它的产量至今仍占表面活性剂的绝大部分。阴离子洗涤剂的发展从古代的草木灰到肥皂,揭开了近代表面活性剂工业的序幕。接着首次出现了磺化蓖麻油(俗称红油),它是人工合成的表面活性剂,红油长期来应用于纺织纤维的染色整理部门。后来又出现了高级醇硫酸酯盐及烷基苯磺酸盐等。

阴离子表面活性剂的制备大多采用疏水基物料与无机药剂直接反应得到。例如油脂的苛性碱皂化,烷烃的磺酰氯化,烯烃、烷基苯、脂肪酸的三氧化硫磺化,烯烃和硫酸、亚硫酸盐、亚磷酸二酯的加成,脂肪醇和硫酸、磷酸的酯化等。

5·3·2·1　烷基芳基磺酸盐

(1)烷基芳基磺酸盐　烷基苯磺酸盐生产量仅次于肥皂,在合成表面活性剂中占第一位。这是由碳链为 $C_{10} \sim C_{14}$,平均碳原子数为12的石油正构烷烃或烯烃进行齐聚,生成四聚丙烯,与苯缩合得到支链十二烷基苯,再进行磺化、碱中和而得。

丙烯的齐聚反应采用磷酸为催化剂,

$$4CH_3—CH=CH_2 \xrightarrow{H_3PO_4} C_{12}H_{24}$$

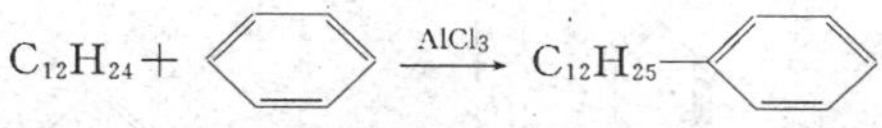

$$C_{12}H_{24} + \text{〔苯〕} \xrightarrow{AlCl_3} C_{12}H_{25}\text{〔苯〕}$$

烷基苯用发烟硫酸或三氧化硫磺化即得烷基苯磺酸。

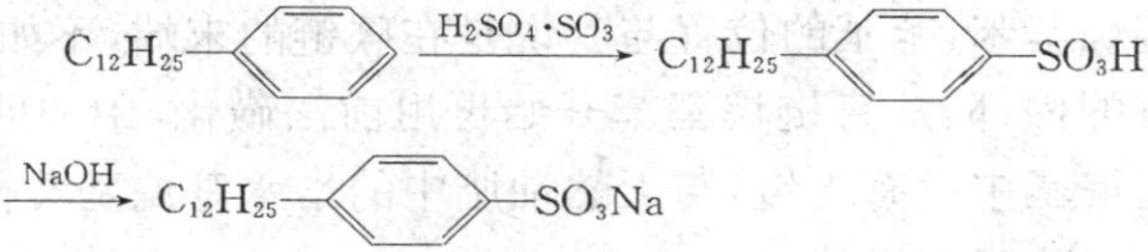

$$C_{12}H_{25}\text{〔苯〕} \xrightarrow{H_2SO_4 \cdot SO_3} C_{12}H_{25}\text{〔苯〕}—SO_3H$$

$$\xrightarrow{NaOH} C_{12}H_{25}\text{〔苯〕}—SO_3Na$$

这种烷基苯磺酸盐的结构如下,简称 TPS:

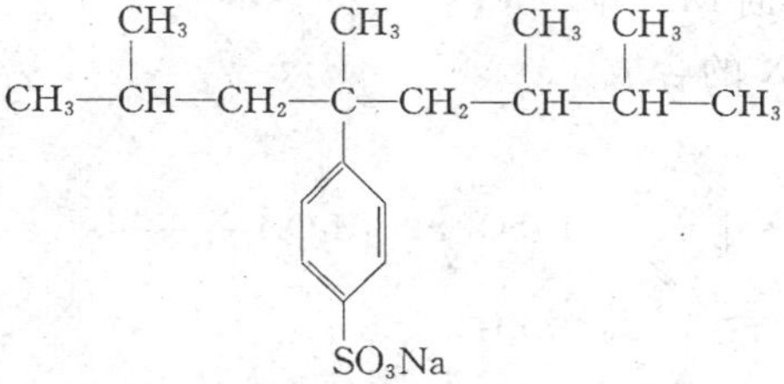

四聚丙烯并非一种单一化合物,而是双键位置任意分布高度支链化的十二烯混合物,故而上述 TPS 结构只是其中的一种。它具有良好的发泡及洗涤功能,又由石油化工提供充足原料,因此发展迅速,但由于其泡沫的存在严重地污染水质,而且它的生化降解性很差,后被带直链的十二烷基苯磺酸盐(LAS)所取代。

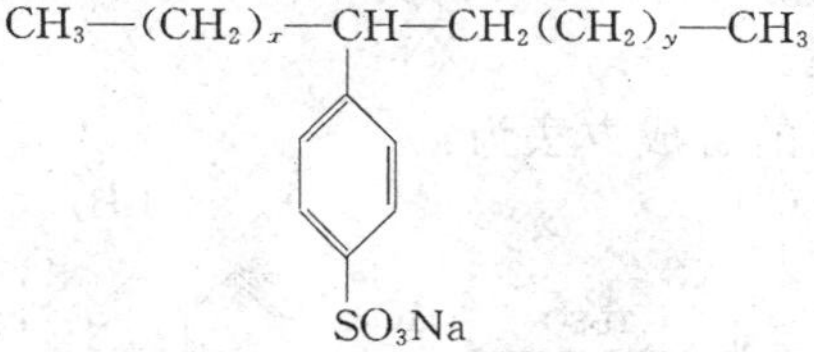

$$CH_3—(CH_2)_x—CH—CH_2(CH_2)_y—CH_3$$

$$x + y = 6 \sim 9$$

它所用的起始原料可以为:直链氯烷及直链烯烃,

$$H(CH_2)_nH \xrightarrow{Cl_2} \underset{\underset{Cl}{|}}{R'CHR''} \xrightarrow[AlCl_3]{} CH_3-\overset{|}{C}-\overset{|}{C}\cdots\overset{|}{C}-\overset{|}{C}-CH_3$$

$$RCH\!=\!CH_2 \xrightarrow{酸}$$

对直链烷基苯,苯基的位置与其说是在碳链的末端,不如说是分布在碳链的内部,从直链烷基苯开始再用前法磺化、中和即得 LAS。由于它烷基中没有支链,与天然油脂中的憎水基烷基类似,故具有良好的生化降解性能。

（2）烷基萘磺酸盐　此类具有很好的渗透及分散效果,如渗透剂 BX,分散剂 MF 等。

渗透剂 BX 的合成

$$+H_2SO_4+2C_4H_9OH \xrightarrow{55\sim58℃}$$

$$\xrightarrow{\hspace{1cm}} \quad\text{（}SO_3H\text{）}\ (C_4H_9)_2 \quad +3H_2O$$

方法为磺化、缩合反应同时进行,然后用碱中和即成。有优异的渗透、润湿、乳化作用。广泛用于纺织印染工业各道工序,主要用作渗透剂及润湿剂,也用作橡胶工业的乳化剂及软化剂、造纸工业及色淀工业的润湿剂。

扩散剂 MF 的合成方法为:

$$\overset{CH_3}{\bigcirc} \xrightarrow[160\sim165℃]{H_2SO_4} HO_3S\text{—}\overset{CH_3}{\bigcirc} \xrightarrow{CH_2O}$$

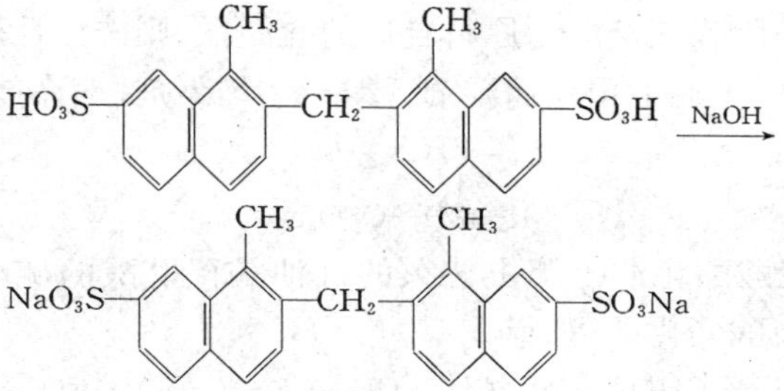

它具有优良的扩散性能,无渗透性和起泡性,高温下稳定,可使染料色光鲜艳,色力增高,着色均匀,主要用作还原染料和分散染料的分散剂和填充剂,还可用作混凝土的早强减水剂。其他扩散剂还有:

[例] 扩散剂 CNF

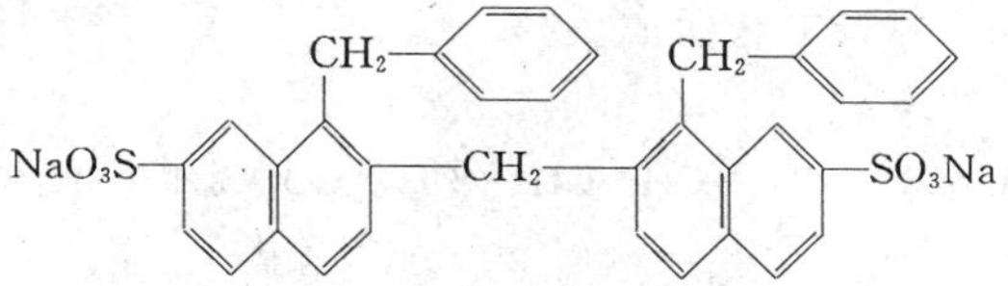

扩散剂 N

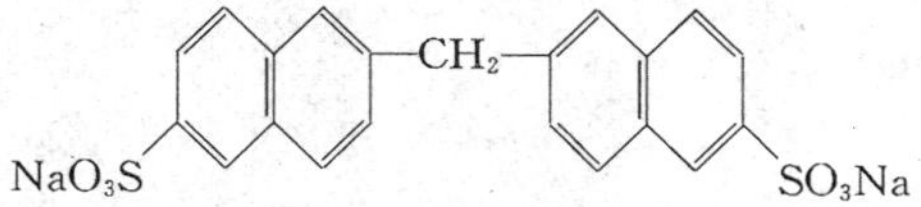

5·3·2·2 烷基硫酸酯盐

(1)脂肪醇硫酸盐 由12～18醇与浓硫酸或氯磺酸在40～50℃酯化后,再用碱或醇胺中和而成,是一种性能较好的洗涤剂,商品名 FAS。

$$ROH + ClSO_3H \longrightarrow R-O-SO_3H + HCl$$
$$ROH + SO_3 \longrightarrow R-O-SO_3$$
$$R-OSO_3H + NaOH \longrightarrow R-OSO_3Na + H_2O$$
$$R-OSO_3H + H_2NCH_2CH_2OH \longrightarrow R-OS\overset{\ominus}{O}_3H\overset{\oplus}{N}CH_2CH_2OH$$

它的泡沫性、去污力、乳化力、柔软性也较好,能被生物降解,但原料成本价贵。

如以仲醇或支链醇为原料合成的硫酸盐,则洗涤性较差,但润湿性能较好,工业上用作润湿剂、渗透剂、匀染剂、洗涤剂等。如

$$\begin{array}{c} CH_3 \\ | \\ R-CH-OSO_3Na \end{array}$$

(2) 硫酸酯化油　历史悠久的红油是蓖麻酸的硫酸酯,用蓖麻油以浓硫酸酯化即得。但

$$CH_3-(CH_2)_5-CH-CH_2-CH=CH-(CH_2)_7-COONa$$
$$\begin{array}{c} | \\ OSO_3Na \end{array}$$

不耐酸,由它衍生的磺化油 DAH 性能良好,广泛用于纺织印染工业作渗透剂、分散剂、匀染剂、助溶剂和锦纶纺丝的油剂及制革、农药和金属加工的乳化剂。

它的合成方法由蓖麻油与丁醇进行酯交换,然后以浓硫酸酯化,再以三乙醇胺中和而成。

$$CH_3(CH_2)_5CH-CH_2-CH=CH-(CH_2)_7COOC_4H_9 \ +H_2SO_4 \longrightarrow$$
$$\begin{array}{c} | \\ OH \end{array}$$

$$CH_3(CH_2)_5CH-CH_2-CH=CH-(CH_2)_7COOC_4H_9 \ +H_2O$$
$$\begin{array}{c} | \\ OSO_3H \end{array}$$

$$\xrightarrow{N(CH_2CH_2OH)_3}$$

$$CH_3(CH_2)_5CH-CH_2-CH=CH-(CH_2)_7COOC_4H_9$$
$$\begin{array}{c} | \\ OSO_3H \cdot N(CH_2CH_2OH)_3 \end{array}$$

磺化油 DAH

5·3·2·3　酯及酰胺的磺酸盐

最常见较重要的为丁二酸双酯磺酸盐和 N-油酰,N-甲基牛磺酸盐两大类。

将顺丁烯二酐和仲辛醇在对甲苯磺酸催化剂存在下,在140℃反应,生成顺丁烯异辛酯,再用焦亚硫酸钠发生双键加成而进行磺化,

$$\begin{array}{l}\text{CH--CO} \\ \quad\quad\quad\;\;\text{O} \\ \text{CH--CO} \end{array} + 2\ \underset{\quad\quad\quad\;\;\text{CH--C}_4\text{H}_9}{\overset{\text{C}_2\text{H}_5}{\text{HOCH}_2}} \xrightarrow{\text{对甲苯磺酸}}$$

$$\begin{array}{l}\text{CH--COOCH}_2\text{--CH--C}_4\text{H}_9 \\ \quad\quad\quad\quad\quad\quad\quad\overset{|}{\text{C}_2\text{H}_5} \\ \text{CH--COOCH}_2\text{--CH--C}_4\text{H}_9 \\ \quad\quad\quad\quad\quad\quad\;\;\underset{\text{C}_2\text{H}_5}{\overset{|}{}} \end{array} + \text{H}_2\text{O}$$

$$2\ \begin{array}{l}\text{CH--COOCH}_2\text{--CH--C}_4\text{H}_9 \\ \quad\quad\quad\quad\quad\quad\quad\overset{|}{\text{C}_2\text{H}_5} \\ \text{CH--COOCH}_2\text{--CH--C}_4\text{H}_9 \\ \quad\quad\quad\quad\quad\quad\;\;\underset{\text{C}_2\text{H}_5}{\overset{|}{}} \end{array} + \text{Na}_2\text{S}_2\text{O}_5 + \text{H}_2\text{O}$$

$$\xrightarrow{110\sim120℃} 2\ \begin{array}{l}\text{CH}_2\text{--COOCH}_2\text{--CHC}_4\text{H}_9 \\ \quad\quad\quad\quad\quad\quad\quad\;\;\overset{|}{\text{C}_2\text{H}_5} \\ \text{CH--COOCH}_2\text{--CHC}_4\text{H}_9 \\ \overset{|}{\text{SO}_3\text{Na}}\quad\quad\quad\quad\;\;\underset{\text{C}_2\text{H}_5}{\overset{|}{}} \end{array}$$

得渗透剂 T,它的渗透性快速均匀,润湿性、乳化性、起泡性也均良好,是一个高效渗透剂,用来处理棉、麻、粘胶及混纺制品,还可用作农药乳化剂。由于分子内具有酯键,故不耐强酸强碱。

油酰甲基牛磺酸盐的商品名为胰加漂 T,由油酰氯和氨基牛磺酸钠缩合而成,它的合成工艺如下:

$$3\text{C}_{17}\text{H}_{33}\text{COOH} + \text{PCl}_3 \longrightarrow 3\text{C}_{17}\text{H}_{33}\text{COCl} + \text{H}_3\text{PO}_3$$

$$\begin{array}{l}\text{CH}_2\text{--CH}_2 \\ \quad\;\diagdown\;\diagup \\ \quad\quad\;\text{O}\end{array} + \text{NaHSO}_3 \longrightarrow \text{HOCH}_2\text{CH}_2\text{SO}_3\text{Na}$$

$$\text{HOCH}_2\text{CH}_2\text{SO}_3\text{Na} + \text{CH}_3\text{NH}_2 \longrightarrow \text{CH}_3\text{NH}(\text{CH}_2)_2\text{SO}_3\text{Na} + \text{H}_2\text{O}$$

$$\text{C}_{17}\text{H}_{33}\text{COCl} + \text{CH}_3\text{NHCH}_2\text{CH}_2\text{SO}_3\text{Na} + \text{NaOH} \longrightarrow$$

$$\begin{array}{l}\text{C}_{17}\text{H}_{33}\text{--C--N--CH}_2\text{CH}_2\text{SO}_3\text{Na} \\ \quad\quad\quad\;\;\overset{|}{\text{O}}\;\;\underset{\text{CH}_3}{\overset{|}{}} \end{array} + \text{H}_2\text{O} + \text{NaCl}$$

胰加漂 T

它具有优良的净洗、匀染、渗透及乳化等功效,在酸、碱、硬水和金属盐中不受影响,泡沫稳定性良好,广泛用于印染工业,是良好的除垢剂及润湿剂,特别适用于动物纤维的染色及洗涤,并能改善织物的手感和光泽。

油酰氨基酸的钠盐商品名为雷米邦 A,由油酰氯和蛋白质水解物缩合而成,蛋白质水解生成多缩氨基酸,蛋白质一般来源为猪毛、骨胶、豆饼、菜籽饼等。它的合成工艺为:

$$C_{17}H_{33}COCl + NH_2R_1(CONHR_2)_nCOOH \xrightarrow[60\sim70℃]{NaOH}$$
$$C_{17}H_{33}CONHR_1(CONHR_2)_nCOONa + NaCl$$

它具有良好的保护胶体作用,其乳化性能好,有良好的软化及匀染作用,是较好的匀染剂、纤维保护剂和颜色的艳化剂,用于洗涤工业作肥皂代用品,也可作为匀染剂平平加 O、渗透剂 BX 及胰加漂 T 的代用品。

5·3·2·4　烷基磺酸盐

烷基磺酸钠的表面活性强,有良好的润湿、乳化、分散及去污力,易被生物降解,它被广泛用作纤维柔软剂、匀染剂、乳化剂、泡沫剂等。

其通式为 RSO_3Na,R 为 $C_{14}\sim C_{18}$ 直链烷烃,合成方法一般用直链烷烃与二氧化硫及氯进行氯磺酰化,再中和皂化而成。

$$C_{16}H_{33}SO_2Cl + 2NaOH \longrightarrow C_{16}H_{33}SO_3Na + H_2O + NaCl$$

直链烷烃可由分子筛处理石油而得。

5·3·3　阳离子表面活性剂

阳离子型表面活性剂,正好与阴离子表面活性剂相反,其憎水基一端的亲水基是阳离子。Na^+ 和 K^+ 离子虽然都是带正电荷的亲水基,但不能与憎水基相连接。而同样带正电荷的 NH_4^+ 离子,却能与憎水基相连,例如以烷基取代氯化铵 $NH_4^+Cl^-$ 分子中的氢原子。但实际上并非用烷基取代 NH_2Cl 方法来制取,而是用 HCl 中和相应的伯、仲、叔胺来制取,因此用酸类中和高烷基胺类方法就可简单地制取阳离子表面活性剂,用甲酸、醋酸那样低级脂肪醇同样可

表 5-4　原料胺类

种类 ＼ 级数	伯 胺	仲 胺	叔 胺
烷基胺类	CH_3NH_2	$\begin{matrix}CH_3\\CH_3\end{matrix}\!\!>\!\!NH$	$\begin{matrix}CH_3\\CH_3\\CH_3\end{matrix}\!\!>\!\!N$
	$C_{12}H_{25}-NH_2$ 十二胺	$\begin{matrix}C_{12}H_{25}\\C_{12}H_{25}\end{matrix}\!\!>\!\!NH$ 双十二胺	$C_{12}H_{25}-\overset{\displaystyle CH_3}{\underset{\displaystyle CH_3}{N}}$ 十二烷基二甲基叔胺
	$C_{18}H_{37}-NH_2$ 十八胺	$\begin{matrix}C_{18}H_{37}\\C_{18}H_{37}\end{matrix}\!\!>\!\!NH$ 双十八胺	$C_{18}H_{37}-\overset{\displaystyle CH_3}{\underset{\displaystyle CH_3}{N}}$ 十八烷基二甲基叔胺
乙醇胺类	$HO-CH_2CH_2NH_2$ 乙醇胺	$\begin{matrix}HOCH_2CH_2\\HOCH_2CH_2\end{matrix}\!\!>\!\!NH$ 二乙醇胺	$\begin{matrix}HOCH_2CH_2\\HOCH_2CH_2\\HOCH_2CH_2\end{matrix}\!\!>\!\!N$ 三乙醇胺
聚乙烯多胺类	$H_2NCH_2CH_2NH_2$　乙二胺 $H_2NCH_2CH_2NHCH_2CH_2NH_2$　二乙撑三胺		
其 他	$\begin{matrix}C_2H_5\\C_2H_5\end{matrix}\!\!>\!\!NCH_2CH_2NH_2$　(N,N-二乙基乙二胺) 吡啶　　　　吗啉 $\begin{matrix}H_2N\\H_2N\end{matrix}\!\!>\!\!C\!=\!NH$　胍　　　H_2NNH_2　肼		

制得胺盐型阳离子表面活性剂。

一般用于制取上述阳离子表面活性剂原料的胺类见表 5-4。

季胺的氯化物是以叔胺与卤代烷烃经季胺化反应制得。季胺盐型阳离子表面活性剂常用的烷化剂有

$$CH_3Cl, \quad CH_3Br, \quad \text{〔苯环〕}—CH_2Cl, \quad CH_2—CH—CH_2—Cl,$$
$$\underset{O}{CH_2—CH_2}, \quad (CH_3)_2SO_4, \quad (C_2H_5)_2SO_4$$

阳离子型表面活性剂具有独特的性能,它能显著地降低纤维的摩擦系数,故在纺织工业中广泛地用作柔软剂、抗静电剂,也被用作腈纶纤维的缓染剂。另外也可用作杀菌剂,其绝对使用量比阴离子型表面活性剂要少得多。

5·3·3·1　胺盐型阳离子表面活性剂

伯胺盐、仲胺盐和叔胺盐总称胺盐类,其憎水基大都是 $C_{12} \sim C_{18}$ 的烷基。由于高级胺价值昂贵,一般采用低级胺,利用硬脂酸、油酸等与低级胺反应,即可获得各种性能良好的阳离子表面活性剂,作为织物的柔软整理剂用。

（1）索罗明 A 型　其结构式为:

$$\underset{\underset{CH_2CH_2OH}{\big|}}{\overset{\overset{CH_2CH_2OH}{\big|}}{C_{17}H_{35}COOCH_2CH_2N}} \cdot HCOOH$$

它是由硬脂酸和三乙醇胺缩合得到酯的形式的叔胺,再与甲酸中和而成。

$$C_{17}H_{35}COOH + \underset{\underset{CH_2CH_2OH}{\big|}}{\overset{\overset{CH_2CH_2OH}{\big|}}{N—CH_2CH_2OH}} \xrightarrow{160\sim180℃}$$

$$\longrightarrow \underset{\underset{CH_2CH_2OH}{\big|}}{\overset{\overset{CH_2CH_2OH}{\big|}}{C_{17}H_{35}COOCH_2CH_2N}} + H_2O$$

三乙醇胺单硬脂酸酯

$$\xrightarrow{\text{HCOOH}} C_{17}H_{35}COOCH_2CH_2N \begin{array}{l} CH_2CH_2OH \\ \\ CH_2CH_2OH \end{array} \cdot HCOOH$$

此类产品原料便宜,制造简单,性能良好,广泛用作柔软剂,其缺点是由于酯键结合易水解而断键。

（2）萨帕明 A 型　其结构式为：

$$C_{17}H_{35}CONHCH_2CH_2N \begin{array}{l} C_2H_5 \\ \\ C_2H_5 \end{array} \cdot CH_3COOH$$

它是由 N,N-二乙基乙二胺与硬脂酸缩合得到酰胺形式的叔胺,再制成醋酸盐作为柔软剂用,

$$C_{17}H_{35}COOH + H_2NCH_2CH_2\!-\!N \begin{array}{l} C_2H_5 \\ \\ C_2H_5 \end{array} \xrightarrow{\text{加热}}$$

$$C_{17}H_{35}CONHCH_2CH_2N \begin{array}{l} C_2H_5 \\ \\ C_2H_5 \end{array} + H_2O \xrightarrow{\text{CH}_3\text{COOH}}$$

N,N-二乙基-N-十八酰基乙二胺

$$C_{17}H_{35}CONHCH_2CH_2N \begin{array}{l} C_2H_5 \\ \\ C_2H_5 \end{array} \cdot CH_3COOH$$

此类产品由于在憎水基上是酰胺结合,故不会由水解而发生断键现象。

（3）阿柯维尔 A　其结构式为：

$$\begin{array}{c} C_{17}H_{35}CONHCH_2CH_2\!-\!N\!-\!CH_2CH_2OH \\ | \\ C{=}O \cdot CH_3COOH \\ | \\ C_{17}H_{35}CONHCH_2CH_2\!-\!N\!-\!CH_2CH_2OH \end{array}$$

它是用硬脂酸和氨基乙基乙醇胺加热缩合与尿素反应,再用醋酸中和而得的复杂化合物,

$$C_{17}H_{35}COOH + H_2NCH_2CH_2NHCH_2CH_2OH \xrightarrow{160\sim200℃}$$

$$C_{17}H_{35}CONHCH_2CH_2NHCH_2CH_2OH + H_2O \xrightarrow[160\sim200℃]{NH_2CONH_2}$$

$$\begin{array}{c} C_{17}H_{35}CONHCH_2CH_2\!-\!N\!-\!CH_2CH_2OH \\ | \\ C\!=\!O \qquad\qquad +2NH_3 \\ | \\ C_{17}H_{35}CONHCH_2CH_2\!-\!N\!-\!CH_2CH_2OH \end{array}$$

$$\xrightarrow{CH_3COOH} 阿柯维尔 A$$

它是一个优良的纤维柔软剂。

(4) 柔软剂 IS　其结构式为:

$$\begin{array}{c} \qquad\qquad O \\ \qquad\qquad \| \\ C_{17}H_{35}\!-\!C\!-\!NHCH_2CH_2\!-\!N\!-\!CH_2 \\ \qquad\qquad | \quad\quad | \\ H_{35}C_{17}\!-\!C \quad CH_2 \cdot CH_3COO^- \\ \qquad\quad \overset{+}{N} \\ \qquad\quad | \\ \qquad\quad H \end{array}$$

将硬脂酸和二乙烯三胺在高温酰化环化,然后和醋酸成盐

$$2C_{17}H_{35}COOH + NH_2CH_2CH_2NHCH_2CH_2NH_2 \xrightarrow{140\sim170℃}$$

$$\begin{array}{c} O \qquad\qquad\qquad\qquad\qquad O \\ \| \qquad\qquad\qquad\qquad\qquad \| \\ C_{17}H_{35}\!-\!C\!-\!NHCH_2CH_2NHCH_2CH_2NH\!-\!C\!-\!C_{17}H_{35} + 2\,H_2O \end{array}$$

$$\xrightarrow{260℃} \begin{array}{c} O \\ \| \\ C_{17}H_{35}\!-\!C\!-\!NHCH_2CH_2\!-\!N\!-\!CH_2 \qquad +H_2O \\ \qquad\qquad | \quad\quad | \\ H_{35}C_{17}\!-\!C \quad CH_2 \\ \qquad\quad N \end{array}$$

$$\xrightarrow{\text{CH}_3\text{COOH}} \text{C}_{17}\text{H}_{35}-\overset{\overset{\text{O}}{\|}}{\text{C}}-\text{NHCH}_2\text{CH}_2-\overset{|}{\underset{|}{\text{N}}}-\text{CH}_2\cdot\text{CH}_3\text{COO}^-$$

可用作腈纶纤维的柔软剂或涤纶成品油剂的添加剂。

5·3·3·2　**季胺盐型阳离子表面活性剂**

由叔胺和烷化剂反应而成,由于生成的季胺盐碱性较强,其水溶液遇碱无变化。但胺盐若遇到碱则生成在水中不溶解的原来的胺,

$$\text{R}_4\text{N}^+\text{Cl}^- + \text{NaOH} \Longrightarrow \text{R}_4\text{N}^+\cdot\text{OH}^- + \text{NaCl}$$
（溶于水）

$$\text{R}_3\text{N}\cdot\text{HCl} + \text{NaOH} \Longrightarrow \text{R}_3\text{N} + \text{NaCl} + \text{H}_2\text{O}$$
（不溶于水）

利用这一性质可区别二者。

1）烷基三甲基季胺盐

高级脂肪胺中加入氢氧化钠,在加压条件下和氯甲烷反应,先生成叔胺,然后生成季胺盐。例如：

$$\text{C}_{12}\text{H}_{25}\text{NH}_2 + 2\text{CH}_3\text{Cl} + 2\text{NaOH} \longrightarrow$$

$$\text{C}_{12}\text{H}_{25}-\overset{\overset{\text{CH}_3}{|}}{\underset{\underset{\text{CH}_3}{|}}{\text{N}}} + 2\text{NaCl} + 2\text{H}_2\text{O}$$

$$\text{C}_{12}\text{H}_{25}-\overset{\overset{\text{CH}_3}{|}}{\underset{\underset{\text{CH}_3}{|}}{\text{N}}} + \text{CH}_3\text{Cl} \longrightarrow \text{C}_{12}\text{H}_{25}-\overset{\overset{\text{CH}_3}{|}}{\underset{\underset{\text{CH}_3}{|}}{\overset{+}{\text{N}}}}-\text{CH}_3\cdot\text{Cl}^-$$

它用作粘胶凝固液中的添加剂。

2）烷基二甲基苄基氯化铵盐

以烷基二甲基叔胺为原料,以氯化苄为烷化剂,可制成杀菌力特强的季胺盐,烷基以 C_{12} 左右为最适宜。

$$C_{12}H_{25}-\underset{\underset{CH_3}{|}}{\overset{\overset{CH_3}{|}}{N}} \quad + \quad ClCH_2-\bigcirc$$

$$\longrightarrow \quad C_{12}H_{25}-\underset{\underset{CH_3}{|}}{\overset{\overset{CH_3}{|}}{\overset{+}{N}}}-CH_2-\bigcirc \quad \cdot Cl^-$$

它为杀菌消毒剂,也可用作腈纶纤维阳离子染料染色时的缓染剂,同时具有柔软及抗静电作用,还可作为石油工业装置中的水质稳定剂。

如用十八胺作原料,则反应可得:

$$C_{18}H_{37}-\underset{\underset{CH_3}{|}}{\overset{\overset{CH_3}{|}}{\overset{+}{N}}}-CH_2-\bigcirc \quad \cdot Cl^-$$

它也是染腈纶纤维的缓染剂,也有消毒杀菌作用。

3) 吡啶盐类

吡啶盐是属于特种形式的叔胺。它与高级氯代烷或高级溴代烷反应则生成与季胺盐相类似的烷基吡啶盐。

$$C_{16}H_{33}\overset{+}{N}\bigcirc \quad \cdot Cl^- \ ; \qquad C_{16}H_{33}\overset{+}{N}\bigcirc \quad \cdot Br^-$$

这些产品都用于染色助剂和杀菌剂。

5·3·3·3 胺氧化物

由叔胺经双氧水氧化而成;

$$R-\overset{\overset{\displaystyle CH_3}{|}}{\underset{\underset{\displaystyle CH_3}{|}}{N}}+H_2O_2 \xrightarrow{60\sim80℃} R-\overset{\overset{\displaystyle CH_3}{|}}{\underset{\underset{\displaystyle CH_3}{|}}{N}}\to O+H_2O$$

由于它很易生成氢键,故而在酸性介质中会生成阳离子,而在中性或碱性介质中是非离子型。

$$R-\overset{\overset{\displaystyle CH_3}{|}}{\underset{\underset{\displaystyle CH_3}{|}}{N}}\to O+H^{\oplus}\longrightarrow R-\overset{\overset{\displaystyle CH_3}{|}}{\underset{\underset{\displaystyle CH_3}{|}}{\overset{+}{N}}}-OH$$

　　胺氧化物发泡能力强,不刺激皮肤,主要用作餐具液状洗涤剂及洗发香波用。

5·3·4　非离子表面活性剂

　　非离子型表面活性剂分子中具有亲水性的聚氧乙烯基或羟基,因而能溶于水,但在水中不电离,它的亲水基团不是一种离子,聚氧乙烯醚链—(OCH_2CH_2)及—OH链中的氧原子与羟基都有可能与水分子生成氢键,而具有水溶性。水溶性的大小与聚氧乙烯醚

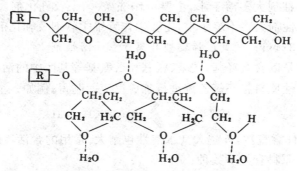

图 5-5　聚氧乙烯醚类表面活性剂水中溶解情况

基多少有关,一般在 $n=5\sim10$ 时具较好水溶性。实际上在无水时

聚氧乙烯醚链呈锯齿型,如图 5-5 所示。但在水中氢键的结合是不牢固的,如升高温度、氢键断裂、水分子脱落、则亲水性减弱,而变成不溶于水,透明溶液变成混浊乳状液。非离子表面活性剂的水溶液在加热情况下,由清晰变为混浊时的温度称为浊点。聚氧乙烯醚型非离子表面活性剂在浊点温度以下可溶于水,在浊点温度以上则不溶于水。当聚氧乙烯醚基增多时,则浊点增高。如图 5-6 所示。

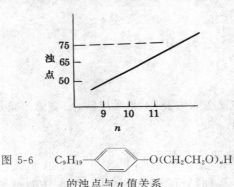

图 5-6 C_9H_{19}—⟨　⟩—$O(CH_2CH_2O)_nH$
的浊点与 n 值关系

非离子表面活性剂有优异的润湿和洗涤功能,又可与其他离子型表面活性剂共同使用,故它的发展较快,从70年代起成为在数量上仅次于阴离子型表面活性剂的重要品种。其中聚氧乙烯醚型表面活性剂大多溶于水,主要用作洗涤、匀染及乳化剂。多元醇型表面活性剂大多不溶于水,主要用作纤维柔软剂及乳化剂。

5·3·4·1   聚氧乙烯醚型非离子表面活性剂

它是以含有羟基、羧基、氨基和酰氨基等基团中的活泼氢原子的憎水性原料和环氧乙烷进行加成反应而制得。例如

$$C_9H_{19}—⟨　⟩—O(CH_2CH_2O)_nH$$

n 代表任意整数,n 越大其水溶性也越大。常用的含活泼氢原子的憎水基原料有如下数种:

高级醇:月桂醇 $C_{12}H_{25}OH$

烷基酚:壬烷基酚 $C_9H_{19}—⟨　⟩—OH$

脂肪酸:油酸　$C_{17}H_{33}COOH$

高级脂肪胺:十八胺　$C_{18}H_{37}NH_2$

脂肪酰胺:油酰胺　$C_{17}H_{33}CONH_2$

（1）脂肪醇聚氧乙烯醚类　常用的脂肪醇为月桂醇、油醇及十八醇等。将脂肪醇加入反应器后,加入氢氧化钠,通氮赶走水分及空气,再通入环氧乙烷,保持压力在0.1～0.2MPa,温度160～180℃下反应即成。

$$\text{ROH} + n\ \ H_2C\!\!-\!\!CH_2 \ \xrightarrow{\text{NaOH}}\ RO(CH_2CH_2O)_nH$$
$$\underset{O}{\diagdown}$$

此反应也称乙氧基化反应,采用碱性催化剂（如醇钠或苛性钠）,反应机理为:

$$RO^- + \ H_2C\!\!-\!\!CH_2 \ \xrightarrow{\text{慢}} ROCH_2CH_2O^-$$

$$ROH + R\!\!-\!\!OCH_2CH_2O^- \xrightarrow{\text{快}} R\!\!-\!\!O^- + ROCH_2CH_2OH$$

$$ROCH_2CH_2O^- + \ H_2C\!\!-\!\!CH_2 \ \xrightarrow{\text{快}} R\!\!-\!\!OCH_2CH_2OCH_2CH_2O^-$$

第一步反应为速度控制阶段,其反应速度一般是羧酸最大,酚其次,醇最小。

加入环氧乙烷数 n 为6时,产品即具有水溶性。加入的 n 数越多则水溶性越大。表 5-5 中列出了一些重要的脂肪醇聚氧乙烯醚类表面活性剂及其用途。

若将脂肪醇聚氧乙烯醚和甲基三氯硅烷在25～30℃反应,即得分散剂 WA。

表 5-5　脂肪醇聚氧乙烯醚表面活性剂及用途

脂肪醇名称	环氧乙烷数 n	名　　称	用　　途
$C_7H_{15}OH \sim C_9H_{19}OH$	5	浸润剂 JFC	柔软剂　渗透剂
$C_{12}H_{25}OH$	2	乳化剂 FO	乳化剂
$C_{12}H_{25}OH$	22	匀染剂 O	匀染剂
$C_{18}H_{37}OH$	15	平平加 O	匀染剂

$$RO(C_2H_4O)_n$$
$$RO(C_2H_4O)_n—SiCH_3$$
$$RO(C_2H_4O)_n$$

它具有低起泡性及高分散能力,对悬浮液及乳状液的分散、乳化稳定有特效。染色时能防止染料的凝聚,提高染色效果。主要用作化纤织物(毛/腈、腈/涤)染色时防止染料沉淀。

2)烷基苯酚聚氧乙烯醚类

烷基酚和环氧乙烷反应制得烷基苯酚聚氧乙烯醚类表面活性剂,其方法和脂肪醇聚氧乙烯醚类的合成方法相同。

$$C_9H_{19}—\!\!\!\diagup\!\!\!\diagdown\!\!\!—OH \ + \ n \ CH_2\!\!-\!\!CH_2$$
$$\overset{O}{}$$
$$\longrightarrow C_9H_{19}—\!\!\!\diagup\!\!\!\diagdown\!\!\!—O(CH_2CH_2O)_nH$$

烷基苯酚聚氧乙烯醚称 OP 型表面活性剂,为一系列产品,随 n 不同而不同。由于苯酚的酸度比脂肪醇高,故而生成加成物的速度快,在最终产品中不含有游离苯酚,乳化剂 OP 用途较广,可作为金属表面清洗剂、农药用乳化剂、印染工业中乳化剂、润湿剂等。

5·3·4·2　多元醇型非离子表面活性剂

多元醇型非离子表面活性剂是指在甘油、季戊四醇等多元醇分子上附有高级脂肪酸类的憎水基,借以形成在憎水基上有多个羟基的结构。

$$R—COOCH_2$$
$$|$$
$$CH—OH$$
$$|$$
$$CH_2—OH$$

脂肪酸甘油单脂

$$CH_2OH$$
$$|$$
$$RCOOCH_2—C—CH_2OH$$
$$|$$
$$CH_2OH$$

脂肪酸单季戊四醇酯

　　除 OH 外还有—NH_2或—NH 基的氨基醇类(如二乙醇胺)及带—CHO 基的糖类(如葡萄糖)等与憎水基作用也能制得非离子表面活性剂,这些也统称为多元醇型非离子表面活性剂。

　　这类表面活性剂主要是脂肪酸与多羟基物作用而生成的酯。主要亲水基原料属多元醇的有甘油、季戊四醇、山梨醇及失水山梨醇等。属胺基醇类的有乙醇胺、二乙醇胺。属糖类的有蔗糖,其中以甘油、季戊四醇、山梨醇及二乙醇胺为主。

$$CH_2OH$$
$$|$$
$$HOH_2C—C—CH_2OH$$
$$|$$
$$CH_2OH$$

季戊四醇

$$CH_2—OH$$
$$|$$
$$CH—OH$$
$$|$$
$$HO—CH$$
$$|$$
$$CH—OH$$
$$|$$
$$CH—OH$$
$$|$$
$$CH_2—OH$$

山梨醇

$$C_2H_4OH$$
$$|$$
$$HN$$
$$|$$
$$C_2H_4OH$$

二乙醇胺

所用憎水基原料以脂肪酸居多。

多元醇型非离子表面活性剂多不溶于水,在水中大多呈乳化及分散状态。若在脂肪酸单酯的分子中接上环氧乙烷,则生成水溶性乳化剂。

　　多元醇型表面活性剂除具有一般非离子表面活性剂的优良表面活性外,还有无毒性这一特点,故可用于食品工业及医药工业中。由于其不溶于水,一般很少用作洗涤剂及渗透剂。

　　乳化剂 S-60

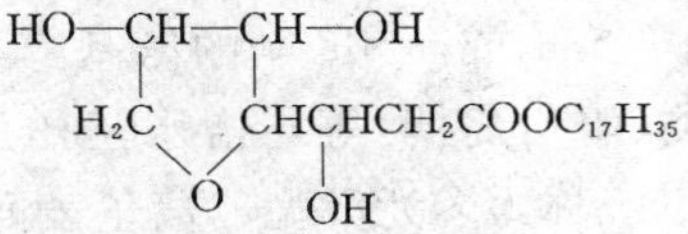

$$\begin{array}{c} HO{-}CH{-}CH{-}OH \\ H_2C\quad CHCHCH_2COOC_{17}H_{35} \\ \diagdown O \diagup \quad OH \end{array}$$

它是由山梨醇脱水闭环,与硬脂酸酯化而成。

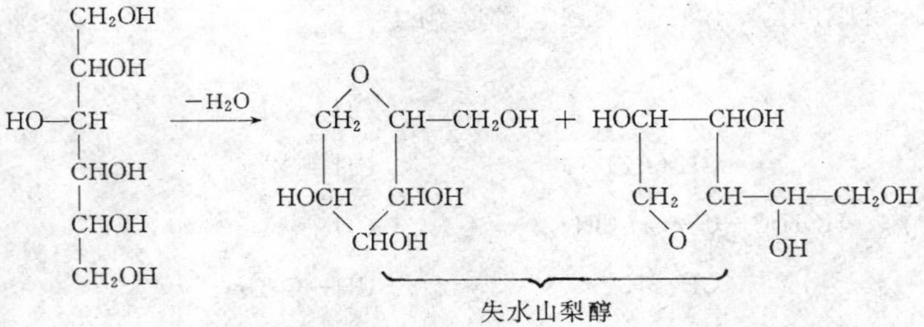

山梨醇 → 失水山梨醇 → 乳化剂 S-60

它只能分散于热水中,是水/油型优良乳化剂,具有很强的乳化作用和分散润湿效果,可与各种类型表面活性剂混合使用。主要用作腈纶纤维抗静电剂和柔软上油剂,也可用作食品、医药、涂料、塑料和化妆品工业的乳化剂。

　　若将乳化剂 S-60 再接上环氧乙烷分子,则得水溶性乳化剂

T-60

$$H_2C-O \diagdown CH-CH_2-O-\overset{\overset{O}{\parallel}}{C}-C_{17}H_{35} \quad \xrightarrow[140\sim160℃]{20 \ \overset{CH_2-CH_2}{\diagdown O \diagup}}$$

$$HOCH \quad CHOH$$
$$CHOH$$

$$H_2C-O \diagdown CH-CH_2-O-\overset{\overset{O}{\parallel}}{C}-C_{17}H_{35}$$

$$H(OCH_2CH_2)_nOCH \quad CHO(CH_2CH_2O)_lH$$
$$CHO(CH_2CH_2)_mH$$

$l + m + n = 20 \quad$ 乳化剂 T-60

它是水/油型优良乳化剂,并具有润湿、起泡和扩散性能,可与各类表面活性剂混用,可用作食品、医药、农药、塑料和化妆品的乳化剂也可用作腈纶纤维加工的柔软剂。

工业上制备甘油或季戊四醇的脂肪酸酯是通过油脂和甘油或季戊四醇经酯交换反应而成的。

$$C_{11}H_{23}COOCH_2$$
$$C_{11}H_{23}COOCH \quad + \quad 2 \ CH-OH$$
$$C_{11}H_{23}COOCH_2 \qquad\qquad CH_2-OH$$

月桂酸三甘油酯
(椰子油主要成分)

$$\xrightarrow[200\sim240℃]{NaOH} \quad 3 \quad C_{11}H_{23}COO-CH_2$$
$$CH-OH$$
$$CH_2-OH$$

月桂酸单甘油酯

$$\begin{matrix} C_{17}H_{35}COOCH_2 \\ | \\ C_{17}H_{35}COOCH \\ | \\ C_{17}H_{35}COOCH_2 \end{matrix} + 2\ HOH_2C-\overset{\displaystyle CH_2-OH}{\underset{\displaystyle CH_2-OH}{\overset{|}{\underset{|}{C}}}}-CH_2OH \xrightarrow[200\sim230℃]{NaOH}$$

硬脂酸三甘油酯
（硬化牛脂主要成分）

$$2\ C_{17}H_{35}COOCH_2-\overset{\displaystyle CH_2-OH}{\underset{\displaystyle CH_2-OH}{\overset{|}{\underset{|}{C}}}}-CH_2OH\ +\ \overset{\displaystyle C_{17}H_{35}COOCH_2}{\underset{\displaystyle CH_2-OH}{\overset{|}{\underset{|}{CH-OH}}}}$$

季戊四醇硬脂酸单酯   硬脂酸甘油单酯

前者月桂酸单甘油酯因对人体无害，被广泛用作食品、化妆品的乳化剂。季戊四醇脂、甘油酯一般可用作乳化剂或纤维油剂。

5·3·4·3 聚醚型非离子表面活性剂

在非离子表面活性剂中已开发用环氧丙烷部分地代替环氧乙烷的品种，以引入聚氧丙烯基—CH(CH$_3$)CH$_2$O—。先用乙二醇、丙二醇为起始剂，加入环氧丙烷进行聚合，然后加入环氧乙烷聚合后即得成品。

$$HO\underset{a}{\underbrace{(CH_2-CH_2)}}-\underset{b}{\underbrace{(CH_2-\overset{CH_3}{\overset{|}{CH}}-O)}}-\underset{c}{\underbrace{(CH_2-CH_2-O)}}H$$ 聚醚

环氧丙烷上带有的甲基会给予聚醚产物以憎水性，故其憎水基被夹在中间，两边为可以变换的亲水基。分子中聚氧乙烯基部分是亲水基，聚氧丙烯基部分是疏水基。也可看作是环氧乙烷与环氧丙烷嵌段共聚的高分子聚醚型表面活性剂。聚醚类表面活性剂完全不用油脂及芳香族化合物而制备表面活性剂，因此是一个新发展，可作为乳化剂、凝聚剂、分散剂、或其他助剂使用。

5·3·5 两性表面活性剂

两性表面活性剂是指同时具有两种离子性质的表面活性剂。它们可以由阴离子和阳离子组成，也可以由阴离子和非离子或阳离子和非离子组成，但通常所说的两性表面活性剂系指前者。大多数情况下阳离子部分由胺盐或季胺盐作为亲水基。如按阴离子部分来分，可分为羧酸盐型和磺酸盐型，其中以前者为主，其阴离子部分是羧酸基，由胺盐构成阳离子部分叫氨基酸型两性表面活性剂；由季胺盐构成阳离子部分叫甜菜碱型两性表面活性剂。

两性表面活性剂易溶于水及酸、碱、无机盐溶液中，但在有机溶剂中则不易溶解。其杀菌作用较柔和，也少刺激性。此外两性表面活性剂还具有防金属腐蚀和表面抗静电作用。它常被用作杀菌剂、防蚀剂、油漆颜料的分散剂、纤维柔软剂及抗静电剂、乳化剂及胶片乳剂的铺展剂等，也大量用于化妆品的配置中。

5·3·5·1　氨基酸型两性表面活性剂

一般以高级脂肪胺(C_{12}～C_{18})与丙烯酸甲酯反应，生成烷氨基丙酸甲酯，加碱皂化则得两性表面活性剂。

$$C_{12}H_{25}NHCH_2CH_2COOCH_3 \xrightarrow{NaOH} C_{12}H_{25}NHCH_2CH_2COONa$$

如将上述十二烷氨基丙酸钠，用盐酸中和至微酸性时则有沉淀生成，再加盐酸至强酸性时，沉淀又重新溶解，而呈透明溶液。

$$C_{12}H_{25}NHCH_2CH_2COO^-Na^+ \xrightarrow{HCl} C_{12}H_{25}-NHCH_2$$
$$CH_2$$
$$HOOC$$

（微酸性）

$$\xrightarrow{HCl} C_{12}H_{25}NHCH_2CH_2COOH \quad （酸性）$$
$$HCl$$

生成内盐时，亲水性减弱而生成沉淀，当再加 HCl 生成盐酸盐时溶解度加大而溶解。

也可用高级脂肪胺与丙烯腈作用而生成氨基丙酸型两性表面活性剂

$$RNH_2 \xrightarrow{CH_2CHCN} RNHC_2H_4CN \xrightarrow{H_3O^+} RNHC_2H_4COOH$$

氨基酸型两性表面活性剂洗涤性能良好,可作洗涤剂使用。

5·3·5·2 甜菜碱型两性表面活性剂

它是由季胺盐型阳离子部分和羧酸盐型阴离子部分所构成,其性能较氨基酸型两性表面活性剂为优良,它的制备方法一般由脂肪叔胺与氯乙酸钠反应而成。

$$R-N(CH_3)_2 \xrightarrow{ClCH_2COONa} R\overset{+}{N}(CH_3)_2CH_2COO^-$$

例如:

$$C_{12}H_{25}\overset{\displaystyle CH_3}{\underset{\displaystyle CH_3}{N}} + ClCH_2COONa \xrightarrow{60\sim80℃} C_{12}H_{25}\overset{\displaystyle CH_3}{\underset{\displaystyle CH_3}{\overset{+}{N}}}-CH_2COO^-$$

$$C_{12}H_{25}NH_2 + 3ClCH_2COOH \longrightarrow C_{12}H_{25}\overset{\displaystyle CH_2COOH}{\underset{\displaystyle CH_2COOH}{\overset{+}{N}}}-CH_2COO^-$$

它们可作为润湿剂、洗涤剂、抗静电剂使用。

产量最大,约占两性表面活性剂一半以上的是咪唑啉系两性表面活性剂。如:

5·4 表面活性剂的应用

5·4·1 润湿和渗透作用

固体表面和液体接触时，原来的固-气界面消失，形成新的固-液界面，这种现象称润湿。用水润湿及渗透某固体，若在水中加入少量表面活性剂，则润湿及渗透就较容易，此称润湿作用。使某物体润湿或加速润湿的表面活性剂称为润湿剂。同理借助表面活性剂来渗透物体内部的作用称渗透作用，所用表面活性剂称渗透剂，事实上两者所用表面活性剂基本相同。

润湿及渗透作用本质上来说是水溶液表面张力下降的结果。当一个固体表面上分别滴上一滴水和一滴表面活性剂水溶液时，则会出现如图 5-7 所示的(a)、(b)两种不同的水珠形状，(b)比(a)润湿得好，润湿作用及渗透作用的大小常用润湿角 θ 表示，它的角度 θ 越小，表示润湿越好。润湿角 θ 越大，越接近于180°，表示越难润湿；180° 时表示完全不能润湿如图 5-7 (c)所示，如在树叶上滚动的水珠。

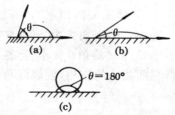

图 5-7　润湿及润湿角

润湿角和表面张力的关系如图 5-8 所示，在固体和水珠接触点 A 上有三个作用力，液体的表面张力 γ_E、固体表面张力 γ_S，以及液体和固体的界面张力 γ_{SE}。γ_S 力图使液滴铺展，而 γ_E、γ_{SE} 则力图使液滴收缩，达到平衡时建立下列关系，称杨氏方程式：

$$\gamma_S = \gamma_{SE} + \gamma_E \cos\theta \tag{5-5}$$

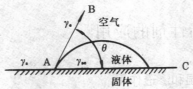

图 5-8　润湿角与表面张力

$$\cos\theta = \frac{\gamma_S - \gamma_{SE}}{\gamma_E} \qquad (5-6)$$

液体对固体润湿程度,通常用液-固之间接触角 θ 的大小表示。所谓接触角是指液体和固体间的界面 AC 与液体界面的切线 AB 之间的夹角。从式 5-6 中可得出下面结论:

若 $\gamma_S < \gamma_{SE}$,则 $\cos\theta < 0$, $\theta > 90°$ 固体不为液体所润湿。当 $\theta = 180°$ 时表示完全不润湿,如树叶上滚动的水珠。

若 $\gamma_E > (\gamma_S - \gamma_{SE})$,则 $1 > \cos\theta > 0$, $\theta < 90°$,固体能为液体润湿。

若 $\gamma_S - \gamma_{SE} = \gamma_E$,则 $\cos\theta = 1$, $\theta = 0$,这是完全润湿情况。

若 $\gamma_S = \gamma_E\cos\theta + \gamma_{SE}$ 时,水滴静止,此时角度 θ 即为接触角。

若 $\gamma_S > \gamma_E\cos\theta + \gamma_{SE}$ 时,润湿变大。

若 $\gamma_S < \gamma_E\cos\theta + \gamma_{SE}$ 时,润湿变小。

由于 γ_S 及 γ_{SE} 为固体及固体与水的界面张力,是由固体种类决定的,为一常数,γ_E 为水的表面张力,若水中加入表面活性剂则 γ_E 值降低,$\cos\theta$ 增大,故而润湿角 θ 变小,容易润湿及渗透,也说明了表面活性剂降低表面张力的作用,使润湿角变小了,从而增加了润湿和渗透。

一般用作润湿剂的表面活性剂,可以具有几个短链疏水基或带支链的疏水基,亲水基可在疏水基中间,亲水基处在直链上时,则亲水基位置越靠近直链中部的润湿作用越大。苯环上有烷基和亲水基时,润湿作用邻位的比对位的大。对于萘衍生物,在萘环上的烷基的碳原子数为 2～3 时,适宜作润湿剂。

润湿剂、渗透剂广泛应用于纺织印染工业中,使织物润湿、易于染色,也用在农药中,以增强其对植物或虫体的润湿性,提高杀虫效力,另外在照相乳剂涂布时,加入适当渗透剂可改善对片基的润湿性能,提高涂布速度。

例如渗透剂 T

$$CH_2COOCH_2CHC_4H_9 \atop NaO_3S{-}CHCOOCH_2CHC_4H_9$$

5·4·2 乳化作用

互不相溶的两液相中的一相以微粒状态分散于另一相中则形成乳液或乳浊液,如牛奶。两液相中一相大都是水,另一相为油。使不能混合的两液相的一相在另一相中分散时,由于两液相的界面面积增大,引起了体系热力学不稳定。如加入第三组分乳化剂,就能使该体系稍为稳定。

油与水的乳化形式有两种:一种是少量油分散在多量水中,水是连续相,油是分散相,这种类型称油在水中型(O/W),也称水包油。另一种是少量水分散在多量油中,油是连续相,水是分散相,这种类型称为水在油中型(W/O),也称油包水。

在实际配置乳液时,当将油和水在混合器中搅拌时,由于界面不断分裂,界面面积急剧增大,界面能形成极大的力,凝聚的速度也急剧加快。但由于加入表面活性剂乳化剂的结果,它向油-水界面吸附,乳化剂的疏水基一端溶入油中,亲水基一端留在水中,定向排列成一层保护层,降低了油水两相界面上的界面张力,降低了油在水中分散所需要的功,从而达到油与水乳化的目的。另外因乳化剂分子膜将液滴包住,防止了碰撞的液滴彼此合并,同时由于形成表面双电子层,因电的相斥作用而防止了凝聚,从而保护了乳液的稳定性。

乳化剂应用于化妆品工业方面主要是乳化制取膏霜、露液等,除此以外在化学卷发液或染发剂中加入乳化剂后可防止损伤头发,改进使用感。化妆品的膏霜类绝大部分是乳化型的,其优点在于提供皮肤所需油性及水性成分,有效保持皮肤柔软性,润滑性及良好洗涤性。所用乳化剂一般为阴离子类的硬脂酸皂,及非离子表面活性剂。

乳化剂应用于农药方面,主要是使用农药时要求经过简单搅拌,短时间内制成乳液作吹撒液。农药是通过药液对植物体、虫体、菌体润湿、均匀地附着和停留一定时间而发挥药效。这就要求农药的药液具有强力的润湿、扩散、浸透等多种性能,以提高药效。乳化剂一般由2~5种非离子表面活性剂和阴离子表面活性剂混合组成。

乳化剂应用于由沥青制备的沥青乳液,可使沥青乳液在常温下使用,避免了有害气体的污染。所用乳化剂以阳离子型为最多,其他类型也可。特别是胺类活性剂是有效的乳化剂。对于因非常事故而流出的石油往往用石油处理剂以化学方法进行处理。石油处理剂是将流出的石油严密地进行化学处理的药剂,包括集油剂、沉降剂、凝固剂、乳化分散剂等。其中主要成分乳化分散剂为阴离子型,如烷基苯磺酸的碱性氨基酸盐,非离子型如聚氧乙烯醚类,而两性及阳离子型乳化剂一般不采用。

乳化剂也被广泛应用于食品工业中,作为食品添加物之一,如脂肪酸甘油酯、脂肪酸丙二醇酯、失水山梨醇脂肪酸酯、蔗糖脂肪酸酯等。其他还有用于乳液聚合制造合成树脂和合成橡胶的高分子材料。

乳化剂还在纺织印染机械等多种工业中应用。

5·4·3　分散作用

能使固体微粒(0.1至数十微米)均匀地分散在另一液体中的物质称为分散剂,如颜料分散在涂料、印刷油墨中。分散剂在分散过程中起到了促进磨碎、润湿及防止凝聚作用。分散剂被吸附于固体微粒表面,降低了表面张力并向微粒间隙或裂纹渗透,防止它们再结合,降低研磨能和研磨时间。其次润湿对分散又是必需条件,由于分散剂被吸附于固体微粒上改进了它和分散介质的润湿,从而促进了分散作用。但由于布朗运动或搅拌作用,微粒又会凝聚。分散剂的存在使微粒外层又包了一层亲水性分散剂分子的吸附膜而不再凝聚,保持了整个分散过程的正常进行及稳定。这就是微粒的分散机理。

在染料工业及印染工业中常用到分散剂,例如在分散染料和还原染料的商品中,常含有大量分散剂促使固体分子分散,才能染色。常用分散剂为阴离子型烷基萘磺酸盐类的表面活性剂。

5·4·4　起泡作用

日常生活中常见的肥皂泡,实质上是肥皂(活性剂)分子的亲水基向着内部、疏水基向着外部(空气)排列,最后形成的双分子膜结构。

泡沫生成的原理　对表面活性剂溶液进行机械搅拌,使空气进入溶液中,从而被周围的溶液包围形成气泡,即液体薄膜包围着气体,这就是泡,疏水基伸向气泡的内部,亲水基向着液相的吸附膜。形成的泡由于溶液的浮力而上升到溶液的表面,最终逸出液面形成双分子薄膜,如图 5-9 所示。在形成泡沫的双分子膜之间含有大量表面活性剂溶液。

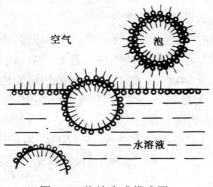

图 5-9　泡沫生成模式图

一个独立的泡沫是球形体,产生大量泡沫时,则形成分布面更大的球状泡沫集合体。

利用表面活性剂发泡的性能可用来制造灭火剂。在泡沫灭火剂中表面活性剂主要作用是起泡和灭火。由于泡沫中所含水分的冷却效果,以及在火苗表面上覆盖的泡沫层、胶束膜或凝胶层,使火苗和氧隔绝,而起到灭火作用。一般为高碳脂肪酸类或高碳醇类阴离子、非离子和两性活性剂中具有高起泡力的活性剂。为稳定泡沫,可添加十二烷醇等高碳醇、乙醇胺等氨基醇。

由表面活性剂产生的泡沫,可加入消泡剂进行消泡。在实用上有些方面要求尽可能少产生泡沫,如在纤维的洗涤漂洗过程中,泡沫太多是不适宜的。消泡是使其他物质进入双分子定向膜,并破坏其力学平衡而达到破坏泡沫的方法。高碳醇、烃、动植物油等都是有效消泡物质。

5·4·5　洗涤作用

从固体表面除掉污物统称为洗涤。洗涤中衣类的洗涤占主要地位,但近年来对餐具、家具、建筑物、飞机、车辆等的清洗也逐渐被重视起来。

来自生活环境的污垢通常有:油污(包括排气、排烟中的碳氢化合物)、固体污垢,以无机成分为主(如泥沙、煤烟等)及其他污垢(如牛奶、血渍、人汗等含有蛋白质的污垢)。

洗涤去污作用,是表面活性剂降低了表面张力而产生的润湿、渗透、乳化、分散、增溶等多种作用综合的结果。被沾污物放入洗涤剂溶液中,先充分润湿、渗透,溶液进入被沾污物内部,使污垢容易脱落,然后洗涤剂把脱落下来的污垢进行乳化,分散于溶液中,经清水反复漂洗从而达到洗涤效果。

去污作用与表面活性剂的全部性能有关,一个去污好的表面活性剂,不能说它的各项性能都好,只能说是上述各种性能协同配合的结果。

用于洗涤衣服类一般为阴离子型和非离子型两类:阴离子型

有直链烷基苯磺酸盐（LAS）：R——⟨ ⟩——SO_3M（R：C_{10}～C_{14}）；α-烯基磺酸盐（AOS）：$R—CH=CH(CH_2)_nSO_3M$（R：C_9～C_{15}）；烷基硫酸盐（AS）、烷基聚氧乙烯硫酸盐（AES）：$R—CH_2OSO_3M$（R：C_9～C_{17}）；$R—CH_2O(C_2H_4O)_nSO_3M$（R：C_9～C_{17}，$n=1$～5）；肥皂 $R—CH_2COONa$（R：C_{10}～C_{16}）；2-磺基脂肪酸酯盐（SFE）：

$$R—\underset{\underset{SO_3M}{|}}{CH}—COOR'\quad (R:C_{10}\sim C_{16},R':C_1\sim C_6)$$

以及仲烷基磺酸盐（SAS）：

$$R—\underset{\underset{SO_3M}{|}}{CH}—R'\quad (R+R'=C_{13}\sim C_{17})$$

。非离子型有烷基聚氧乙烯醚（APE）和烷基酚聚氧乙烯醚（APPE）为代表：$R—CH_2O(C_2H_4O)_nH$（R：C_8～C_{17}，$n=5$～15）；

$$R—⟨\ ⟩—O(C_2H_4O)_nH\quad (R:C_6\sim C_{12},n=7\sim10)。$$

　　非离子型表面活性剂的洗涤性能完全不受硬水的影响，对皮脂污垢的去污力良好，对合成纤维防止再污染的能力强。它主要用于液体洗涤剂中。

　　厨房用洗涤剂随着人们生活水平提高发展很快，主要洗涤对象是蔬菜、水果及餐具，厨房用洗涤剂除去污外，还必须不损伤蔬菜、水果的外观、色、香、味等，不损坏餐具，且易于冲洗，不残留洗涤剂成分，而且无毒、不损伤皮肤。为满足上述条件，用中性去污表面活性剂最合适。它们可以为阴离子表面活性剂 LAS、AS、AES、AOS、SAS 以及非离子型表面活性剂 APE。由于非离子型表面活性剂的去污力和起泡性都较差，因此常与阴离子表面活性剂并用。现在厨房用洗涤剂主要是烷基链长平均为 C_{12} 的 LAS 和 AES。其中 AES 的环氧乙烷加成数 n 约为 2～3。

　　香波（洗发水）又是洗涤剂的另外一种应用，香波除具有适当的去污性和洗发后头发整饰感外，还必须容易清洗、不刺激眼睛和皮肤。香波所用表面活性剂有非离子型、两性型及阴离子型表面活性剂，虽然前两者对头皮刺激小但由于其发泡力差，故一般作为辅助表面活性剂与阴离子型并用。阴离子型中一般以 AES 及 AS 的三乙醇胺盐即十二烷基硫酸酯三乙醇胺应用较多。在香波中加入少量脂肪酸烷醇酰胺特别是少量月桂酸二乙醇酰胺可提高高碳醇类阴离子活性剂的起泡性，以起到两种以上活性剂相结合的协合复配效应。

5·5　表面活性剂派生的性质及应用

表面活性剂除了能降低表面张力，从而引起润湿、渗透、分散、乳化、起泡、洗涤等基本性质外，还有各种派生的性能，例如抗静电、纤维的匀染、柔软整理、防菌整理等。

5·5·1　纤维的柔软整理剂

两块金属间如果涂上一层油会减少摩擦易于滑动。同理，若在纤维间有了一层薄"油"层，则纤维间也会变得润滑。由于纤维在使用某种含表面活性剂为主要成分的油剂后，纤维就具有较好的亲水性，且因表面活性剂的亲水端排列在纤维表面，减少了纤维表面间的摩擦而产生柔软平滑作用。因为柔软度和摩擦系数有关，如摩擦系数低，则用很小的力就能使纤维间容易滑动，获得柔软效果。

柔软整理剂是一种能降低纤维间摩擦系数，使纤维制品增加柔软性的特殊表面活性剂。一般制成含有15％～40％有效成分的膏状物，使用时把它配成0.1％～0.5％水溶液，然后将纤维制品浸渍其中，再经干燥即可。

柔软剂很少由单一化学结构的一种表面活性剂组成，除表面活性剂外，还含有矿物油、植物油和高碳醇等。即利用表面活性剂和油性物质的协同作用，可达到柔软效果，若单独使用表面活性剂或油类，则达不到良好的柔软效果。

作为柔软剂或柔软剂的主要成分使用的活性剂列于表 5-6。

表 5-6　作为柔软剂使用的表面活性剂

阴离子类	长链醇硫酸酯盐型和磷酸酯盐型、脂肪酸及其衍生物的硫酸化物、聚乙二醇醚硫酸酯盐型、磺酸盐型、肥皂等
阳离子类	由脂肪酸或脂肪酰胺衍生物的叔胺盐型或季胺盐型、吡啶鎓盐型等
非离子类	脂肪酸和长链醇环氧乙烷加成物、多元醇脂肪酸酯等
两性类	甜菜碱型、氨基酸型等

　　因各类纤维本身的物性和表面性能不同,故柔软剂对各类纤维的柔软效果也不同。它们之间大致存在着定性关系,如图 5-10 所示。该图是根据定性的手感基准表示的大致倾向,使用时可作参考。

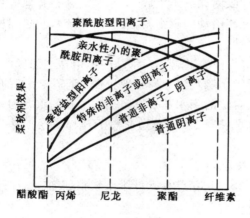

图 5-10　柔软剂的效果和纤维种类的关系

　　一般来说,对纤维素纤维所用的柔软剂,以阴离子类为主体,较多使用的是硫酸化油脂型的乳化油、长链醇乳化油,或这些乳化油与阴离子表面活性剂的配合物。还可用单独的或配合的脂肪酰胺磺酸盐、烷基苯并咪唑磺酸盐等。阳离子类表面活性剂对纤维素虽有良好的柔软效果,但因它能与荧光增白剂或直接染料相互作用降低增白及染色效果而受到限制。若利用阳离子活性剂和阴离子活性剂复配的阴离子型乳化物柔软剂，则具有优良的柔软性能。

对合成纤维来说，一般可用长链聚酰胺型的阳离子表面活性剂。如要求光滑且柔软度小时，可使用季铵盐型阳离子表面活性剂。

表面活性剂的化学结构和其与纤维柔软性之间的关系，可分以下两个方面来讨论：

(1) 憎水基种类的影响　在任何情况下，为了具有柔软作用，憎水基要求是接近直链状的16～18个碳的脂肪族链烃。因为柔软作用是由近乎直链的脂肪族碳氢结构部分决定的，如十八烷基等近乎直链的脂肪族烃就有平滑性。因此带有支链的烃基和带有苯环那样的芳香族基，例如十二烷基苯，原则上都不适宜做柔软剂。表面活性剂被吸附在纤维上后，疏水基向外整齐地排列着，这样摩擦就发生在互相滑动的疏水基之间。因此疏水基越细长，就越不宜挂位，易于滑动。

(2) 亲水基种类影响　亲水基的作用在于怎样协助憎水基发挥作用。由于憎水基可供选择余地较少，因而亲水基的选用成为重要一环。选用合适的亲水基是决定平滑柔软的重要因素。通常聚乙二醇非离子、阴离子、多元醇型非离子、阳离子的摩擦系数按此顺序降低。

柔软剂举例：

柔软剂 VS　用作纤维素纤维柔软整理剂。

$$C_{18}H_{37}NHC-N \begin{array}{c} CH_2 \\ | \\ CH_2 \end{array}$$

它由十八烷胺与光气作用生成十八烷异氰脂，

$$C_{18}H_{37}NH_2 + COCl_2 \longrightarrow C_{18}H_{37}NCO + 2HCl$$

反应物再与乙酰亚胺反应生成。

$$C_{18}H_{37}NCO + \underset{CH_2\text{---}CH_2}{\overset{NH}{\diagdown\diagup}} \xrightarrow{35℃} C_{18}H_{37}NHC\underset{\parallel}{N}\underset{O}{\diagup}\overset{CH_2}{\underset{CH_2}{\diagup}}$$

柔软剂 IS：用作腈纶纤维的柔软剂。

$$\left[\begin{array}{c} \underset{\parallel}{\overset{O}{C}}_{17}H_{35}CNHCH_2CH_2\text{---}N\text{---}CH_2 \\ H_{35}C_{17}\text{---}C \quad CH_2 \\ \underset{\underset{H}{N}}{\diagdown\diagup} \end{array} \right]^+ CH_3COO^-$$

它是由硬脂酸和二乙撑三胺,通氮,在高温下脱水酰化：

$$C_{17}H_{35}COOH + NH_2CH_2CH_2NHCH_2CH_2NH_2 \xrightarrow{140\sim170℃}$$

$$\underset{\parallel}{\overset{O}{C}}_{17}H_{35}CNHCH_2CH_2NHCH_2CH_2NH\underset{\parallel}{\overset{O}{C}}\text{---}C_{17}H_{35} + 2H_2O$$

再高温环化,用醋酸成盐。

$$\underset{\parallel}{\overset{O}{C}}_{17}H_{35}CNHCH_2CH_2NHCH_2CH_2NH\underset{\parallel}{\overset{O}{C}}\text{---}C_{17}H_{35} \xrightarrow{260℃}$$

$$\begin{array}{c} \underset{\parallel}{\overset{O}{C}}_{17}H_{35}CNHCH_2CH_2\text{---}N\text{---}CH_2 \\ H_{35}C_{17}\text{---}C \quad CH_2 \\ \underset{N}{\diagdown\diagup} \end{array} + H_2O$$

$$\xrightarrow[100℃]{CH_3OOH} 柔软剂 IS$$

5·5·2 抗静电整理剂

摩擦生电,按照物体摩擦所产生电荷的符号,其带电顺序排列如下：

⊕　毛皮、法兰绒、玻璃、丝绸、毛、金属、橡胶、琥珀、胶木　⊖

对各类纤维进行研究的结果，其带电顺序为：

⊕　羊毛、尼龙、粘胶纤维、棉、丝绸、醋酸纤维、聚乙烯醇、聚酯、聚丙烯腈、聚氯乙烯、聚乙烯、聚四氟乙烯　⊖

不同测定者测得的结果虽然多少有些差别，但羊毛、尼龙、人造毛等具有酰胺键的纤维是倾向于带正电。这种纤维摩擦后的带电现象，可认为是电荷在被摩擦的纤维之间移动而产生的。特别在穿着合成纤维衣服脱下时会有劈啪声，若在暗处还可看到火花，冬季湿度低时尤甚。静电又易吸尘及油污而玷污衣服。

抗静电的方法之一是使用以表面活性剂为主要成分的纤维用抗静电剂，对纤维进行表面处理。另外也有对原料聚合物进行改性的方法，即采用共聚单体添加剂方法。这里主要介绍前一种方法。

不同种类表面活性剂的抗静电效果因各自不同的结构而有差别。其中以阳离子型、两性型表面活性剂效果最好，其次是非离子型、阴离子型表面活性剂。但因纤维不同，每种表面活性剂的效果也有差别。

表面活性剂的抗静电机理可从摩擦带电部分和表面电荷的逸散部分两方面研究。摩擦生电是由于在局部表面存在的物质之间的电子移动。而电荷的逸散与表面活性剂的吸附量和吸湿性有关，可以用已吸湿的水分为介质的离子移动引起电荷的移动来解释。所有这些都与表面活性剂表面吸附的方式有关，现在还只能作定性的解说，表面活性剂抗静电原理在于疏水基吸附在物体表面，亲水基趋向空气而形成一层亲水性膜，由于单分子膜能降低合成纤维摩擦系数而难以产生静电，另外亲水性膜吸收空气中水分，因此好像在物体表面多了一层水层，这样产生的静电就易于传递到大气中去，从而降低了物体表面的电荷。

具有抗静电作用的表面活性剂称抗静电剂，一般合成纤维在抗静电剂处理前电阻可达 $10^{10}\Omega$ 以上，经过处理后，其电阻只有 10^6 ~ $10^9\Omega$。

抗静电剂举例:

(1)抗静电剂 TM 其结构式为:

$$\left[CH_3-N \underset{CH_2CH_2OH}{\overset{CH_2CH_2OH}{\underset{\vert}{\overset{\vert}{-CH_2CH_2OH}}}} \right]^+ CH_3SO_4^-$$

属季胺盐型阳离子表面活性剂,对腈纶、涤纶、锦纶等合成纤维有优良的消除静电效能。它由三乙醇胺与硫酸二甲酯反应而成。

$$N \underset{CH_2CH_2OH}{\overset{CH_2CH_2OH}{\underset{\vert}{\overset{\vert}{-CH_2CH_2OH}}}} + (CH_3)_2SO_4 \xrightarrow[4h]{80\,℃}$$

$$\left[CH_3-N \underset{CH_2CH_2OH}{\overset{CH_2CH_2OH}{\underset{\vert}{\overset{\vert}{-CH_2CH_2OH}}}} \right]^+ CH_3\cdot SO_4^-$$

(2)抗静电剂 SN 其结构式为:

$$\left[C_{18}H_{37}-N \underset{CH_3}{\overset{CH_3}{\underset{\vert}{\overset{\vert}{-CH_2CH_2OH}}}} \right]^+ \cdot NO_3^-$$

属阳离子表面活性剂,适用作涤纶、维纶、氯纶等合成纤维的纺丝静电消除剂。也可作为涤纶、聚氯乙烯、聚乙烯薄膜及塑料制品等的静电消除剂。它是由十八烷基二甲基叔胺经硝化,再与环氧乙烷羟乙基化反应而成。

$$C_{18}H_{27}(CH_3)_2 + HNO_3 \xrightarrow[45\sim55℃]{\text{异丙醇}} \left[C_{18}H_{37}-\overset{\overset{\displaystyle CH_3}{|}}{\underset{\underset{\displaystyle CH_3}{|}}{N}}-H \right]^{+} NO_3^{-}$$

$$\left[C_{18}H_{37}-\overset{\overset{\displaystyle CH_3}{|}}{\underset{\underset{\displaystyle CH_3}{|}}{N}}-H \right]^{+} NO_3^{-} + H_2C\overset{\displaystyle O}{\overbrace{\quad\quad}}CH_2 \xrightarrow[90℃]{\text{异丙醇}}$$

$$\left[C_{18}H_{37}-\overset{\overset{\displaystyle CH_3}{|}}{\underset{\underset{\displaystyle CH_3}{|}}{N}}-CH_2CH_2OH \right]^{+} NO_3^{-}$$

5·5·3　杀菌剂

　　杀菌剂是指能与蛋白质发生作用的一类表面活性剂。使用的表面活性剂以阳离子表面活性剂和两性表面活性剂为主,前者有烷基二甲基苄基铵盐、烷基三甲基铵盐、烷基吡啶嗡盐;后者有聚氨基单羧酸类。

　　它们杀菌机理是首先吸附于菌体,然后浸透菌体的细胞膜并破坏之。

　　如带有苄基的季胺氯化物是有名的阳离子杀菌剂:

$$\left[C_{12}H_{25}-\overset{\overset{\displaystyle CH_3}{|}}{\underset{\underset{\displaystyle CH_3}{|}}{N}}-CH_2-\langle\!\!\bigcirc\!\!\rangle \right]^{+} Cl^{-}$$

　　它的杀菌力与化学结构有密切关系,如稍改变烷基的碳原子数,杀菌力会有很大改变,一般以 $C_{12}\sim C_{14}$ 较为合适,配成10%水溶液,其杀菌力大于苯酚 $50\sim70$ 倍。

　　其合成方法是以十二烷基二甲基叔胺与氯化苄反应:

$$\underset{\underset{CH_3}{|}}{\overset{\overset{CH_3}{|}}{C_{12}H_{25}-N}} + ClCH_2-\bigcirc \xrightarrow[pH6\sim6.5]{90\sim100\,^{\circ}C}$$

$$\left[\underset{\underset{CH_3}{|}}{\overset{\overset{CH_3}{|}}{C_{12}H_{25}-N-CH_2}}-\bigcirc\right]^{+} Cl^{-}$$

5·5·4 匀染剂

在印染工业中常使用一种表面活性剂,以达到均匀染色目的,此表面活性剂称为匀染剂。

要达到匀染,必须降低染色速度,使染料分子缓慢地与纤维接触;或对已发生不匀染色的织物,能使深色部分的染料分子向浅色部分迁移,即称移染。

根据以上匀染条件,匀染剂一般可分为两大类:

(1)亲纤维匀染剂 此类表面活性剂与纤维的吸附亲和性要比染料大,染色时染料只能跟在匀染剂后面追踪,从而延长了染色时间而达到缓染使纤维均匀染色的目的。这种亲纤维性匀染剂在染色工艺完成后,染料就不能再移动。例如染聚丙烯腈纤维用的阳离子型缓染剂。

阳离子型匀染剂 DC:

$$\left[\underset{\underset{CH_3}{|}}{\overset{\overset{CH_3}{|}}{C_{18}H_{37}-N-CH_2}}-\bigcirc\right]^{+} Cl^{-}$$

(2)亲染料匀染剂 此类表面活性剂因与染料有较大的亲和力,故在染色过程中拉住染料,从而延长了染色时间而达到缓染效果。此外它对已上染纤维的染料有拉力,因此如发生不匀染现象,它可将深色处染料拉回染浴中,再上染到浅色处,即所谓移染。这类匀染剂有聚乙二醇类非离子表面活性剂,它之所以有亲染料性,主要是由于聚乙二醇醚键易于同染料中的羟基和氨基结合。例如匀染剂 O:

$$C_{12}H_{25}(OCH_2CH_2)_{22}OH$$

它对纤维无亲和力,使用后很易洗去,对直接染料和还原染料有较高的亲和力,作为该两类染料的匀染剂用。

对匀染剂的要求只能是使初期染色速度降低和具有移染作用,应不降低染色牢度,更不能降低上染率。

5·5·5 防水整理剂

纤维制品的防水整理,可分为不透气性和透气性两种,前者可用橡胶、合成树脂等涂在纤维织物上,在织物上形成连续防水膜,但穿着不舒服。而后者,空气和水蒸气对织物的透气性不产生阻碍,仅使织物表面变为疏水性,也称拒水整理。这里主要介绍这类防水整理。

透气性防水整理有下述几种方法:

(1)吸附法 使疏水性物质附着在纤维表面,主要用于棉、麻织物。将石蜡、硬脂酸铝皂等配成乳液,用以处理织物。烘干后,铝皂和石蜡即沉积于纤维上。这类防水处理效果良好,但不耐水洗及摩擦。如用锆盐代替铝盐,耐洗性能有所改善。

(2)化学结合法 在纤维上使疏水性化合物与纤维进行化学结合,与纤维素的羟基发生化学反应生成醚键,而产生耐久性的拒水效果,所以又称永久防水整理。

例如长链脂肪酸衍生物的吡啶季胺盐,主要用于棉织物,它由硬脂酰胺、甲醛、吡啶等原料合成。防水剂 PF:

$$C_{17}H_{35}-\overset{\displaystyle C}{\underset{\displaystyle O}{\parallel}}-NH-CH_2-\overset{+}{N}\langle\bigcirc\rangle\cdot Cl^-$$

它的合成方法为：

$$C_{17}H_{35}-\overset{\displaystyle C}{\underset{\displaystyle O}{\parallel}}-NH_2 + \langle\overset{\bigcirc}{N}\rangle + HCHO + HCl \xrightarrow{85\sim90℃}$$

$$\longrightarrow C_{17}H_{35}-\overset{\displaystyle C}{\underset{\displaystyle O}{\parallel}}-NH-CH_2-\overset{+}{N}\langle\bigcirc\rangle\cdot Cl^- + H_2O$$

应用时,先将防水剂用水配成乳液浸轧织物,烘焙后即成,在烘焙过程中防水剂分解脱去吡啶,而与纤维素羟基成共价键结合。

$$C_{17}H_{35}CONHCH_2-\overset{+}{N}\langle\bigcirc\rangle\cdot Cl + HOCell + CH_3COONa \longrightarrow$$

$$C_{17}H_{35}CONHCH_2-O-Cell + NaCl + CH_3COOH + \langle\overset{\bigcirc}{N}\rangle$$

也有人认为是自身反应形成蜡状亚甲基双硬脂酰胺而产生拒水效果。它还广泛用于尼龙、聚酯等,但有吡啶气味是其缺点。

羟甲基三聚氰胺衍生物,也是耐洗的防水整理剂,主要用于纤维素织物,使用时与石蜡混合配成乳液浸轧织物,烘焙后与纤维素反应生成共价键结合,而具有良好的永久拒水性能。防水剂 AEG 是由：

$$\left[\begin{array}{c} N\langle\begin{matrix}N\\N\end{matrix}\rangle N \\ N \end{array}\right] \begin{array}{l} -CH_2OOCC_{17}H_{35} \\ -3.5CH_2OC_{18}H_{37} \quad 与 \\ -1.5CH_2OC_2H_5 \end{array}$$

$$\left[\text{triazine ring with N substituents} \right] \quad \begin{aligned} &-CH_2OOCC_{17}H_{35} \\ &-CH_2OC_3H_6N(C_3H_6OH)_2 \\ &-3CH_2OC_2H_5 \end{aligned}$$

及工业石蜡以 2:5:3 组成的混合物。它的合成是以三聚氰胺、甲醛为原料制成六羟甲基三聚氰胺,然后与乙醇作用生成乙醚化的六羟甲基三聚氰胺,再加硬脂酸成硬脂酸酯,然后加三丙醇胺而成。

也可用脂肪酸铬络合物整理,硬脂酸络合物在水溶液中分解,加热后聚合,在纤维表面形成不溶性膜,而产生耐洗性良好的拒水效果。但不能用于浅色,因可能会产生色变。防水剂 CR:

$$\left[H_{35}C_{17}C \begin{matrix} O \rightarrow Cr^{++} \\ \\ O - Cr^{++} \end{matrix} O-H \right] Cl_4^-$$

它由硬脂酸与氯化铬反应制成。它与纤维素纤维成膜原理为:

乙烯脲素衍生物也具有防水整理功能,例如十八烷基乙烯脲素：

$$C_{18}H_{37}NHCON\begin{array}{c}CH_2\\|\\CH_2\end{array}$$

它能与纤维素纤维进行反应,产生手感柔软的拒水整理效果。

$$C_{18}H_{37}NHCON\begin{array}{c}CH_2\\|\\CH_2\end{array}\quad+CellOH\longrightarrow$$

$$C_{18}H_{37}NHCONHCH_2CH_2O{-}Cell$$

5·6 表面活性剂的化学结构与性质的关系

表面活性剂的各种性质,取决于其化学结构,不同结构有不同的性质,而性质的变化则与物质所处的外部条件有关。本节将就表面活性剂的性质与其化学结构作一初步总结,目的是进一步认识表面活性剂的性质和应用规律,以便更好地分析解决在实际工作中所遇到的问题。以下有关表面活性剂的性质与其结构之间的关系主要是从实际试验中得到的。由于表面活性剂都是由憎水基和亲水基两部分组成,其亲水基有阴离子、阳离子、非离子以及两性等不同种类,故其性质也各有所异。如果从憎水基种类和表面活性剂整体的亲水性以及分子形状、分子量来考虑,则表面活性剂的性质就会有更大的差异。因此从上述各种不同角度来考察表面活性剂的化学结构与表面活性剂的润湿、乳化、分散、起泡、洗涤等重要性能之间的关系。

5·6·1 表面活性剂的亲水性与其性质关系

表面活性剂的亲水性大小,可用亲水基的亲水性和憎水基的憎水性之比来表达或用它们间差值来表示。显然由于两者不能用同一单位来衡量,因此后者的表示方法是毫无意义的,而前者用它们的比值既简单而又确切。

从憎水基角度来考虑,当表面活性剂的亲水基不变时,憎水基部分越长,即分子量越大,则水溶性就越差。因此憎水性可用憎水基分子量的大小来表示。

对于亲水基来说,由于种类繁多,不能均用分子量来表示。而对于聚乙二醇型非离子表面活性剂来说,亲水性随其分子量加大而变大。因此非离子表面活性剂的亲水性,可用其亲水基分子量的大小来表示。美国"阿特拉斯"(Atlas)公司创立了 HLB 值(Hydrophile Lipophile Balance)即亲憎平衡值来表示表面活性剂的亲水性。

聚乙二醇型和多元醇型非离子表面活性剂的 HLB 值可用下式计算:

$$HLB\ 值 = \frac{亲水基部分分子量}{表面活性剂的分子量} \times \frac{100}{5}$$

$$= \frac{亲水基质量}{憎水基质量 + 亲水基质量} \times \frac{100}{5}$$

$$= (亲水基质量的\%) \times \frac{1}{5} \tag{5-7}$$

若亲水基完全是聚乙二醇,则其 $HLB = 20$,所以非离子型表面活性剂的 HLB 值介于 $0 \sim 20$ 之间。

上述计算公式,在实际应用时,可根据非离子表面活性剂的类型作如下改变。

对于只用 $-(C_2H_4O)_n$ 为亲水基的表面活性剂,则可用下式:

$$HLB = E/5 \tag{5-8}$$

式中:E 代表加进去的环氧乙烷(C_2H_4O)的重量百分数。

对于多数含多元醇的脂肪酸酯,可使用下式:

$$HLB = 20(1 - S/A) \tag{5-9}$$

式中　S ——多元醇的皂化价;

　　　A ——脂肪酸的酸价。

对于另外一些结构复杂、含其他元素(氮、硫、磷等)的非离子表面活性剂,或离子型表面活性剂,以上公式都不适用。

根据表面活性剂在水中的溶解度，从实践经验中估算出 HLB 值范围，列于表 5-7 中。

从 HLB 数值即可知其适当的用途，HLB 值和其性质（用途）的大致关系如图 5-11 所示。

例如壬烷基酚环氧乙烷 n 为9的加成物其 HLB 值为：

$$HLB = \frac{44 \times 9}{220 + 44 \times 9} \times \frac{100}{5} = 12.8$$

表 5-7　表面活性剂的 HLB 值与其在水中溶解度

HLB 值范围	加入水后溶解度
1～4	不分散
3～6	分散得不好
6～8	剧烈振荡后成乳色分散体
8～10	稳定乳色分散体
10～13	半透明至透明的分散体
大于13	透明溶液

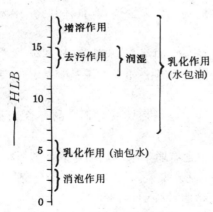

图 5-11　HLB 值和其性质关系

由图 5-11 可知它具有润湿、洗涤和乳化性能。

上述 HLB 值与性能间关系只是当不知用何种表面活性剂

时,可帮助我们分析思考.而对具体选择何种表面活性剂,则尚需通过实验来解决.

此外聚乙二醇型非离子表面活性剂的浊点也是表示其亲水性的重要的数据.例如壬烷基酚与环氧乙烷(n为9)的加成物,其2%水溶液浊点约在50℃;环氧乙烷n为10的加成物,其浊点约在65℃;环氧乙烷n为11的加成物,其浊点约在75℃以上.

当憎水基原料相同时,其环氧乙烷加成的n数越大,其亲水性越大,浊点也随之上升.相反,不同憎水基的相同环氧乙烷分子数加成物,憎水基中碳原子数越多(憎水性越大)其浊点越低.换句话说,碳原子数越多的憎水基,如要它具有一定的浊点,则所需要加成的环氧乙烷数也越多,故浊点可表示憎水基与亲水基之比,浊点表现敏感,故可用它来表示非离子表面活性剂的亲水性.

5·6·2 表面活性剂憎水基种类与其性质间关系

表面活性剂的憎水基一般为长条状碳氢链,但按实际应用又可分成以下几类:

（1）脂肪族烃基 如十二烷基(月桂基)、十六烷基、十八烯基(油基)等.

（2）芳香族烃基 如萘基、苯基、苯酚基等.

（3）脂肪烃芳香烃基 如十二烷基苯基、二丁基萘基、辛基苯酚基等.

（4）环烃基 主要是环烷酸皂类中的环烷烃基,松香酸皂中的烃基也属此类.

（5）憎水基中含有弱亲水基 如蓖麻油酸(含—OH基)、油酸丁酯(含—COO—基)、聚氧丙烯及聚氧丁烯(含醚键—O—)等.

按经验可将憎水性强弱排列如下:

脂肪族烷烃基≫环烷烃基>脂肪族烯烃基>脂肪基芳香烃基>芳香烃基>带弱亲水基的烃基

憎水基种类对表面活性剂的实际应用来说是一个非常重要的线索.在选择乳化剂进行油、水乳化时,除考虑乳化剂的 HLB 值外,还应考虑乳化剂憎水基与被乳化物之间的亲合力与相容性。如果两者亲合力相容性差,则表面活性剂会脱离乳化粒子,自己形成胶束,而溶于水中,使被乳化物油滴分离出来。一般经验是,表面活性剂憎水基与油分子的结构越接近,则其亲合力相容性越好。

因此,在乳化矿物油时,以带有脂肪族或脂肪烃芳香族的憎水基为宜,对于染料或颜料的分散,则以带有芳香族的憎水基为宜。对洗涤来说,日常生活中遇到的污垢大部分是动植物油污,属脂肪烃类,应挑选与其结构相似的表面活性剂为好,一般使用的肥皂及合成洗涤剂即属此类。如用只带有芳香族憎水基的表面活性剂作为洗涤剂,其效果甚差,不能使用。

带弱亲水基的憎水基,其最大特征是发泡力小,这在工业生产中非常重要,因泡沫往往带来很多工艺上的困难,目前这类表面活性剂在工业生产中得到广泛应用。憎水基种类是选择表面活性剂时要考虑的非常重要的因素,因此在表面活性剂应用上一般除了要指明属何种类型外,还需指明其憎水基种类,是高级醇型还是烷基酚类等。

5·6·3 表面活性剂的分子结构与性质的关系

5·6·3·1 表面活性剂亲水基的相对位置与性能

一般情况是:亲水基在分子中间(亲油基链中间)者,比在末端的润湿性能强,亲水基位置在憎水基末端的,比靠近中间的去污力要好。

例如:

$$CH_3(CH_2)_7CH=CH(CH_2)_7CH_2-OSO_3Na$$

十八烯醇硫酸钠盐

与

$$CH_3-CH_2-CH_2-CH_2-CH-CH_2-O-C-O-CH_2$$
$$\qquad\qquad\qquad\qquad\qquad\overset{\displaystyle C_2H_5}{|}$$

$$CH_3-CH_2-CH_2-CH_2-CH-CH_2-O-C-O-CH-SO_3Na$$
$$\qquad\qquad\qquad\qquad\qquad\underset{\displaystyle C_2H_5}{|}$$

琥珀酸二异辛酯磺酸钠

前者亲水基在末端,其润湿、渗透性能差,而去污力佳。后者为有名的润湿、渗透剂,具有优良的润湿、渗透性能。

以 SO₄ 基在烷基上占有不同位置的烷基硫酸钠为例,可以更清楚地说明此种规律。图 5-12 显示出一些烷基硫酸钠的润湿性能与浓度变化关系。表明在十五烷基硫酸钠盐中,亲水基 SO₄ 位在正中的"15-8"化合物的润湿能力最好,随着 SO₄ 基向碳氢链端点移动,则润湿力下降。

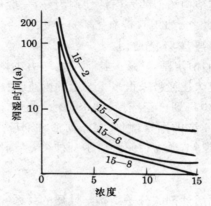

图 5-12　十五烷基硫酸钠水溶液的润湿性能(43.3～46.7℃)

对于有苯环的表面活性剂,亲水基在苯环上的位置对其表面活性的影响也有相似规律。例如具有以下结构的表面活性剂

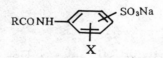

(R 为长碳链;X 为 Cl、OCH_3、OC_2H_5),当 SO_3 基位于 RCONH 基的对位时,润湿性最好,间位次之,而在邻位时最差,其原因是亲水基位于中间。

5·6·3·2　憎水基结构中支链的影响

如表面活性剂的种类相同,分子大小相同,则具有侧链结构的表面活性剂的润湿、渗透性能较好。

以正十二烷基苯磺酸钠和四聚丙烯苯磺酸钠相比，二者碳原子数虽相同，后者由于支链存在故渗透力大而去污力小。

$$CH_3(CH_2)_{10}CH_2 \!-\!\!\bigcirc\!\!-\! SO_3Na$$
十二烷基苯磺酸钠

$$CH_3\!-\!CH\!-\!CH_2\!-\!CH\!-\!CH_2\!-\!CH\!-\!CH_2\!-\!CH\!-\!\bigcirc\!\!-\! SO_3Na$$

四聚丙烯苯磺酸钠

在一般洗衣粉中主要表面活性剂的成分为烷基苯磺酸钠，其中尤以十二烷基苯磺酸钠居多。

在阳离子表面活性剂如季胺盐类表面活性剂中，具有相同分子量的氯化二正辛基二甲基胺、异构物氯化正十五烷基三甲基胺，前者 CMC 为 $0.0266\,M$，后者为 $0.0028\,M$，接近于分子量更大的氯化二正癸基二甲基胺的 CMC $0.0020\,M$

$$\left[\begin{array}{c} CH_3(CH_2)_6CH_2 \quad CH_3 \\ N \\ CH_3(CH_2)_6CH_2 \quad CH_3 \end{array} \right]^{+} Cl^{-}$$

氯化二正辛基二甲基胺

$$\left[\begin{array}{c} CH_3 \\ CH_3(CH_2)_{13}CH_2\!-\!N\!-\!CH_3 \\ CH_3 \end{array} \right]^{+} Cl^{-}$$

氯化正十五烷基三甲基胺

$$(C_{10}H_{21})_2N^{+}(CH_3)_2Cl^{-}$$

氯化二正癸基二甲基胺

5·6·4 分子量的影响

表面活性剂分子的大小对其性质影响比较显著，当 HLB 值相同,憎水基和亲水基种类也相同时则分子量就成为影响其性质的主要因素。对同一品种表面活性剂来说,随着憎水基中碳链的增加其 CMC 有规律地减小,但在降低水的表面张力方面则有明显

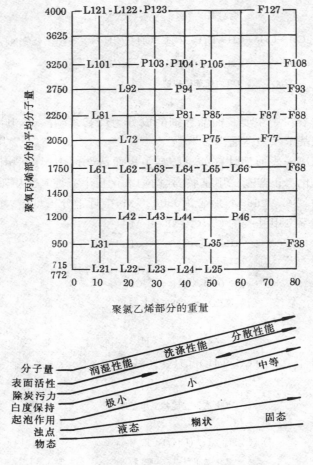

图 5-13　Pluronics 聚醚网格坐标图与各种性质

增长。例如使月桂醇、十六醇、油醇、十八醇等与环氧乙烷加成反应,先使它们 HLB 值相同,然后再按顺序增大其分子量,可发现

分子量小的渗透力好，而分子量大的则去污、乳化、分散力好。再如在烷基硫酸钠类表面活性剂中，在洗涤性能方面 $C_{16}H_{33}SO_4Na$ 比 $C_{14}H_{29}SO_4Na$ 好，比 $C_{12}H_{25}SO_4Na$ 更好，但在润湿性能方面则以后者最好。

聚醚型表面活性剂"Pluronic"，化学结构为：

$$\mathrm{HO(C_2H_4O)}_a\mathrm{(CH\!\!-\!\!CH_2O)}_b\mathrm{(C_2H_4O)}_c\mathrm{H}$$
$$\overset{\displaystyle CH_3}{\underset{\displaystyle |}{}}$$

其亲水基聚氧乙烯链在两端。若以其亲水性（聚氧乙烯部分百分质量）为横坐标，以聚氧丙烯的平均分子量为纵坐标，可作出如图 5-13 所示的网格图。由图中可清楚看出分子量与亲水基间的关系。图上字母与数字的组合符号（如 L35）为商品牌号。同一纵行化合物其分子量不同，但其亲水性相同；当分子大小不同时，即使亲水性相近，但性质上仍表示出差异。

6 涂料

6·1 概　述

6·1·1　涂料的作用

涂料是一种材料,用于涂装物体表面能形成涂膜,从而起到保护、装饰、标志和其他特殊的作用(如电绝缘、防污、减阻、隔热、耐辐射、导电、导磁等等)。因此,在工农业、国防、科研和人民生活中得到越来越广泛的应用。

很久以前,涂料都是用植物油和天然树脂加工而成,所以通常叫做油漆。随着工业的发展,涂料品种已不再含有油的成分。这样油漆这个名词就显得不够确切了。因此,现在把用于涂装物面的各种材料统称为涂料。

6·1·2　涂料的组成

虽然涂料种类繁多,作用各异,但是它们的组成成分,按其功能可以归纳成四类:成膜物质、颜料、溶剂和助剂。

6·1·2·1　成膜物质

成膜物质具有能粘着于物面形成膜的能力,因而是涂料的基础。有时也叫做基料或漆料。主要有油脂、天然树脂、天然高分子化合物加工产品以及合成树脂等。

1) 油脂

油脂是天然产物,用于涂料的主要是植物油,其主要组成是甘油三脂肪酸酯。

$$
\begin{array}{c}
\quad\quad\quad\quad O \\
\quad\quad\quad\quad \| \\
CH_2-O-C-R \\
\quad\quad\quad\quad O \\
\quad\quad\quad\quad \| \\
CH-O-C-R' \\
\quad\quad\quad\quad O \\
\quad\quad\quad\quad \| \\
CH_2-O-C-R''
\end{array}
$$

其中三个脂肪酸基可以是一种、二种或三种。随脂肪酸基的种类不同，油的性质也不同。油脂中常见的饱和脂肪酸有

月桂酸　$C_{11}H_{23}COOH$　　　　软脂酸　$C_{15}H_{31}COOH$

豆蔻酸　$C_{13}H_{27}COOH$　　　　硬脂酸　$C_{17}H_{35}COOH$

常见的不饱和脂肪酸有

油酸　　$CH_3(CH_2)_7CH{=}CH(CH_2)_7COOH$

亚油酸　$CH_3(CH_2)_4CH{=}CH{-}CH_2{-}CH{=}CH(CH_2)_7COOH$

亚麻酸　$CH_3CH_2CH{=}CH{-}CH_2{-}CH{=}CH{-}CH_2{-}CH{=}$
　　　　$={=}CH(CH_2)_7COOH$

桐油酸　$CH_3(CH_2)_3CH{=}CH{-}CH{=}CH{-}CH{=}$
　　　　$={=}CH(CH_2)_7COOH$

蓖麻油酸　$CH_3(CH_2)_5{-}\underset{\underset{OH}{|}}{CH}{-}CH_2{-}CH{=}CH(CH_2)_7COOH$

　　含有较多双键的油脂，涂成薄膜后，在空气中可以逐渐转化成干膜。这个过程称为油的干燥。油干燥成膜的机理相当复杂，主要是氧在邻近双键的 $-CH_2-$ 处被吸收，形成氢过氧化物 $-CH(OOH){-}CH{=}CH-$ ，这些氢过氧化物会引发聚合反应，导致交联，使油分子逐步联结，分子不断增大，最终形成干膜。

$$ROOH \longrightarrow RO \cdot + \cdot OH$$
$$2ROOH \longrightarrow RO \cdot + ROO \cdot + H_2O$$
$$RO \cdot + R'H \longrightarrow ROH + R'$$
$$RH + \cdot OH \longrightarrow R \cdot + H_2O$$
$$R \cdot + R \cdot \longrightarrow R—R$$
$$RO \cdot + R \cdot \longrightarrow R—O—R$$
$$RO \cdot + RO \cdot \longrightarrow R—O—O—R$$

式中　ROOH——代表脂肪酸氢过氧化物；

　　　RH 和 R′H——代表未被氧化的脂肪酸基。

　　某些金属如钴、锰、铅等的有机酸皂类对上述油类的氧化聚合过程有催化作用，能够加速油的干燥成膜。这类物质称为催干剂。

　　通常根据油的干燥性质，分成干性油、半干性油和不干性油三类。甘油三酸酯分子的平均双键数在 6 个以上为干性油，它在空气中能逐渐干燥成膜；平均双键数 4～6 个为半干性油，它经较长时间能形成粘性膜；平均双键数 4 个以下为不干性油，它不能成膜。油的干性除了与双键的数目有关外，还与双键的位置有关。处于共轭双键位置的油，如桐油，有更强的干性。工业上常用碘值，即100g 油所能吸收的碘的克数，来测定油类的不饱和度，并以此来区分油类的干燥性能。干性油的碘值在 140 以上，常用的有桐油、梓油、亚麻油等；半干性油的碘值在 100～140 之间，常用的有豆油、葵花籽油、棉籽油等；不干性油的碘值在 100 以下，有蓖麻油、椰子油、米糠油等。植物油中常含有许多杂质，如磷酯、蛋白质、色素等，因此必须精制。精制过程俗称漂油。经过精制过的干性油，加入颜料、催干剂等调配成涂料使用。但由于干得慢、涂膜性能差等原因，目前已很少使用。也可以把干性油配以半干性油通过加热或同时吹入空气熬炼，使它们预先聚合以制成所谓熟油；作为成膜物质配制涂料。但目前更主要的是作为合成其他成膜物质（如醇酸树脂）的原料。不干性油在涂料工业中也有某些应用，如用以调整涂膜的柔韧性、制造增塑剂等。

　　常用植物油的碘值及其脂肪酸组成见表 6-1。

表 6-1　油的碘值及其脂肪酸组成%

油脂名称	碘　值	饱和脂肪酸	油　酸	亚油酸	亚麻酸	共轭酸	蓖麻酸
桐油	155～167	3～10	5～13	1～2	—	88～90	—
梓油	169～190	8～9	10～20	26～50	25～45	5	
亚麻油	170～190	7～11	15～22	18～26	49～50	—	—
葵花粒油	119～144	10	39	46	—		—
豆油	114～137	12～14	23～30	53～55	5～8	—	—
棉粒油	98～115	25～28	27～29	43～48	—		—
蓖麻油	81～91	2～3	7～9	3～5	—		80～88
脱水蓖麻油	125～140	1～3	7	51～65	—	17～26	—

2）天然树脂和天然高分子化合物加工产物

（1）松香及其衍生物　松香的主要组成为树脂酸,它有多种异构体,主要是松香酸。通常所用的松香为微黄至棕红色透明脆性固体,熔点大于 70℃,酸值在 160 以上。松香与干性油经热炼作为基料的涂料,其涂膜虽在光泽、硬度、干率等方面比完全由油制成的涂料有所改善,但由于松香的软化点较低,涂膜易发粘、脆性大、保光性差,所以实际上并不直接使用松香,而是使用松香的衍生物。石灰松香（松香钙皂）是松香熔化时与熟石灰反应而成。松香甘油酸（又称酯胶）,是由

松香酸

石灰松香

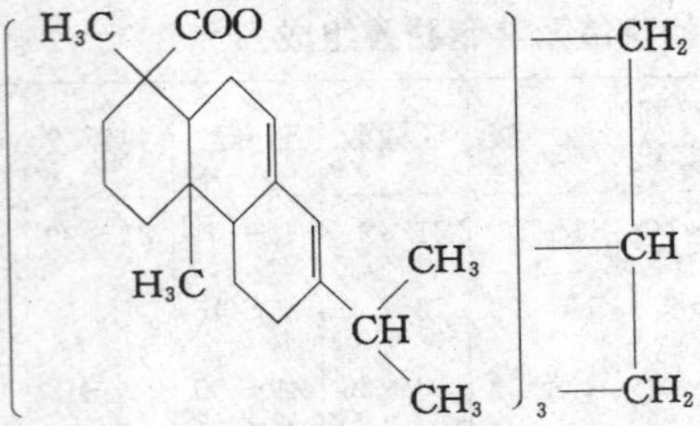

松香甘油酯

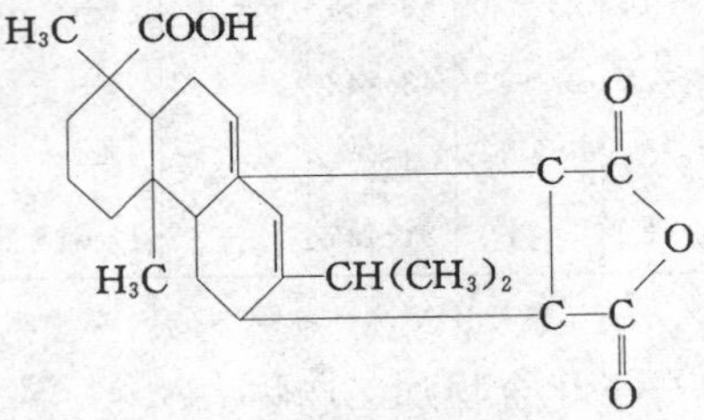

顺丁烯二酸酐松香加成物

松香与甘油酯化而得。顺丁烯二酸松香甘油酯,是由松香与顺丁烯二酸酐加成后,再用甘油酯化而成。这些松香衍生物与天然松香相比,软化点提高,酸值降低。与干性油一起熬炼制得的漆料,其涂膜有较好的硬度、光泽和耐水性,耐久性不够好,但因价格低廉、制造容易,因此用于制低档漆,可用于普通家具、门窗、金属制品的涂装。

(2)纤维素衍生物 这是由天然纤维素经过化学处理生成的纤维素酯或醚。其中硝酸纤维素酯应用最广,用以制成的硝基漆,干燥迅速,涂膜光泽好,坚硬耐磨,可以打蜡上光,是一种广泛使用的装饰性能好的涂料。此外还有醋酸纤维素、醋丁纤维素、乙基纤维素、苄基纤维素等。它们都可用于制取所谓的挥发性涂料。其特点是快干和良好的涂膜强度。

(3)氯化天然橡胶 由天然橡胶降解后进行氯化而得,其氯含量在62%以上。制得的涂料耐化学性、耐水性和耐久性都较好,但不耐油和高温。

此外,虫胶、天然沥青等也可用作成膜物质。

3)合成树脂

随着生产的发展,仅仅依靠油脂和天然树脂等为原料,已不能满足对涂料提出的更新更高的要求。而合成树脂工业的兴起和发展,为涂料工业提供了广阔的新型原料来源,使涂料在品种和产量上都得到迅速发展,性能上也有很大的提高,适应了各方面的要求。

合成树脂通常是无定形半固体或固体聚合物,分子量一般较大。它们都由低分子化合物通过化学加工而得。目前以各种合成树脂为成膜物质的涂料已占主导地位。有关聚合物的合成原理、主要品种及性质等将在以后各节中介绍。

6·1·2·2 颜料

颜料通常是固体粉末,虽然本身不能成膜,但它始终留在涂膜中,赋予涂膜许多特殊的性质。例如,使涂膜呈现色彩,遮盖被涂物的表面,增加厚度,提高机械强度、耐磨性、附着力和耐腐蚀性能等。颜料的种类极多,现举例如下:

1)白色颜料

(1)钛白 化学成分是二氧化钛(TiO_2),它是一种遮盖力和着色力非常好的白色颜料。而且在物化性能方面也十分优越,耐光、耐热、耐稀酸、耐碱、没有毒性。钛白有两种晶型即金红石型和锐钛型。它们同属于正方晶系,但晶格结构不同。金红石型的晶格比锐钛型的致密,晶格比较稳定,故耐光性更为优异、不易粉化。此外,通过铝、锌、硅等化合物对二氧化钛作表面处理,可改善其物化性能,从而使品种不断增加,以适应各方面的需要。

(2)锌钡白 商品名称立德粉,是硫化锌和硫酸钡的混合物。其遮盖力和着色力仅次于钛白。缺点是不耐酸,不耐曝晒,在大气中易粉化变色,不宜用于制户外用涂料。

(3)氧化锌 又名锌白、锌氧粉。着色力较好,不易粉化,可用于室外。但因遮盖力小于钛白和锌钡白,故很少单独使用。氧化锌呈碱性,能与涂料中的酸性物质起作用,而具有使涂料变稠的倾向。

2）黑色颜料

（1）炭黑 是一种疏松而极细的无定形炭粉末，具有非常高的遮盖力和着色力。它的化学性质稳定、耐酸碱、耐光、耐热。

（2）氧化铁黑 分子式是 Fe_2O_3FeO，它的遮盖力和着色力都很高，对光及大气作用稳定，并有一定的防锈作用。

3）彩色颜料

（1）无机彩色颜料 例如铬黄（铬酸铅或铬酸铅和硫酸铅的混合物）、铁黄（$Fe_2O_3 \cdot H_2O$）、铁红（Fe_2O_3）、铁蓝（又称华蓝、普鲁士蓝、化学成分为 $FeK[Fe(CN)_6] \cdot nH_2O$ 或 $FeNH_4[Fe(CN)_6] \cdot nH_2O$），群青（含多硫化钠而有特殊结构的硅酸铝）等。无机彩色颜料性能好，但不及有机颜料鲜艳，因价格低廉，故应用广泛。

（2）有机彩色颜料 虽然价格较贵，但因色彩鲜艳，色谱齐全，性能好，其应用正日益扩大。例如酞菁蓝、酞菁绿、耐晒黄、大红粉等等。

4）金属颜料

如铝粉，俗称银粉；铜粉，实际上是铜锌合金粉，俗称金粉。

5）体质颜料

又称填料，是基本上没有遮盖力和着色力的白色或无色粉末。因其折光率与基料接近，故在涂膜内难以阻止光线透过，也不能添加色彩，但它们能增加涂膜的厚度和体质，提高涂料的物理化学性能，加之价格便宜，因而广为使用。常用的品种有重晶石粉（天然硫酸钡）、沉淀硫酸钡、石粉（天然石灰石粉）、沉淀碳酸钙、滑石粉、瓷土粉（高岭土）、石英粉等。

6）防锈颜料

它是防锈涂料的重要组成之一。根据其防锈作用机理可以分成两类：

（1）物理防锈颜料 它们本身都具有化学性质较稳定的特点。借助其细微颗粒的充填，可提高涂膜的致密度；也有的颜料颗粒呈片状，在涂膜中迭覆，从而降低涂膜的可渗透性，阻止阳光和水的透入,起到了防锈作用。这类颜料如氧化铁红、云母氧化铁、石墨、氧化锌、铝粉等。

(2) 化学防锈颜料 借助于电化学的作用,或者形成阻蚀性络合物等以达到防锈的效果。这类颜料如红丹(Pb_3O_4)、锌铬黄($4ZnO \cdot 4CrO_3 \cdot K_2O \cdot 3H_2O$)、偏硼酸钡($Ba(BO_2)_2 \cdot SiO_2$)、铬酸锶($SrCrO_4$)、铬酸钙($CaCrO_4$)、磷酸锌、碳氮化铅($PbCN_2$)、锌粉、铅粉等。

6·1·2·3 溶剂

在涂料中使用溶剂,为的是降低成膜物质的粘稠度,以便于施工得到均匀而连续的涂膜。溶剂最后并不留在干结的涂膜中,而全部挥发掉,所以又称挥发组分。涂料中的溶剂根据其作用可以分成三类:

(1) 真溶剂 可溶解此类涂料所用成膜物质的溶剂。各种不同的成膜物质有它固有的真溶剂。

(2) 助溶剂 也叫潜溶剂,此种溶剂本身不能溶解所用的成膜物质。但在一定数量限度内与真溶剂混合使用,则具有一定的溶解能力。

(3) 稀释剂 它们不能溶解所用的成膜物质,也无助溶作用。但在一定数量限度内可以和真溶剂、助溶剂混合使用,起稀释的作用。因其价格通常较低,可以降低成本。

在施工阶段及涂料成膜的过程中,溶剂起着重要作用。要求溶剂对所有成膜物质组分要有很好的溶解性和互溶性,具有较强降低粘度的能力,在整个挥发成膜过程中不应出现某一成膜物质不溶析出的现象。同时,溶剂的蒸发速度也是一个重要因素,它控制着涂膜处于流体状态的时间,蒸发速度要适应涂膜的形成,太快太慢均会给涂膜的性能带来不良的影响。为此,常用多种溶剂搭配成混合溶剂来使用。溶剂的品种很多,如表 6-2 所示。

涂料工业中溶剂用量很大,但它并不留在干膜中,而全部挥发到大气中。所有有机溶剂在不同程度上都有一定的毒性,且大多为易燃易爆物,这样既浪费了资源,又污染了环境,同时也使生产和使用涂料的场所不够安全。因此，目前正努力发展少溶剂和无溶剂的涂料新品种，如高固体分涂料、水乳胶涂料、粉末涂料等。

表 6-2 主要溶剂品种

类　　别	品　　　　　　　　　种
萜烯类	松节油、松油、樟脑油
脂肪烃	石油醚、汽油、松香水（200号溶剂汽油）
芳香烃	苯、甲苯、二甲苯、四氢萘、十氢萘
酮类	丙酮、甲乙酮、环己酮
酯类	醋酸乙酯、醋酸丁酯、醋酸戊酯
醇类	乙醇、丁醇
氯代烃	氯苯、二氯甲烷、二氯乙烷
硝基化物	硝基乙烷、硝基丙烷
醇醚类	乙二醇乙醚、乙二醇丁醚

6·1·2·4　助剂

在涂料中应用的助剂越来越多，它们的用量往往很小，占总配方的百分之几，甚至千分之几，但它们在改善性能、延长贮存期限、扩大应用范围和便于施工等方面常常起很大的作用。助剂通常按其功效来命名和区分。举例如下：

1）催干剂

又名干燥剂。它对干性油膜的吸氧、聚合起催化作用。凡主要通过油类的氧化聚合作用而干燥成膜的涂料产品，都可使用催干剂来缩短干燥成膜的时间。钴、锰、铅、锆、锌、钙等金属的有机酸皂类，由于溶解性好，能充分发挥催干作用，为目前普遍采用的催干剂。用作制造催干剂的有机酸主要有环烷酸、辛酸、植物油酸等。金属离子按催干效能的大小排列如下：

钴＞锰＞铅＞铁＞锌＞钙

它们各有其特点，如钴皂，表干快，常会使表面很快结膜封闭而里层又不干；铅皂作用较弱，促进里层干燥，对表面封闭不强，可造成较长时间表面发粘；锆皂是比较新型的催干剂，作用与铅皂接近，但无毒性，对光泽和色泽的持久性优良。实际上常常是几种催干剂混合使用，以达到最佳效果。

2）增塑剂

其主要作用是增加涂膜的柔韧性、弹性和附着力。对增塑剂的主要要求是：与成膜物质有良好的相容性，成膜后不渗出、不析出，不易挥发，长期保持增塑作用，稳定性好等。值得注意的是，增塑剂对涂料的某些性能如抗张强度、耐热性、耐腐蚀性、耐油耐溶剂性会带来不良的影响。常用的增塑剂有邻苯二甲酸二丁酯、邻苯二甲酸二辛酯、磷酸三苯酯、磷酸三甲酚酯、氯化石蜡等。

3）润湿剂和分散剂

润湿剂能降低液体和固体表面之间的界面张力，因此它能使固体表面易为液体所润湿。分散剂能促进固体粒子在液体中的悬浮，使分散体稳定，防止涂料中的颜料絮凝返粗。用作润湿剂和分散剂的物质主要是表面活性剂。用于溶剂型漆的如环烷酸锌、环烷酸铜，蓖麻酸锌等脂肪酸皂；用于乳胶涂料的如磺酸盐类阴离子表面活性剂、烷基醇或烷基酚的聚氧乙烯醚类非离子表面活性剂以及水溶性的聚丙烯酸盐等。

4）防沉淀剂

其作用是防止涂料贮存过程中颜料沉底结块。防沉淀剂有硬脂酸锌、铝、气相二氧化硅、滑石粉、改性膨润土、氢化蓖麻油等。

此外，还有防结皮剂、防霉剂、增稠剂、触变剂、消光剂、抗静电剂、紫外线吸收剂、消泡剂、流平剂等等，不再一一举例。

应该指出，一种助剂可能同时发挥几种作用。它对某些涂料有效，而对另一些涂料可能无效甚至有害，也即通用性较少。因此只有正确使用助剂，才能取得良好的效果。

6·1·3　涂料的分类与命名

涂料有多种分类方法。按用途分，如建筑涂料、汽车漆、船舶漆、防锈漆、绝缘漆、木器漆等;按施工方法分,如刷用漆、喷漆、烘漆、浸渍漆等;按成膜物质分,如油基漆、硝基漆、醇酸树脂漆、丙烯酸酯树脂漆、环氧树脂漆、聚氨脂漆等;按涂层的作用分,如底漆、腻子、面漆、罩光漆等;按介质情况分,又有溶剂型涂料、乳胶涂料、粉末涂料等。为了统一起见,我国制订了以成膜物质为基础的分类方法。其要点如下:

(1)统称时用"涂料"而不用"漆"这个词。但为了简化起见,对具体涂料品种仍可采用"漆"来称呼。

(2)全名=颜料或颜色名称+成膜物质名称+基本名称。例如,红醇酸磁漆。

(3)对某些有专业用途及特性的产品,必要时在成膜物质后面加以阐明。例如,醇酸导电磁漆、白硝基外用磁漆。

6·2 聚合物化学基础

6·2·1 高分子化合物

6·2·1·1 基本概念

高分子化合物一般是指分子量很大的一类化合物,又称聚合物,用作成膜物质的合成树脂均属聚合物。

低分子化合物和高分子化合物之间并无严格界限,通常把分子量低于1000或1500的化合物称为低分子化合物。典型的高分子化合物的分子量为$10^4 \sim 10^6$或更高,构成分子的原子数可达$10^3 \sim 10^5$或更多。一个大分子往往可以由许多结构简单的结构单元通过共价键重复连接而成。例如聚乙烯分子就是由许多乙烯结构单元通过共价键重复连接而成。例如聚乙烯分子就是由许多乙烯结构单元重复连接而成。

$$\sim\sim\sim CH_2-CH_2-CH_2-CH_2-CH_2-CH_2 \sim\sim\sim$$

式中 ～～～ 代表碳链骨架,简化上式可缩写成 $+CH_2-$
CH_2+_n。这就表示聚乙烯的结构式。由于端基只占大分子中很小一部分,故略去不计。其中—CH_2—CH_2—是重复结构单元(简称结构单元)。由重复结构单元连接成的线型大分子,像一条链子,因此有时将重复结构单元称做链节,通常把能够形成聚合物的低分子物质叫做单体。聚乙烯结构单元和乙烯单体相比,除了电子结构发展改变以外,原子相同,这种单元又可称做单体单元。对聚乙烯一类聚合物,结构单元、重复单元、单体单元都是相同的。上式中括号表示重复连接的意思,n 表示重复连接数,又称聚合度。重复单元的结构式可代表高分子的结构。而聚合度是衡量高分子大小的一个指标。从上式很易看出,聚合物的分子量 M 是重复单元分子量 M_0与聚合度 DP(或重复单元数 n)的乘积。

$$M = DP \cdot M_0$$

聚合物是由一种或几种单体通过聚合反应来合成的。由一种单体合成的叫均聚物,如聚乙烯、聚醋酸乙烯;由两种或两种以上的单体共同聚合而成的叫共聚物,如氯乙烯-醋酸乙烯共聚物。

$$+CH_2-CH+_n$$
$$O-COCH_3$$

聚醋酸乙烯

$$+(CH_2-CH)_x(CH_2-CH)_y+_n$$
$$Cl \qquad OCOCH_3$$

氯乙烯-醋酸乙烯共聚物

由于大部分共聚物中的单体单元往往是无规则排列的,很难指出正确的重复单元,因此上式只能代表大致的结构。

还有另一类特征的聚合物结构式,如尼龙-66:

$$+NH(CH_2)_6NH-CO(CH_2)_4CO+_n$$
←——结构单元——→←——结构单元——→
←————————重复单元————————→

上式中的重复单元由—NH(CH$_2$)$_6$NH—和—CO(CH$_2$)$_4$CO—两种结构单元构成。它们比其单体己二胺和己二酸要少一些原子,这是因为经缩聚反应时失去了水分子的结果。这种结构单元不宜再称做单体单元。

大分子是由许多相同的结构单元重复连接而成的,最简单的连接方式呈线型,叫做线型大分子。形成线型大分子的单体要求带有两个官能团。如乙烯类单体 CH$_2$=CHX (X=H、Cl、OCOCH$_3$、COOR、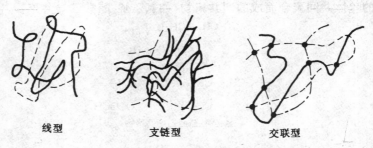 等)、二元酸和二元醇等。而含有两个以上官能团的单体,就有可能形成支链或交联的大分子。例如邻苯二甲酸和乙二醇反应只能形成线型聚酯;当加入少量甘油且反应程度不深时,则形成支链聚酯;甘油较多,反应程度较深时,可以形成交联结构的聚酯。有些单体虽然只有两个官能团,反应时本应形成线型大分子,但因发生副反应等原因,结果也能形成支链,甚至交联结构。线型、支链和交联大分子的结构形态示意图如图 6-1。

线型　　　　　　　支链型　　　　　　交联型

图 6-1　大分子的结构形态示意图

线型或支链型大分子彼此以物理次价力吸引,互相聚集在一起,形成聚合物。因此加热可使其熔融软化,用适当溶剂可使其溶解,所以又叫热塑性树脂。交联聚合物可以看作是许多线型或支链大分子通过化学键连接而成的网状结构或体型结构,已形成一个整体,而无单个大分子可言。交联程度低的,受热时可以软化,但不能熔融,加适当溶剂可使其溶胀,但不能溶解。交联程度高的,则不能软化,也难溶胀。涂料中使用的不少聚合物,如醇酸树脂、环氧树脂、氨基树脂等,在树脂生产时,用控制原料配比和反应程度等方法,使树脂停留在线型或少量支链的低聚物阶段。经施工涂装后,通过加热或同时加入催化剂等方式,使保留的活性官能团之间继续反应成交联结构,或者添加交联剂与保留的活性官能团反应生成交联结构。这种聚合物又叫热固性树脂。

6·2·1·2　聚合物的分子量和分子量的分布

低分子化合物都有一个固定的分子量。但聚合物不同,它是一个分子量不等的同系聚合物的混合物。因此,聚合物的分子量或聚合度用其平均值来表示,分子量存在一个分布的问题。采用不同的统计平均方法,所得的平均分子量的值一般是不一样的。

数均分子量 $\bar{M}_n$ 是按照分子数分布函数 $N(M)$ 的统计平均分子量。$\bar{M}_n$ 等于每种分子的分子量乘其分子分数的总和

$$\bar{M}_n = \sum N_i M_i = \frac{\sum n_i M_i}{\sum n_i} = \frac{\sum W_i}{\sum (W_i/M_i)}$$

式中:n_i、N_i 和 W_i 分别代表分子量为 M_i 分子的数目、分子分数和质量。

质均分子量 $\bar{M}_w$ 是按照质量分布函数 $W(M)$ 的统计平均分子量。$\bar{M}_w$ 等于每种分子的分子量乘其质量分数的总和

$$\bar{M}_w = \frac{\sum W_i M_i}{\sum W_i} = \frac{\sum n_i M_i^2}{\sum n_i M_i}$$

若聚合物中有两种大分子,分子量分别为 10^4 和 10^5,以等摩尔相混合,则

$$\overline{M}_n = \frac{\sum n_i M_i}{\sum n_i} = \frac{1 \times 10^4 + 1 \times 10^5}{1 + 1} = 55000$$

$$\overline{M}_w = \frac{\sum n_i M_i^2}{\sum n_i M_i} = \frac{1 \times (10^4)^2 + 1 \times (10^5)^2}{1 \times 10^4 + 1 \times 10^5} = 91800$$

$$\frac{\overline{M}_w}{\overline{M}_n} = \frac{91800}{55000} = 1.67$$

由此可见,低分子量级分对 $\overline{M}_n$ 的影响较大;而高分子量级分对 $\overline{M}_w$ 的影响较大。以上计算中分子量为 10^4 的大分子,摩尔数虽达 50%,但质量百分数只占 $1 \times 10^4 / (1 \times 10^4 + 10^5) = 9.1\%$,因此 $\overline{M}_w$ 接近 10^5。

对于分子量均一的聚合物,$\overline{M}_n = \overline{M}_w$。分子量不均一的聚合物,一般 $\overline{M}_w$ 大于 $\overline{M}_n$。通常采用 $\overline{M}_w / \overline{M}_n$ 值的大小来表示分子量分布的宽度。典型聚合物 $\overline{M}_w / \overline{M}_n$ 值在 1.5~2.0 到 20~50 范围内。

如果两个聚合物的平均分子量相等,由于分子量相等的各部分所占的比例不同,分子量分布就可能不同,因而其性质也可能有差别。

6·2·1·3　聚合物的命名及分类

习惯上以单体名称之前冠以"聚"字来命名,如聚乙烯、聚醋酸乙烯;或取其原料简名后附"树脂"二字,如醇酸树脂、环氧树脂、丙烯酸酯树脂。也有以结构特征来命名的,如聚烯烃、聚酰胺、聚酯,这往往是指一个类属的名称。聚合物可以按其主链结构分成碳链、杂链和元素有机聚合物三类;也可按其性能和用途来分类。

6·2·2　加聚反应

烯类单体的加聚反应绝大多数是连锁聚合反应。根据活性中心的不同,可将连锁聚合反应分成自由基型、离子型和配位络合型。自由基型加聚反应在生产中应用得最为普遍,因此以下仅介绍自由基型加聚反应。

6·2·2·1　自由基加聚反应机理

烯类单体通过自由基型加聚反应形成聚合物的过程,一般由链引发、链增长和链终止等基元反应组成。此外,还可能伴有链转移反应。

1) 链引发

链引发指在光、热、辐射或引发剂的作用下形成自由基活性中心的反应。生产中用引发剂引发较为普遍,它分解形成初级自由基

$$R\!-\!R \longrightarrow 2R\cdot$$

初级自由基与单体分子加成形成单体自由基,

$$R\cdot + CH_2\!=\!\underset{X}{\overset{}{CH}} \longrightarrow R\!-\!CH_2\!-\!\underset{X}{\overset{}{CH}}\cdot$$

单体自由基形成后,继续与其他单体分子加成而进入链增长阶段。这两步反应中,单体自由基的形成是放热反应,活化能低,反应速率大,与后继的链增长反应相似;而引发剂分解是吸热反应,活化能高,反应速率小,因此它是控制聚合总速率的关键。

所谓引发剂是容易分解成自由基的化合物,在热的作用下,沿分子结构中的弱键均裂成两个自由基。这类物质主要是过氧化物和偶氮化合物,如过氧化二苯甲酰、偶氮二异丁腈、过硫酸钾或过硫酸铵等,它们在一般聚合温度,如40~100℃,能分解而放出自由基

$$KO-\overset{\displaystyle O}{\underset{\displaystyle O}{\overset{\|}{\underset{\|}{S}}}}-O-O-\overset{\displaystyle O}{\underset{\displaystyle O}{\overset{\|}{\underset{\|}{S}}}}-OK \xrightarrow{\text{加热}} 2KO-\overset{\displaystyle O}{\underset{\displaystyle O}{\overset{\|}{\underset{\|}{S}}}}-O\cdot$$

氧化还原引发体系活化能较低,可适用于较低温度条件下的聚合。如异丙苯过氧化氢和二价铁组成的引发系统

2) 链增长

在引发阶段形成的单体自由基活性很高,能与第二个烯类分子加成,形成新的自由基,而新自由基活性并不衰减,继续和其他单体分子反应,形成单元更多的链自由基。

链增长是放热反应,其活化能低,速率极高,在极短时间内聚合度可达数千甚至上万。因此,聚合体系中实际上仅由单体和聚合物两部分组成,而不存在聚合度递增的一系列中间产物。

3) 链终止

自由基有相互作用的强烈倾向,由独电子消失而使链终止。终止反应通常存在偶合和歧化两种方式:

$$\longrightarrow \sim\!\!\sim\!\!\sim\!\!\text{CH}_2\text{CH}\!\!-\!\!\text{CHCH}_2\!\!\sim\!\!\sim\!\!\sim$$
$$\underset{\text{X}}{|}\qquad\underset{\text{X}}{|}$$

偶合

$$\sim\!\!\sim\!\!\sim\!\!\text{CH}_2\text{CH}\cdot\ +\ \cdot\text{CHCH}_2\!\!\sim\!\!\sim\!\!\sim$$
$$\underset{\text{X}}{|}\qquad\qquad\underset{\text{X}}{|}$$

$$\longrightarrow \sim\!\!\sim\!\!\sim\!\!\text{CH}_2\text{CH}_2\ +\ \text{CH}\!=\!\text{CH}\!\!\sim\!\!\sim\!\!\sim$$
$$\underset{\text{X}}{|}\qquad\quad\underset{\text{X}}{|}$$

歧化

偶合终止，聚合物的聚合度为两个链自由基重复单元数之和；而歧化终止，聚合度与链自由基中的重复单元数相同。以何种终止方式为主，与单体种类和聚合条件有关。链终止所需的活化能很低，只要反应体系中活性链的相对浓度足够大，终止反应就容易进行。

4）链转移

链自由基除了相互终止丧失活性外，也可能把它的活性转移给单体、溶剂、引发剂或大分子等，使自身终止同时产生一个新的自由基。若向单体转移

$$\sim\!\!\sim\!\!\text{CH}_2\text{CH}\cdot\ +\ \text{CH}_2\!=\!\text{CH}\underset{\underset{\text{X}}{|}}{\overset{\longrightarrow}{\underset{\longrightarrow}{}}}\begin{array}{l}\sim\!\!\sim\!\!\text{CH}_2\text{CH}_2\ +\ \text{CH}_2\!=\!\text{C}\cdot\\ \quad\underset{\text{X}}{|}\qquad\qquad\underset{\text{X}}{|}\\[4pt] \sim\!\!\sim\!\!\text{CH}\!=\!\text{CH}\ +\ \text{CH}_3\text{CH}\cdot\\ \quad\underset{\text{X}}{|}\qquad\qquad\underset{\text{X}}{|}\end{array}$$

体系中活性中心的数量未变，即聚合速度并不降低，但降低了聚合度。若有溶剂存在，可能向溶剂分子转移，

$$\sim\!\!\sim\!\!\sim\!\!\text{CH}_2\text{CH}\cdot\ +\text{YZ}\longrightarrow \sim\!\!\sim\!\!\sim\!\!\text{CH}_2\text{CHY}\ +\text{Z}\cdot$$
$$\underset{\text{X}}{|}\qquad\qquad\qquad\qquad\underset{\text{X}}{|}$$

同样使聚合度降低，而聚合速度是否改变，取决于新生成自由基

Z·的活性。有时为了避免分子量过高，特地加入某种链转移剂，以调整分子量。这种物质叫做分子量调节剂。常用的如硫醇类化合物。若向引发剂转移，虽然也有自由基 R·产生，但另一个 R 基团被夺走。因此除了使聚合度降低之外，还使引发剂利用率降低。

$$\sim\!\!\sim\!\!-CH_2\!-\!CH\cdot\ +R\!-\!R$$
$$\underset{X}{|}$$
$$\longrightarrow\ \sim\!\!\sim\!\!-CH_2\!-\!CHR\ +R\cdot$$
$$\underset{X}{|}$$

链自由基也可能向大分子转移，从而形成支链大分子，甚至交联结构。

$$\sim\!\!\sim\!\!-CH_2CH\cdot\ +\ \sim\!\!\sim\!\!-CH_2CH\!\sim\!\!\sim$$
$$\underset{X}{|}\qquad\qquad\underset{X}{|}$$

$$\longrightarrow\ \sim\!\!\sim\!\!-CH_2CH_2\ +\ \sim\!\!\sim\!\!-CH_2C\!\sim\!\!\sim$$
$$\underset{X}{|}\qquad\qquad\underset{X}{|}$$

5）阻聚作用

有些物质极易与自由基发生链转移反应，而转移后新形成的自由基却很稳定，不能再引发其他单体，最后只能与其他自由基双基终止。这样，在聚合初期往往无聚合物生成，出现了所谓"诱导期"。这种现象也称阻聚作用。具有阻聚作用的物质叫做阻聚剂，如对苯二酚。在单体的精制和贮存时，为防止聚合常加入一定量的阻聚剂，聚合前再将其去除。

6）自动加速现象

许多单体在聚合中期往往会自动加速，其原因是由体系粘度引起的，叫凝胶效应。扩散因素对聚合过程影响很大，随着转化率的提高，体系粘度增加，长链自由基卷曲，活性末端可能被包裹，双基终止受到阻碍，活性链寿命延长。因此聚合反应显著自动加速，分子量也同时迅速增加。聚合是强放热反应，如若不能及时传出热量会进一步加剧反应,从而导致爆聚而造成事故。

6·2·2·2　自由基型加聚反应的特征

(1)自由基聚合反应过程由引发、增长、终止和转移等基元反应组成。其中引发速率最小,是控制总聚合速率的关键。因此引发剂的活性和用量对聚合有重要影响。引发剂的用量越多,反应总速率越大,而聚合物的平均分子量越小。

(2)只有链增长反应才使聚合度增加。一个单体分子从引发经增长、终止,转变成大分子,时间极短,不能停留在中间聚合度阶段。因此,反应混合物仅由单体和聚合物组成。在聚合全过程中,聚合度变化较小。

(3)在聚合过程中,单体浓度逐步降低,聚合物转化率相应逐步增加,延长聚合时间主要是提高转化率,对分子量影响较小。

(4)温度升高,引发剂分解加快,聚合总速率增大,但平均分子量降低。有时温度升高还将促进链转移和支化反应的增加。

(5)压力对气态单体的聚合有明显影响,压力增大,反应速率也增大。但对液态单体压力的影响较小。

(6)聚合物的分子量除可以通过引发剂的用量和聚合温度来控制外,还可以用链转移剂来调节。

(7)聚合为强放热反应,具有有效的散热措施才能保持聚合反应的正常进行。

(8)少量阻聚剂能使自由基聚合反应延迟甚至不能发生。

6·2·2·3　自由基共聚反应

两种或两种以上单体在一起聚合,得到主链中包含有两种或两种以上单体单元的新型聚合物,通常就叫做共聚物。而该聚合过程称为共聚反应。共聚物的物理机械性能取决于组成该共聚物的两种或两种以上单体单元的性质、相对数量及其排列方式。因此,通过共聚反应可以合成性能更好更全面的各种新型聚合物。共聚物的组成通常不同于原料单体的组成。共聚物的组成与原料配料比是否有关系?怎样才能得到一定组成的共聚物?这些问题是制备共聚物时必须要解决的。现简要介绍如下:

1）共聚物的组成关系式

自由基共聚反应的机理与均聚反应基本相同，也是引发、增长和终止。当两种单体 M_1 和 M_2 进行共聚时，在链增长时存在着四种竞争反应：

$$\text{\textasciitilde\textasciitilde\textasciitilde} M_1 \cdot \ + M_1 \xrightarrow{k_{11}} \text{\textasciitilde\textasciitilde\textasciitilde} M_1 M_1 \cdot$$

$$\text{\textasciitilde\textasciitilde\textasciitilde} M_1 \cdot \ + M_2 \xrightarrow{k_{12}} \text{\textasciitilde\textasciitilde\textasciitilde} M_1 M_2 \cdot$$

$$\text{\textasciitilde\textasciitilde\textasciitilde} M_2 \cdot \ + M_1 \xrightarrow{k_{21}} \text{\textasciitilde\textasciitilde\textasciitilde} M_2 M_1 \cdot$$

$$\text{\textasciitilde\textasciitilde\textasciitilde} M_2 \cdot \ + M_2 \xrightarrow{k_{22}} \text{\textasciitilde\textasciitilde\textasciitilde} M_2 M_2 \cdot$$

式中：k_{11}、k_{12} —— 分别是 $\text{\textasciitilde\textasciitilde\textasciitilde} M_1 \cdot$ 链自由基与单体 M_1 或 M_2 链增长时的反应速率常数；

k_{21}、k_{22} —— 分别是 $\text{\textasciitilde\textasciitilde\textasciitilde} M_2 \cdot$ 链自由基与单体 M_1 或 M_2 链增长时的反应速率常数。

反应体系达到稳定状态时，可导出下列关系式：

$$\frac{d[M_1]}{d[M_2]} = \frac{[M_1]\{\dfrac{k_{11}}{k_{12}}[M_1] + [M_2]\}}{[M_2]\{\dfrac{k_{22}}{k_{21}}[M_2] + [M_1]\}}$$

令 $k_{11}/k_{12} = r_1$，$k_{22}/k_{21} = r_2$ 则得

$$\frac{d[M_1]}{d[M_2]} = \frac{[M_1]}{[M_2]} \cdot \frac{r_1[M_1] + [M_2]}{r_2[M_2] + [M_1]}$$

式中：$d[M_1]/d[M_2]$ —— 某一瞬间形成的共聚物中两种单体单元

数之比;

[M₁]和[M₂]──该瞬间与共聚物组成相对应的两种单体
的浓度;

r_1和r_2──两种链增长反应速度常数之比,表征出两
种单体的相对活性,称为竞聚率。

如果[M₁]、[M₂]和r_1、r_2均为已知,就可计算出瞬间形成的
共聚物组成。

2) 竞聚率的意义

$r_1 = k_{11}/k_{12}$,是 ⎯⎯⎯⎯ M₁·链自由基与单体 M₁和 M₂反应
能力之比,也就是在这一竞争反应中两种单体和同一链自由基反
应时活性之比值。

若r_1大于1,即k_{11}大于k_{12},表示 ⎯⎯⎯⎯ M₁·易和同种单
体 M₁反应而不易与异种单体 M₂反应,即单体 M₁易自聚而不易共
聚;相反r_1小于1,表示单体 M₁共聚的倾向大于自聚的倾向。

若$r_1 = 1$,即$k_{11} = k_{12}$,表示 ⎯⎯⎯⎯ M₁·与两种单体反应
的活性相同。若$r_1 = 0$,$k_{11} = 0$,$k_{12} \neq 0$,则表示 ⎯⎯⎯⎯ M₁·
只能与 M₂反应,而不能与同种单体 M₁反应,故单体 M₁只能与 M₂
共聚而不能自聚。对r_2来说也可以作类似的讨论。

由此可见,r_1和r_2两个参数很重要,它们不但是计算共聚物
组成的必要参数,又可根据它们的数值大小来直观地估计这两种
单体能否共聚和共聚倾向的大小。常见单体的竞聚率均已测定,可
以从有关书刊中查到,部分单体竞聚率列于表 6-3。

3) 共聚物组成曲线的类型

图6-2所示为共聚物组成曲线,它简明地反映出竞聚率、原料
单体组成与共聚物组成间的关系。当r_1小于1,r_2小于1时,表示
⎯⎯⎯⎯ M₁·和 ⎯⎯⎯⎯ M₂·都是与异种单体反应的活性较
大,即共聚大于自聚,相应于图中曲线①。r_1和r_2比1小得越多,共
聚的倾向就越大。

表 6-3　　自由基共聚反应中单体的竞聚率

M_1	M_2	r_1	r_2	T , ℃
苯乙烯	乙基乙烯基醚	80±40	0	80
苯乙烯	醋酸乙烯酯	55±10	0.01±0.10	60
丁二烯	丙烯腈	0.3	0.02	40
丁二烯	苯乙烯	1.35±0.12	0.58±0.15	50
甲基丙烯酸甲酯	苯乙烯	0.46±0.026	0.52±0.026	60
甲基丙烯酸甲酯	丙烯腈	1.224±0.10	0.150±0.08	80
甲基丙烯酸甲酯	氯乙烯	10	0.10	68
氯乙烯	偏二氯乙烯	0.3	3.2	60
氯乙烯	醋酸乙烯酯	1.68±0.08	0.23±0.02	60
顺丁烯二酸酐	苯乙烯	0.015	0.040	50

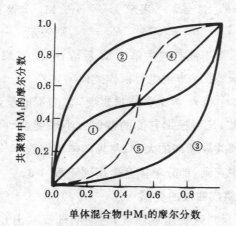

图 6-2　共聚物组成曲线

① $r_1 = r_2 = 0.135$;② $r_1 = 10$, $r_2 = 0.1$;③ $r_1 = 0.1$, $r_2 = 10$;

④ $r_1 = r_2$;⑤ $r_1 = r_2 = 1.4$

当 $r_1 \to 0$，$r_2 \to 0$ 时，两种单体只能共聚而极难自聚，这时共聚组成关系式变成：

$$\frac{\mathrm{d}[M_1]}{\mathrm{d}[M_2]} = \frac{[M_1]}{[M_2]} \cdot \frac{[M_2]}{[M_1]} = 1$$

共聚物的组成与单体的配料比无关，两种单体严格地交替排列

$$\diagdown\diagdown\diagdown\diagdown\diagdown M_1 M_2 M_1 M_2 M_1 M_2 \diagdown\diagdown\diagdown\diagdown$$

这种情况称交替共聚，相应的共聚物称交替共聚物。

当 r_1 大于1，r_2 小于1时，这时不论哪一种链自由基和单体 M_1 反应的倾向总是大于单体 M_2，所以共聚物的组成中，M_1 单元较多，相应于图中曲线②。类似的 r_1 小于1，r_2 大于1，如曲线③。

当 $r_1 = 1$，$r_2 = 1$ 时，共聚组成关系式变成：

$$\frac{\mathrm{d}[M_1]}{\mathrm{d}[M_2]} = \frac{[M_1]}{[M_2]}$$

这表明共聚物中各单体单元的比例和原料单体的配比恒等，相应于图中曲线④，也就是对角线。这时无论是 $\diagdown\diagdown\diagdown\diagdown$ $M_1\cdot$ 或 $\diagdown\diagdown\diagdown\diagdown$ $M_2\cdot$，它们与两种单体反应的活性相同。

当 r_1 大于1，r_2 大于1时，任何一种链自由基都倾向于自聚而不易共聚，相应于图中曲线⑤。若 r_1 和 r_2 都远大于1，则两种单体显然不能共聚，而只可能生成均聚物。

除交替共聚这个特殊情况之外，通常自由基共聚得到的是无规共聚物，也即两种单体单元在大分子中的排列是无规则的。

4）控制共聚物组成的方法

综上所述，在一般情况下共聚时活泼单体将优先反应，使起始生成的共聚物中含有较多的活泼单体。随着反应的进行，活泼单体消耗较快，使比较不活泼单体的相对量越来越多，故在反应后期生

成的共聚物中就含有较多的比较不活泼的单体。因此，单体混合物的组成与所得共聚物的组成都随反应的进行而不断改变。而共聚物性能与其组成密切相关，如何控制共聚物的组成以制得组成均匀的共聚物，通常采用下面的方法：

（1）选择竞聚率合适的单体，调节好起始单体的配料比，以一次投料进行反应。

（2）连续补加活性较大的单体，使单体混合物的组成保持基本不变；也可根据两种单体消耗量同时补加。

（3）控制共聚反应的转化率，使共聚反应进行到一定程度时，将反应停止。也可与连续补加法结合起来成为分段补加法。即先使原料单体反应到一定转化率，补加一部分活泼单体，使混合后的组成恢复到起始原料组成，再继续反应，达一定转化率后再补加活泼单体再反应，一次又一次直至活性较小的单体基本耗尽而结束反应。

6·2·2·4 聚合反应的实施方法

目前工业上实施聚合反应的方法可以分成四种：

（1）本体聚合 不加其他介质，只有单体本身加少量引发剂（甚至不加）的聚合。其特点是产品纯净，但反应时散热困难，若控制不当，甚至会引起爆聚。

（2）悬浮聚合 溶有引发剂的单体，在机械搅拌和分散剂的作用下，以小液滴状态悬浮在水中的聚合。实际上可以看作是小颗粒的本体聚合。优点是聚合热通过水介质传出，温度容易控制，但产品纯度不及本体聚合的高。

（3）溶液聚合 单体和引发剂溶于适当溶剂中的聚合。其特点是，反应在均匀介质中进行，散热好，温度容易控制，可以直接制成聚合物溶液以制造涂料。多数情况下制得的聚合物分子量较低。

（4）乳液聚合 单体在水介质中因乳化剂的作用而呈乳液状态进行的聚合。体系的基本组成是单体、水、水溶性引发剂和乳化剂。其特点是聚合速度快，散热较好，温度较容易控制，可以得到稳定的聚合物乳液，广泛地用于乳胶涂料的生产。

6·2·3 缩聚反应

缩聚反应是由多次重复的缩合反应（同时有小分子产物放出）形成聚合物的过程。缩合与缩聚两者的区别仅在于反应物的官能团数目及生成物的性质不同而已。几乎所有的缩合反应都可以利用来合成聚合物。所要求的原料是一种或两种含有两个或两个以上能缩合的官能团的单体。

6·2·3·1 线型缩聚反应

带有两个官能团的单体，例如二元酸与二元醇，在适当条件下能脱水缩合，所得酯分子的两端仍有可以反应的官能团，可继续进行反应，如此反复脱水缩合，形成聚酯分子链。

$$HOOC—R—COOH+HO—R'—OH$$
$$\Longrightarrow HOOC—R—COO—R'—OH+H_2O$$
$$HOOC—R—COO—R'—OH+HOOC—R—COOH$$
$$\Longrightarrow HOOC—R—COO—R'—OOC—R—COOH+H_2O$$
$$HOOC—R—COO—R'—OH+HO—R'—OH$$
$$\Longrightarrow HO—R'—OOC—R—COO—R'—OH+H_2O$$
$$HOOC—R—COO—R'—OOC—R—COOH$$
$$+HO—R'—OOC—R—COO—R'—OH$$
$$\Longrightarrow HOOC—R—COO—R'—OOC—R—COO—R'—$$
$$—OOC—R—COO—R'—OH+H_2O$$

这一系列反应可简要表示如下：

$$n HOOC—R—COOH+\ n HO—R'—OH$$
$$\Longrightarrow H{\fbox{$O—R'—OOC—R—CO$}}_{\overline{n}}OH+(2n-1)H_2O$$

对于羟基酸也可形成聚酯大分子。

$$nHOOC-R-OH \rightleftharpoons HO\text{-}\!\!\left[OC-R-O\right]_n\!\!H + (n-1)H_2O$$

如果用二元酸与二元胺，则可得到聚酰胺等。

以上反应过程，说明了缩聚反应的逐步性。缩聚物的分子量随着反应时间的延长而逐步增大。对于大多数的缩聚反应都是平衡缩聚，也即反应是可逆的。因此，反应过程中还存在各种交换反应，如酸解、醇解、酯交换等。

$$\sim\!\!R''\overset{\overset{\displaystyle O}{\|}}{C}\!OH + \sim\!\!R\overset{\overset{\displaystyle O}{\|}}{C}\!O\!-\!R'\sim$$

$$\rightleftharpoons \sim\!\!R\overset{\overset{\displaystyle O}{\|}}{C}\!OH + \sim\!\!R''\overset{\overset{\displaystyle O}{\|}}{C}\!O\!-\!R'\sim$$

$$\sim\!\!R''\!-\!OH + \sim\!\!R\overset{\overset{\displaystyle O}{\|}}{C}\!O\!-\!R'\sim$$

$$\rightleftharpoons \sim\!\!R'\!-\!OH + \sim\!\!R\overset{\overset{\displaystyle O}{\|}}{C}\!O\!-\!R''\sim$$

$$\sim\!\!R\overset{\overset{\displaystyle O}{\|}}{C}\!O\!-\!R'\sim + \sim\!\!R''\overset{\overset{\displaystyle O}{\|}}{C}\!O\!-\!R'''\sim$$

$$\sim \rightleftharpoons R''\overset{\overset{\displaystyle O}{\|}}{C}\!O\!-\!R'\sim$$

$$+ \sim\!\!R\overset{\overset{\displaystyle O}{\|}}{C}\!O\!-\!R'''\sim$$

这些反应并不改变官能团的数目，所以不影响反应程度。但分子链的长度发生了变化。

为了得到高分子量的产物，必须尽可能地驱除缩聚反应所产生的低分子化合物。

必须指出，双官能团单体的缩聚反应，除生成线型聚合物外，也有成环反应的可能性，即有成环或成线的竞争。如果第一或第二步缩合的产物能够形成五元或六元环状产物，那么反应向生成环状产物的方向进行,否则生成线型聚合物。如乙二酸与乙二醇反应时,生成稳定的六元环状物,而得不到线型缩聚物。

$$HOOC-COOH+HOCH_2CH_2OH \longrightarrow O=C \underset{O-CH_2}{\overset{C-O-CH_2}{\underset{|}{\big|}}} +2\ H_2O$$

因此选用单体时必须避免成环的可能性。

6·2·3·2 体型缩聚反应

在缩聚反应中,只要有多于两个官能团的单体,在经过一个低分子量的线型缩聚阶段之后,就会发生交联反应,而得到体型结构产物。该过程叫体型缩聚。例如苯酐与甘油,初期可得到线型聚酯

进而生成体型结构的产物。

体型缩聚的特征是当反应进行到一定程度后会出现凝胶。所谓凝胶就是体型结构的产物。出现凝胶时的反应程度称为凝胶点。在凝胶形成过程中,体系的粘度急剧地增大,而成为有弹性的半固体状物质。为此,体型缩聚反应常常在凝胶点之前终止反应,所得树脂可以制成涂料,在涂装施工后可通过加热或加入催化剂等方法再完成交联,而最终形成体型结构的涂膜。因此在生产中预测凝胶点是十分重要的。现以反应程度为出发点进行理论推导计算。

若 N_0 为反应开始时单体分子的总数,N 为反应到某时刻体系中分子数目,$\bar{f}$ 为单体的平均官能度,则反应程度 P 为:

$$P = \frac{2(N_0 - N)}{N_0 \bar{f}} = \frac{2}{\bar{f}} - \frac{2}{\frac{N_0}{N} \cdot \bar{f}}$$

因为 $N_0/N = \bar{X}$（平均聚合度）,由此

$$P = \frac{2}{\bar{f}} - \frac{2}{\bar{X}\bar{f}}$$

当达到凝胶点时,聚合度迅速增大,可以认为 $\bar{X} \to \infty$,此时的反应程度即凝胶点,以 P_c 表示:

$$P_c = \frac{2}{\bar{f}}$$

在二官能团反应体系中,因 $\bar{f} = 2$,$P_c = 1$,即全部官能团均可参加反应,若无副反应,不会产生凝胶,也即前面的线型缩聚。而在多官能团体系中,$\bar{f}$ 大于2时,P_c 小于1,就可能发生凝胶化。例如两种单体的官能度分别为2和3,以等当量比参加反应时:

$$\bar{f} = \frac{2 \times 3 + 3 \times 2}{3 + 2} = 2.4$$

$$P_c = \frac{2}{\bar{f}} = \frac{2}{2.4} = 0.833$$

即反应程度为83.3%时将出现凝胶。由于实际上凝胶时 $\bar{X}$ 并非无

限大,故计算值略大于实验值。

6·3 醇酸树脂及醇酸树脂漆

醇酸树脂是指由多元醇、多元酸与脂肪酸制成的聚酯而言。它区别于单纯由多元醇和多元酸制成的聚酯。

邻苯二甲酸酐与甘油反应,其平均官能度大于 2,所以会发生凝胶。在凝胶点之前,产物虽然能溶于醇或酮,但此时存在大量未反应的羧基与羟基,这种树脂用于涂料没有使用价值。若同时引入单官能度的脂肪酸,则可降低平均官能度。若从等摩尔比的甘油、苯二甲酸酐和脂肪酸三个成分出发,可以看作脂肪酸与甘油先反应成二官能度的甘油单脂肪酸酯,再与苯二甲酸酐反应,此时平均官能度为 2,成线型缩聚而不会发生凝胶。若脂肪酸与甘油的摩尔比大于 1,则除甘油单酸酯外,还有甘油二酸酯产生,它与一元醇相似成为链终止剂,而使分子链的聚合度限制在一定的数值上。若脂肪酸与甘油的摩尔比小于 1,则不能使全部甘油成为单酸酯,将会发生交联而引起凝胶,但凝胶点将被推后到较大的值。所以脂肪酸的引入改变了树脂的结构,使酯化反应趋于完全,使树脂能溶于普通烃类溶剂,可依靠脂肪酸基中的不饱和键在空气中的氧化聚合而自干成膜,也可与其他树脂合用成膜。醇酸树脂的性能优越,在干率、附着力、光泽、硬度、保光性、耐候性等方面都超过以前所用的制漆材料,因此得到迅速发展。目前醇酸树脂的品种很多,其产量在涂料用合成树脂中占很大比重。

醇酸树脂的出现,在涂料工业发展的进程中,摆脱了以干性油和天然树脂制漆的传统方法,通过特定的化学反应,合成了结构较明确的新型制漆原料,推动涂料工业向现代化工业发展。

6·3·1 醇酸树脂的原料

醇酸树脂以多元醇、多元酸、脂肪酸(油脂)为原料。多元醇有乙二醇、新戊二醇、丙三醇(甘油)、三羟甲基丙烷、季戊四醇等。多元酸有邻苯二甲酸酐、间苯二甲酸、对苯二甲酸、顺丁烯二酸酐、偏苯三甲酸酐等。脂肪酸一般来源于植物油,所以在生产中大都直接采用各种植物油,如桐油、亚麻油、梓油、豆油等。

6·3·2 醇酸树脂的分类

按性能特点可分成干性油醇酸树脂和不干性油醇酸树脂两大类。前者含有不饱和脂肪酸的成分,涂布后,在室温与氧的作用下能转化成干燥的涂膜,如亚麻油醇酸树脂、豆油醇酸树脂、梓油醇酸树脂等;后者所含脂肪酸基不能在空气中氧化聚合,因而不能干燥成膜,所以不能单独用作漆料,而可与其他成膜物质混合使用以改善涂膜的性能,如蓖麻油醇酸树脂、椰子油醇酸树脂等。

醇酸树脂又常按含油多少,即所谓油度,可区分为短、中、长、

表 6-4 醇酸树脂油度区分值

油　度	油量,%	苯二甲酸酐量,%
短	35～45	大于35
中	45～60	30～34
长	60～70	20～30
特长	大于70	小于20

特长等四种,或者也可按苯二甲酸酐的含量来区分。如表 6-4 所示。习惯上油度的计算公式如下:

$$油度(或苯二甲酸酐含量)\% = \frac{油(或苯二甲酸酐)用量}{树脂的理论产量} \times 100\%$$

式中树脂的理论产量等于苯二甲酸酐用量、甘油用量、脂肪酸(或油脂)用量之和,减去完全酯化所生成的水量。

6·3·3 醇酸树脂的制造

由于使用原料不同,可分为脂肪酸法和醇解法。在工艺上又可分为溶剂法与熔融法。

6·3·3·1 脂肪酸法

用脂肪酸与多元醇(如甘油)、多元酸(如苯酐)一起进行缩聚反应,温度一般保持在200～250℃,过程中不断地测定酸值与粘度,达到要求停止加热,加入溶剂配成树脂溶液即成漆料。由于反应体系内物料互相溶解呈均相,因而反应能顺利进行。实际上脂肪酸通常是由油脂加工而制得,所以直接用油脂来制造醇酸树脂,在技术经济上更为合理。因此脂肪酸法在工业生产中较少采用。

6·3·3·2 醇解法

直接以油脂为起始原料。大多数的植物油在与甘油、苯酐直接混合加热反应时,不能成为均相反应,总是分层。往往上层是油,下层是甘油与苯酐形成的聚酯。反应到一定程度即发生凝胶化,而上层依然是油。为此必须将油先与甘油进行醇解,生成甘油的不完全脂肪酸酯,再与苯二甲酸酐酯化,这样在酯化时就能形成均相体系,而能顺利地制得醇酸树脂。

1) 醇解反应

醇解是平衡反应,因此在反应系统内,甘油一酸酯、甘油二酸酯、油(甘油三酸酯)和甘油同时存在。反应应尽可能达到平衡状态,使甘油一酸酯的含量达到最高,从而使酯化反应进行得较为完全而不致发生凝胶。

甘油与油脂在低温下不能醇解。在催化剂存在下,通常在200～250℃可以顺利地进行醇解反应。温度高,速度快,但也容易增加色泽,增加挥发损失,促使醚化等副反应的发生。一般中短油醇酸

$$
\begin{array}{ccccc}
\text{H}_2\text{C—OOCR} & \text{CH}_2\text{OH} & \text{H}_2\text{C—OH} & & \text{H}_2\text{C—OH} \\
| & | & | & & | \\
\text{HC—OOCR} & + & \text{CHOH} & \rightleftharpoons & \text{HC—OH} & + & \text{HC—OOCR} \\
| & | & | & & | \\
\text{H}_2\text{C—OOCR} & \text{CH}_2\text{OH} & \text{H}_2\text{C—OOCR} & & \text{H}_2\text{COOCR}
\end{array}
$$

树脂采用较低温度,长油醇酸树脂采用较高温度。使用季戊四醇时,由于其熔点较高,故应适当提高温度。

　　碱性物质可用作醇解催化剂,如氧化钙、氧化铅效果较好,其用量为油量的0.02%～0.06%。但其缺点是能与苯二甲酸形成不溶性盐,使树脂发浑,氧化铅还有毒。氢氧化锂或环烷酸锂的催化效力强,制出树脂透明,目前应用较普遍。铅、钙、锂三种催化剂对亚麻油醇解的影响如图 6-3 所示:

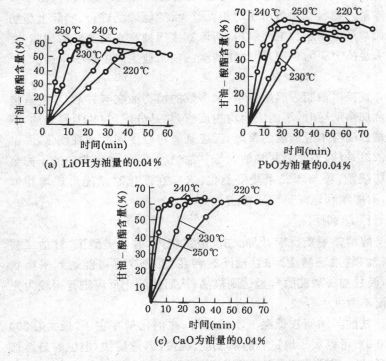

图 6-3　在不同温度醇解时间与甘油－酸酯含量关系

从图 6-3 中的曲线可知,温度越高,醇解速度越快,甘油一酸酯的含量可达一最大值。若再继续加热,甘油一酸酯的含量会稍有下降。甘油一酸酯的含量达最大值时，即为醇解反应的终点。在工业上为了简便与迅速，通常都采用对醇容忍度法来测定醇解终点。其原理是油脂(蓖麻油除外)原来是不溶于乙醇或甲醇的。随着醇解作用的进展，油分子逐渐转变为甘油一酸酯、甘油二酸酯。极性增大，与醇类的混容度也随之增加。甘油一酸酯越多，与醇的相互混容度也越大。工业上就是采用一份醇解油能容忍多少份95％乙醇(或甲醇)，在25℃保持溶液透明作为鉴定终点的方法。

2) 酯化反应

醇解完毕应立即进行酯化。一般先降温至180～200℃左右，加入苯酐，然后再升温到200～259℃进行酯化。酯化反应有熔融法和溶剂法两种工艺。

(1) 熔融法　这是较老的一种方法。工艺要点是加入苯酐后，在机械搅拌下保持200～250℃的温度，并且通入惰性气体(二氧化碳或氮气)，同时用抽风机使反应锅内稍呈负压，以利缩聚反应所生成水汽的排出。反应过程中定期取样，测定酸值与粘度，直至达到规定的要求，停止反应，加入溶剂得到树脂溶液。熔融法设备简单，防火要求较低，常用直接火加热。由于没有回流冷凝器，反应温度又较高，所以物料损失较大，使得率降低，且树脂的实际组成与原配方的计算值有较大差异，所以在拟定配方时必须考虑到这一问题。此外由于物料较粘稠，锅壁有物料粘结，必须经常用碱洗涤清除。由于存在这些缺点，故目前已较少使用。

(2) 溶剂法　为克服熔融法存在的缺点，发展了溶剂法。即在反应体系中加入有机溶剂，常用二甲苯，与缩聚反应生成的水形成共沸，通过冷凝器冷凝后经油水分离器，上层为二甲苯由溢流管流回反应锅循环使用；下层为水不断排出。酯化反应的温度可以用二甲苯的量来调节。二甲苯用量与酯化混合物的沸点关系如表 6-5所示。

表 6-5　二甲苯含量与反应物沸点的关系

二甲苯占加料总量%	3	4	7
反应混合物的沸点℃	251	246～251	204～210

反应过程中也要定期测定粘度与酸值,常常同时对排出水计量。当粘度、酸值、出水量达到规定值时,即达反应终点,可冷却加溶剂稀释得树脂溶液。

溶剂法的主要优点是酯化反应温度低、周期短,所以树脂色泽较浅;物料损失极少,树脂得率高;反应锅容易清洗等。

溶剂法生产工艺举例:

	55%亚麻油醇酸树脂	41%豆油醇酸树脂
配方(kg):		
亚麻油	960	—
甘油	290	415
邻苯二甲酸酐	612	802
豆油	—	782
氧化铅	0.129	0.2
二甲苯(回流)	83	140
200号溶剂油	1300	—
二甲苯(溶液)	325	1200
松节油	—	600
工艺条件:		
醇解温度℃	220	240
醇解终点	1:5(甲醇)	1:9(95%乙醇)
酯化温度℃	200～230	200～210
酯化终点:		
酸值	≤15	<20

粘度,秒	6～6.5	3.5～4
(加氏管1:1,25℃)	(200号溶剂油)	(二甲苯)
溶剂稀释温度℃	＜150	＜150
不挥发组分含量%	50±2	50±2

醇酸树脂生产工艺操作曲线如图6-4所示：

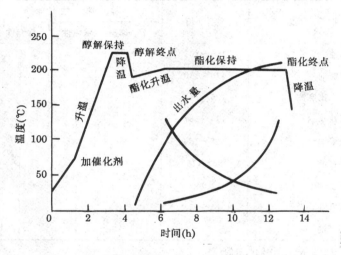

图 6-4　醇酸树脂生产工艺操作曲线图

6·3·4　醇酸树酯的性质

6·3·4·1　干性油醇酸树脂

1）油的种类的影响

干性油醇酸树脂是由干性油或半干性油制得。用碘值为125～135或更高的油都能制得室温自干的醇酸树脂；碘值低于125～135的油所制得的树脂干性较差,碘值高的油(例如亚麻油),制成的醇酸树脂,不仅干得快,而且硬度较大、光泽较强,但易泛黄。桐油反应过快,所以常与其他油混用。豆油醇酸树脂干性较慢,但泛黄性小。蓖麻油是不干性油,而脱水蓖麻油就成了干性油,而且含有共轭双键,所以制成的醇酸树脂干性快。其不泛黄性优于亚麻油醇酸树脂,而略逊于豆油醇酸树脂。但有干后发粘的缺点,所以常与其他油合并使用。油类对醇酸树脂性质的影响如表 6-6 所示:

表 6-6　油类对醇酸树脂性质的影响

油　　脂	碘　　值	涂　膜　性　能		
		干　率	保色性	保光性
桐油	155～167	↑	↓	↑
亚麻油	170～190			
脱水蓖麻油	125～140			
豆油	114～137			
松浆油	125～150			
棉籽油	98～115			
花生油	108			
蓖麻油	81～91			
椰子油	8		↓	

注:表中箭头表示性能改进的趋势。

2) 脂肪酸含量(油度)的影响

甘油、苯酐和不饱和十八碳脂肪酸的摩尔比为1时,平均官能度为2,相当于油度为60%左右。油度再长树脂的分子量减小;油度再短则平均官能度大于2,酯化时会发生凝胶,在生产中使用过量的甘油来调节平均官能度。苯酐甘油聚酯树脂是硬、脆、玻璃状物质,仅能溶于丙酮和酯类等溶剂中,而植物油是低粘度的液体能溶于脂肪烃。由此醇酸树脂的性质介于以上两者之间。油度对醇酸树脂性能影响见表 6-7。

表 6-7　油度对醇酸树脂性能影响

性　质	油　度　%			
	40	50	60	70
溶剂	芳香烃溶剂—混合溶剂—脂肪烃溶剂			
凝胶性	←			
硬度(烘干)	←			
干率(常温)	→		←	
户外耐久性	→		←	
醇容忍度	←			
溶解度	→			
刷涂性	→			
耐水性	→		←	
贮存性	→			
流平性	→			
原始光泽	→			
保光性	→			
保色性	→			

注：表中箭头方向表示性能改进趋势。

3）醇酸树脂的干燥性能

醇酸树脂的干性来自脂肪酸基中的双键在空气中的氧化聚合反应。由于醇酸树脂大分子上脂肪酸基很多，所以其官能度提得很高，且树脂分子已较大，故进一步氧化聚合就易于干燥成膜。因此那些干性很差的油，如豆油、松浆油酸等，却可制得干率很好的醇酸树脂。提高温度可以加速脂肪酸基的氧化聚合反应。高温干燥的涂膜具有较好的耐久性，因此醇酸树脂也常用于制造烘漆。

4）分子中的羧基和羟基对树脂性能的影响

由于醇酸树脂分子结构中残留有未反应的羟基和羧基，虽然致使其涂膜的耐水性不够理想,但这些极性基团的存在使涂膜具有良好的附着力。此外,羧基又可提高醇酸树脂对颜料的润湿能力,也可利用醇酸树脂分子上的羟基或羧基和其他成膜物质分子上的官能团起反应,综合两者性能上的优点,最有代表性的是氨基-醇酸树脂烘漆。

6·3·4·2 不干性油醇酸树脂

使用不干性油,如蓖麻油、椰子油及合成脂肪酸等可制得不干性油醇酸树脂。它们不能单独用作成膜物质制造涂料。常与其他成膜物质,如硝酸纤维素、氨基树脂、过氧乙烯树脂等合用,以增加光泽和附着力,并起增塑及提高耐候性的作用。不干性油醇酸树脂一般都是中短油度的。椰子油与合成脂肪酸具有链短、饱和度高、耐氧化性较好等优点。

6·3·5 醇酸树脂清漆与色漆

6·3·5·1 醇酸树脂清漆

所谓清漆是指不含颜料、漆膜透明的一类品种。醇酸树脂清漆一般是由中或长油度的亚麻油醇酸树脂溶于适当的溶剂,加有催干剂,经过滤净化而成。溶剂通常用200号油漆溶剂油,并加入松节油及二甲苯以增加清漆的稳定性。催干剂常常是几种混合使用,以达到要求的干率。铅催干剂可使漆膜干透,但它在醇酸树脂漆料中往往与苯二甲酸结合生成铅盐而析出,致使清漆浑浊,因此用量应尽可能少。也可不用铅催化剂,而使用钴、钙两种催干剂,其效果相当于铅的作用。醇酸树脂清漆举例如下:

配方(kg)	配方1	配方2
中油度醇酸树脂(50%)	84.00	—
长油度醇酸树脂(50%)	—	88.50
环烷酸钴(4%)	0.45	0.25
环烷酸锌(3%)	0.35	0.30
环烷酸钙(2%)	2.40	0.30

环烷酸锰(3%)	—	0.05
环烷酸铅(10%)	—	0.60
二甲苯	12.80	10.00

主要指标：

颜色,铁钴比色,号	<12	<14
外观	透明	透明
粘度,涂-4杯,秒	40～60	40～80
不挥发分,%	≥45	≥45
干燥时间,25℃		
表干,小时	≤6	≤5
实干,小时	≤18	≤24
酸值	≤12	≤8

醇酸树脂清漆干燥很快,漆膜光亮坚硬,耐候性、耐油性(汽油、润滑油)等都很好,但耐水性稍差。主要用作家具漆及作色漆的罩光。

6·3·5·2　醇酸树脂色漆

1) 色漆的种类

色漆与清漆的区别在于前者含有颜料。色漆根据其作用又可分为底漆和面漆。底漆直接施工在物件表面上,作为涂层的基础,既能坚牢地附着在物件表面,又能与其上面的涂层牢固粘着,它同时还须有与其上所涂涂层相适应的保护性能。底漆又可进一步分为头道底漆、腻子、二道底漆和防锈漆等。

头道底漆是直接接触物件表面的第一层涂料,它能为上面涂层提供良好的附着基础。底漆漆膜一般要求细密坚牢。用于金属表面还要求防锈,防锈漆属头道底漆的一个类型。

腻子是用来填补被施工物件的不平整的地方,如孔洞、缝隙等,以制成平整的表面提高装饰性。腻子通常涂在头道漆之上。它呈厚浆状,采用刮涂方法填补物件表面缺陷。在它干透之后还要进行打磨平整,所以一般要求坚牢不裂、硬而易磨。

腻子表面较粗糙,经打磨后往往出现细小针孔,二道底漆用以填平这些针孔。施工干透后还要打磨平整。

面漆在整个涂层中发挥主要的装饰和保护作用。色漆中的面漆主要品种是磁漆。它要求能遮盖物面,改变物件的颜色外观,因此要有较好的遮盖力,一般使用遮盖力较强的着色颜料。磁漆可以制成有光、半光和无光等品种,其中有光的品种数量最多。

2) 颜料的体积浓度

漆膜的性能与成膜物质和颜料两者体积之比有关,而与重量比关系不大。因此涂料生产中常以颜料体积浓度(PVC)为依据进行配方设计。

$$颜料体积浓度=\frac{颜料及体质颜料真体积}{成膜物质体积+颜料及体质颜料真体积}$$

在色漆配方中,随着颜料用量的增加,即 PVC 值增大至某值时,干漆膜性质会出现一个转折点,如由有光、半光到无光;透气性与透水性由低到高;底层生锈性逐渐严重等。显然此时漆料在漆膜中已不再呈连续状态,颜料颗粒不能全部被漆料所包覆,因而使漆膜的性能开始急剧变坏。因此在干漆膜时成膜物质恰恰填满颜料颗粒间的空隙而无多余量时,其颜料体积浓度叫做临界颜料体积浓度($CPVC$)。这个数值随成膜物质分散颜料的能力而有所不同。

在设计色漆配方时,底漆的 PVC 一般为40%~55%,其中头道底漆最小,二道底漆较大,而腻子最大。对于面漆,随 PVC 值增大而光泽降低。有光醇酸树脂磁漆其 PVC 值为3%~20%;半光漆为40%~55%;无光漆为45%~60%。

3) 醇酸树脂色漆配方举例

(1) 醇酸树脂底漆

配方(kg):

	铁红底漆	二道底漆
醇酸树脂(50%)	33.0①	33.23②
铁红	26.3	26.73
铬酸锌	6.7	—
沉淀硫酸钡	13.2	—
滑石粉	—	11.68
浅铬黄	—	11.63
黄丹	1.1	—
锌钡白	—	
环烷酸铅(8%)	1.3	1.2
环烷酸锰(3%)	1.2	0.17
环烷酸钴(3%)	1.0	0.02
环烷酸锌(3%)	—	0.17
环烷酸钙(2%)	—	0.53
二甲苯	18.8	14.64
三聚氰氨树脂(50%)	0.5	—
200号溶剂油	—	—
PVC 值(%)	39.4	42.0

主要指标：

	铁红底漆	二道底漆
粘度,涂-4杯,秒	60～120	80～150
细度,微米	≤50	≤60
干燥时间,25℃		
表干,小时	≤2	—
实干,小时	≤24	—
烘干(105±2℃),分	≤30	≤60

(2) 中油度醇酸树脂磁漆(有光)

---

① 中油度桐油亚麻油醇酸树脂。
② 长油度聚合亚麻油醇酸树脂。

配方(kg)：

	黑	红	绿	浅灰	天蓝	白
醇酸树脂(50%)	88.3	79.8	72.3	70.0	70.25	66.4
炭黑(硬质)	2.0	—	—	—	—	—
钛白	—	—	—	19.2	18.8	25.4
柠檬黄	—	—	11.4	0.39	—	—
铁蓝	—	—	2.40	0.20	1.20	—
炭黑(软质)	—	—	—	0.25	—	—
黄丹	0.08	—	0.07	0.07	0.06	0.07
群青	—	—	—	—	—	0.18
大红粉	—	8.0	—	—	—	—
中铬黄	—	—	1.90	—	2.0	—
环烷酸铅(12%)	1.2	1.5	1.4	2.0	2.0	2.0
环烷酸钴(3%)	1.2	0.3	0.4	0.2	0.6	0.8
环烷酸锰(3%)	0.6	0.6	0.4	0.8	0.6	0.2
环烷酸锌(3%)	0.78	0.8	1.1	0.94	0.8	0.8
环烷酸钙(2%)	0.85	0.9	0.8	1.24	1.2	1.2
硅油(1%)	—	—	0.4	0.4	0.4	—
二甲苯	2.59	8.1	4.58	1.91	4.09	0.55
双戊烯	2.4	—	2.7	2.4	—	2.4
PVC 值(%)	2.65	12.4	9.2	15.9	14.4	16.4

主要指标：

粘度,涂-4杯,秒	60～90
细度,微米	≤20
遮盖力,g/m²	红≤140、黄≤150、蓝≤80、黑≤40、白≤110
干燥时间,小时	
表干(25℃)	≤12
实干(25℃)	≤18
烘干(60～70℃)	≤3
光泽	≥90

4）色漆的制造

色漆中含有一定数量的颜料，为了得到平整均匀的漆膜，对细度有较高的要求，尤其是面漆，装饰性要求高，涂料细度通常要在20微米以下。细粉状的颜料可能由于各种因素而聚集成或软或硬的大颗粒，所以在色漆制造中，研磨是重要的过程。其作用是使聚集成较大颗粒的颜料分离开来，并被成膜物质所包覆而能持久地不再聚集成大颗粒，从而稳定地分散在液体漆料中，研磨时一般用漆料作介质。为了达到较好的效率，研磨料应有适当的粘度，这也与选用的研磨设备类型有关。生产上一般用配方量中的一部分漆料与颜料以及某些助剂（如润滑剂、分散剂等）在适当的研磨设备中一起研磨，到细度合格后，再用其余的漆料以及配方中的其他成分调配成色漆。常用的研磨设备有球磨机、三辊磨及砂磨机等。

在色漆配方中常常多种颜料同时使用，各种颜料各有特性，有的易分散，有的难分散；有的很纯净，有的含有杂质。如把它们按配方混合在一起进行研磨，势必会互相影响而降低效率和质量。因此一般采用分色研浆。也就是把各种颜料分别研磨成单一颜料的色浆。制漆时再根据颜色的要求，把各色颜料浆按配方中规定比例调配在一起，然后再调入配方中的其余部分漆料以及催干剂等助剂和溶剂等所有组分。

醇酸树脂是较早发展起来的涂料用合成树脂，目前产量大、品种多，应用最为广泛。尽管如此，仍在不断发展，除了与其他合成树脂拼合使用以制漆外，还有许多性能上各有其特点的改性醇酸树脂，即在醇酸树脂分子结构中引入其他成分。例如通过不饱和脂肪酸基中的双键与各种烯类单体，如苯乙烯、丙烯酸酯等进行共聚；或者通过醇酸树脂分子中的羟基与其他合成树脂，如有机硅树脂中的羟基或烷氧基实现共缩聚，从而开发了许多树脂新品种，由此可以制得性能更好的各种涂料新产品。

6·4　乳液及乳胶涂料

以合成树脂代替油脂,以水代替有机溶剂,是涂料工业当前发展的方向。以聚合物的微粒(粒径在0.1～10微米)分散在水中成稳定乳状液者称为聚合物乳液,简称乳液。聚合物乳液一般由烯类单体经乳液聚合而得。由此合成的乳液加入颜料和助剂,经研磨即成乳胶涂料。乳胶涂料不用有机溶剂,也不用油脂,不仅节省了资源,而且也解决了施工应用中的环境污染、劳动保护以及火灾危险。因而得到迅速发展。过去乳胶涂料多用作建筑物内用和外用的平光涂料,现在已发展到可用于木材和金属表面,并从平光发展到有光。随着石油化工的发展,为乳胶涂料的研究和生产发展创造了物质基础。

6·4·1　乳液聚合

6·4·1·1　基本组分

1) 单体

丁苯乳液最早用于乳液涂料的制造。但由于它容易泛黄和老化,目前已很少使用。现在在乳胶涂料所用合成乳液中最主要的是醋酸乙烯系统和丙烯酸酯系统,此外还有氯乙烯系统。而且广泛使用共聚以调整乳胶涂料的各种性能。所用的共聚单体如苯乙烯、顺丁烯二酸酯、叔碳酸乙烯酯、偏氯乙烯等。常用单体的性质如表 6-8 所示。

表 6-8　烯类单体的性质

单　　体	分子量	沸点℃	相对密度	折光指数 25℃	水中溶解度%	水在单体中溶解度%
醋酸乙烯酯	86	72.7	0.934	1.394	2.3	1.0
丙烯酸甲酯	86	79.9	0.952	1.401	5.2	2.7
丙烯酸乙酯	100	99.3	0.919	1.403	1.5	1.3
丙烯酸丁酯	128	148.8	0.901	1.416	0.2	0.6
丙烯酸乙基己酯	184	128 (6.7kPa)	0.889	1.433	<0.01	0.14
甲基丙烯酸甲酯	100	100.5	0.939	1.412	1.55	1.25
甲基丙烯酸乙酯	114	118.4	0.909	1.412	—	—
甲基丙烯酸丁酯	142	166	0.893	1.422	—	—
丙烯酸	72	141.3	1.047	1.418	∞	∞
甲基丙烯酸	86	163	1.015	1.431	∞	∞
苯乙烯	104	145.2	0.901	1.544	0.03	

　　乳液聚合属自由基型加聚反应,对单体的纯度有较高的要求。单体在贮存时,常加入阻聚剂,聚合前应去除。

　　2) 乳化剂

　　乳化剂是表面活性剂,在乳液聚合过程中能降低单体和水的界面张力,并增加单体在水中的溶解度,形成胶束和乳化的单体液滴,最后又将聚合物微粒分散在水中。乳化剂的品种和用量对乳液的稳定性、粒度大小的分布以及涂膜性能等都有很大的影响。常用的乳化剂有阴离子型如十二烷基硫酸钠、十二烷基苯磺酸钠、丁二酸乙基己酯碘酸钠、烷基萘磺酸钠等;非离子型,如烷基酚聚氧乙烯醚、脂肪醇聚氧乙烯醚等。现在较多的是阴离子型和非离子型乳化剂混合使用,形成混合胶束,乳化效果和稳定性比单独使用一种乳化剂的要好。乳化剂的用量一般为单体量的2%~5%。

　　3) 引发剂

　　在乳液聚合中一般都用水溶性引发剂,常用的有过硫酸的铵盐或钾盐。应该注意的是用过硫酸盐作引发剂时，反应液的 pH 值会不断降低。因此必要时可用碳酸钠等加以控制和调节，否则有可能会影响到乳液聚合反应的正常进行，如反应速度减慢、乳液粒子变粗、甚至发生凝胶破乳等现象。过硫酸盐的用量一般为单体量的 0.1%～0.5%。也可采用氧化还原引发系统，而使聚合反应在较低温度下进行。

4）水

水作为分散介质在乳液聚合过程的初期，反应物料是单体/水乳化体系；后期则转变成聚合物/水乳化体系，此时一般都是呈流动性较好的乳液，也是期望得到的产品。但若转变成水/聚合物乳化体系，则物料呈粘稠膏状，这就失去了用以制造涂料的价值。对于乳状液，连续相和分散相的体积比必须控制好。如果采用相同半径的圆球堆集在一起，使它具有最紧密的结构，根据立体几何计算可知，此情况下圆球占据空间为总体积的74.02%，其余25.98%是空隙。实验也证明，如果乳液的分散相体积超过总体积的74%，则乳液就要被破坏或变型，若分散相的体积为总体积的74%～26%之间，则两种情况都可能，即或者形成聚合物/水或者形成水/聚合物乳化体系；当低于26%或超过74%时，则仅可能有一种类型的乳化体系存在。当然影响乳液稳定性的因素很多，如乳化剂的种类和用量、电解质的影响、温度的变化、pH 值、甚至搅拌情况等。通常水相与分散相之比大于1。所以乳液的固体含量一般都在50%以下。为避免杂质对聚合反应的影响，现在都采用去离子水。

以上介绍的是基本的组分。实际上在具体配方中，常常为了达到某种目的而加入其他物质，如保护胶、电解质、分子量调节剂、聚合终止剂、增塑剂等。

6·4·1·2　乳液聚合反应机理

1）聚合反应引发以前

把单体、水、乳化剂、引发剂等物料加入反应器中，经搅拌形成乳状液。通常反应体系中水为连续相，其中溶解有少量单体分子、单分子状态存在的表面活性剂分子、引发剂分子，还有呈聚集态存在的胶束、溶解有单体分子的胶束（单体增溶的胶束）和单体液滴（参见图 6-5 ）。一般认为胶束的直径约4～5纳米，单体增溶的胶束则膨胀到6～10纳米，而单体液滴的直径则高达1000纳米。因为胶束与单体液滴的体积相差极为悬殊，所以两者的数目相差很大。据计算，单体与水配比约为40:60，乳化剂分子量为100左右的情况下，乳化剂浓度1％～2％，则反应体系中胶束的数目约为10^{18}个/毫升，而单体液滴数目则约为10^{11}个/毫升。数目之比为10^7:1。

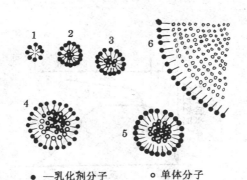

●—乳化剂分子　　○单体分子

图 6-5　乳液聚合体系中各种胶束、颗粒示意图

1—胶束；2—单体增溶胶束；3—含聚合物增长链的胶束；4—含单体和聚合物
　　增长链的乳胶粒；5—最后形成的聚合物微粒；6—单体液滴

2）聚合反应的进程

（1）聚合反应的开始阶段——加速阶段　反应体系中的水溶性引发剂分子受热分解生成自由基。由于胶束（包括单体增溶的胶束）的数目约为单体液滴数目的一百万倍左右，其比表面积非常大，所以引发剂自由基立即被胶束所吸附而进入胶束内，当自由基扩散入单体增溶的胶束时，立即引发单体分子开始聚合反应。而消耗的单体不断由单体液滴经过水相扩散进入胶束进行补充，使聚合链不断增长，而胶束则为生成的聚合物所膨胀，形成了单体溶胀的聚合物活性微粒。它继续进行反应，直至第二个自由基扩散进入此微粒时而导致链终止。这样就形成了表面吸附了单分子乳化剂

层的聚合物乳胶微粒。随着引发剂的继续分解,胶束内的引发反应不断发生,活性微粒数目迅速增加,而此时链终止速度尚较小,故总聚合反应速度呈上升的趋势。当单体转化率达到10%～20%时,反应体系中的乳化剂分子多以单分子层的形式被吸附于聚合物微粒的表面。而水相中乳化剂的浓度则下降到临界胶束浓度以下,不再形成新的胶束,因而不再形成新的聚合物微粒。这是聚合过程的第一阶段,即加速阶段,又可称聚合物微粒生成阶段(图 6-6 中的Ⅰ)。

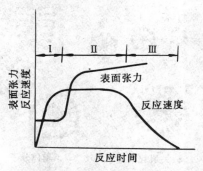

图 6-6　乳液聚合反应速度和表面张力与反应时间的关系

　　(2)聚合反应的恒速阶段　　当胶束消失,聚合物微粒数目不再增加。单体继续由单体液滴进入活性微粒之中进行补充,聚合物微粒不断扩大。聚合反应以恒速进行。与此同时,水相的表面张力明显增加。当单体转化率达到60%～70%时,单体液滴由逐渐变小进而全部消失。这是聚合过程的第二阶段,即恒速阶段。聚合反应主要在此阶段进行(图 6-6 中的Ⅱ)。

　　(3)聚合反应的降速阶段　　单体液滴已不存在,剩余的单体存在于聚合物微粒之中为聚合物所吸附或溶胀。聚合反应速度开始逐渐下降,直至反应基本结束。最终反应体系内主要是由表面活性剂分子包覆的聚合物乳胶微粒,其粒径在40～100纳米,以及残留的少量单体分子(图 6-6 中的Ⅲ)。

　　在乳液聚合过程中,不仅单体转化成聚合物,而且微粒也发生了消失和重新组合的过程,表面活性剂分子也发生了转移和重新分配。反应进行过程中体系内胶束、单体增溶胶束、含有聚合物增长链的胶束、单体液滴以及含单体和聚合物增长链的乳胶微粒等的示意图可参见图 6-5。

根据以上所述,乳液聚合反应机理可归纳为:

(1) 引发反应在胶束内发生;

(2) 聚合反应主要是在引发后的胶束中以及由此形成的聚合物微粒中进行;

(3) 单体液滴主要发挥了单体贮藏所的作用;

(4) 由于胶束的数目非常大,一个胶束中几乎只可能含有一个自由基,因此链终止速度显著降低,致使乳液聚合反应速度快,所得聚合物分子量高。

以上机理主要是由不溶于水的单体以简单的等温模型体系得出。在实际生产中,乳液体系中往往存在更多的物质,同时有几种单体共聚,反应常常不在恒温下进行,单体和其他组分也可能分批加入,因此反应进行的实际情况显然还要复杂得多。

6·4·1·3 乳液聚合生产工艺

乳液聚合过程有间歇操作和连续操作两种方式。后者在合成橡胶工业中已得到成功的应用。在涂料工业中目前大都采用间歇操作法,但也还有不同的操作工艺。

1) 一次加料法

即将所有组分同时加入反应器内进行聚合。由于烯类单体在聚合时,其热效应较大,而乳液聚合反应速度又较快,因此对于工业规模的装置来说,给温度控制带来了较大的困难。所以只有在水油比较大的情况下,才采用这种方法。有时为了控制热量放出的速度以维持一定的聚合温度而将引发剂分批加入。一次加料法在实际生产中采用得较少。

2) 单体滴加法

即把单体缓慢而连续地加到乳化剂的水溶液中,这时往往同时滴加引发剂的水溶液,并以滴加的速度来控制聚合反应的温度。

由于该法操作方便,聚合反应容易控制,因而得到广泛的采用。

3) 乳化液滴加法

即物料预先混合配成乳状液,然后逐渐滴加到反应系统中以进行聚合。聚合温度也比较容易控制。但该法需要预乳化,而在一般的乳液聚合配方条件下,其单体的乳状液稳定性不佳,容易分层。因此必须配备预乳化设备,这样就增加了设备投资和动力消耗,故较少采用。

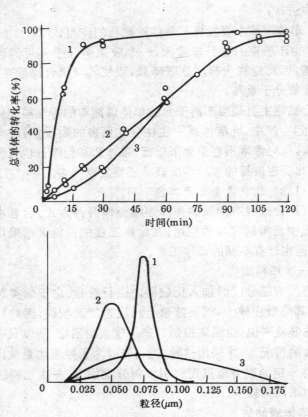

图 6-7 操作方法不同对乳液聚合反应的影响

1——一次加料法;2——单体滴加法;3——乳化液滴加法

值得指出的是,即使同一个乳液聚合配方,因操作方法不同,得到的乳液在粒度分布、分子量大小等方面都会有差异。苯乙烯用以上三种方法进行乳液聚合,得到不同的结果如图 6-7。

6·4·2 醋酸乙烯系乳胶涂料

醋酸乙烯系乳胶涂料开发较早,除了均聚型的,还有各种共聚型的品种。主要用作建筑物内用和外用平光涂料。由于其价格适中,目前有较大的产量。

6·4·2·1 醋酸乙烯均聚乳胶涂料

1) 醋酸乙烯均聚乳液的合成

醋酸乙烯乳液聚合配方(kg)举例如下:

醋酸乙烯	46	过磷酸钾	0.09
乳化剂 OP-10	0.5	碳酸氢钠	0.15
聚乙烯醇	2.5	去离子水	45.76
邻苯二甲酸二丁酯	5		

$$n\ CH_2{=}CH\longrightarrow \text{╋}CH_2{-}CH\text{╋}_n$$
$$\underset{OCOCH_3}{}\qquad\qquad \underset{OCOCH_3}{}$$

配方中使用了两种非离子型乳化剂,其中聚乙烯醇除作乳化剂外,还起保护胶和增稠剂的作用,所以其用量较大。邻苯二甲酸二丁酯是增塑剂,用以改善涂膜的柔韧性,在聚合反应结束后加入。

聚合操作采用单体滴加法。将聚乙烯醇与去离子水加热至80℃,经4～6小时溶解完全。将溶解好的聚乙烯醇水溶液过滤加入反应锅中,加乳化剂 OP-10,搅拌均匀。加入醋酸乙烯总量的15%与过硫酸钾用量的40%,加热升温。当温度升至60～65℃,停止加热。通常在66℃时开始共沸回流,待温度升至80～83℃且回流减少时,开始同时滴加醋酸乙烯单体和过硫酸钾(配成10%的水溶液),反应温度保持在78～82℃,单体控制在8小时左右加完;过硫酸钾每小时以总量的4%～5%的速度滴加,当单体加完,一次加入余下的过硫酸钾。温度因放热而自升至90～95℃，保温30分钟。冷至50℃以下，加入预先配制的10%的碳酸氢钠水溶液，最后加入邻苯二甲酸二丁酯，搅拌均匀，冷却出料。

所得乳液为乳白色稠厚液体，固体含量50%左右，粒径小于3000纳米。由于只使用非离子表面活性剂，粒径较大，又使用了较多的聚乙烯醇，影响涂膜光泽。所以该配方所制得的乳液适于制平光乳胶涂料。

2）醋酸乙烯乳胶涂料

在乳胶涂料组成中，除了聚合物乳液（成膜物质）和颜料（包括体质颜料）之外，还使用较多的助剂。颜料已在6·1·2·2中作过介绍。现就乳胶涂料所用助剂以及涂料的配方和制造过程分述如下：

（1）乳胶涂料用助剂　有：

（A）分散剂和润湿剂　直接将颜料加入乳液中，乳液中的水会被颜料一下子大量吸附而可能使乳液破坏。为使颜料能很好地分散到水和乳液中，防止颜料的絮凝和聚集，必须使用分散剂和润湿剂。润湿剂能降低液体和固体之间的界面张力，使固体表面易于被液体所湿润。分散剂能促进固体粒子在液体中悬浮。分散剂分子吸附于颗粒表面后留下相同的电荷。由于同性电荷的相互排斥，粒子保持着隔离状态，防止颜料的絮凝和聚集，也使颜料的流动度增加。

焦磷酸盐、六偏磷酸盐和多聚磷酸盐等都是无机颜料在水中的良好的分散剂。乳胶涂料中常用的有三聚磷酸钾和六偏磷酸钠，用量一般是颜料量的0.2%～0.5%。

对于许多有机颜料，一定要加入足够数量的表面活性剂作为润湿分散剂，才能很好地分散在水中。否则不仅着色力、遮盖力不好，而且在乳胶涂料中会产生絮凝而使涂料的颜色变化。还可能影响乳胶涂料的稳定性。常用的如磺酸盐类的阴离子表面活性剂、聚氧乙烯醚类非离子表面活性剂和水溶性的聚丙烯酸盐类等。

（B）增稠剂　它使涂料增加粘稠度，以适应施工要求。增稠剂都是水溶性的高分子化合物，它不仅能增稠，而且常常能覆盖颜料粒子而有助于颜料的分散,又起保护胶体的作用,防止聚合物粒子的凝结。由于它们都是水溶性的,通常不能和乳液中的聚合物相混溶。当涂膜干燥后,它们留在涂膜中,还是水溶性的,因此对涂膜的耐水性有不良的影响,为此要求增稠剂具有浓度低而粘度高的性能,而且对电解质敏感性要小。常用的增稠剂如聚乙烯醇、羧甲基纤维素、羟乙基纤维素、羟丙基纤维素、聚丙烯酸盐、聚甲基丙烯酸盐等,后两种也是很好的颜料分散剂。

(C) 成膜助剂 乳胶涂料的干燥成膜是靠聚合物分散体粒子的凝合,涂膜的质量与粒子的凝合好坏有很大关系,粒子越软,水蒸发得越慢则凝合越好。成膜助剂实际上可以说是一种挥发性的增塑剂,它除了能与聚合物粒子混溶之外,同时又部分或全部能和水混溶。成膜助剂增加了聚合物粒子的塑性,在涂膜干燥过程中减慢水的挥发速度,有利于形成连续完整的涂膜。常用的是中沸点的水溶性溶剂,如乙二醇、丙二醇、己二醇、一缩二乙二醇、乙二醇乙醚、乙二醇丁醚醋酸酯、苯甲醇等。

成膜助剂还对涂膜的流平性、附着力、耐洗刷性能等有帮助。但过多则对干燥时间和贮存稳定性有不良影响。成膜助剂的用量一般为聚合物的2%左右。

(D) 防冻剂 乳胶涂料中的水在低温时也会结冰,在冻结时水不断地分离出来,乳液的浓度不断提高,这时除了温度在0℃或更低外,乳胶所处的情况与涂膜干燥时很相似。而且冰晶形成时会膨胀,带来的压力也迫使聚合物粒子相互靠拢,有可能使粒子凝聚。当温度再升高,冰融化时,不能恢复原来的乳化状态,这时涂料就失去使用价值。由于乳液粒子表面带电荷,它们互相排斥的力有可能抵制冰冻时带来的压力,或被保护胶覆盖而互相隔离,这些都是提高乳胶涂料冻融稳定性的有利因素。但是为了提高防冻性能,最简易的方法是加入水溶性添加剂,以降低水的冰点。上面所说的成膜助剂都能用作防冻剂,其中最常用的是乙二醇,用量一般为乳液的3%~10%。

(E) 消泡剂 由于乳胶涂料中加有许多表面活性剂、增稠剂等助剂,因此在生产和涂刷过程中会产生许多泡沫,留在干燥的涂膜内就形成许多针孔,所以一般要加消泡剂来减少泡沫和帮助泡沫的消失。常用的消泡剂有磷酸三丁酯、高级脂肪醇、多聚丙二醇、松油醇、某些水溶性硅油和有机硅分散液以及环氧乙烷和环氧丙烷嵌段共聚物等。但许多消泡剂不易和乳胶涂料混溶,分散不匀会造成涂膜表面有油点等缺陷,因此必须注意分散均匀。

(F) 防霉剂　为了防止乳胶涂料在贮存过程中以及涂膜在潮湿条件下长霉,所以要加入防霉剂。这在配方中有纤维素衍生物作增稠剂时更加重要。价格便宜的有五氯酚钠,但效率低、用量多,一般要用涂料量的0.2%以上。醋酸苯汞效率较好,用量少,一般用0.05%左右即可,但在有锌钡白时会使涂膜泛黄。效率好的还有有机锡化合物。

(G) 防锈剂　为防止乳胶涂料在涂刷时遇到钢铁表面产生锈斑的浮锈现象,可以加入少量防锈剂,常用的是亚硝酸钠和苯甲酸钠,用量一般为涂料的0.2%～0.5%。

以上介绍的各种助剂,并不是每一个乳胶涂料配方中一定要全部使用,可根据不同的情况和要求来考虑。还要指出的是某些助剂其通用性并不好,必须有针对性地选择使用。

(2) 配方举例　乳胶涂料使用的助剂较多,因此其配方比溶剂型涂料复杂得多。由于各种物料对涂膜的性能质量都会带来不同的影响,相互间有时还存在着矛盾,因此要综合各方面的因素进行配方设计。

乳胶涂料大多数是白色和浅色的,所以配方中一般都要使用钛白粉。对于内用涂料可用锐钛型的,而外用涂料应用耐候性较好的金红石型钛白粉。内用平光乳胶涂料的颜基比(质量比)一般为1～2.5,也有高达4或更高的。乳液少则涂膜的耐水、耐洗刷性能较差。外用涂料的颜基比较小,一般为 1～1.5。具体配方举例如

表 6-9。

表 6-9 内用平光乳胶涂料配方(kg)

物 料 名 称	1	2	3	4
聚醋酸乙烯乳液(50%)	42	36	30	26
钛白粉	26	10	7.5	20
锌钡白	—	18	7.5	—
碳酸钙	—	—	—	10
硫酸钡	—	—	15	—
滑石粉	8	8	5	—
瓷土粉	—	—	—	9
乙二醇	—	—	3	—
磷酸三丁酯	—	—	0.4	—
一缩二乙二醇丁醚醋酸酯	—	—	—	2
羧甲基纤维素	0.1	0.1	0.17	—
羟乙基纤维素	—	—	—	0.3
聚甲基丙烯酸钠	0.08	0.08	—	—
六偏磷酸钠	0.15	0.15	0.2	0.1
五氯酚钠	—	0.1	0.2	0.3
苯甲酸钠	—	—	0.17	—
亚硝酸钠	0.3	0.3	0.02	—
醋酸苯汞	0.1	—	—	—
水	23.37	27.27	30.84	32.3
颜基比	1.62	2	2.33	3

表 6-9 中配方 1 中钛白粉用量多,颜基比比较小,故涂膜的遮盖力强,耐洗刷性也好;配方 2 用锌钡白代替部分钛白,是稍微经济一些的内用平光涂料;配方 3 使用了较多量的体质颜料,乳液用量

也少,遮盖力和耐洗刷性都差些,但价格较便宜;配方 4 颜料比例大,主要用于室内白度遮盖力较好而对耐洗刷性要求不高的场所。从以上列举的配方例子中可见,乳胶涂料的配方调节的范围较大,可以根据不同的要求和经济因素等综合考虑。

(3)乳胶涂料的制造 乳胶涂料的生产一般可以用高速分散机、球磨机和砂磨机等设备。通常把水、白色颜料、体质颜料、分散剂和润湿剂、增稠剂的一部分或全部混合后进行研磨,达到细度要求后即可在搅拌下加入聚醋酸乙烯乳液以及其他各组分,搅拌均匀后即成。在制有色涂料时,也是将各种颜料分色研磨成色浆,最后在制得的白涂料内加入色浆调成各种颜色。

6·4·2·2 醋酸乙烯共聚乳胶涂料

聚醋酸乙烯的耐水性和耐碱性不好,原因是其中的酯键容易水解而放出醋酸。聚醋酸乙烯自身较硬,故必须加入增塑剂。但涂刷后增塑剂有时会被底材所吸收,在长期曝晒的情况下也会逐渐挥发而使涂膜变脆,在低温时会开裂。再则其耐候性也不好。所以目前醋酸乙烯均聚乳胶涂料主要用于室内。外用乳胶涂料比内用的在耐水、耐碱、耐气候等方面具有更高的要求。为此开发了不少共聚的品种。

1)醋酸乙烯-顺丁烯二酸二丁酯共聚乳液

顺丁烯二酸二丁酯能和醋酸乙烯很好地共聚,并起到内增塑的作用.共聚乳液的耐碱性也比均聚乳液好,可以适用于外用乳胶涂料的制造.一般用单体总量的15%～25%的顺丁烯二酸二丁酯和醋酸乙烯共聚.若顺丁烯二酸二丁酯用量少,涂料硬度高而较脆;用量多,则涂膜太软,对附着力、耐洗刷性等有影响.

2）醋酸乙烯-丙烯酸酯共聚乳液

$$m\ CH_2=CH\ +\ l\ CH_2=CH\ \longrightarrow\ \big[\,(CH_2-CH)_x\,(CH_2-CH)_y\,\big]_n$$

（结构式中：左边第一单体侧链为 $O-C=O-CH_3$；左边第二单体侧链为 $O-C=O-R$；右边第一单元侧链为 $O-C=O-CH_3$；右边第二单元侧链为 $O-C=O-R$）

丙烯酸酯类聚合物耐水性、耐碱性、耐光性、耐候性等都比较优越,所以用丙烯酸酯和醋酸乙烯共聚所得乳液,性能较醋酸乙烯均聚乳液好,可用于制内用或外用平光、半光或有光的乳胶涂料.丙烯酸酯单体的种类较多,共聚时所用丙烯酸酯的醇基碳链越长,内增塑作用越大.通常用丙烯酸丁酯作共聚单体,但也有同时使用多种丙烯酸酯单体与醋酸乙烯进行多元共聚的.丙烯酸酯单体的用量一般为15%～25%.为进一步提高性能,近来有报导加入少量多官能团单体,如三羟甲基丙烷三丙烯酸酯等以提高聚合物的分子量,以及引入含氮单体,如甲基丙烯酸氨基乙酯、乙烯基吡啶等以增进涂膜的附着力.在醋酸乙烯系乳胶涂料中,醋酸乙烯-丙烯酸酯共聚乳胶涂料目前具有较重要的地位.

3）醋酸乙烯-叔碳酸乙烯共聚乳液

叔碳酸乙烯是指具有9～10个碳原子的高度支化的叔碳酸的乙烯酯 $(R_1R_2R_3)CCOOCH=CH_2$.由于高度支化的空间障碍,而难以皂化,并且其庞大的基体和疏水性质可以把共聚体中相邻的易水解的酯基遮住,从而提高了耐水性和耐碱性.由于它的支化结构,所以增塑效果要差些.故它的用量只在较大时,(如20%～35%)共聚物的耐水、耐碱性和耐候性才有较明显的改善.

4）醋酸乙烯-乙烯共聚乳液

乙烯作为共聚单体，其内增塑效果很好，并且具有显著的抗水解效果。可以提高共聚乳液的耐水耐碱性。乙烯的价格也便宜，但必须在高压条件下进行共聚。

共聚乳液的品种很多，除二元共聚外，还有三元共聚，以上仅举了几个有代表性的例子。共聚乳液的生产工艺及其涂料的配制都与前述醋酸乙烯均聚乳胶涂料的情况基本相同。要注意的是由于单体间的竞聚率的不同，共聚物的实际组成是很不均一的，所以操作上更要注意应避免生成均聚物而影响乳液的性能。

6·4·3　丙烯酸酯乳胶涂料

丙烯酸酯乳液通常是指丙烯酸酯、甲基丙烯酸酯，常常也用少量丙烯酸和甲基丙烯酸等共聚的乳液。它们最突出的优点是耐候性、保色性和保光性都很优异。与醋酸乙烯-丙烯酸酯共聚乳液相比，具有更好的耐水性、耐碱性和抗污性。在硬度相同条件下，涂膜具有较高的伸长率。对颜料的粘结能力大，施工性能良好。因此发展迅速，成了目前品种多、用途广的一个大类。丙烯酸酯乳液可用于制室内外用的无光、半光和有光乳胶涂料。不仅可用于内外墙或混凝土表面，而且可用于木门窗、木家具，现在已发展到可用于金属表面。不仅如此，它们在纸张、纺织品、皮革等方面也有广泛的用途。

6·4·3·1　全丙烯酸酯乳胶涂料

由各种丙烯酸酯（包括甲基丙烯酸酯）共聚所得的乳液，并以此配制成的涂料称为全丙烯酸酯乳胶涂料。由于丙烯酸酯单体的种类多（表 6-8），给共聚乳液的配方设计带来广阔的余地，从而可以制得各种各样性能的乳液。通常以甲基丙烯酸甲酯为硬单体组分，选用丙烯酸丁酯、丙烯酸乙酯等为软单体组分，再加入少量丙烯酸或甲基丙烯酸共聚而成。后者的加入不仅能提高乳液的稳定性，而且有助于颜料的润湿和分散以及提高涂膜光泽。

共聚乳液配方（kg）举例如下：

甲基丙烯酸甲酯	33	去离子水	125
丙烯酸丁酯	65	烷基苯聚醚磺酸钠	3
甲基丙烯酸	2	过硫酸铵	0.4

$$m\ CH_2{=}CH \ + \ l\ CH_2{=}\underset{\underset{\underset{CH_3}{O}}{\overset{\overset{CH_3}{|}}{C}}}{\overset{\overset{\overset{CH_3}{|}}{C}{=}O}{|}} \ + \ p\ CH_2{=}\underset{\underset{OH}{C{=}O}}{\overset{\overset{CH_3}{|}}{C}} \longrightarrow$$

$$\text{┼}\text{⟮}CH_2{-}CH\text{⟯}_x\text{⟮}CH_2{-}C\text{⟯}_y\text{⟮}CH_2{-}C\text{⟯}_y\text{┼}$$

聚合操作采用单体滴加法。乳化剂在水中溶解后加热升温到 60℃,加入过硫酸铵和10%单体,升温至70℃。如果没有显著的放热反应逐步升温直至放热反应开始,待温度升至80～82℃,将余下的混合单体缓慢而均匀地滴加,约2～2.5小时加完。以单体滴加速度控制回流量和温度。单体加完后在半小时内将温度升至97℃,保持半小时,冷却,用氨水调节 pH 至 8～9。

乳胶涂料的组成,由于使用的助剂种类较多而且复杂,与醋酸乙烯乳胶涂料的组成相似。全丙烯酸酯乳胶涂料价格较高,一般用作要求较高的室外用建筑涂料,所以配方中要用金红石型的钛白。

外用白平光建筑涂料的配方(kg)举例如下:

羟乙基纤维素	2.5	消泡剂	1.0
乙二醇	18	钛白	150
水	150	氧化锌	25

（羟乙基纤维素、乙二醇、水：预混合）

分散剂	12.3	碳酸钙	200
六偏磷酸钾	1.5	滑石粉	110.2
润湿剂	1.0		

把以上物料在高速分散机中搅拌20分钟,然后在较慢速度下加入下列物料:

全丙烯酸酯乳液(50%)	323	水	139.7
成膜助剂	7.9	2.5%羟乙基纤维素	40.0
消泡剂 } 预混合	1.0		
防霉剂	1.0		

上述配方的颜料体积浓度为 52.0%。所得涂料固体含量为 36.0%(体积),pH 值 9.3～9.5。

6·4·3·2 苯乙烯-丙烯酸酯共聚乳胶涂料

苯乙烯也是一种硬单体,用以部分或全部代替全丙烯酸酯乳液中的甲基丙烯酸甲酯,可制得苯乙烯-丙烯酸酯共聚乳液。其涂膜的光稳定性略有降低,但可增加耐碱性和硬度,提高抗污性。由于苯乙烯的价格较甲基丙烯酸甲酯便宜,因此苯乙烯-丙烯酸酯乳胶涂料具有价格上的优势,所以得到迅速发展,在外用建筑涂料中得到广泛的应用。

共聚乳液配方(kg)举例如下:

苯乙烯	49	过硫酸铵	0.4
丙烯酸丁酯	49	阴离子乳化剂	0.5
丙烯酸	2	非离子表面活性剂	2.0
去离子水	100		

$$m\ CH_2=CH + l\ CH_2=CH + p\ CH_2=CH \longrightarrow$$

$$\longrightarrow \quad \text{-[-(CH}_2\text{-CH)}_x\text{-(CH}_2\text{-CH)}_y\text{-(CH}_2\text{-CH)}_z\text{-]}_m$$

聚合操作采用单体滴加法,聚合温度为80~90℃。

苯乙烯-丙烯酸酯共聚乳液除了用来配制一般的各色外用建筑涂料外,又可用来配制近年来流行的砂壁涂料,其中除以上论及的各种组分之外,还有所谓的骨料,如白砂子、粉碎瓷料、彩色烧结石英砂等。配方(kg)举例如下:

苯丙乳液(50%)	329.5	润湿剂	3
水	90	分散剂	5
乙二醇	20	消泡剂	3
二乙二醇丁醚醋酸酯	20	防霉剂	1
钛白	225	云母粉	25
碳酸钙	200		

6·4·3·3 丙烯酸酯有光乳胶涂料

前面介绍的乳胶涂料一般都是平光或半光的。而有光乳胶涂料越来越引人注目。丙烯酸酯在乳液聚合时比较容易形成细粒度的乳液,乳液对颜料有较强的粘结能力,聚合物无色透明、耐久性和稳定性好,有利于制高光泽乳胶涂料。研制有光乳胶涂料是比较复杂的。因为除了其成膜机理与溶剂性涂料大不一样外,影响光泽的因素也很多,如乳液、颜料、各种助剂以及施工等。

对于乳液,要求粒径要小,因为细粒径乳液有优良的成膜性能和对颜料的粘结性。粒径越小光泽越高,如粒径分别为100~200纳米、200~600纳米和600~2000纳米的乳液,其涂膜的光泽分别为80%、74%和30%。但乳液粒径越小,粘度越大,影响流平性,进而又影响光泽.因此粗细粒径的乳胶粒要有适当的分布,以调节光泽和流平性.目前乳化剂的选择主要还是对每个乳化剂系统进行具体试验的方法.阴离子型乳化剂与非离子型乳化剂搭配使用.合成的乳液也有全丙烯酸酯的和苯乙烯-丙烯酸酯共聚的两类.

有光乳胶涂料中颜料用量相当低,白颜料主要是金红石型钛白.着色颜料应对光和 pH 稳定.体质颜料用得较少,因一般都有消光作用.颜料用量对涂膜光泽的影响比溶剂型涂料更大.一般有光乳胶涂料其 *PVC* 不超过20％.

助剂的选择也很重要.如聚乙烯醇、纤维素类增稠剂和保护胶,会使涂膜失光,故一般不用.可以用的增稠剂有含羧基的水溶性高分子化合物.用作颜料分散剂的也多为带羧基的聚丙烯酸盐类、聚甲基丙烯钠盐、苯乙烯顺酐共聚物铵盐等,以及六偏磷酸钠等无机分散剂.加入成膜助剂,有助于成膜提高光泽.

目前有光乳胶涂料已进行工业规模的生产.但丙烯酸酯有光乳胶涂料在光泽、丰满度、流平性、耐水性等方面仍不及溶剂型醇酸涂料,但其保光、保色性、抗粉化能力、施工容易、不发脆、不燃性等方面则优于醇酸涂料.总之,进一步提高光泽仍然是努力的目标.

6·4·3·4 丙烯酸酯交联型乳胶涂料

上述的各种乳胶涂料,其成膜物质都属线型的热塑性聚合物,因此其涂膜在硬度、抗张强度、耐磨性、耐溶剂性、抗湿性及耐久性等方面都表现出某些不足之处.而交联型聚合物构成的涂膜,一般具有更好的性能.为此又出现了交联型乳胶涂料.目前,交联型乳胶涂料在传统的涂料工业领域内还处于开始阶段,但是在纺织印染工业中,交联型乳液作为涂料印花的粘合剂早已得到较普遍的应用.

制备交联型聚合物乳液,必须要有带反应性官能团的单体(官能单体)参与共聚.在大分子链上的这些反应性官能团,在一定条件下相互反应或与其他外加的交联剂进行反应,从而实现了大分子链间的交联.

涂料印花用自交联型粘合剂聚合配方(kg)举例如下：

丙烯酸丁酯	33.6	十二烷基硫酸钠	0.04
丙烯腈	5.2	引发剂	0.12
羟甲基丙烯酰胺	1.0	水	61.5
乳化剂 OP	1.16		

聚合采用单体滴加法,聚合温度70～90℃。

该乳液在140～150℃即能迅速发生交联反应。

目前,丙烯酸酯乳液的品种多、用途广,除用于制造各种乳胶涂料之外,在用作保护胶、增稠剂、粘合剂、颜料分散剂等许多方面都有广泛的用途。

6·4·4 氯乙烯-偏氯乙烯乳胶涂料

$$m\ \underset{Cl}{CH_2=CH} + l\ \underset{\underset{Cl}{|}}{\overset{\overset{Cl}{|}}{CH_2=C}} \longrightarrow \left[(CH_2-\underset{Cl}{CH})_x (CH_2-\underset{\underset{Cl}{|}}{\overset{\overset{Cl}{|}}{C}})_y \right]_n$$

　　这类涂料在品种和产量方面都不及上述两类,但它有优良的耐水性和耐磨性,所以多用作防潮涂料以及水泥地坪涂料。由于受日光曝晒易泛黄,故一般不作外用涂料。

　　当前,解决环境污染、节能开源已成为发展工业迫切的要求,因此乳胶涂料必将得到更为广阔的发展。

6·5　其他合成树脂涂料

6·5·1　酚醛树脂涂料类

　　以酚醛树脂或改性酚醛树脂为主要树脂的涂料称为酚醛树脂涂料。酚醛树脂是由酚和醛经缩聚反应制得的。它是最早发展的合成树脂之一,用于涂料工业主要是代替天然树脂与干性油配合制涂料。由于酚醛树脂赋予涂膜以硬度、光泽、快干、耐水、耐酸碱及绝缘性等,所以广泛使用于木器、建筑、船舶、机械、电气及防化学腐蚀等方面。但酚醛树脂的颜色较深,老化过程中涂膜容易泛黄,因此不宜制造白色和浅色涂料。

6·5·1·1　酚醛缩合反应

　　酚醛树脂是由酚和甲醛,在催化剂酸或碱存在下,首先在酚的苯环上形成羟甲基,然后再与另一分子酚反应,脱水而形成亚甲基桥连接起来的缩合物。

在酸性催化剂存在下,生成的羟甲基化合物立即与酚脱水缩合。因此在反应的中间阶段不可能分离出羟甲基苯酚,所以最终生成的树脂分子是以亚甲基键连接的大分子。控制分子比和反应条件,可以制得线型的分子,即热塑性树脂。

在碱性催化剂存在下,生成的羟甲基化合物较为稳定,在缩合的最终产物中,分子链上将存在着羟甲基。这样的树脂如果提高温度或加入酸性催化剂,则羟甲基之间能立即脱水而进一步缩聚成不溶不熔的产物,也即固化。所以碱催化制得的酚醛树脂是热固性的。

$$\xrightarrow{-CH_2O}$$

制造酚醛树脂的酚类,最常用的是苯酚,也用各种取代酚,如甲酚、二甲酚、对叔丁酚、对叔戊酚、对苯基酚等。醛类中最常用的是甲醛,有时也用糠醛。

用苯酚、甲酚或二甲酚与甲醛缩合制得的树脂,极性很大,只能溶于醇。用它单独制成涂料,性能不好。它不溶于植物油,不能互相配合使用以制涂料。因此这类树脂在涂料工业中用途有限。所以常用松香改性以制成油溶性树脂。当酚的邻或对位上存在三个碳原子以上的烃基时,酚的极性降低,就能制得油溶性的树脂。如对叔丁酚、对异戊酚、对苯基酚等,它们的官能度都等于2,生成的树脂是线型的,也有利于改善其油溶性。

6·5·1·2 松香改性酚醛树脂涂料

先制得松香改性酚醛树脂,它是用碱催化的酚醛树脂与松香反应,再用甘油或季戊四醇等多元醇酯化而制得红棕色透明固体树脂。它的软化点一般为110~130℃,比松香高40~50℃,油溶性好。一般酚醛树脂占5%~30%,酚醛树脂含量高显示更多的酚醛树脂的性能,而油溶性较差。

$$\xrightarrow{170\sim180℃} \quad +H_2O$$

$$\longrightarrow \quad \underset{R}{\overset{O}{\bigcirc}}\text{--CH}_2 \quad + \quad H_3C\text{--COOH} \cdots$$

松香改性酚醛树脂与干性油(多数是以桐油或再加入部分亚麻油)一起熬炼可制成各种油度的涂料,再加入催干剂、溶剂、颜料等就可制成清漆、磁漆和底漆。这类漆可以常温干燥,也可烘干。由于价格低廉,品种繁多,用途很广泛。

6·5·1·3 油溶性纯酚醛树脂涂料

这是指用三碳以上烷基或芳基取代酚和甲醛缩聚制成,它们不需要改性就能热溶于油中,所以称油溶性纯酚醛树脂。应用得较多的是对叔丁酚甲醛树脂和苯基苯酚甲醛树脂。它们与油一起熬炼可制得不同油度的漆料。常用的是桐油或再用部分亚麻油。纯酚醛树脂涂料在涂膜的干燥、硬度、耐化学药品性、耐水性方面,都优于松香改性酚醛树脂涂料。适宜于水下、室外、防腐蚀用。纯酚醛树脂可与醇酸树脂、环氧树脂等混容,因此可以互相拼用以改进涂料的性能。

近年来随着各种性能更为优良的合成树脂涂料的出现,酚醛树脂涂料在涂料工业中的比重日趋下降,但由于其价格低廉以及某些性能上的特点所以至今仍有一定的市场。

6·5·2　氨基树脂涂料类

氨基树脂是指一种含有氨基官能团的化合物,主要是三聚氰胺和尿素,与甲醛反应而得。单纯的氨基树脂经加热固化后的涂膜过分地硬而脆,且附着力差,故不能单独制涂料。一般都要与其他成膜物质配合使用,最常用的是醇酸树脂。所以氨基树脂涂料是以氨基树脂和醇酸树脂为成膜物质的一类涂料。一般要求烘烤干燥。所以又叫氨基醇酸烘漆。在这类涂料中,氨基树脂改善了醇酸树脂的硬度、光泽、烘干速度、漆膜外观以及耐碱、耐水、耐油、耐磨性能。醇酸树脂则改善了氨基树脂的脆性、附着力。致使获得的涂膜兼有这两种树脂的原有特性。因此在涂料工业中是很重要的一类品种,在很多装饰性要求较高的工业产品中得到了广泛应用。

6·5·2·1　三聚氰胺甲醛树脂

三聚氰胺具有6个活性氢原子,可以在酸或碱的催化作用下,和 1～6 分子的甲醛反应,生成相应的羟甲基三聚氰胺。1 摩尔三聚氰胺和 3 摩尔甲醛反应时,很容易生成三羟甲基三聚氰胺。但羟甲基数超过 3 时,必须在过量甲醛的情况下形成,生成的羟甲基数取决于三聚氰胺和甲醛的摩尔比。涂料用三聚氰胺甲醛树脂一般每个链节含羟甲基数 4～5。

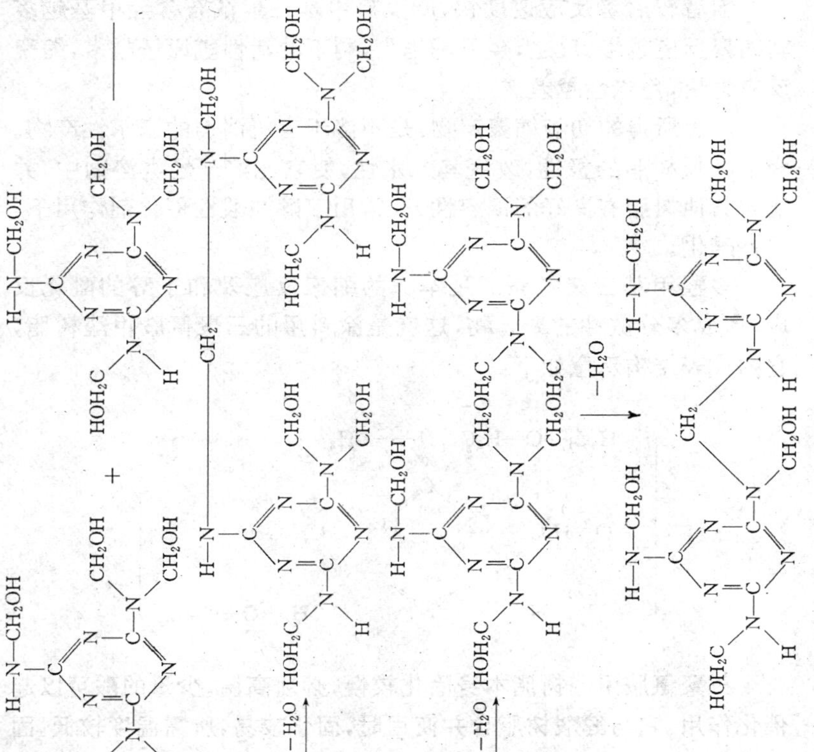

多羟甲基三聚氰胺可以进一步缩聚成大分子。缩合反应有两种方式,即羟甲基和未反应的活性氢脱水缩合形成亚甲基键,以及羟甲基之间脱水缩合,先生成醚键,再进一步脱去一分子甲醛而成亚甲基键。

前者较后者反应速度快,所以羟甲基三聚氰胺含羟甲基越多其缩聚反应越慢;反之,羟甲基越少,剩下的活性氢原子越多,缩聚反应越快,稳定性越差。

以上所得的初步缩聚产物,是不溶于有机溶剂的亲水性产物。为了降低树脂的极性,改变其亲水性,使它能溶于烃类溶剂中,并能与其他树脂有良好的混容性,通常用丁醇在酸性催化剂作用下,进行醚化。

多羟甲基三聚氰胺通过本身的缩聚反应及和丁醇的醚化反应,形成多分散性的聚合物,这就是涂料用的三聚氰胺甲醛树脂,它的代表结构示意如下:

$$\left[\begin{array}{c} H_9C_4-O-H_2C-N-CH_2 \\ -O-H_2C \qquad N \qquad N \qquad CH_2OH \\ N-C \qquad C-N \\ H \qquad N \qquad CH_2-O-C_4H_9 \end{array}\right]_n$$

三聚氰胺甲醛树脂本身固化较慢,必须高温。少量的酸可以起催化作用。它与醇酸树脂合并使用时,固化较易,所需温度较低。固化反应主要是三聚氰胺甲醛树脂分子上的丁氧基和羟甲基与醇酸树脂分子上的羟基之间的缩合,脱去丁醇或水,形成醚键。

6·5·2·2 脲醛树脂

脲醛树脂与三聚氰胺甲醛树脂的情况基本相同。涂料用脲醛树脂是由尿素和甲醛在碱或酸催化下,先生成二羟甲基脲,再在酸催化剂作用下醚化再缩聚成脲醛树脂。

$$\underset{\substack{\text{C}=\text{O}\\ \text{NH}_2}}{\overset{\text{NH}_2}{|}} \xrightarrow{+2\,\text{CH}_2\text{O}} \underset{\substack{\text{C}=\text{O}\\ \text{N}-\text{CH}_2\text{OH}}}{\overset{\text{H}-\text{N}-\text{CH}_2\text{OH}}{|}} \xrightarrow{+\text{C}_4\text{H}_9\text{OH}} \left[\underset{\substack{\text{C}=\text{O}\\ \text{N}-\text{CH}_2}}{\overset{\text{H}-\text{N}-\text{CH}_2\text{OC}_4\text{H}_9}{|}}\right]_n$$

脲醛树脂的特点是价格便宜、来源充分、附着力好。但在硬度、抗水性、抗化学药品性、耐热性、耐候性等方面都不及三聚氰胺甲醛树脂。

6·5·2·3 其他的氨基树脂

随着涂料工业的发展,氨基树脂的种类有所增加。烃基三聚氰胺也有应用,如 N-丁基三聚氰胺、N—苯基三聚氰胺和苯基三聚氰胺等。

烃基的引入,使三聚氰胺非极性基团增加,相应地增加了制成的树脂在有机溶剂中的溶解性,改善了和其他树脂的相容性。但也使固化温度略高,在涂膜的泛黄性和耐候性方面略有下降。目前使用的主要是苯基三聚氰胺甲醛树脂。

为了调节性能或者降低成本,共缩聚树脂也常常被采用。如三聚氰胺脲甲醛树脂、三聚氰胺苯基三聚氰胺甲醛树脂。

六甲氧甲基三聚氰胺是三聚氰胺与甲醛反应后，以甲醇醚化成含有 6 个或接近 6 个甲氧基的化合物，它是亲水性的，可以和一般丁醇醚化三聚氰胺甲醛树脂同样方法使用，配制氨基醇酸烘漆。由于六甲氧甲基三聚氰胺含有 6 个甲氧基，没有羟甲基，故固化温度较高(150℃)，速度较慢，有时必须加入酸性催化剂。但它的官能度为 6，固化交联度高，所以用量可以较少，而能得到同样优良的性能。涂膜比用丁醇醚化三聚氰胺甲醛树脂具有更高的柔韧度，更好的抗水性，光泽丰满。六甲氧甲基三聚氰胺具有优良的混容性，除了和各种油度的醇酸树脂相混容外，能和丙烯酸酯树脂、环氧树脂等混容，作为它们的固化剂。

6·5·2·4 氨基醇酸烘漆

由于氨基树脂与醇酸树脂的用量比例不同，制得的氨基醇酸漆的性能也有差异。目前大致分成三类：

高氨基　醇酸树脂:氨基树脂＝1～2.5:1

中氨基　醇酸树脂:氨基树脂＝2.5～5:1

低氨基　醇酸树脂:氨基树脂＝5～9:1

氨基树脂含量愈高，生成漆膜光泽、硬度、耐水、耐油、绝缘性能愈好，但成本增长，且漆膜的脆性增大、附着力变差，因此都与不干性油醇酸树脂混合使用，只在罩光漆和特种漆中应用。低氨基品种，都用干性油醇酸树脂与氨基树脂配合使用，性能较差，一般用于要求不高的场合，以中氨基含量的漆用得最多。

目前在氨基涂料中用得较多的是短油度(45％以下)及中油度(50％～55％)醇酸树脂。长油度醇酸树脂与氨基树脂混容性差，故用得很少，短油度醇酸树脂，由于它有足够的羟基，与氨基树脂合用，能制成涂膜性能较好的烘漆。另外其中还含有少量邻苯二甲酸酐，亦有助于加速固化。

氨基醇酸磁漆配方举例如下：

配比(kg)	白色	大红	中黄	淡灰
钛白	25	—	—	19.1
镉红	—	14	—	—
炭黑	—	—	—	0.1
中铬黄	—	—	24	0.6
酞青蓝	—	—	—	0.2
44%油度豆油醇酸树脂(50%)	56.5	68	59.5	62
高醚化度三聚氰胺甲醛树脂(60%)	12.4	12.5	10.5	11
甲基硅油(1%)	0.3	0.3	0.3	0.3
丁醇	3	3	3	3
二甲苯	2.8	2.2	2.7	3.7
醇酸：氨基	3.8:1	4.5:1	4.7:1	4.7:1

　　氨基醇酸漆由于具有许多良好性能,因此被广泛应用于各种具有烘烤条件的金属制品上。它品种齐全,从底漆、腻子、磁漆、清漆都有,已成为装饰性用漆不可缺少的品种,如仪器、仪表、医疗器械、冰箱、自行车、缝纫机、电风扇、文教用品等轻工产品和机电设备等方面的涂装。

6·5·3　环氧树脂涂料类

6·5·3·1　环氧树脂

环氧树脂是含有环氧基团 $-CH-CH-$ 高分子化合物。目前产量最大、用途最广泛的是双酚 A(二酚基丙烷)环氧树脂,它是由环氧氯丙烷和双酚 A 在碱的存在下合成的。

$$HO-\text{〈〉}-\underset{\underset{CH_3}{|}}{\overset{\overset{CH_3}{|}}{C}}-\text{〈〉}-OCH_2-\underset{\underset{OH}{|}}{CH}-CH_2Cl \xrightarrow[-NaCl,\ -H_2O]{NaOH}$$

$$HO-\text{〈〉}-\underset{\underset{CH_3}{|}}{\overset{\overset{CH_3}{|}}{C}}-\text{〈〉}-OCH_2-HC\diagdown CH_2\ \cdots\cdots \longrightarrow$$

$$\longrightarrow H_2C\diagdown CH-CH_2 \left[-O-\text{〈〉}-\underset{\underset{CH_3}{|}}{\overset{\overset{CH_3}{|}}{C}}-\text{〈〉}-O-CH_2-\underset{\underset{OH}{|}}{CH}-CH_2-\right]_n$$

$$-O-\text{〈〉}-\underset{\underset{CH_3}{|}}{\overset{\overset{CH_3}{|}}{C}}-\text{〈〉}-O-CH_2-HC\diagdown CH_2$$

一般所说的环氧树脂,就是指这种类型的树脂。环氧基是环氧树脂中的活性基团,其含量多少直接影响树脂的性质。每个树脂分子虽然只在两端有环氧基,但因树脂的分子量不同,环氧基的含量也不同。树脂分子量增高时,环氧基的含量相应下降。从结构式中可以看出两者之间有一定的关系。环氧基的含量以环氧值或环氧当量作为特性指标来表示,并以此划分成许多型号。

环氧值:是指100克环氧树脂中含有的环氧基摩尔数。

环氧当量:是指含有一个摩尔环氧基的树脂克数。

两者只是表示的方式不同,换算公式:

$$Q = \frac{100}{E}$$

式中　　Q——环氧当量;

　　　　E——环氧值。

常用的几种双酚 A 型环氧树脂的规格如表 6-10 所示。

表 6-10　几种双酚 A 型环氧树脂的规格

型　　号	软化点℃	环氧值	平均分子量
E-12(604)	85～95	0.09～0.15	1500
E-20(601)	64～76	0.18～0.22	900～1000
E-42(634)	20～28	0.38～0.45	450～500
E-44 (6101)	14～22	0.40～0.47	400～450
E-51(618)	粘性液体	0.48～0.54	350～400

环氧树脂除双酚 A 型之外,还有其他品种。如

酚醛型:

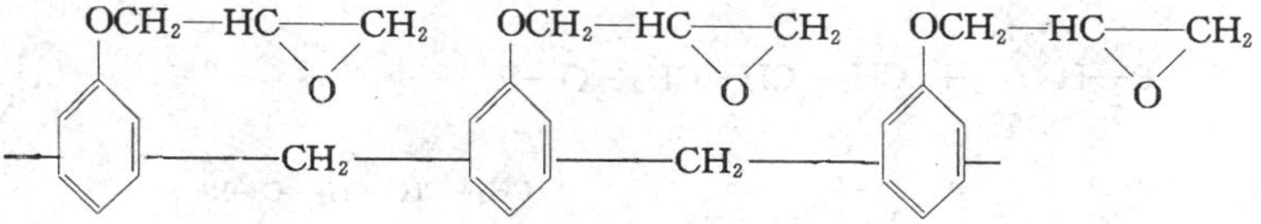

缩水甘油酯型:

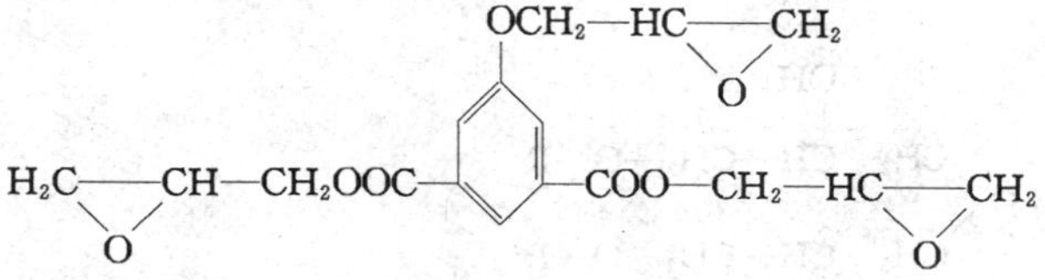

氨基环氧树脂:

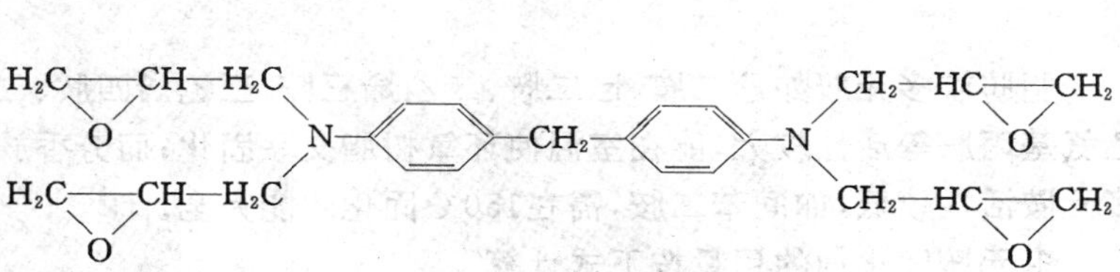

以及脂环族环氧树脂等。

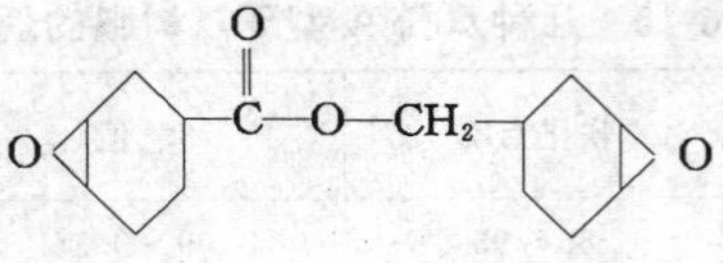

6·5·3·2 环氧树脂的固化反应及固化剂

环氧树脂的固化反应,是通过加入固化剂(交联剂)来实现的。固化剂直接参加反应而结合在树脂结构中。环氧树脂所用固化剂种类很多,其中有:

1) 胺类固化剂

伯胺和仲胺对环氧树脂的固化作用是由氮原子上的活泼氢打开环氧基团,而使之交联固化。

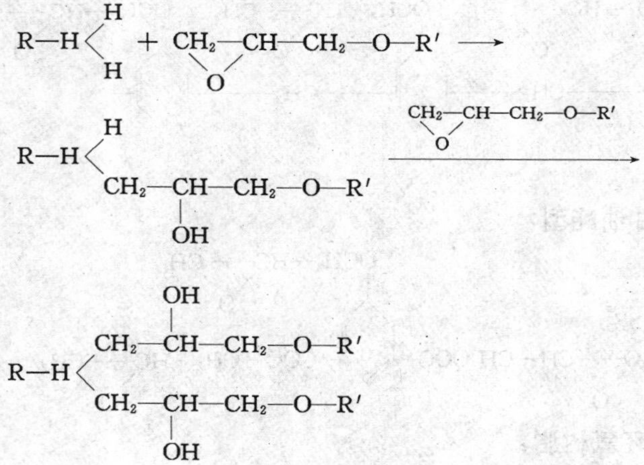

脂肪族多元胺如乙二胺、己二胺、二乙烯三胺、三乙烯四胺、二乙氨基丙胺等活性较大,能在室温使环氧树脂交联固化;而芳香族多元胺活性较低,如间苯二胺,需在150℃固化才能完全。

多元胺固化剂的用量按下式计算

$$G = \frac{M}{H_n} \cdot E$$

式中 G 为100克环氧树脂所需胺的克数，M 为胺的分子量，H_n 为胺分子上活泼氢原子的总数，E 为环氧树脂的环氧值。

叔胺没有活泼氢，但它是一种催化型固化剂，能引发环氧基开环自聚而交联。

由于常用的多元胺固化剂本身易挥发，有刺激性臭味、毒性大等原因，所以开发了多元胺的加成物。如环氧树脂胺加成物，它是用环氧树脂和过量的乙二胺或己二胺、二乙烯三胺反应制得以及酚醛胺加成物等。

2）酸酐类固化剂

二元酸及其酐如顺丁烯二酸酐、邻苯二甲酸酐可以固化环氧树脂，但必须在较高温度下烘烤才能固化完全。酸酐首先与环氧树脂中的羟基反应生成单脂

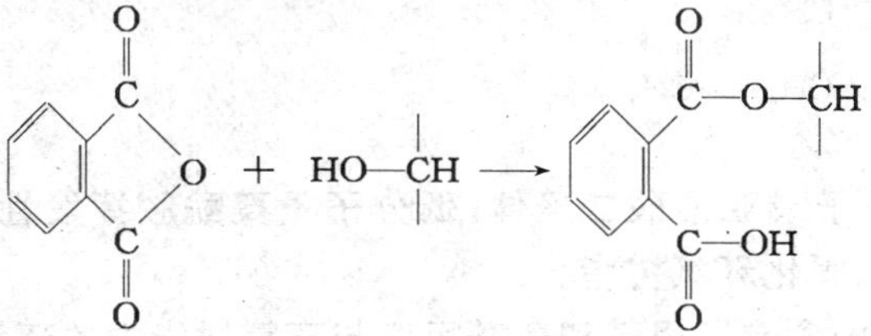

单酯中的羧基与环氧基发生加成酯化而成双酯。

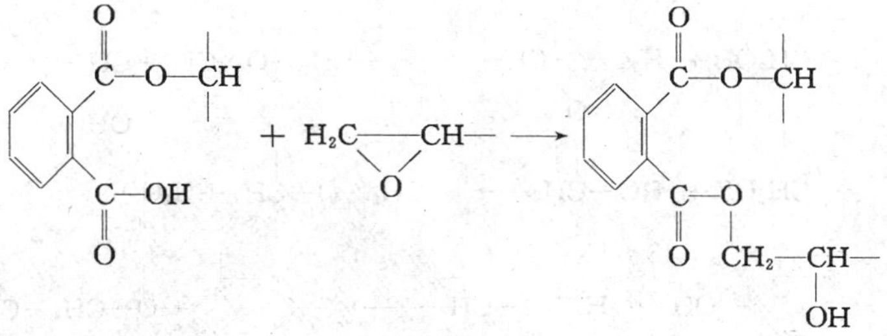

此外，高温下也可能有羟基与环氧基之间的醚化反应、羧基与羟基的酯化反应。

同样也有各种酸酐加成物可用作固化剂，如顺丁烯二酸酐与

桐油的加成物。

3）合成树脂类固化剂

低分子量聚酰胺树脂是亚油酸二聚体或桐油酸二聚体与脂肪族多元胺如乙二胺,二乙烯三胺反应生成的一种琥珀色粘稠状树脂。由二聚亚油酸和乙二胺制得的树脂结构如下:

$$
\begin{array}{l}
\qquad\qquad\qquad\quad\overset{\displaystyle O}{\overset{\|}{\ }} \\
(CH_2)_7 - C - NHCH_2CH_2NHR \\
\quad| \\
\ CH \qquad\qquad\qquad\quad\overset{\displaystyle O}{\overset{\|}{\ }} \\
HC \quad CH - (CH_2)_7 - C - NHCH_2CH_2NHR \\
\| \qquad | \\
HC \quad CH - CH_2CH = CH - (CH_2)_4 - CH_3 \\
\quad| \\
\ CH \\
\quad| \\
(CH_2)_5 - CH_3
\end{array}
$$

式中 R 为氢原子或亚油酸二聚体。低分子量聚酰胺挥发性小、毒性低,能在室温固化环氧树脂。

酚醛树脂中含有羟甲基和酚基可以与环氧树脂中的环氧基和羟基反应而交联固化。一般要经过烘烤才能固化完全,酚醛树脂的加入同时也改善了耐化学腐蚀性。

$$-CH_2OH + H_2C - CH - \longrightarrow -CH_2 - O - CH_2 - CH - $$

$$\qquad\qquad\qquad\overset{O}{\diagup}\qquad\qquad\qquad\qquad\qquad | \\ \qquad\qquad\qquad\qquad\qquad\qquad\qquad\qquad\qquad\quad OH$$

$$-CH_2OH + HO - CH - \longrightarrow -CH_2 - O - CH - + H_2O$$

$$\qquad\qquad\qquad\qquad | \qquad\qquad\qquad\qquad\qquad\qquad |$$

此外,氨基树脂、醇酸树脂等也都能在烘烤条件下固化环氧树脂。

4）潜伏型固化剂

这种固化剂在一般条件下是稳定的,但当加热到一定的温度时,才显示其活性而固化环氧树脂。如双氰胺 $H_2N-C\diagdown\begin{smallmatrix}NH\\NHCN\end{smallmatrix}$,与环氧树脂混合在一起,在常温下是稳定的。若在145～165℃,则能使环氧树脂在30分钟内固化。

三氟化硼乙胺络合物 $BF_3 \cdot NH_2CH_2CH_3$,在常温也是稳定的,在100℃以上时能固化环氧树脂。

6·5·3·3 未酯化的环氧树脂

1) 胺固化环氧树脂漆

通常是双组分的,组分之一为环氧树脂、颜料、体质颜料、溶剂(如甲苯-丁醇)等;组分之二为脂肪族多元胺的乙醇溶液。使用时将两组分按比例准确称量混合,熟化数十分钟后,加入适当稀释剂调整粘度后便可使用。这类漆能在常温干燥成膜,故适用于大型设备,如油罐和贮槽的内壁。

2) 聚酰胺固化环氧树脂漆

此漆也能在室温干燥成膜。与胺固化型相比,漆膜的附着力高,柔韧性好;固化速度较慢,故便于使用,但耐化学腐蚀性较差。

3) 合成树脂固化的环氧树脂漆

这类漆一般都是烘干型的,并且常常在某些性能上还有所提高。酚醛-环氧漆具有优良的耐酸碱性、耐溶剂性和耐热性,但漆膜颜色较深。氨基-环氧漆的漆膜柔韧性很好,颜色浅,光泽强。

4) 环氧无溶剂漆

无溶剂漆不仅可以节省资源,减少污染,而且还可以减少涂装层数,能一次涂装得到较厚的漆膜,因而具有较多的优点。

环氧无溶剂涂料一般是用低分子量环氧树脂。但粘度太高,不易施工,故需加入活性稀释剂以调整粘度。活性稀释剂含有环氧基,在固化时也参加反应,成为固化后漆膜的组成部分。常用的活性稀释剂如表 6-11 所示。

表 6-11　常用活性稀释剂性能

名　　称	结　构　式	粘度帕秒 (25℃)	环氧值当量/100g
苯基缩水甘油醚	C₆H₅—O—CH₂—HC—CH₂ (环氧)	$7×10^{-3}$	≥0.50
丁基缩水甘油醚	C_4H_9—O—CH₂—HC—CH₂ (环氧)	$2×10^{-3}$	≥0.50
丙烯基缩水甘油醚	CH₂＝CH—CH₂—O—CH₂—HC—CH₂ (环氧)	$1～2×10^{-3}$	
二缩水甘油醚	H₂C—CH—CH₂—O—CH₂—HC—CH₂ (环氧、环氧)	$4～6×10^{-3}$	1.15～1.53

　　活性稀释剂的用量一般为环氧树脂的5%～15%,最大不超过30%。应用活性稀释剂时,固化剂用量需相应增加。

　　无溶剂环氧漆所用固化剂大都是液态的。如二乙烯三胺、三乙烯四胺、低分子量聚酰胺、多元胺加成物(酚醛己二胺,酚醛二乙烯三胺)等,它们都能在常温下干燥;若用桐油顺丁烯二酸酐加成物作固化剂,则必须高温烘烤。

　　无溶剂涂料要求具有遮盖力时,可以加入适当的颜料,由于涂层较厚,所以加入少量的颜料就能得到足够的遮盖力,如用钛白,在涂料中占5%～7%即可。无溶剂环氧漆也是双组分漆。环氧树脂、活性稀释剂、颜料和体质颜料为一个组分,固化剂为另一个组分。使用前按规定比例混合。这类涂料常温干燥型的多用于油库、水槽、船舱、海洋设备以及水泥表面衬里的防腐蚀保护涂层,烘干型的多用于微型电机等。

　　5) 环氧粉末涂料

　　粉末涂料是涂料工业中较为新型的品种。通常涂料产品的外观均是液态的,而粉末涂料的产品则是粉末状的,这是个明显的特点。环氧粉末涂料是最早开发的品种。它的组成有环氧树脂、固化剂、颜料、填料以及各种助剂等。环氧树脂常用高分子量的固体树脂如环氧值在0.1左右、熔点为90℃左右的双酚 A 环氧树脂。固化剂也应是固体的,而且在制造粉末涂料过程中以及制成粉末涂料后的贮存期内都应是稳定的,只有在喷涂后高温烘烤时才很好地发挥作用。当然漆膜的性能也是选择固化剂的重要因素,常用的有双氰胺、邻苯二甲酸酐、三氟化硼乙胺络合物等。应用的助剂有流平剂,如聚乙烯醇缩丁醛、醋丁纤维素、低分子量聚丙烯酸酯等,固化促进剂,如适用于双氰胺的有咪唑、多元胺锌盐和镉盐的络合物等,适用于酸酐的有辛酸亚锡、羟基吡啶等。配方(kg)举例如下:

环氧树脂	58	颜填料	36
双氰胺	2.5	聚乙烯醇缩丁醛	3.5

其固化条件为180～200℃,20～30分钟。

粉末涂料的制造方法有干法和湿法之分。干法是采用固体粉末原料,又有干混合法、熔融混炼法等;湿法是在制造过程中使用有机溶剂或水作介质,例如喷雾干燥法、沉淀法等。目前生产环氧粉末涂料较多采用熔融混炼法,其工艺过程如下:

原料配合──→干式预混合──→熔融挤出混炼──→冷却──→粗粉碎──→细粉碎──→筛分──→成品包装。

粉末涂料的施工目前都采用静电喷涂法。

环氧粉末涂料附着力、耐腐蚀等性能优良,但在光泽、耐候性方面尚不足。所以又有其他树脂改性的品种,如聚酯-环氧粉末、丙烯酸酯-环氧粉末等。

粉末涂料由于具有公害小、省工时、便于实现流水线自动化施工等优点,近年来发展很快,除环氧粉末外,还有聚酯粉末和丙烯酸酯粉末等大类。粉末涂料目前在涂料工业中,已形成一个独立的门类。

6·5·3·4　酯化的环氧树脂漆(环氧酯漆)

这类漆是由植物油与环氧树脂经酯化反应而制得。它是单组分的,贮存稳定性好,有烘干型也有常温干燥型的。由于可以用不同品种的脂肪酸以不同的配比与环氧树脂反应,因而是多品种的,是目前环氧树脂涂料中生产量大的一种。

脂肪酸的羧基与环氧树脂的环氧基和羟基发生酯化反应,生成环氧酯,碱性催化剂可加速反应。

$$\begin{array}{c} CH_2 \\ | \\ CH \end{array}\!\!\!\!\!\!>\!\!O \;+\; RCOOH \xrightarrow{130\sim180℃} \begin{array}{c} CH_2\!-\!OOCR \\ | \\ CH\!-\!OH \end{array}$$

$$CH\!-\!OH \;+\; RCOOH \xrightarrow{200\sim400℃} CHOOCR \;+\; H_2O$$

可以采用熔融法或溶剂法(一般用5%左右的二甲苯),并在二氧化碳的保护下进行反应,达到一定的酸值和粘度后,即可冷却,加溶剂稀释即成漆料。

脂肪酸和环氧树脂配比不同,可以制成不同油度的环氧酯,如表 6-12 所示。

表 6-12　酯化当量与油度的关系

环氧树脂酯化当量	脂肪酸当量	脂肪酸含量%	油　度	溶　剂
1	小于0.3	小于等于30	极短	芳烃加丁醇
1	0.3～0.5	30～50	短	芳烃
1	0.5～0.7	50～70	中	芳烃加脂肪烃
1	0.7～0.9	70～90	长	脂肪烃

通常采用分子量较大(1500左右)的环氧树脂进行酯化,因其酯化物的耐化学品性能高。制烘干型漆时,常用不干性油酸如蓖麻油酸、椰子油酸等并采用短油或极短油度。而制取常温干型漆时,主要用干性油酸如亚麻油酸、桐油酸等并采用中、长油度。常温干型漆也必须加入催干剂。

环氧酯涂料附着力强、韧性好、施工方便。但由于存在酯键,耐碱性稍差。由于与其他树脂的混容性好,所以常添加其他树脂如氨基树脂、酚醛树脂等以改善性能。环氧酯可用于制清漆、底漆、腻子和磁漆,特别是底漆被大量生产。

6·5·4 丙烯酸酯涂料类

丙烯酸酯树脂由于无色、透明、耐候、耐化学品、耐高低温等各方面的性能优良,在涂料工业中已成为高档漆的重要品种。在家用电器、轻工业品、汽车等方面的应用日益广泛。有关丙烯酸酯乳胶涂料已在 6·4·3 中介绍过,这里仅对溶剂型的丙烯酸酯漆作一简要介绍。

6·5·4·1 热塑性丙烯酸酯漆

各种热塑性丙烯酸酯树脂通常是由多种(甲基)丙烯酸酯单体,通过溶液共聚而成。制成的漆在涂装后,经溶剂的挥发干燥成膜,其涂膜仍然是可熔可溶的。为了改进共聚树脂的性能或降低成本,有时还有其他烯类单体参加共聚,如醋酸乙烯、苯乙烯、顺丁烯二酸二丁酯等。树脂合成的配方举例见表 6-13。

表 6-13 合成热塑性丙烯酸酯树脂的配方(kg)

原　　料	配方1	配方2	配方3	配方4	配方5
甲基丙烯酸甲酯	23.5	24.74	25.14	26.8	30.32
甲基丙烯酸丁酯	63.3	45.1	49.5	54.68	29.54
甲基丙烯酸	4.22	5.0	5	5	5
丙烯腈	9.04	5.0	5	5	5
醋酸乙烯	—	20.0	15	8.3	—
苯乙烯	—	—	—	—	30
过氧化二苯甲酰	0.46	0.4	0.4	0.4	0.4
涂膜硬度	较好	较好	差	好	好
涂膜耐水性	好	好	较好	差	差

配方中乙酯和丁酯单体可提高漆膜柔韧性,少量丙烯酸或甲基丙烯酸可改善漆膜的附着力,而少量的丙烯腈则可提高耐溶剂和耐油性。

热塑性丙烯酸树脂可用以制清漆和磁漆,也可制底漆。在配方中常加入少量增塑剂和其他树脂以改善漆膜性能。例如硝酸纤维素可增加抗张强度和耐磨性,有利于漆膜的抛光打蜡。醋丁纤维素可提高耐候性和流平性。而三聚氰胺甲醛树脂可改善漆膜的硬度等。溶剂一般用酯、酮、芳烃和醇的混合溶剂。表 6-14、表 6-15 分别为清漆和磁漆的配方举例。

表 6-14　清漆配方(kg)

原　料	配方1	配方2	配方3	配方4
热塑性丙烯酸酯树脂	10	12	11.5	8
硝酸纤维素	2.5	—	1.1	—
氨基树脂(50%)	—	1.5	—	—
增塑剂	1.23	0.86	0.80	0.38
溶剂	86.27	85.64	86.6	91.62

表 6-15　磁漆配方(kg)

原　料	配方1	配方2
热塑性丙烯酸酯树脂	1	1
三聚氰胺甲醛树脂	0.125	0.04
硝酸纤维素	—	0.09
苯二甲酸二丁酯	0.016	0.10
磷酸三甲酚酯	0.016	0.06
钛白	0.44	0.25
混合溶剂	4.7	3

热塑性丙烯酸酯清漆的特点是干燥快,漆膜无色透明,户外耐光性好。但受热易发粘,耐溶剂性差,常用作户外使用的铜、铝等有色金属表面的装饰和防护涂层。

6·5·4·2　热固性丙烯酸酯漆

各种热固性丙烯酸酯树脂的制备方法类似于热塑性丙烯酸酯树脂,其不同在于热固性丙烯酸酯树脂分子的侧链上带有活性官能团,在成膜时可以进一步自反应或与其他树脂发生交联反应。前者称自交联固化丙稀酸树脂,只要在一定的温度条件下(有时加入少量催化剂),侧链活性官能团自相反应,交联成体型结构;后者称加交联剂固化丙稀酸酯树脂,它们必须加入交联剂才能固化。交联剂可以在制漆时加入,也可以在施工前加入(双组分包装)。改变交联剂可以得到不同性能的涂料,所以应用比较多。

1) 热固性丙烯酸酯树脂的合成

热固性丙烯酸酯树脂按其侧链基的不同,其分类列于表 6-16 中。

树脂合成配方举例如表 6-17 所示。通常采用滴加单体引发剂混合液的工艺,在溶剂的回流温度下进行共聚反应,待转化率达到 95% 以上,结束反应。

表 6-16　热固性丙烯酸酯树脂类型

侧链上活性官能团	官　能　单　体	交联剂种类
—OH	CH_2=C—COOCH$_2$CHOH　　H(或CH$_3$)　H(或CH$_3$)	氨基树脂 多异氰酸酯
—COOH	CH_2=C—COOH　　H(或CH$_3$)	环氧树脂 氨基树脂
—HC—CH$_2$（O）	CH_2=C—COOCH$_2$—HC—CH$_2$（O）　H(或CH$_3$)	自交联 多元酸,多元胺
—C(O)—NH$_2$	CH_2=C—CONH$_2$　　H(或CH$_3$)	环氧树脂 氨基树脂
—C(O)—NHCH$_2$OH —C(O)—NHCH$_2$OR	CH_2=C—CONHCH$_2$OH　　H(或CH$_3$) CH_2=C—CONHCH$_2$OR　　H(或CH$_3$)	自交联 氨基树脂 环氧树脂

表 6-17　树脂合成配方（kg）

原　　料	配方1	配方2	配方3	配方4
甲基丙烯酸甲酯	16	16	—	—
甲基丙烯酸丁酯	10	8	27.5	—
丙烯酸乙酯	—	—	—	—
丙烯酸丁酯	16	16	—	22.5
苯乙烯	—	—	24.75	20
甲基丙烯酸 β-羟乙酯	8	8	—	—
甲基丙烯酸	—	2	2.75	—
丙烯酰胺	—	—	—	7.5
引发剂	0.6	0.6	0.7	0.5
二甲苯	45	45	45	—
丁醇	5	5	—	50

2）热固性丙烯酸酯树脂的交联反应

含羟基的丙稀酸酯树脂可与三聚氰胺甲醛树脂交联，系由 —OH 与—CH_2OH 或—CH_2OR 之间发生交联反应。固化温度在 120℃以上。共聚物分子中引入羧基作为内催化剂，或外加某些酸催化剂，可降低烘烤温度。

含羟基的树脂也可与多异氰酸酯交联

$$2\ H_2C\text{-}CH\text{-}\overset{\overset{O}{\parallel}}{C}\text{-}O\text{-}CH_2CH_2\text{-}OH + O\text{=}C\text{=}N\text{-}R\text{-}N\text{=}C\text{=}O$$

$$\rightarrow H_2C\text{-}CH\text{-}\overset{\overset{O}{\parallel}}{C}\text{-}O\text{-}CH_2CH_2\text{-}O\text{-}\overset{\overset{O}{\parallel}}{C}\text{-}NH\text{-}R\text{-}NH\text{-}\overset{\overset{\parallel}{C}}{\underset{\overset{\parallel}{O}}{}}$$

$$\text{-}O\text{-}CH_2CH_2\text{-}O\text{-}\overset{}{C}\text{-}CH\text{-}CH_2$$

此反应可在常温进行。这类产品采用双组分包装。

含羧基丙烯酸酯树脂可与环氧树脂交联：

$$2\ \underset{\underset{}{|}}{H_2C}=CH-\overset{\overset{O}{\|}}{C}-OH\ +\ CH_2-CH-R-CH-CH_2\ \longrightarrow$$

$$\underset{}{H_2C}=\overset{}{C}-\overset{\overset{O}{\|}}{C}-O-CH_2-\underset{\underset{OH}{|}}{CH}-R-\underset{\underset{OH}{|}}{CH}-CH_2-O-\overset{\overset{O}{\|}}{C}-\overset{}{C}=CH_2$$

固化温度高达170～175℃。若用叔胺或季胺盐等催化剂则可降低固化温度至150℃左右。此外也可与氨基树脂交联。

含环氧基的丙稀酸酯树脂在170℃以上烘烤时能自行开环交联固化

$$H_2C=\overset{}{CH}-\overset{\overset{O}{\|}}{C}-O-CH_2-CH-CH_2\ +$$

$$CH_2-CH-CH_2-O-\overset{\overset{O}{\|}}{C}-\overset{}{C}=CH_2\ \xrightarrow{\ >170℃\ }$$

$$H_2C=\overset{}{C}-\overset{\overset{O}{\|}}{C}-O-CH_2-CH-CH_2$$
$$O$$
$$CH_2-CH-CH_2-O-\overset{\overset{O}{\|}}{C}-CH=CH_2$$
$$O$$

亦可使用多元酸、多元胺作固化剂，其固化反应如 6·5·3·2 中环氧树脂固化一样。此外，也可用含羧基的聚合物或氨基树脂来交联。

含羟甲基酰胺基或烷氧甲基酰胺基的丙稀酸酯树脂,可加热自交联,其反应与 6·5·2·1 中的三聚氰胺甲醛树脂的固化交联相同,也可与氨基树脂交联固化。

3) 热固性丙烯酸酯漆

热固性丙烯酸酯漆性能较热塑性的更为优越。由于树脂的分子量通常较热塑性树脂小,故粘度较低,制成的漆一般都较热塑性树脂的漆固体含量高。制漆工艺与其他溶剂型漆基本相同。施工方法主要是喷涂,也可刷涂。目前主要用于高装饰性要求的产品,如轿车、电冰箱、缝纫机等。漆的配方举例如表 6-18。

表 6-18　磁漆配方(kg)

原　　料	轿车漆	白烘漆
含羟基丙烯酸酯树脂(50%)	55	—
含丁氧甲基酰胺基丙烯酸酯树脂(50%)	—	50
低醚化度三聚氰胺甲醛树脂(60%)	19	10
钛白及配色颜料	15	20
1%硅油	0.2	—
二甲苯	4.8	10
环己酮	6.0	10

以上所述均为溶剂型涂料。由于溶剂型涂料共同的问题是污染环境,因此发展受到限制。而丙稀酸酯粉末涂料已在环氧粉末之后开发成功。丙稀酸酯粉末涂料也是热固性的,目前已得到工业规模的应用,发展前途较大。

6·5·5　聚氨基甲酸酯涂料类

聚氨基甲酸酯涂料是指所用成膜物质含有相当数量的氨基甲

酸酯链节
$$\begin{matrix} H & O \\ | & \| \\ -N-C-O- \end{matrix}$$
 的高分子化合物。氨基甲酸酯是由异氰酸酯和羟基反应而生成：

$$R-N=C=O + R'-OH \longrightarrow \boxed{R-\overset{H}{\underset{|}{N}}-\overset{O}{\overset{\|}{C}}-O-R'}$$

由多异氰酸酯与多元醇反应即得聚氨基甲酸酯，通常简称聚氨酯。

$$n HO-R'-OH + n\ O=C=N-R-N=C=O$$

$$\longrightarrow \left[O-R'-O-\overset{O}{\overset{\|}{C}}-\overset{H}{\underset{|}{N}}-R-\overset{H}{\underset{|}{N}}-\overset{O}{\overset{\|}{C}} \right]_n$$

这个反应，既不是缩合，也不是通常的加聚，而是介于两者之间，称为逐步加成聚合，在此反应中，一个分子中的活性氢原子转移到另一个分子上去。

$$-R-N=C=O + HO-R' \longrightarrow -R-\overset{H}{\underset{|}{N}}-\overset{O}{\overset{\|}{C}}-O-R'-$$

它与缩聚反应的不同之处是没有副产物分裂出来，因而在反应过程中并不需要排除副产物以促使平衡的转移。它与普通连锁聚合不同之处，是在链增长过程中，不是依靠能量的传递，而且它的每步产物本身是稳定的，可以分离出来，所以这是合成聚合物的又一种反应类型。

6·5·5·1 异氰酸酯的化学反应性

异氰酸酯的化学性质十分活泼，能进行许多反应，现归纳如下：

1) 异氰酸酯与羟基反应

用异氰酸酯和含有羟基的化合物反应，是制备氨基甲酸酯高聚物的一个非常重要的反应。

$$R-N=C=O + R'-OH \longrightarrow R-\overset{H}{\underset{|}{N}}-\overset{O}{\overset{\|}{C}}-O-R'$$

与伯醇反应时,在室温下便能进行。氨基甲酸酯在高温(100℃以上)或常温在催化剂作用下,能与过量的异氰酸酯进一步反应,生成脲基甲酸酯。

$$
\underset{\substack{| \\ R}}{\overset{\substack{H \quad O \\ | \quad \|}}{R-N-C-OR'}} + O=C=N-R
$$

$$
\longrightarrow \quad \underset{\substack{| \\ R}}{\overset{\substack{H \quad O \quad O \\ | \quad \| \quad \|}}{R-N-C-N-C-O-R'}}
$$

2) 异氰酸酯与水反应

异氰酸酯与水反应分两步进行,先加成生成氨基甲酸,由于它不稳定,随即分解为二氧化碳和胺。

$$
R-N=C=O + H_2O \longrightarrow \overset{\substack{H \quad O \\ | \quad \|}}{R-N-C-OH} \longrightarrow RNH_2 + CO_2 \uparrow
$$

该反应在常温下即可进行。

3) 异氰酸酯与胺反应

异氰酸酯与胺的反应能力很强,不论是伯胺或仲胺都比其他含有活泼氢的基团为强。

$$
R-N=C=O + H_2NR' \longrightarrow \overset{\substack{H \quad O \quad H \\ | \quad \| \quad |}}{R-N-C-N-R'}
$$

因此当水和—NCO反应生成胺后,很快继续和异氰酸酯反应生成脲。脲仍能和异氰酸酯反应,但能力较弱。通常要在碱性催化剂和反应热的影响下,才能使脲和异氰酸酯进一步反应生成缩二脲。

$$
R-N=C=O + \overset{\substack{H \quad O \quad H \\ | \quad \| \quad |}}{R-N-C-N-R'}
$$

$$\longrightarrow \quad R-NH-\overset{\overset{\displaystyle O}{\|}}{C}-\overset{\overset{\displaystyle O}{}}{\underset{\underset{\displaystyle R}{|}}{N}}-\overset{\overset{\displaystyle O}{\|}}{C}-NH-R'$$

4）异氰酸酯与羧基反应

异氰酸酯与羧基反应,和水反应相似,先是加成生成酸酐,遇热后分解放出二氧化碳,形成酰胺。

$$R'-\overset{\overset{\displaystyle O}{\|}}{C}-OH + R-N=C=O \longrightarrow R'-\overset{\overset{\displaystyle O}{\|}}{C}-O-\overset{\overset{\displaystyle O}{\|}}{C}-\overset{\overset{\displaystyle H}{|}}{N}-R \quad \text{酸酐}$$

$$R'-\overset{\overset{\displaystyle O}{\|}}{C}-O-\overset{\overset{\displaystyle O}{\|}}{C}-\overset{\overset{\displaystyle H}{|}}{N}-R \xrightarrow{\triangle} R'-\overset{\overset{\displaystyle O}{\|}}{C}-\overset{\overset{\displaystyle H}{|}}{N}-R + CO_2\uparrow \quad \text{酰胺}$$

5）异氰酸酯的环化反应

异氰酸酯在催化剂或加热条件下,可自身聚合成二聚体或三聚体。芳香族的异氰酸酯能形成二聚体,反应是可逆的,在高温时可分解。

$$2\ Ar-N=C=O \underset{\triangle}{\rightleftharpoons} \quad \text{二聚体环}$$

二聚异氰酸酯与羟基反应亦能生成脲基甲酸酯,反应进行很慢,但在三乙胺作用下可以加速。

$$\text{(二聚体环)} + R'OH \longrightarrow Ar-\overset{\overset{\displaystyle H}{|}}{N}-\overset{\overset{\displaystyle O}{\|}}{C}-\overset{\overset{\displaystyle O}{}}{\underset{\underset{\displaystyle Ar}{|}}{N}}-\overset{\overset{\displaystyle O}{\|}}{C}-OR'$$

同样,与胺反应亦生成大分子的缩二脲。

单独脂肪族异氰酸酯不能制得二聚体,只能得三聚体,单独芳香族异氰酸酯也可制得三聚体,二者混合也可共聚成三聚体。三聚作用是不可逆的,三聚体在150～200℃稳定不分解。

6·5·5·2 基本原料

合成聚氨酯树脂的基本原料是多异氰酸酯,主要是二异氰酸酯。现把常用的简述如下:

(1)甲苯二异氰酸酯(TDI) 这是无色透明液体,有不愉快的刺激性气味,有毒。有两种异构体

异氰酸基(—NCO)在苯环上位置不同,反应能力亦不一样。工业

品常常是两种异构体的混合物。

（2）4,4′-二异氰酸酯二苯基甲烷　这是白色粉状物,有较低蒸汽压,因此毒性较甲苯二异氰酸酯低。

$$OCN-\!\!\!\!\!\!\!\!-\!\!\!\!\!\!-\!\!\!\!\!\!-CH_2-\!\!\!\!\!\!\!\!-\!\!\!\!\!\!-\!\!\!\!\!\!-NCO$$

（3）六亚甲基二异氰酸酯（HDI）　也称已二异氰酸酯,是脂肪族异氰酸酯,制得涂料后涂膜不易泛黄。

$$OCN(CH_2)_6NCO$$

（4）苯二甲撑二异氰酸酯（XDI）　通常有间位和对位两种异构体,工业品也是混合物。制成涂料后,其泛黄性仅次于 HDI。

$$CH_2NCO \qquad CH_2NCO$$

6·5·5·3　聚氨酯漆

聚氨酯漆根据成膜物质聚氨酯的化学组成及固化机理,大致可分为五种,在生产上亦有单包装和双包装两种。

1）羟基固化型聚氨酯漆（双包装）

这类漆一般为双组分：一个组分是带有羟基的聚酯、聚醚、环氧树脂等；另一个组分为带有异氰酸基的加成物或预聚物。使用时将两组分按一定比例混合,由—NCO 和—OH 反应,漆膜固化。

（1）羟基部分　主要是聚酯、聚醚,此外还有环氧树脂、蓖麻油及其衍生物等。聚酯是由多元醇、多元酸缩聚而成。一般醇应过量以保证有足够的羟基。常用的多元酸有已二酸、癸二酸、邻苯二甲酸酐。常用的多元醇有乙二醇、丁二醇、一缩二乙二醇、甘油、三羟甲基丙烷、季戊四醇等。调整各种不同的配比,可以得到从低羟基的线型聚酯到高羟基的高度支化的聚酯。羟基量越高,支化度越大,则与异氰酸酯反应后制成的漆膜越坚硬,耐化学腐蚀和耐溶剂性越好。

聚醚是由环氧乙烷、环氧丙烷或四氢呋喃开环聚合而得。如二羟基聚氧化丙烯醚、三羟基聚氧化丙烯醚。在开环聚合时需要加入活性基团的某些起始物质,如丙二醇、甘油及三羟甲基丙烷等。

$$
\begin{array}{l}
\quad\quad\quad\;CH_3 \quad\quad\;\; CH_3 \\
H-\overset{|}{C}-(OCH_2-CH)_{n_1}-OH \\
H-\overset{|}{C}-(OCH_2-CH)_{n_2}-OH \\
\quad\quad\;H \quad\quad\quad\;\; CH_3
\end{array}
$$

$$
\begin{array}{l}
\quad\quad\quad\quad\quad CH_3 \\
H_2C-(OCH_2-CH)_{n_1}-OH \\
\quad\quad\quad\quad\quad CH_3 \\
HC-(OCH_2-CH)_{n_2}-OH \\
\quad\quad\quad\quad\quad CH_3 \\
H_2C-(OCH_2-CH)_{n_3}-OH
\end{array}
$$

聚醚的聚合度愈大,则羟基间的距离愈远,羟基量愈低与异氰酸酯反应制成的漆膜弹性愈好。但因醚键在紫外光照射下易氧化,故漆膜不耐曝晒适于内用。

环氧树脂中有大量羟基可以与异氰酸酯反应成膜。此外蓖麻油以及蓖麻油酸甘油单、双酯等也有所采用。

(2) 多异氰酸酯部分 用二异氰酸酯例如甲苯二异氰酸酯、六亚甲基二异氰酸酯等与聚脂、聚醚等制得涂料时,由于漆中游离的二异氰酸酯含量高,容易挥发等原因,通常不直接使用。一般都将二异氰酸酯与多羟基化合物先制成加成物或预聚物，然后再与聚酯等反应制漆。

加成物可采用三羟甲基丙烷、甘油、一缩乙二醇等，例如

$$
\begin{array}{c}
CH_2OH \\
| \\
CH_3CH_2-C-CH_2OH \\
| \\
CH_2OH
\end{array}
\quad + 3 \quad
\begin{array}{c}
CH_3 \\
\text{——NCO} \\
\text{——NCO}
\end{array}
\longrightarrow
$$

预聚物有聚醚与甲苯二异氰酸酯反应而得的聚醚预聚物等。

$$
3 \begin{array}{c}
CH_3 \\
\text{——NCO} \\
\text{——NCO}
\end{array}
\quad + \quad
\begin{array}{c}
CH_3 \\
| \\
CH_2\text{—[}OCH_2\text{—}CH\text{]}_{n_1}\text{—}OH \\
CH_3 \\
| \\
CH\text{—[}OCH_2\text{—}CH\text{]}_{n_2}\text{—}OH \\
CH_3 \\
| \\
CH_2\text{—[}OCH_2\text{—}CH\text{]}_{n_3}\text{—}OH
\end{array}
\longrightarrow
$$

这类漆通常在常温干燥，亦能烘烤，烘烤后漆膜性能优于常温干燥。这类漆的性能决定于羟基化合物和异氰酸酯组分的类型以及—NCO 与—OH 的比例。品种很多，从柔软到坚硬光亮漆膜都有。具有优良的耐磨、耐溶剂、耐水、耐化学腐蚀性。适用于金属、水泥、木材以及橡胶、皮革等材料的涂饰。

2）湿固化型聚氨酯漆（单包装）

这类漆是用多异氰酸酯与多羟基聚酯或聚醚等进行反应，制成的含有游离—NCO 基的涂料。施工时，通过与空气中潮气反应生成脲键而固化成膜。

这种漆的固化与空气的湿度有关,若湿度低则固化较慢。由于固化时有二氧化碳放出,故漆膜易产生针孔、麻点等疵病。故喷涂次数应稍多。

3) 催化固化型聚氨酯漆(双包装)

这类漆与湿固化型相似。由于湿固化型漆的干燥成膜与空气的湿度密切有关,为了保证能较快干燥可加入催化剂。因此这类漆一组分为含有游离—NCO 的预聚物;另一组分为催化剂如二甲基乙醇胺、环烷酸钴等。施工时由于加入催化剂,故不必考虑湿度大小,所以使用方便。

4) 封闭型聚氨酯漆(单包装)

这类漆是将二异氰酸酯或其加成物上的游离—NCO 基团,用某些含活性氢原子的化合物如苯酚等,暂时封闭起来,然后与带有羟基的聚酯或聚醚混合在一起。在室温下不起反应。使用时将漆膜烘烤到150℃时,苯酚随可逆反应而挥发,释放出游离—NCO 基与

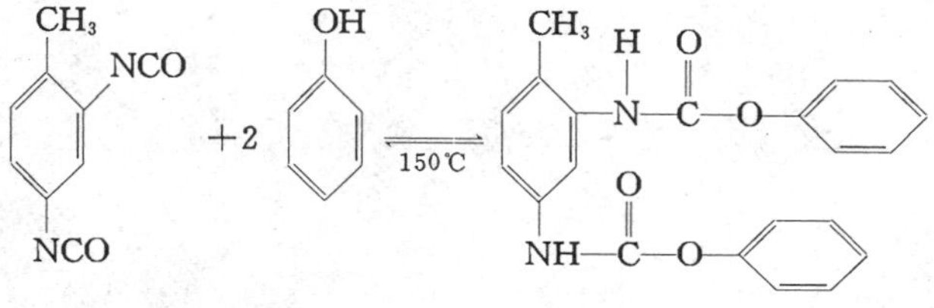

聚酯的—OH 基反应,构成聚氨酯漆膜。该漆由于—NCO 被封闭,免除了异氰酸酯的毒性,同时贮存稳定不受潮气的影响。由于高温烘烤成膜,漆膜具有良好的物理机械性能及电绝缘性,主要用作绝缘漆。

5) 聚氨酯改性油(单包装)

它是以甲苯二异氰酸酯代替邻苯二甲酸酐与甘油一脂肪酸酯及甘油二脂肪酸酯反应制成的。主链中含有氨基甲酸酯基,但不含

游离的—NCO。它的干燥和醇酸树脂相同,是通过氧化聚合进行的,同样也要加入催化剂。与醇酸树脂比较,其主要特点是干燥快、耐磨、耐碱及耐油。适用于室内木材、水泥表面涂覆及维修和防腐蚀涂料。

7 香　料

7·1　概　述

香料是一种具有挥发性的芳香物质。它具有特殊的令人喜爱的香气,被人们重视和使用已有悠久的历史,如古希腊将芳香物质用于宗教仪式和制作木乃伊等。我国也早已使用香料,李时珍的"本草纲目"中就有《芳香篇》,如动物香料麝香可用作通窍的急救药物,丁香油可用于治牙病等。

过去所使用的芳香物质主要来源于芳香植物(如花、果、茎、叶、根等),人们在16世纪开始了直接从芳香植物中提取天然香料——芳香油(又名精油)。但由于芳香植物具有一定生长季节性,产量小,价格较贵,不能满足需要,同时当芳香植物在加工提取过程中有部分芳香物被破坏及损失,因此在香气上与原来芳香植物相比有一定损伤。随着科学技术水平的不断提高,诞生了合成香料,主要是通过化学合成法制备出一些天然香料中的主要发香成分,以弥补天然香料的不足,这样既降低了成本,又增加了芳香物质来源。但化学合成所得单体香料,其香气单一,若要具备某一天然植物的香气或香型,必须通过人工调香,才能达到或接近某一天然香料的香型。

香料包括天然香料和合成香料两部分。应用不同的天然和合成香料调香后配制成具有一定香型和风味的混合体,则被称为香精。而根据加香产品的不同用途,香精又可分为食用香精和日用香精两种。

7·2 天然香料

天然香料多广泛分布于植物中或存在于动物的腺囊中,前者如香花、香叶、香木之类,后者如麝香、灵猫香、龙涎香之类。天然香料的制备方法一般必须将原料预先准备,如植物的茎、叶、皮类必须切成细片,果实类必须研成粉末,枝根宜截断,然后视其香料含存之种类,再施以不同的工艺方法,如压榨法、冷浸法、温浸吸法、水汽蒸馏法等提取。

7·2·1 动物香料

麝香、灵猫香、海狸香、龙涎香是配置高级香料不可缺少的配合剂,它们主要成分结构已先后被发现。

麝香:来源于生长在印度北部及我国云南、中亚高原的公麝体内,它是公麝的生殖腺分泌物,晾干腺囊,取出其中暗褐色颗粒状物即是。它的香味成分为麝香酮,结构为

$$
\begin{array}{c}
(CH_2)_{12} - CH - CH_3 \\
| \qquad\qquad | \\
CO - CH_2
\end{array}
$$
麝香酮(3-甲基环十五酮)

灵猫香:来源于生长在非洲埃塞俄比亚、印度和缅甸的麝香猫体内。它是由麝香猫(灵猫)的囊状分泌腺,用刮板刮下来收集而成的一种半流体物质,香味成分为2%～3%含量的灵猫酮,结构为:

$$
\begin{array}{c}
CH - (CH_2)_7 \\
\| \qquad\qquad\quad C=O \\
CH - (CH_2)_7
\end{array}
$$
灵猫酮(△9环十五酮)

海狸香:来源于生长在西伯利亚和加拿大的河川、湖泊中的海狸体内,是海狸生殖器旁的腺囊,晾干后取出,呈褐色,含40%～70%树脂状物,其主要成分为对-乙基苯酚、苯甲醇、内脂及海狸香

素等。

龙涎香:是抹香鲸胃肠内所形成的结石状病态物,在海上漂流,被冲上海岸,经长期风吹雨打自然成熟为灰褐色大块,其主要成分为龙涎香醇 $C_{24}H_{44}O$。

7·2·2　植物香料

植物香料是由植物的花、叶、杆、根、皮、树脂、果皮、种子以及苔衣或草等制成。

由花提取的香料:有玫瑰、茉莉、橙花、熏衣草、水仙、黄水仙、合欢、蜡菊、刺柏、衣兰等。

由叶子提取的香料:有马鞭草、桉叶、香茅、月桂、香叶、橙叶、冬青、广藿香、香紫苏、枫茅、岩蔷薇等。

由木材提取的香料:有檀香木、玫瑰木、羊齿木。

由树皮提取的香料:桂皮、肉桂。

由树脂提取的香料:安息香、吐鲁番香脂、秘鲁香脂。

由果皮提取的香料:柠檬、柑桔。

由种子提取的香料:黑香豆、茴香、肉豆蔻、黄葵子、香子兰。

由苔衣提取的香料:如橡苔。

由草类提取的香料:熏衣草、薄荷、留兰香、百里香、龙蒿。

7·2·3　天然香料制法

1) 压缩法

柠檬、橙子、柑桔类果皮经压榨法可制取香料。此为提取天然香料最简单的方法,且此法不致使香料变性。一般适用于含香质较多而又价廉者。

2) 水汽蒸馏法

这是提取香料的最重要方法。其使用之香质原料包括所有的花(不耐热处理的茉莉和晚香玉除外),其他如叶、木材、树皮、树根、苔衣、草类等。肉桂、檀香、樟、桂枝、薄荷、藿香、丁香、豆蔻等,都能用此法。由花制得叫花精油,其他叫香精油。

3) 有机溶剂提取法

利用低沸点的有机溶剂（如酒精、乙醚、氯仿等）能溶解香料的性质，将原料浸于上述溶剂中进行萃取，待萃取完成后，蒸去有机溶剂，再用乙醇混合，过滤除去杂质，蒸去乙醇后产物称净油，由花制成叫净花精油。此法必须重复混合和蒸馏数次方得佳品。

4) 吸收法

凡提取含香质极微，价格又较贵的香料，多用此法。如玫瑰、桂花、蔷薇、兰草等植物花瓣中所含的香料，其品质高贵，而含量极微。利用脂肪油吸收花卉中香质。

其中又分热脂浸渍法及冷吸法两种，前者用热纯猪油或牛油，吸收花中芳香油，冷却后再用乙醇萃取，然后过滤去乙醇称浸膏或净香脂。后者只是在常温下进行，方法相同。它适用于花香受热易损失者如茉莉、晚香玉等。

7·3 合成香料

由于天然香料往往受到自然条件及加工等因素影响，造成产量不多、质量不稳定。随着近代科学技术水平的不断提高，可从天然香料中剖析、分离其主要发香成分，通过化学合成方法进行研制，以解决天然香料的不足，又可降低成本。此外又能合成出一些具有使用价值的新的发香物质，使香型更趋丰富，因而合成香料的创制具有极为广阔的前途。

7·3·1 分类

合成香料的分类方法按所采用原料不同、香型不同等来分类，但为了掌握其化学性质及合成方法，根据有机化学的分类方法较为适宜。它的化学结构很广，按其官能团分，有代表性的香料如表7-1所示。

表 7-1 香料的分类及代表性合成香料

化学结构分类		有　代　表　性　的　香　料		
	香料名	化　学　式		香　味
碳氢化合物		柠檬烯	CH_3 结构（环己烯上连 CH_3，下端连 $C(CH_3)=CH_2$）	轻微的柑桔似香味
醇类	脂肪族	辛烯醇	$(CH_3)_2C=CH-CH_2-CH_2-CHOH-CH_3$	玫瑰似香味
	萜烯醇	牦牛儿醇（橙花醇）	CH_3 结构（环己烯上连 CH_3，环上连 CH_2OH，下端 $H_3C-C=CH_3$）	玫瑰似香味
	芳香族	β-苯乙醇	苯环连 CH_2CH_2OH	玫瑰似香味
醛类	脂肪族	甲壬基乙醛	CH_2 结构 $CH_3(CH_2)_8CHCHO$	戟菜似香味
	烯醛	柠檬醛	CH_3 结构（连 CHO，下端 $H_3C-C=CH_3$）	柠檬似香味

化学结构分类		有 代 表 性 的 香 料		
	香料名	化 学 式		香 味
醛类	芳香族	香兰素		香子兰
酮类	脂环族	α-紫罗兰酮		具甜而甚剧之香味似鸢尾根
	萜烯酮	1-香芹酮		留兰香
	大环酮	环十五酮		麝 香
酯类	脂肪酸脂	乙酸芳樟脂		香柠檬，熏衣草

化学结构分类		有　代　表　性　的　香　料		
	香料名	化　学　式		香　味
酯类	芳香酸酯	邻氨基苯甲酸甲酯		橙花
内脂	γ-十一酸酯	$CH_3(CH_2)_6$—CH—CH_2—CH_2 　　　　　　O————C=O	稀释后似桃香
酚	丁子香酚		丁子香
含氮化合物	二甲苯麝香		麝香
乙缩醛类	二乙缩柠檬醛		轻微风信子

7·3·2　碳氢化合物

主要是萜烯类化合物,用于仿制天然精油及配置香精中,它又是合成含氧萜烯化合物的重要原料,如松节油成分中的 α-和 β-蒎烯可合成许多类重要单体香料。

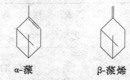

α-蒎烯   β-蒎烯

沸点前者为155.5℃,后者为163.5℃。蒎烯是工业上用来合成樟脑的重要原料。

(1)樟脑精　为无色结晶体,气味类似樟脑,天然存在于姜油内,熔点为51～52℃,沸点为160℃,能溶于醚及醇。

它的合成方法是首先由松节油加氯化氢气体反应生成氯氢化松节油精,然后与苯酚钾反应而成。

松节油精 —— HCl ——→ 氯氢化松节油

OK —→ 樟脑精

（2）柠檬烯　其结构为：

是非共轭的单环双烯,大量存在于柠檬油、桔子油、葛缕子油中,在桔子油中含量高达90%。具柠檬香气,可用来配制人造柑桔油。

（3）二苯甲烷

$$\text{（六元环）} CH_2 \text{（六元环）}$$

二苯甲烷天然存在于香叶及桔油中,它可由氯化苄与苯作用而成。

$$\text{（六元环）}CH_2Cl + \text{（六元环）} \xrightarrow[\text{室温}]{AlCl_3} \text{（六元环）}CH_2\text{（六元环）}$$

二苯甲烷为无色针形结晶,熔点26～27℃,能溶于醇及醚,具桔似香味,用于配制桔油及香叶油等。

7·3·3　醇类化合物

天然芳香成分中大都含有醇类化合物,如玫瑰、蔷薇等花香中均含有多种醇类。目前调香中使用的醇类大部分由化学合成,而且它又可作为合成其他香料单体的中间体。

1）香叶醇和橙花醇

香叶醇：

$$\text{α-位} \qquad\qquad \text{β-位}$$

橙花醇：

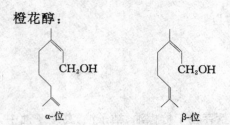

二者仅是结构上顺式和反式之别（第七个碳原子上），反式为香叶醇，顺式为橙花醇，前者为无色淡黄色液体，后者为无色液体。香气上二者均为玫瑰香味，但后者更柔和。

自然界中存在于姜草油、柠檬草油及雄刈萱草油内，两者往往同时存在，为玫瑰香精主要成分。

化学合成以月桂萜烯为原料，方法如下：

2）苯甲醇

苯甲醇也称苄醇,存在于天然的苏合香内。它为无色有果子香的液体,沸点206～207℃,能溶于乙醇及乙醚。具有固定香气的能力,能使其他香料中的香气久久不消失,故常作香料的溶剂用。

它可由氯化苄与碳酸钾共沸而得:

$$2C_6H_5CH_2Cl + H_2O + K_2CO_3 \xrightarrow{\triangle} 2C_6H_5CH_2OH + 2KCl + CO_2 \uparrow$$

也可用苯甲醛加苛性钾反应而成:

$$2C_6H_5CHO + KOH \longrightarrow C_6H_5CH_2OH + C_6H_5COOK$$

3) β-苯乙醇

β-苯乙醇天然产于玫瑰油及橙花油中,为无色液体,具有柔和的玫瑰似甜香,是配制玫瑰型香精的主要原料,因为它对碱稳定,故被广泛用于皂用香精中。

合成方法为:

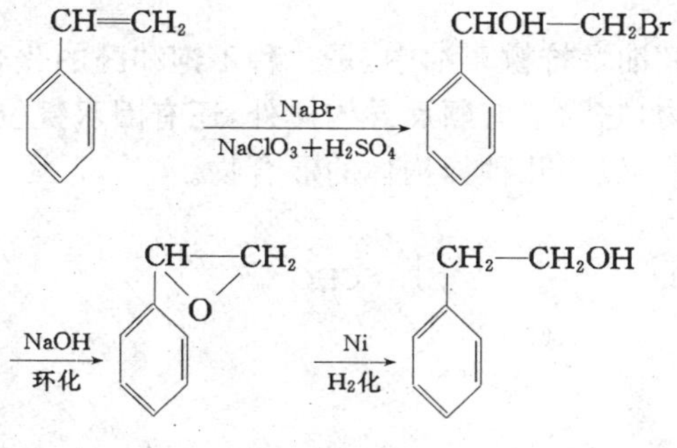

也可直接用苯为原料:

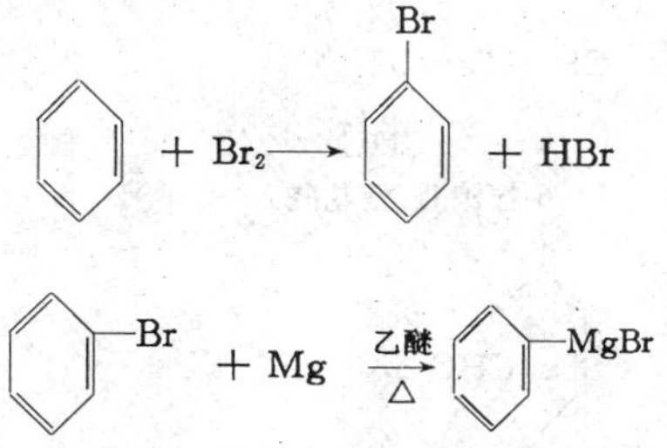

苯基溴化镁

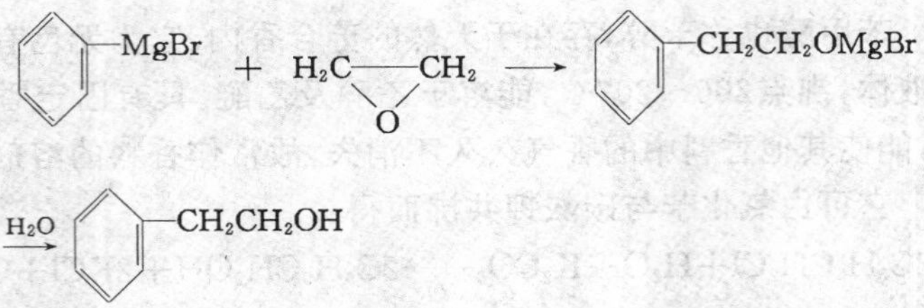

7·3·4 醛类化合物

1) 柠檬醛

柠檬醛的化学结构如下：

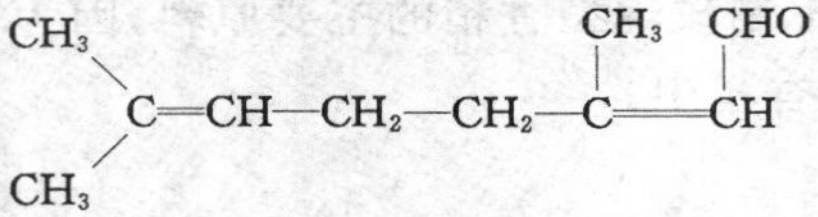

α-柠檬醛（香叶醛）

它天然存在于柠檬油及柠檬草油中，是一种不饱和醛的化合物，典型的萜烯类化合物，它除了有顺反异构体外，还有因双键位置不同而形成的异构体，一般为几种异构体的混合物。

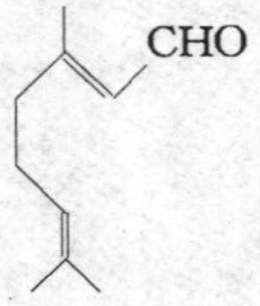

或

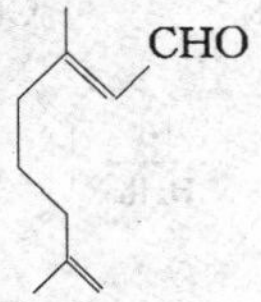

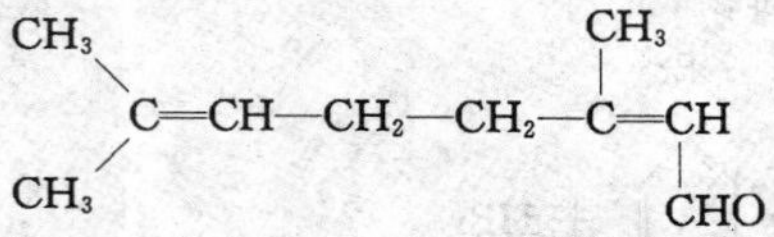

β-柠檬醛（橙花醛）

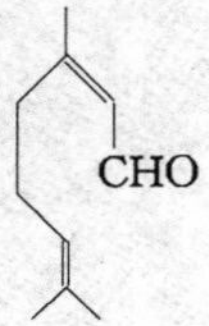

或

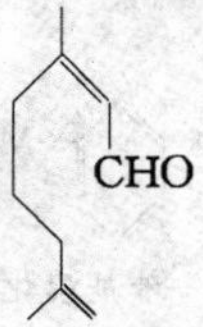

· 362 ·

一般可由山苍子油减压精馏而得。常用于各类果香香精（如玫瑰、橙花、紫罗兰等香精）中，也可作调香用，还大量作为合成紫罗兰酮的基体，是合成萜类香料的一个重要中间体。

2）甲基壬基乙醛（2-甲基十一醛）

甲基壬基乙醛的化学结构式如下：

$$CH_3(CH_2)_8—CH—CHO$$
$$\underset{CH_3}{|}$$

它不存在于自然界中，香气似柑桔香并带有龙涎香气息，又似琥珀香。香味温和持久，较其他脂肪醛均佳。多用于香水香精中，但是它香气浓烈，只能用微量于配方中，否则会掩盖其他香气。

合成方法：一般以十一酮〔2〕与一氯醋酸乙酯，在醇溶下，按 Darzens 缩合反应，增长一个碳链而成。

$$CH_3(CH_2)_8—\overset{\overset{\displaystyle CH_3}{|}}{C}=O \ +ClCH_2COOC_2H_5$$

$$\xrightarrow{C_2H_5ONa} CH_3(CH_2)_8—\overset{\overset{\displaystyle CH_3}{|}}{\underset{\underset{\displaystyle O}{\diagdown\diagup}}{C}}—CHCOOC_2H_5$$

$$\xrightarrow{NaOH} CH_3(CH_2)_8—\overset{\overset{\displaystyle CH_3}{|}}{\underset{\underset{\displaystyle O}{\diagdown\diagup}}{C}}—CHCOONa$$

$$\xrightarrow{H^+} CH_3(CH_2)_8—\overset{\overset{\displaystyle CH_3}{|}}{\underset{\underset{\displaystyle O}{\diagdown\diagup}}{C}}—CHCOOH \xrightarrow[脱酸]{HAc}$$

$$\longrightarrow CH_3(CH_2)_8—\underset{\underset{\displaystyle CH_3}{|}}{CH}—CHO \ + CO_2\uparrow$$

原料十一酮〔2〕，大量存在于天然芳香油中，可直接蒸馏分离而得。也可用 Sabatier-Senderens 反应，将十酸及乙酸蒸汽通过加热的锰类催化剂，经气相催化脱羧生成甲基壬基酮。

3）香兰素及乙基香兰素

香兰素及乙基香兰素的化学结构式如下：

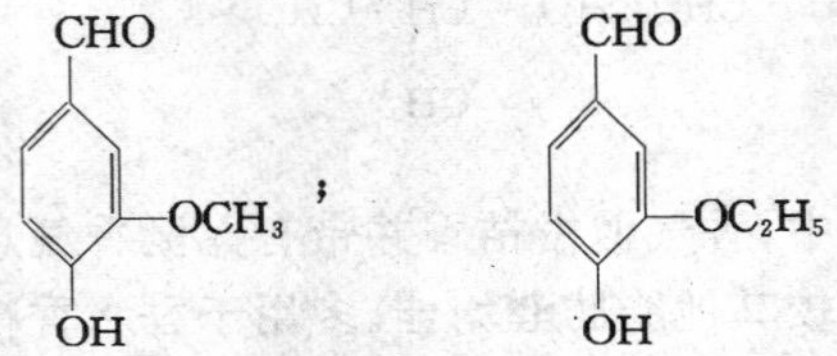

香兰素天然存在于热带兰科植物的香荚中，以香兰素葡萄糖甙的形式存在。可用乙醇由香荚中浸出而得。

香兰素为白色针状结晶，熔点 $80\sim82\,^{\circ}\mathrm{C}$，溶于水、乙醇及醚，具有香兰素芳香味及巧克力的香气。乙基香兰素自然界中并不存在，它的香气与香兰素相似，但更强烈，比香兰素强 $3\sim4$ 倍。香兰素大量用于香料、调味剂及药物等。由于天然资源的限制，目前大都采用化学合成法。按采用原料不同又有全合成法及半合成法。全合成法因不采用天然原料，故生产不易受影响，它们的合成路线是：

（1）以邻氨基苯甲醚为原料的全合成法，原料先经重氮化，再水解得到邻甲氧基苯酚。

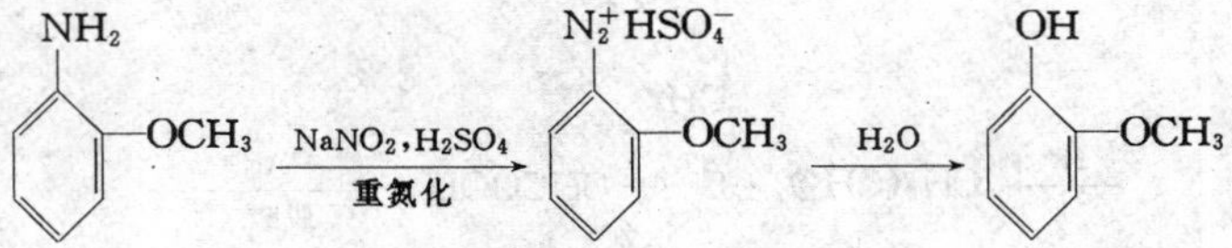

然后与甲醛及对亚硝基-N,N-二甲苯反应而成。

• 364 •

产品为一混合物,经分离,继续反应:

对亚硝基-N,N-二甲基苯胺,可由 N,N-二甲基苯胺亚硝化而成。

$$\text{N(CH}_3)_2 \quad +2\,HCl + NaNO_2 \longrightarrow \quad \text{N(CH}_3)_2 \cdot HCl \quad + H_2O + NaCl$$

（2）以丁香精为原料的半合成法，丁香精为丁香油的主要成分，经氧化等也可制得香兰精。

丁香精 $\xrightarrow[\text{异构化}]{\text{NaOH}}$ 异丁香精

乙酰异丁香精 $+CH_3COOH$

$+ 3\,O \xrightarrow[\text{H}_2SO_4]{Na_2Cr_2O_7}$ 乙酰香兰精 $+ CH_3COOH$

香兰精次亚硫酸钠盐

造纸工业的纸浆废液经发酵提取乙醇后,内含相当数量的木质素,在碱性介质中经水解、氧化等反应后也可生成香兰素。此法为木材工业的综合利用开辟了新途径。

乙基香兰素可以邻氨基苯乙醚为起始原料合成。

香兰素和乙基香兰素是贵重香料,主要作为香草香精的主体原料应用于食品工业。在化妆品工业中被用作为增加甜的香气。另外也可作矫臭剂、空气清洁剂,其用量极微。

7·3·5 酮类化合物

酮类化合物中的脂肪酮一般不直接用作香料,低级脂肪酮可作为合成香料的原料,在 $C_7 \sim C_{12}$ 的不对称脂肪酮中,有一些具有强烈令人不愉快的气味,其中只有甲基壬基酮被用作香料。但许多芳香族酮类化合物具有令人喜爱的香气，很多可用作香料，如 C_{15} ～C_{18} 的巨环酮，它具有麝香香气。

1）紫罗兰酮和甲基紫罗兰酮

紫罗兰酮天然存在于堇属紫色的植物中，而甲基紫罗兰酮则全由合成制得。由于紫罗兰鲜花昂贵，人工耗费又大，种植过程中香气很易变型，故目前紫罗兰酮也几乎由合成制取。

紫罗兰酮是重要合成香料之一，有 α、β、γ 三种异构体。

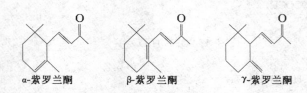

α-紫罗兰酮　　　　β-紫罗兰酮　　　　γ-紫罗兰酮

一般市售品为 α 和 β 异构体的混合物，淡黄色油状液体，香气柔和具紫罗兰花的香气，略有鸢尾的香型，是配制紫罗兰、金合欢、桂花、含羞、兰花型等香精不可缺少的原料，因它对碱稳定，因此常用作皂用香精，也可用于食用香精中。

α-紫罗兰具有甜而甚剧之香气，似鸢尾根。β-紫罗兰酮具有新鲜紫罗兰花之香气还有杨木气息。从香气来说 α-紫罗兰酮比 β-紫罗兰酮更令人喜爱，β-紫罗兰酮也是维生素 A 的原料，故被用于医药工业中。γ-紫罗兰酮具有珍贵的龙涎香香气。

由于 α-紫罗兰酮结构中的三个双键只有二个处于共轭位置，而 β-紫罗兰酮三个双键均处于共轭位置，故 β-紫罗兰酮的最大吸收波长较长，为 2906Å，而 α-紫罗兰酮为 2280Å。

甲基紫罗兰酮也是重要的合成香料之一，它共有六种异构体。

α-甲基紫罗兰酮　　　　　　　　β-甲基紫罗兰酮

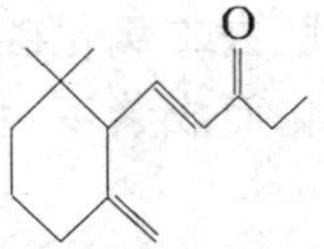

γ-甲基紫罗兰酮

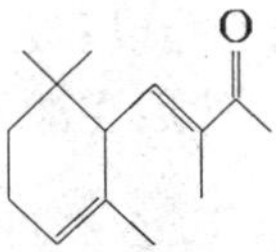

α-异甲基紫罗兰酮

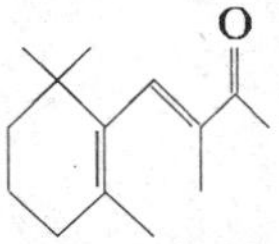

β-异甲基紫罗兰酮

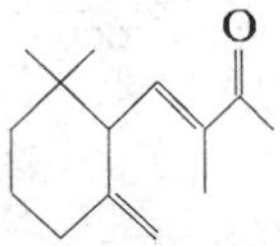

γ-异甲基紫罗兰酮

市售一般以 α、β 的四种异构体的混合物为主。香气甜盛,有似鸢尾酮和金合欢醇的气息,它是桂花、紫罗兰、金合欢香精的主要基香。

合成方法:

以天然精油中柠檬醛为原料的半合成法:

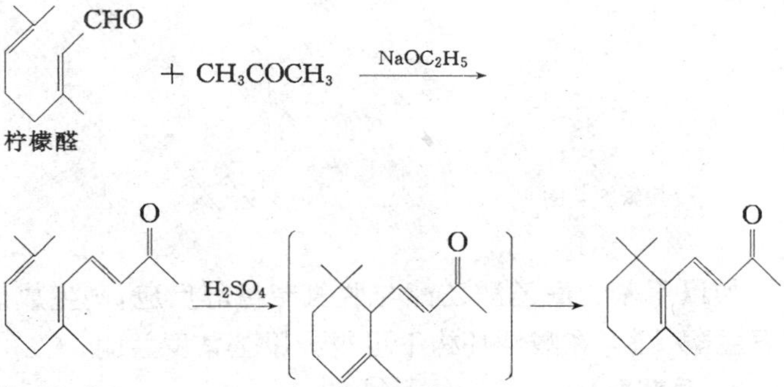

$$+ CH_3COCH_3 \xrightarrow{\quad NaOC_2H_5 \quad}$$

柠檬醛

假紫罗兰酮

$$\xrightarrow{\quad H_2SO_4 \quad}$$

α-紫罗兰酮

β-紫罗兰酮

碱催化的醇醛缩合先生成假紫罗兰酮,然后在硫酸或醋酸加三氟化硼,使假紫罗兰酮化成 α-紫罗兰酮,最后在催化剂影响下,其环内的双键转移到共轭的位置,生成共轭的双烯酮——β-紫罗兰酮。

如以丁酮与柠檬醛缩合经环化后可得甲基紫罗兰酮。

如拟得到较纯的紫罗兰酮往往采用全合成方法,以脱氢芳樟醇为原料与乙酰乙酸乙酯或双乙烯酮反应,脱去二氧化碳,经分子重排而得假紫罗兰酮,然后在酸性条件下环化而成紫罗兰酮。

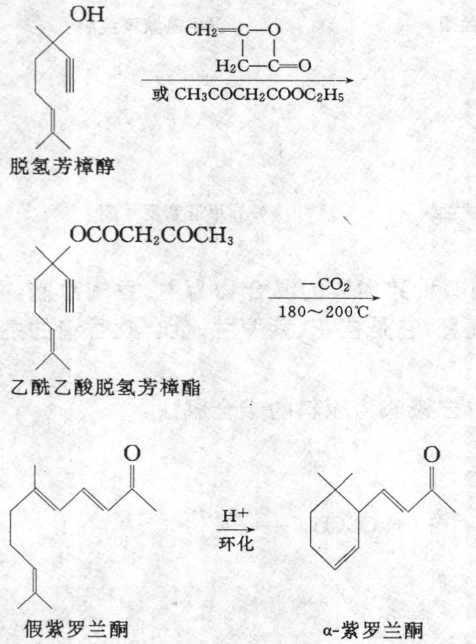

脱氢芳樟醇

乙酰乙酸脱氢芳樟酯

假紫罗兰酮　　　　　　　α-紫罗兰酮

如以甲基乙酰乙酸乙酯与脱氢芳樟醇反应,则生成假异甲基紫罗兰酮,同样在酸性环构下可得异甲基紫罗兰酮。

2) 香芹酮

香芹酮结构为

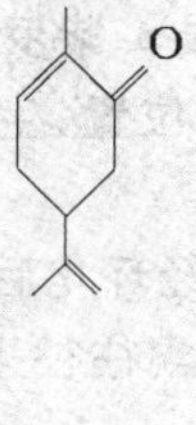

它具有留兰香气息,天然存在于芹菜子油中。

制法:以柠檬烯为原料

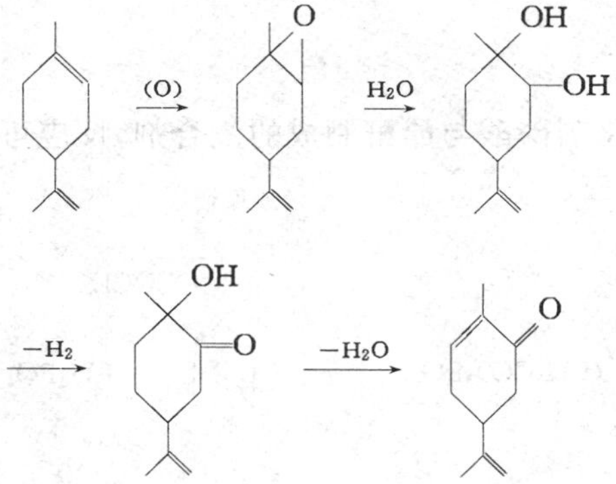

7·3·6　羧酸酯类化合物

羧酸酯类化合物广泛存在于自然界中,而且绝大部分具有可爱的香气,虽然它在调配任何一种香型的香精时不能赋予决定性的香气,但在香精中能加强与润和其香气,而且有些酯类能起到定香剂作用,故在配置各类香型香精中都含有酯类化合物。

1) 乙酸芳樟酯

乙酸芳樟酯的结构如下:

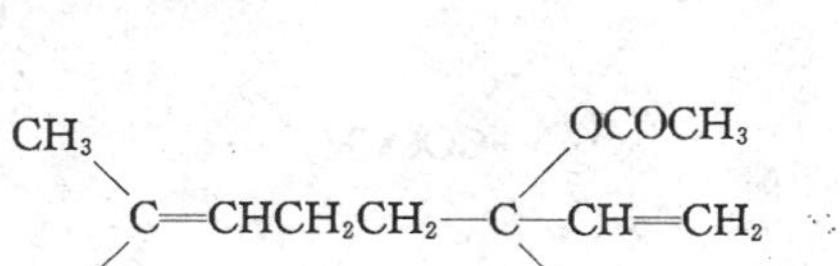

它天然存在于香柠檬、香紫苏、熏衣草及其他植物的精油中。香味近似香柠檬油及熏衣草油。

化学合成法可由芳樟醇与乙烯酮反应而得。

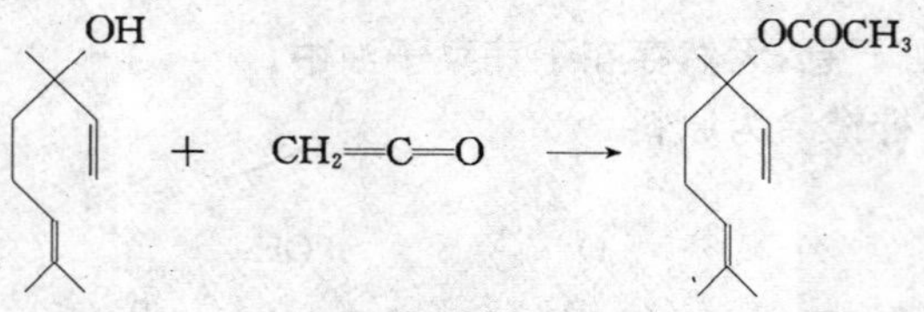

也可使用催化剂磷酸与醋酐制成的复合剂,反应可在低温下进行,并减少副反应。

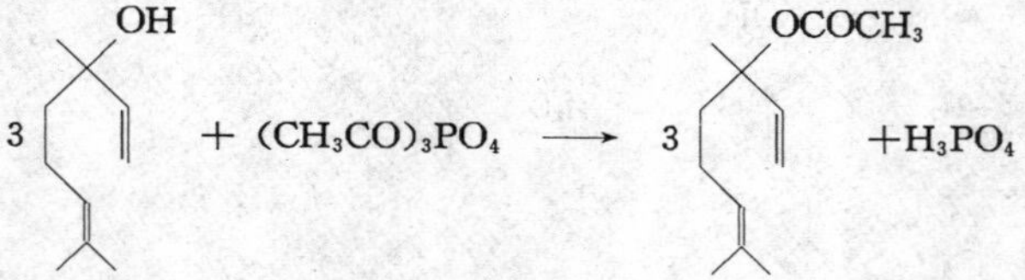

复合剂$(CH_3CO)_3PO_4$的合成为:

$$3(CH_3CO)_2+H_3PO_4 \longrightarrow 3CH_3COOH+(CH_3CO)_3PO_4$$

反应生成的磷酸可连续与醋酐作用。

乙酸芳樟酯的香气芬芳而幽雅,常用于配置古龙水、人造香柠檬油和熏衣草油,在中高档香制品及皂用香精中是不可缺少的原料之一。

2）苯甲酸酯类

其中有：

苯甲酸甲酯

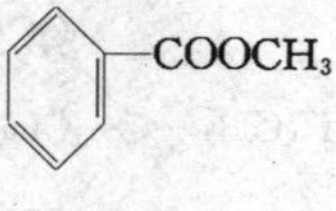

苯甲酸乙酯

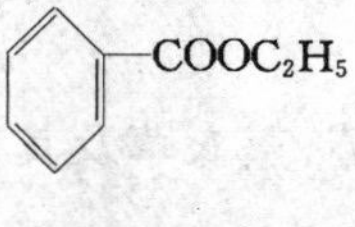

苯甲酸苄酯

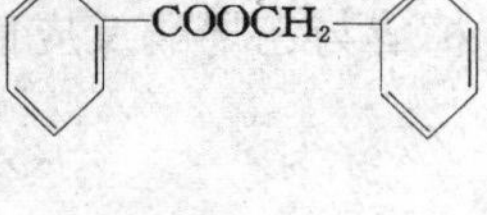

苯甲酸甲酯天然存在于依兰油、月下香油、丁香油等,具芬芳香味,系依兰香之必需成分,常用来配制依兰香油。

苯甲酸乙酯天然产于岩兰草油及橙花油等中,它具有果香及甜香,但比苯甲酸甲酯略为淡雅些,主要也用来配制依兰香油和丁香油。

苯甲酸苄酯为秘鲁树脂的主要成分,也存在于依兰香油及月下香油中,其本身香气较微,但由于它沸点高(323～324℃),故可用作定香剂,同时它又是难溶于香精中的一些固体香料的最好溶剂,故常作为合成麝香的溶剂。

它们可按一般方法制备。

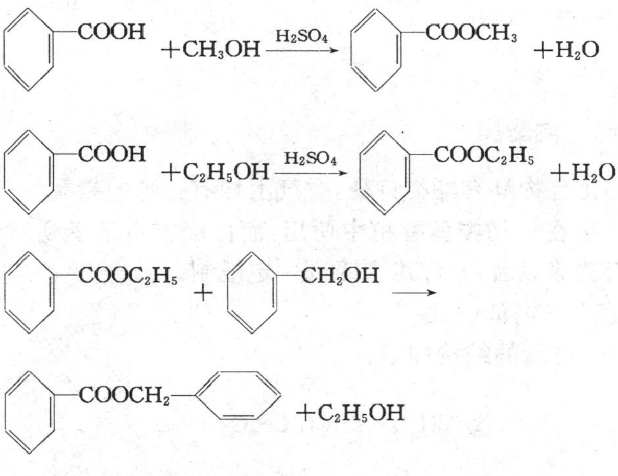

3) 邻氨基苯甲酸甲酯

自然中存在于橙花油、茉莉、甜橙油及其他芳香油中,此外还存在于葡萄汁中,具有橙花油香气,常用来配制人造橙花油。

它可以苯酐为原料来制取,

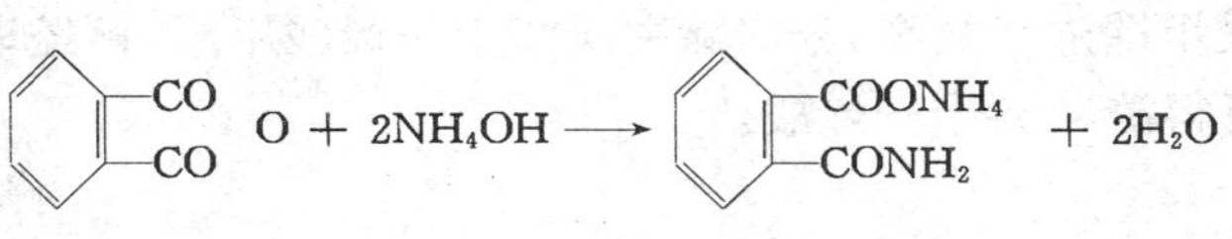

$$\begin{array}{c}\underset{\mathbf{CONH_2}}{\overset{\mathbf{CONH_4}}{\bigcirc}}+\underset{\mathbf{CO}}{\overset{\mathbf{CO}}{\bigcirc}}\mathbf{O}+2\mathbf{NaOH}\longrightarrow 2\underset{\mathbf{CONH_2}}{\overset{\mathbf{COONa}}{\bigcirc}}\end{array}$$

$$\underset{\mathbf{CONH_2}}{\overset{\mathbf{COONa}}{\bigcirc}}+\mathbf{NaClO}+\mathbf{CH_3OH}$$

$$\underset{\mathbf{NHCOONa}}{\overset{\mathbf{COOCH_3}}{\bigcirc}}+\mathbf{NaCl}+\mathbf{H_2O}$$

$$\underset{\mathbf{NHCOONa}}{\overset{\mathbf{COOCH_3}}{\bigcirc}}+\mathbf{H_2O}\longrightarrow\underset{\mathbf{NH_2}}{\overset{\mathbf{COOCH_3}}{\bigcirc}}+\mathbf{NaHCO_3}$$

7·3·7　内酯类

内酯化合物具有酯类特征,香气上均有特殊的果香。一般酯类香料几乎可在一切类型香精中使用,而内酯类由于受到原料来源及复杂工艺等原因,在应用上受到一定限制。

1) γ-十一内酯(桃醛)

γ-十一内脂的结构如下:

$$\mathrm{CH_3(CH_2)_6-CHCH_2CH_2C=O}$$
$$\underline{\qquad\qquad O\qquad}$$

具有桃香气息,故又名桃醛。主要用于桃香型食用香精中,也用于紫丁香、茉莉型香精的调香中,由于其香气强烈,故用量一般不宜过多。

其化学合成可由 ω-十一烯酸经内酯化而得。而 ω-十一烯酸由蓖麻油酸甲酯进行热裂,分离除去庚醛十一烯酸甲酯,再经皂化、酸化后可得游离 ω-十一烯酸。

$$CH_2=CH(CH_2)_8COOCH_3 \ + \ NaOH$$

十一烯酸甲酯

$$\xrightarrow{\text{皂化}} \ CH_2=(CH_2)_8COONa \ + \ CH_3OH$$

$$2\ CH_2=CH(CH_2)_8COONa \ + \ H_2SO_4 \xrightarrow{\text{酸化}}$$

$$\longrightarrow \ 2\ CH_2=CH(CH_2)_8COOH \ + \ Na_2SO_4$$

$$CH_2=CH(CH_2)_8COOH \xrightarrow{H_2SO_4}$$

$$CH_3(CH_2)_6CH=CHCH_2COOH \xrightarrow{H_2SO_4}$$

ω-十一烯酸

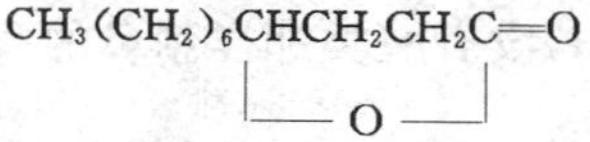

$$CH_3(CH_2)_6CHCH_2CH_2C=O$$
$$\underline{\hspace{3cm}}O\underline{\hspace{1cm}}$$

2）芳香族内酯类

在香料工业上常见是香豆素：

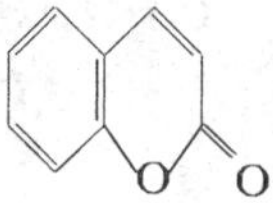

天然产于香豆及车叶草中。其香气颇似香兰素,具刈草甜香、巧克力气息。目前使用的主要是其合成产品,产量很大。因其价廉,香味芬芳,并能固定它种香气,故常用于新刈草型和馥奇型香精中配制香水。也用作工业香精除臭剂,消除家用橡胶塑料品中的不愉快气息。

它的化学合成法是由珀金首先发明的,用水杨醛与醋酐反应而成。

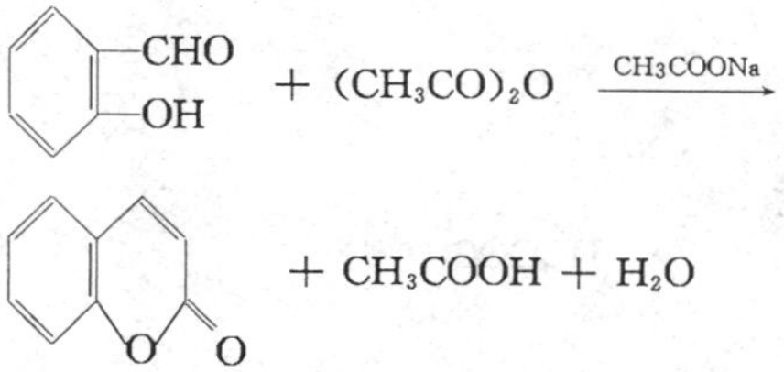

水杨醛可用苯酚与氯仿反应而得。

7·3·8 乙缩醛类

由于一般醛类化合物的化学性质较活泼,在空气和光、热的影响下极易被氧化成酸,在碱性介质中易起醇醛缩合反应。而缩醛类则无此弊病,在碱性介质中稳定而不变色,是它的优点,在香气上缩醛类化合物比醛类化合物和润,没有醛类那样刺鼻的香味。

例如二乙缩柠檬醛:

其香味似花信子。

其化学合成是由柠檬醛与原甲酸三乙酯在对甲苯磺酸存在下反应而成。

7·3·9 麝香化合物

麝香是一种昂贵的香料,是调配高级香精不可缺少的原料,但由于天然麝香来源稀少,不易获得,近年来均采用合成法以获得具有麝香香气的香料。

具有麝香香气的香料品种较多,有巨环麝香类(包括酮、内酯、双酯、醚内酯)、多环麝香类(包括茚满型、四氢萘型、异香豆素型等)及硝基麝香类。

1) 硝基麝香

目前被应用于调香上的硝基麝香有以下几种:

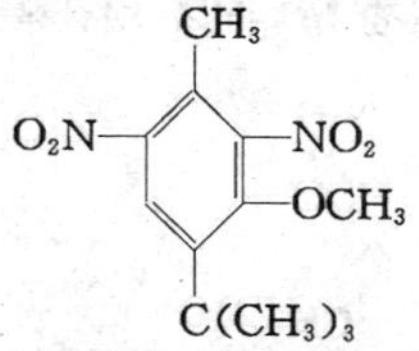

2,6-二硝基-3-甲氧基-4-叔丁基甲苯(葵子麝香)

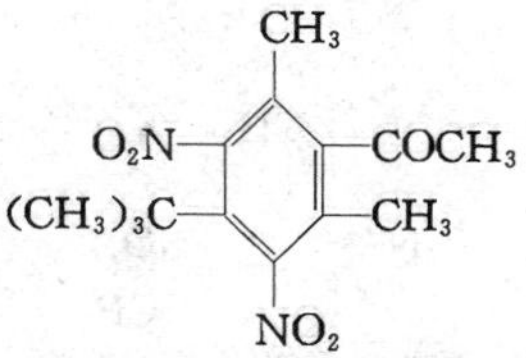

3,5-二硝基-2,6-二甲基-4-叔丁基-苯乙酮(酮麝香)

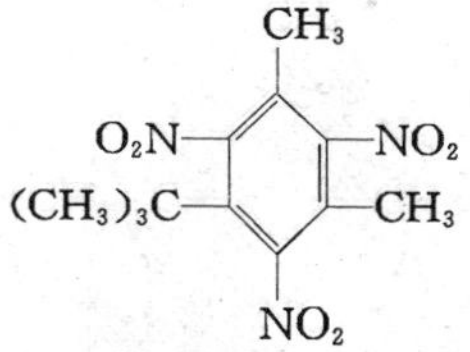

2,4,6-三硝基-5-叔丁基间二甲苯(二甲苯麝香)

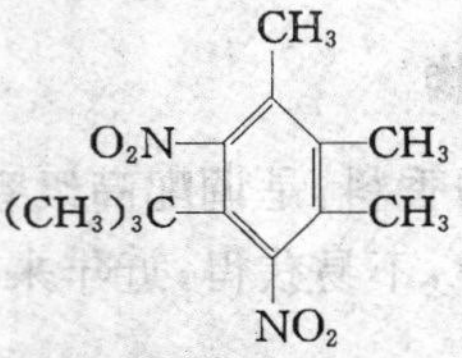

4,6-二硝基-5-叔丁基-连三甲苯(三甲苯麝香)

　　以上四个硝基麝香不仅香气可贵,而且它们有定香作用。硝基麝香虽然在香气上不及芳檀、巨环类及万山麝香,并有遇光易变色的缺点,但在合成上却比其他麝香方便,故硝基麝香目前还是许多香精中必要成分,并常与天然麝香同时使用,其中二甲苯麝香香气品质稍差,一般用于皂用香精,而不用于高档香水香精中。

　　它们的制法如下:

　　(1) 葵子麝香

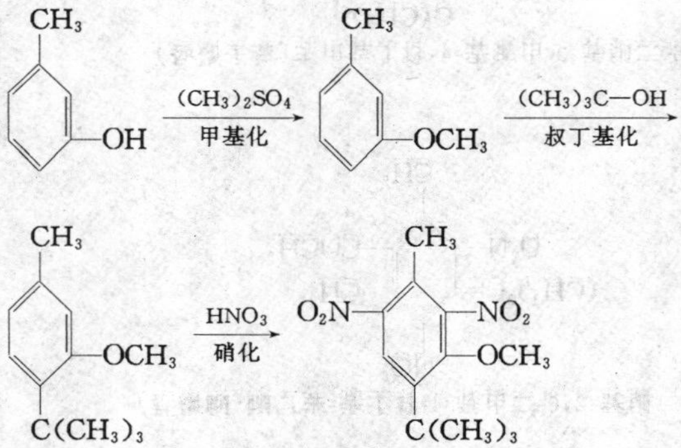

　　(2) 酮麝香

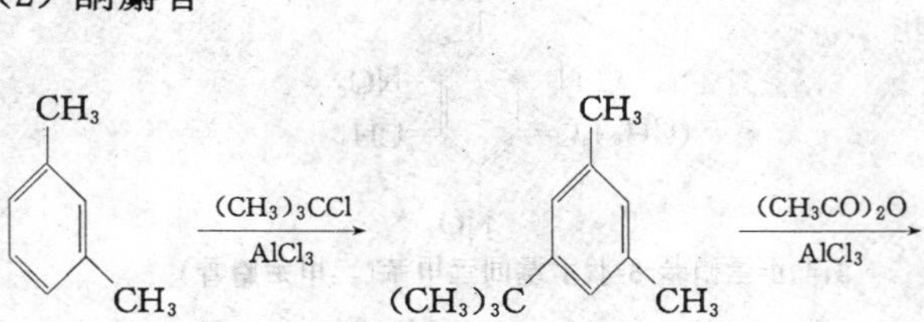

（3）二甲苯麝香

（4）三甲苯麝香

2) 万山麝香

万山麝香的结构如下：

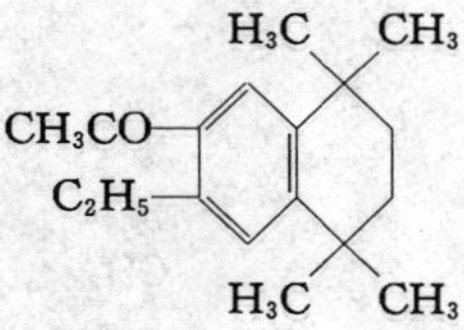

即1,1,4,4-四甲基-6-乙基-7-乙酰基-1,2,3,4-四氢萘,具有天然麝香的优点,又无硝基麝香遇光变色的缺点,但制造较为复杂,成本较贵。

其化学合成以丙酮及乙炔为原料,合成反应如下：

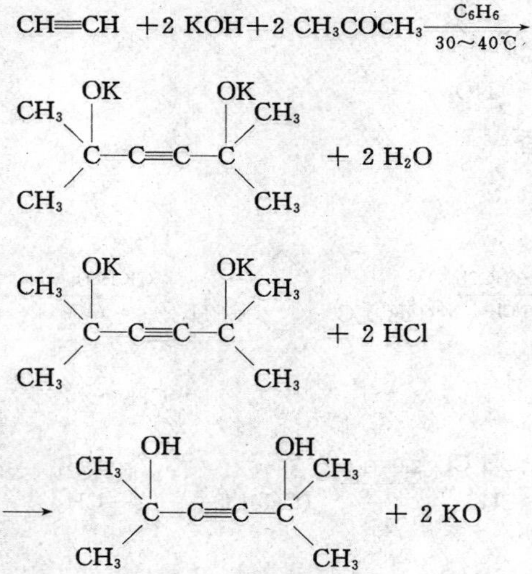

$$CH \equiv CH + 2\ KOH + 2\ CH_3COCH_3 \xrightarrow[30\sim40℃]{C_6H_6}$$

$+ 2\ H_2O$

$+ 2\ HCl$

2,5-二甲基-2,5-二羟基己炔-[3]

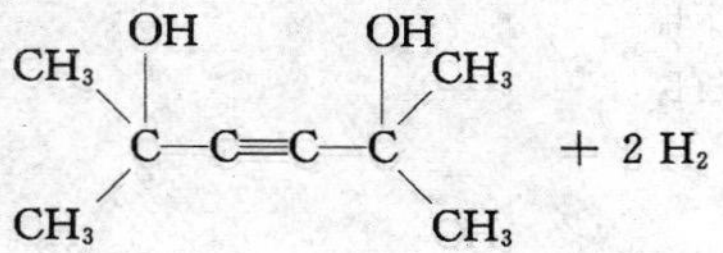

$+ 2\ KO$

$+ 2\ H_2$

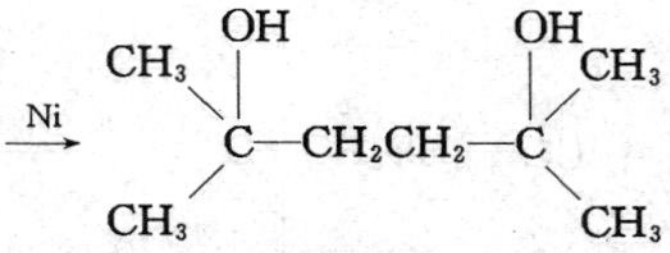

$$\xrightarrow{\text{Ni}}$$

2,5-二甲基己二醇-[2,5]

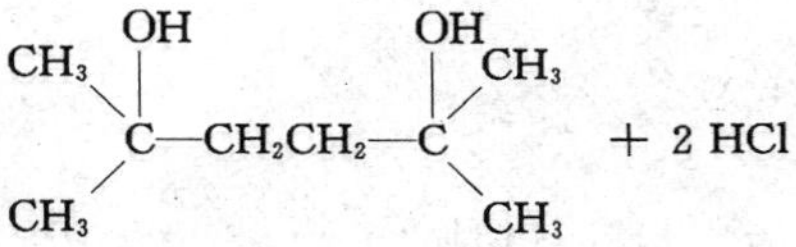

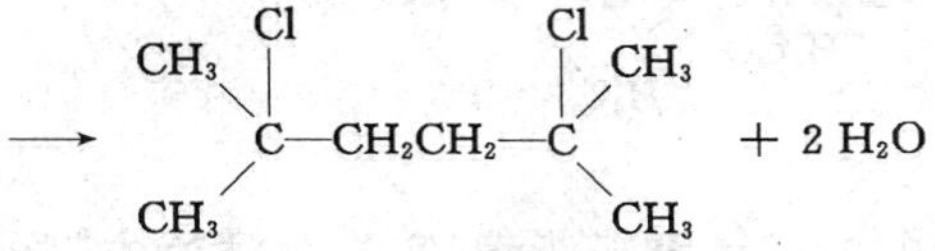

$$+ \ 2 \ HCl$$

$$+ \ 2 \ H_2O$$

2,5-二甲基-2,5-二氯己烷

$$+$$

$$\xrightarrow{\text{FeCl}_3}$$

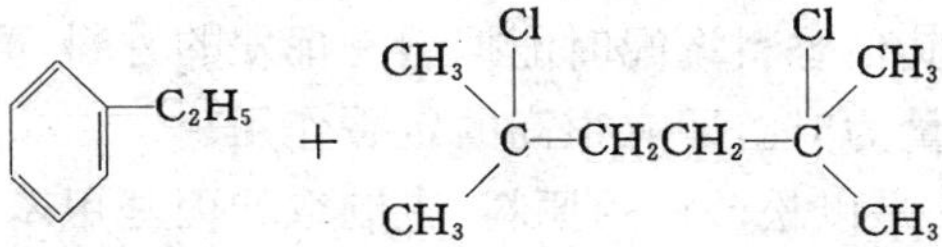

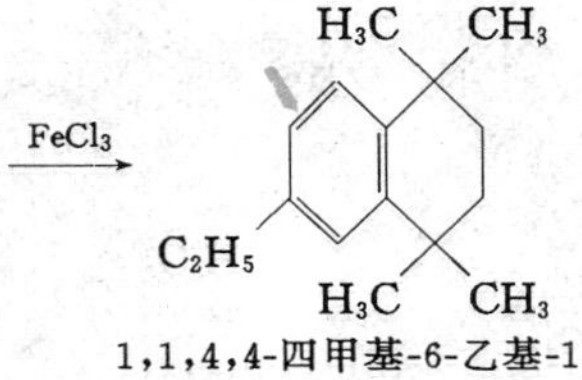

1,1,4,4-四甲基-6-乙基-1,2,3,4-四氢萘

$$+ \ (CH_3CO)_2O \ \xrightarrow{\text{AlCl}_3}$$

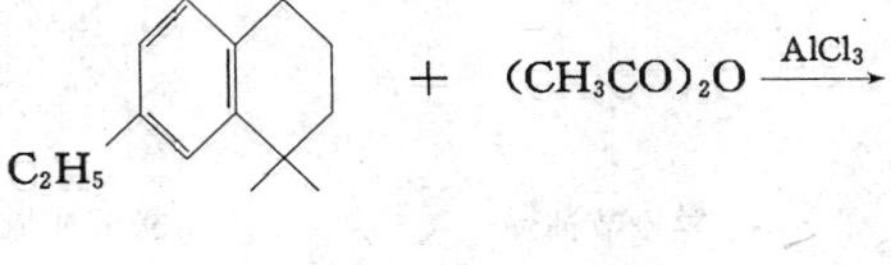

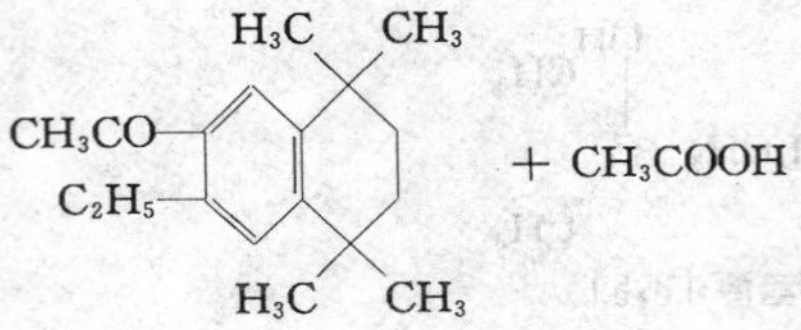

$+ CH_3COOH$

3）芬檀麝香

芬檀麝香的结构如下：

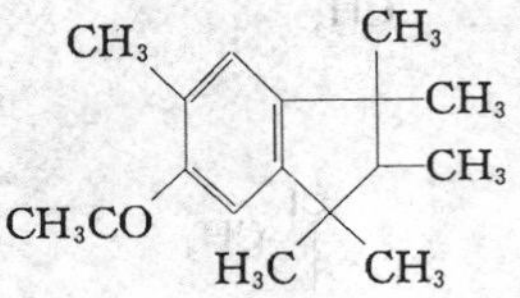

即6-乙酰基-1,1,2,3,3,5-六甲基茚满。它为茚满衍生物，由于它的香气比硝基麝香优越得多，与万山麝香及十五内酯相仿，其性质对光和碱稳定，并对化妆品加工过程中的氧化、还原、高温都稳定，它的沸点较高，和其他香料调配时能抑制易挥发的香料，又是一种定香剂。一般使用量为5％，即有很高的定香作用。

它的合成方法是以松节油为原料，先制取异丙基甲苯，然后再经一系列反应而成。

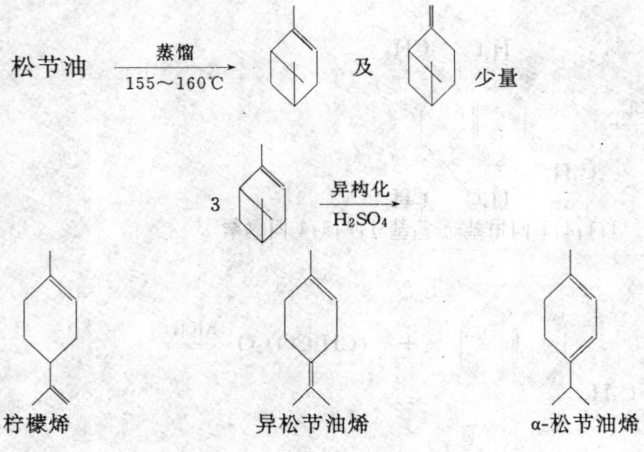

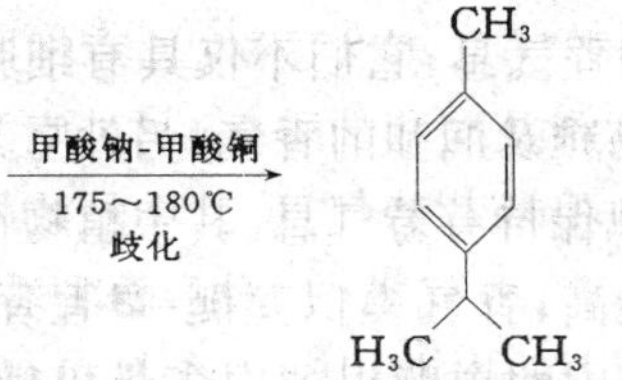

$$\xrightarrow[\substack{175\sim180\text{℃} \\ \text{歧化}}]{\text{甲酸钠-甲酸铜}}$$

对-异丙基甲苯

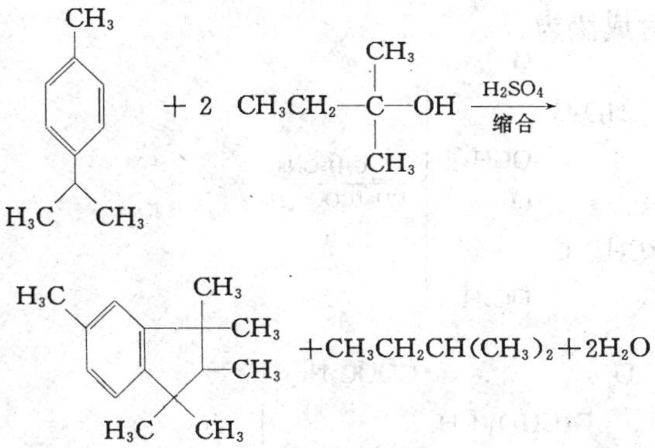

$$+ 2\ CH_3CH_2\underset{\underset{CH_3}{|}}{\overset{\overset{CH_3}{|}}{C}}OH \xrightarrow[\text{缩合}]{H_2SO_4}$$

$$+CH_3CH_2CH(CH_3)_2+2H_2O$$

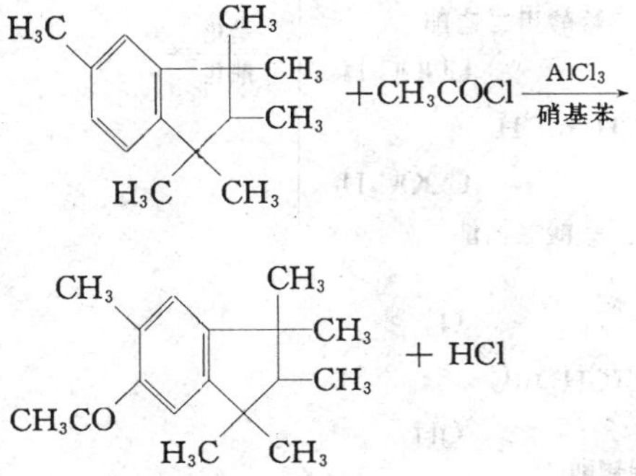

$$+CH_3COCl \xrightarrow[\text{硝基苯}]{AlCl_3}$$

$$+ HCl$$

4）巨环麝香——黄蜀葵素（十五内酯）

巨环麝香——黄蜀葵素的结构如下：

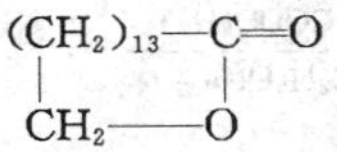

这种巨环化合物具有非常珍贵的麝香气息,它们不仅具有细腻的麝香香气,并能使调香的香精具有高雅及润和的香气,另外它又是一个很好的定香剂,能使香精持久地保持芬芳气息。其中植物性麝香——黄蜀葵素(十五内酯)品质很高,香气类似龙涎-麝香香型,留香力强,香气柔和,但它在自然界中的白藏根油内含量极微,要提取它是困难的,只能靠化学合成。

它的化学合成法为:

$$BrCH_2(CH_2)_9C\overset{O}{\underset{OCH_3}{}}$$

$$BrCH_2(CH_2)_9C\overset{O}{\underset{OC_2H_5}{}}$$

$$\xrightarrow[CH_2(COOC_2H_5)_2]{C_2H_5ONa}$$

$$CH_3O\overset{O}{\underset{}{}}C(CH_2)_{10}CH\overset{COOC_2H_5}{\underset{COOC_2H_5}{}}$$

十一碳三羧酸甲二乙酯

$$C_2H_5O\overset{O}{\underset{}{}}C(CH_2)_{10}CH\overset{COOC_2H_5}{\underset{COOC_2H_5}{}}$$

十一碳三羧酸三乙酯

$$\xrightarrow[\text{酸化}]{\text{皂化}}$$

$$\xrightarrow[\triangle]{\text{脱羧}} HO\overset{O}{\underset{}{}}C(CH_2)_{11}C\overset{O}{\underset{}{}}OH$$

ω,α-十一碳羧酸

$$\xrightarrow[[H]]{C_2H_5ONa} HO(CH_2)_{13}OH \xrightarrow{HBr}$$

ω,α-十三碳二醇

$$HO(CH_2)_{13}Br \xrightarrow[C_2H_5ONa]{CH_2(COOC_2H_5)_2}$$

ω-溴代十三醇

$$HO(CH_2)_{13}CH(COOC_2H_5)_2 \xrightarrow[\text{酸化}]{\text{皂化}}$$

ω-羟基-α,α,十四碳二羧酸二乙酯

$$HO(CH_2)_{13}CH(COOH)_2 \xrightarrow[\triangle]{\text{脱羧}}$$

ω-羟基-α,α,十四碳二羧酸

$$\xrightarrow{\text{聚合}} \quad H—[O(CH_2)_{13}—CO—]_xOH$$

$$\xrightarrow[\text{甘油}]{\text{解聚}} \quad \begin{array}{c} (CH_2)_{13} \quad C=O \\ | \qquad\qquad | \\ H_2C \qquad\quad O \end{array}$$

7·4 合成香料的结构和香气关系

香料的香气与其结构有一定关系,这种关系主要表现在碳原子个数、结合方式上,也与官能团差别及其在分子结构中的相对位置有关,总之结构与香气关系是相当复杂的,这里只作一些概要的定性的解说。

如甲位戊基桂醛具茉莉花香,而铃兰醛具铃兰的香气,这是由于其分子结构不同,香气也不同。

甲位戊基桂醛 —— CH=C—CHO, C$_5$H$_{11}$

铃兰醛 (CH$_3$)C— —— CH=C—CHO, CH$_3$

凡分子结构中含有羟基、羧基和酯基等的化合物,一般都具有香气,而且与碳原子数有关,若超过17~18个碳原子时,其香气就减弱,甚至无香气;若在碳链中具有支链基团,尤其是叔碳原子基团的存在对香气有一定影响;若含有不饱和双键及叁键的,其香气也不同;另外在某些化合物分子结构中存在着异构体,其左旋、右旋的香气也不同。

如橙花酮：

存在顺反两个异构体：

顺式	反式

香气以顺式为佳。

7·4·1　醇类化合物

醇类化合物按其羟基所连结的主链不同，可分为脂肪醇、萜类醇、芳香醇，它们香气也各异。

脂肪醇的香气随碳原子的增加而增强，如低碳醇：甲醇、乙醇、丙醇之类仅具有酒的气息，当碳原子数增加至 $C_6 \sim C_7$ 时，则具有生果、青草、青叶类气息，如再增加至 $C_8 \sim C_{12}$ 时则具有果香并带油脂气息，当碳原子数更多时则油脂气息更明显。

萜类醇中开链的单萜烯醇及倍半萜烯醇香气以花香为主，而单环或双环单萜烯醇与环状倍半萜类醇都以木香为主。

芳香醇类的香气大都以花香、皮香为主。

如果醇类分子中连接两个或两个以上羟基时，便无香气且水溶性也增大。

7·4·2　醛类化合物

脂肪族的 $C_1 \sim C_4$ 醛具有强烈不愉快的臭气,但随碳原子数增加臭气减弱,而呈现香气,$C_8 \sim C_{17}$ 的饱和醛在稀释情况下有令人愉快的香气,常用于香精的配方中,碳原子数更高的高级脂肪醛是没有香气的。

脂肪醛中具有侧链的醛类,香气较其直链异构体强,而更悦人。如2-甲基-十一醛具有柑桔果香,而直链十二醛只有在极稀释情况下有类似紫罗兰的花香;再如十四醛只有微弱油脂气息,而其异构体2,6,10-三甲基十一醛则有强烈香气。

脂肪族醛类的饱和度和共轭双键在链中的位置对香气也有一定的影响。如:

强的臭气 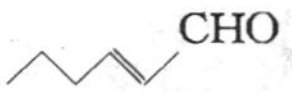　　　　　　　　弱的尖刺油脂青气

青气 　　　　　　　　　　尖刺气

在芳香族醛中,官能团在环上的位置不同,香气情况也不同,在3,4-位上有取代基的,具有很好的香草气息。如:

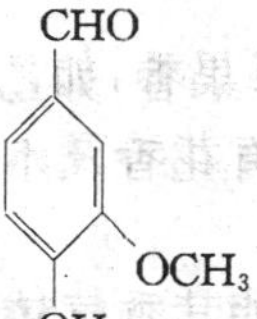

香草素 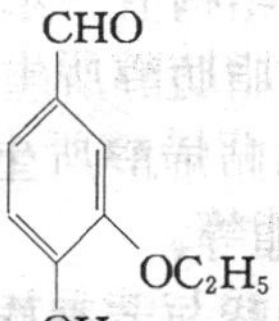　　　　　　　　　乙基香兰素

但若醛基的邻位具有羟基则呈现酚的气息。如:

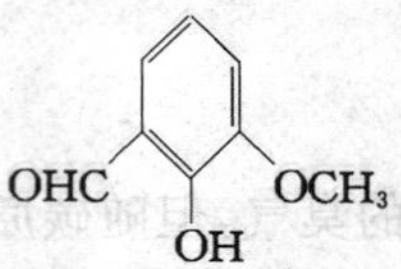

OHC   OCH₃
OH
邻香兰素

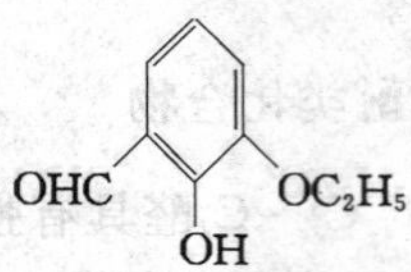

OHC   OC₂H₅
OH
邻乙基香兰素

下列的异香兰素,不再具备香味,只有在加热情况下,才具香草气息。

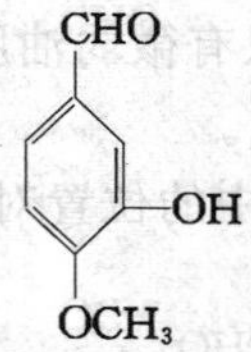

CHO
OH
OCH₃
异香兰素

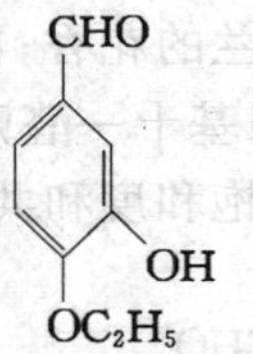

CHO
OH
OC₂H₅
异乙基香兰素

缩醛类化合物的香气要比醛类化合物和润,如尖刺气息的香茅醛,如将其制成二甲缩香茅醛时,则可配制玫瑰型香精。

7·4·3 酯类化合物

酯类化合物无论高级还是低级脂肪酸所生成的酯都具有气息,而高级脂肪酸的酯呈油脂气,而其他酯类化合物都具有香气,其香气与其分子结构有一定关系。

由脂肪酸与脂肪醇所生成的酯一般具果香,如乙酸异戊酯等。而低级脂肪酸与萜烯醇所生成的酯均具有花香及木香,如乙酸香叶酯、乙酸芳樟酯等。

由芳香族羧酸与芳香族醇所生成的酯其香气较弱,但它们的沸点一般较高,粘度大,并且有的是晶体,故有很好的定香作用。如苯甲酸苄酯。具有叁键结构的一般化合物经常带有令人不愉快的臭气,但炔类的羧酸酯类如庚炔羧酸甲酯、辛炔羧酸甲酯却具有优美的紫罗兰香气。

内酯化合物具有酯类特性,它们在香气上均有特殊的果香,但当内酯的环状结构不同时,其香气有很大差别,如丙位内酯有果香,丁位内酯有奶香,而巨环内酯则具有珍贵之麝香香气。以下列出丙位内酯香型:

R	R—C—C—C—C=O ⌞—O—⌟	C—C—C—C=O ⌞—O—⌟ (R)
正丙基	香豆素	姬茴香型
正丁基	姬茴香型	姬茴香型
正戊基	椰子香	—
异戊基	欧白芷香	欧白芷香
正己基	桃子香	杏-琥珀香
2-己烯基	桃子香	—
庚烯基	强烈桃子香	桃子-麝香
3-庚烯基	较强而优美桃香	—
辛烯基	桃子-麝香	桃子-麝香
壬烯基	麝香-草香	桃子-椰子香
癸烯基	香气微弱	草-麝香-椰子

7·4·4 硝基麝香

在芳香族化合物中,为何能发生麝香气息,其本质尚在研究之中。从葵子麝香、二甲苯麝香、三甲苯麝香来看,其分子结构中均具有二至三个硝基,曾有人认为这是发出麝香香气的必备条件,但近年研究发现,如下结构的化合物也具有麝香香气。

5-硝基-4-甲氧基-3-叔丁基苯甲醛

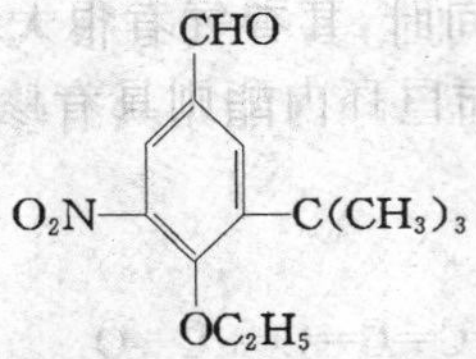

$$\text{5-硝基-4-乙氧基-3-叔丁基苯甲醛}$$

结构式：苯环，顶部 CHO，右侧 $C(CH_3)_3$，左下 O_2N，底部 OC_2H_5

5-硝基-4-乙氧基-3-叔丁基苯甲醛

结构式：苯环，顶部 CHO，右侧 $C(CH_3)_3$，左侧 H_3CO，底部 $C(CH_3)_3$

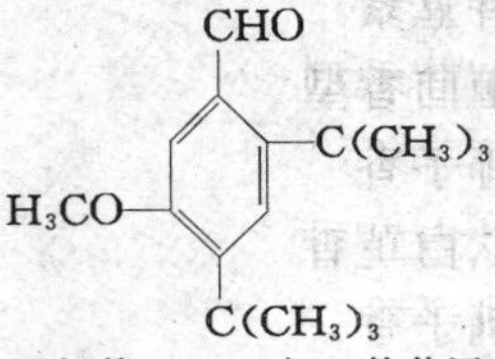

5-甲氧基-2,4-二叔丁基苯甲醛

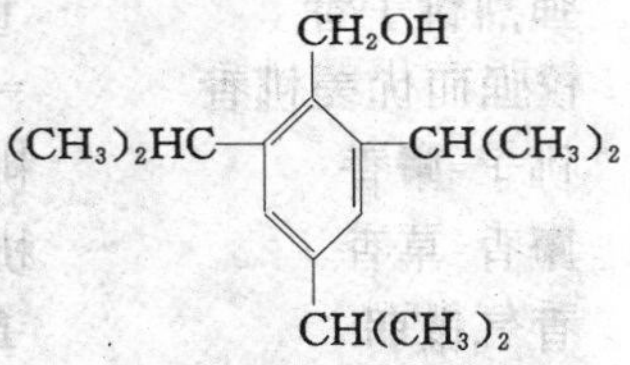

结构式：苯环，顶部 CH_2OH，左侧 $(CH_3)_2HC$，右侧 $CH(CH_3)_2$，底部 $CH(CH_3)_2$

2,4,6-三异丙基苯甲醇

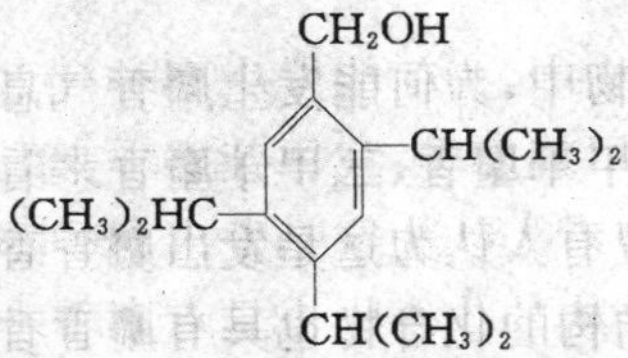

结构式：苯环，顶部 CH_2OH，右侧 $CH(CH_3)_2$，左侧 $(CH_3)_2HC$，底部 $CH(CH_3)_2$

2,4,5-三异丙基苯甲醇

由此也得出一些局部规律，如叔丁基、异丙基的存在对于芳香族化合物发出麝香气息是有利的，如叔丁基、异丙基被甲基或乙基取代则麝香香气也随之消失。此外在苯环上叔丁基与甲氧基处于邻位也能促使发出麝香，其他苯环上取代基位置的对称性也是必备条件。

关于香料分子结构和感官性能之间的关系，是香料化学家正在积极研究的课题。

7·5 香　精

香精是利用天然和合成香料，经过调香而调配成香气和润、令人喜爱的混合物，它不是直接消费品，而是添加在其他产品中的配套原料。香料香精广泛用于化妆品及食品工业，其他也用于香皂、洗涤剂、牙膏、环境卫生用品以及纸张、塑料、皮革等的加香。

日用化妆品用香精的香型主要有花香型、青香型、果香型、素心兰型、馥奇型、木香型和草香型等。食用香精通常具有不同的果香、乳香、巧克力香、坚果香、酒香、肉类香等香气，它是一类重要的食品添加剂。

调香首先根据香料挥发度适当地配合好基香香料，然后加进辅助香料而成为香精，这种调香的优劣，决定了香精香气的优劣。香皂、牙膏要配合10～30种香料，前者需要给人清洁感觉的香味，而后者需要给人以清凉爽口的感觉。一般普通化妆品也需要数十种香料配合，优质香水应该从开始挥发到结束，一直保持同样香味最为理想，一般需要有上百种香料配合。调香师根据他的经验和艺术灵感能调配出各种各样近于自然界的花香。在调香过程中还必须加入定香剂、稀释剂，使其更完美及实用。

定香剂：其本身是不易挥发的香料，沸点一般很高，故而能抑制其他易挥发香料的挥发，降低挥发速度，使香味常驻。一般说天然动物香料抑制效果较好，常用的有麝香、灵猫香、酮麝香、二甲苯麝香、葵子麝香、秘鲁香脂、吐鲁香脂、安息香等。其他如檀香、广藿香等天然香精油也可用作定香剂。

稀释剂：香料的香味很浓，如直接嗅它，香味过强，不会使人感到芬芳气味，不会使人感到愉快和喜爱，反而强烈刺激嗅觉器官，因此必须稀释。一个理想的稀释剂本身应无臭、极易溶解香料、稳定且安全，而且价格低廉。广泛使用的为乙醇，此外为苯甲醇、二丙基二醇、二辛基己二酸酯。

香料和香水在刚制造或调配出来时，其香味是粗糙的，有时还是刺鼻的，必须在暗凉处放置一段时间经熟化后才能变成圆润、甘美、醇郁的香味。熟化过程事实上是多种化学反应进行的过程，它包括酯基转移、酯的醇解、乙缩醛的生成、自动氧化、席夫碱的生成等一系列复杂的化学反应。香精经过这样种类繁多而又互相纠缠的反应，其香气就变得圆润、甘美、醇郁了，使人感到愉快而令人喜爱。

8 化妆品

8·1 概　　述

8·1·1　化妆品的定义

化妆品是清洁、美化人体面部、皮肤以及毛发等处的日常用品，它有令人愉快的香气，能充分显示人体的美，给人们以容貌整洁、讲究卫生的好感，并有益于人们的身心健康。在医药法典中对化妆品下了这样的定义："为了保持人身清洁，美化身体，使之增加魅力，改变容貌，或者保持皮肤或毛发的健康，以在身体上涂抹、撒布等方法或以其他类似的方法为目的而使用的物品，并能对身体起缓和作用者叫做化妆品"。

化妆品的广泛使用，对保护皮肤生理健康、促进身心愉快，有着重要意义。天然原料的发掘、合成原料的创新，使得化妆品的品种日益增多。但是化妆品对于皮肤、毛发的生理基础研究，还处在初级阶段，有待积极开发。

8·1·2　化妆品的分类

化妆品的品种繁多，一般有两种分类方法。

8·1·2·1　按产品的形状分类

根据产品工艺和配方特点可分为 14 类：

（1）乳化状化妆品　如清洁霜、粉底霜、营养霜、雪花膏、奶液、冷霜、发乳、乳液状洗发香波等。

（2）悬浮状化妆品　如香粉蜜、水粉、临时性染发浆等。

（3）粉状化妆品　如香粉、爽身粉、痱子粉等。

（4）油状化妆品　如发油、发蜡、防晒油、浴油、按摩油等。

（5）锭状化妆品　如唇膏、鼻影膏、眼影膏等。

（6）膏状化妆品　如香波、护发素、睫毛膏、剃须膏、牙膏、染发膏等。

（7）胶态化妆品　如指甲油、染发膏、面膜等。

（8）液状化妆品　如化妆水、香水、古龙水、花露水、营养头水、冷烫水等。

（9）块状化妆品　如粉饼、胭脂等。

（10）喷雾化妆品　如喷雾发膏、香水、古龙水、祛臭剂、抑汗剂等。

（11）透明状化妆品　如透明香波、发蜡、发膏等。

（12）珠光状化妆品　如珠光指甲油、雪花膏、粉饼、香波等。

（13）笔状化妆品　如眉笔、唇线笔等。

（14）其他化妆品　如香粉纸、香水纸等。

8·1·2·2　按产品用途分类

根据产品不同用途可分成三类，每类又可分为清洁用、保护用、美容用、营养及日常治疗用。

1）皮肤用的化妆品类

（1）清洁皮肤用化妆品　清洁霜、清洁奶液、泡沫浴等。

（2）保护皮肤用化妆品　雪花膏、冷霜、奶液、防水霜等。

（3）美容皮肤用化妆品　化妆水、粉底霜、香粉、胭脂、唇膏、眼影膏、睫毛膏、脱毛剂、面膜（可分成油性皮肤用、干性皮肤用、增白皮肤用、老年减少皮肤皱纹用）等。

（4）营养和日常治疗皮肤用化妆品　营养用有人参霜、蜂王霜、维生素霜、防皱霜、珍珠霜等。日常治疗用有粉刺霜、雀斑霜、药性唇膏、痱子粉等。

2）毛发用化妆品类

（1）清洁毛发用化妆品　有透明液状、珠光液状、膏状、粉状香波。

（2）保护毛发用化妆品　发油、发蜡、发乳、护发素等。

（3）美化毛发用化妆品　电烫液、冷烫液、固发液、临时性染发剂、永久性染发剂等。

（4）营养和日常治疗毛发用化妆品　营养头水、去头屑香波、药性发乳、药性头蜡等。

3）口腔卫生用化妆品

牙膏、牙粉、含漱水等。

8·1·3　皮肤组织和生理

皮肤由表皮、真皮和皮下组织三层组成,表皮是皮肤最外的一层组织。厚约 0.1～0.3 毫米,主要有角阮细胞组成。根据角阮细胞的形状,从上到下分为角质层、颗粒层、棘状层和基底层。角质层细胞呈扁平状,无细胞核,是坚韧和有弹性的组织,含有角蛋白,遇水有较强的亲和力。当手和脚在水里浸久后,有肿胀发白现象,这是角蛋白的吸水作用。冬季气候干燥,角质层细胞水分含量降低,质地变硬易脆裂(称皲裂),特别是手臂和腿部,呈片状鳞屑,并有瘙痒感。

保持人体皮肤柔软和柔韧的要素是水。在表皮里有一种天然调湿因子(Natural Moisturizing Factor 简称 NMF)的亲水性吸湿物质存在,能使皮肤经常保持水分和维持健康。

真皮主要有胶原组织构成,使皮肤富有弹性、光泽和张力。真皮层有丰富的毛细血管神经、毛发、汗腺和皮脂腺等。其中毛细血管的正常循环,给胶原组织、毛发和皮脂腺等提供足够的营养。皮脂腺的功能主要是分泌皮脂,润湿皮肤和毛发等。人体的脸部和头部分布的皮脂腺最多,年青人新陈代谢旺盛,分泌的皮脂腺较多,若不经常清洗,堵住了毛囊口,就形成粉刺(俗称青年痤疮),若再经细菌感染就易引起化脓性毛囊炎。随着年龄的增长,皮脂分泌减少,脸部的痤疮也就不治而愈。

皮下组织由结缔组织和脂肪细胞所组成,皮下脂肪能起到保持体温的作用。

皮肤覆盖人体全身,使身体内部各组织和器官免受外界各种侵袭（如物理、化学或生物等方面的侵袭），同时可以抵抗外界细菌感染。在外界气温变化时还可以起到调节体温的作用。因此经常保持皮肤的健康，将会给人们的身心健康带来莫大的好处。

人体的皮肤按性状一般可分为脂性皮肤、干性皮肤和普通性皮肤三类。

脂性皮肤又称油性皮肤，这类皮肤皮脂分泌比较旺盛，如不及时清洗，容易导致某些皮肤病的发生，因此需经常用清洁霜类化妆品加以清理和防护。

干性皮肤由于皮脂腺分泌较少，因此皮肤显得无柔软性，表皮干燥，易开裂，对环境的适应性较差，故可经常选用油包水型化妆品滋润，保养皮肤。

一般性皮肤可使用一些护肤性化妆品加以保养。

随着年龄的增长，皮肤会逐渐衰退老化，皮肤纤维组织开始退化和萎缩，汗腺和皮脂腺的新陈代谢的功能逐渐减弱，皮脂分泌减少，肌肉纤维萎缩，因此使皮肤变得干燥、粗糙，出现皱纹。要延缓皮肤的衰老，保护和增进皮肤的健美除了要正确使用化妆品外，还必须注意平时皮肤的保养。如应该避免使用碱性重的洗脸物质，避免用热水洗脸，多食维生素丰富的食物（牛奶、蔬菜、水果等），保持心情舒畅等。

8·1·4　化妆品的安全性

化妆品是人们常用的日用消费品，而且几乎天天用在健康的皮肤上，因此对化妆品的质量要求较高，首要的是安全可靠，不得有碍人体的健康，同时在使用时不能有任何副作用，因此对其必须作一些必要的测试。

8·1·4·1　毒性试验

急性口服毒性　选用大白鼠、小白兔作试验动物，口服或针剂被试验物质，观察短期内出现的影响。毒性值用50%致死量表示（LD_{50}）。大于5000毫克/千克，毒性小，比较安全；大于2000毫克/千克，为低毒性。

8·1·4·2　刺激性试验

做人体皮肤封闭式接触试验。一般把化妆品涂布于手肘或腹部,面积为 2.5 厘米×2.5 厘米,经 48 小时和 72 小时后,无发痒、丘疹,红肿为阴性,每次试验为 25 人。

8·1·4·3　护肤化妆品的效果测试

保护皮肤化妆品的效果在于避免皮肤水分的损失,国外用电解质水分分析器装置可以测定表皮的失水。仪器工作温度为 20～21℃。皮肤先用酒精擦净,表皮失水是按照干燥氮气所吸收水分的量来计算,由记录仪显示。

8·1·4·4　各类化妆品检验测试要求

1)膏霜类

(1)耐热、耐寒性　热 50℃,寒−5℃,−10℃,−30℃经 24 小时后观察膏体变化情况;

(2)膏体细腻度　凭经验目测;

(3)pH 值　4.5～9;

(4)微生物指标　大肠杆菌,绿脓杆菌 0 个/克。杂菌小于 1000 个/克。唇膏,眼影膏,婴儿用品杂菌小于 500 个/克;

(5)有害物质　As,Hg,Pb 含量不得超过化妆品卫生标准指标。

2)香水类

(1)色泽稳定性　(光照是否褪色);

(2)耐热性;

(3)香气;

(4)透明度;

(5)密度;

(6)甲醇含量小于 20ppm;

(7)混浊度　10℃放置是否混浊。

3)粉类

(1)细度　120 目筛 95%通过;

(2)香气;

（3）水分　小于 2.5%。

为了保障人民的身体健康,对化妆品的生产,我国已有明确规定,必须经有关部门检验合格发放生产合格许可证方可生产。

8·2　化妆品的原料

化妆品是由各种不同作用的原料,经配方加工而制得的产品。化妆品质量的好坏,除了受配方、加工技术及制造设备条件影响外,主要还是决定于所采用原料的质量。随着化妆品工业的发展,化妆品的品种、类型日益增多,并不断有新的原料被开发和利用。

化妆品所用原料虽然品种很多,但按其用途和性能,可分为两大类——基质原料和辅助原料。

8·2·1　基质原料

组成化妆品基体的原料称为基质原料,它在化妆品配方中占有较大的密度。由于化妆品种类繁多,采用原料也很复杂,随着研究工作的深入,新开发的原料日益增多,现选择有代表性的原料作介绍。

8·2·1·1　油脂、蜡类原料

油脂、蜡类原料是组成膏霜类化妆品以及发蜡、唇膏等油蜡类化妆品的基本原料。主要起护肤、柔滑、滋润等作用。

一般化妆品中所用的油性原料有三类,即动植物中取得的油性物质、矿物(如石油)中取得的油性物质以及化学合成的油性物质,主要成分是脂肪酸和甘油化合而成的脂。油脂经水解后即成脂肪酸和甘油。

动、植物的蜡,其主要成分是脂肪酸和脂肪醇化合而成的酯。蜡是习惯名称。

（1）椰子油　它是由椰子果肉提取而得。主要成分是月桂酸和肉豆蔻酸三甘油酯,并含有少量油酸,棕榈酸,硬脂酸等。

椰子油是白色半固体脂肪,有椰子香味,易溶于乙醚,氯仿。用于制造表面活性剂,如十二醇硫酸钠、聚氧乙烯(接三个环氧乙烷分子)十二醇硫酸钠等。

(2)蓖麻油　它是从蓖麻子中提取而得。主要成分是蓖麻油酸甘油脂。它是无色或微黄色的粘稠液体,具有特殊气味,能溶于乙醇,乙醚等。

蓖麻油较易酸败,需密闭保存。常用作制造唇膏、化妆皂、香波、发油等的原料。

(3)橄榄油　它是从橄榄仁中提取的。主要成分是油酸甘油脂,是微黄或黄绿色液体,能溶于乙醚、氯仿,不溶于水。

橄榄油用作制造冷霜、化妆皂等的原料。

(4)羊毛脂　它是由羊毛中提取。将洗羊毛的废水,用高速离心机分离而得到脂肪物。内含胆甾醇、虫蜡醇和多种脂肪酸酯。呈微黄色到黄色,有羊膻气味。能溶于乙醚、热乙醇中,不溶于水。但能和二倍水混和而不分离。

羊毛脂是性能很好的原料,对皮肤有保护作用,具有柔软、润滑及防止脱脂的功效。因此广泛用于化妆品中,但因气味和色泽问题,用量不宜过多。如果把羊毛脂加工成它的衍生物,兼能保持羊毛脂的特有的理想的功能性质,又改善了羊毛脂的色泽和气味。因此羊毛脂衍生物也是化妆品的重要原料。

羊毛醇由羊毛脂经高压加氢制得,色泽白,无气味,长期贮存不易酸败,已被大量用于护肤膏霜及蜜中。

聚氧乙烯(5EO)羊毛醇醚(也可以是 16EO 和 24EO),是护肤膏霜和蜜类的非离子型乳化剂。

(5)蜂蜡　蜂蜡由蜜蜂的蜂房精制而得(将蜂房溶于热水中,溶化后的液体倾注于模中,然后摊成薄层,曝于日光中漂白)。其主要成分是棕榈酸蜂蜡酯、虫蜡酸等。

蜂蜡是白色微黄的固体,薄层时呈半透明,略有蜂蜜的气味。溶于油类及乙醚,不溶于水,是制造冷霜、唇膏、美容化妆品的主要原料。由于有特殊气味,不宜多用。

(6)鲸蜡　鲸蜡从抹香鲸脑中提取而得,主要含有月桂酸、豆蔻酸、棕榈酸、硬脂酸等的鲸蜡脂及其他脂类。

鲸蜡是珠白色半透明固体,无臭无味,暴露于空气中易酸败。易溶于乙醚、氯仿、油类及热酒精中,不溶于水,是制造冷霜的原料。

(7) 硬脂酸 从牛脂、硬化油等固体脂中提取,工业品通常是硬脂酸(55%)和棕榈酸(45%)的混合物。硬脂酸是白色固体,是制造雪花膏的主要原料。硬脂酸衍生物可制成多种乳化剂。硬脂酸锌、硬脂酸镁用于香粉,对皮肤有较好的粘附性。

(8) 白油 它是石油高沸点馏分(330～390℃),经去除芳烃、烯烃或加氢等方法精制而得。

白油是无色透明油状液体,几乎没有气味,适合于制造护肤霜、冷霜、清洁霜、蜜、发乳、发油等化妆品的原料。

8·2·1·2 粉类原料

粉类原料是组成香粉、爽身粉、胭脂等化妆品基体的原料。主要起遮盖、滑爽、吸收等作用。

(1) 滑石粉 滑石粉是天然的含水硅酸镁,其主要成分是 $3MgO \cdot 4SiO_2 \cdot H_2O$。由于矿床地区不同,质地、品种、成分也略有不同。

滑石粉性质柔软,易磨碎成粉,有光泽滑润者为上品。

滑石粉是制造香粉、粉饼、胭脂、爽身粉的主要原料。

(2) 高岭土 高岭土是一种天然粘土,经煅烧粉碎而成的细粉。主要成分是 $2SiO_2 \cdot Al_2O_3 \cdot 2H_2O$。高岭土的吸油性、吸水性、对皮肤的附着力等性能都很好,以色泽白、质地细者为上品。

高岭土是制造香粉的原料。它能吸收、缓和及消除由于滑石粉引起的光泽。

(3) 钛白粉 钛白粉由含钛量高的钛铁矿石,经硫酸处理成硫酸钛,再制成钛白粉。其主要成分是 TiO_2,白色,无臭,无味,有极强的遮盖力,用于粉类化妆品及防晒霜中。

(4) 氧化锌 氧化锌由锌或锌矿氧化制得。主要成分是 ZnO,白色,无臭。有较强的遮盖力,同时具有收敛性和杀菌作用。主要用于粉类化妆品。

（5）云母粉　云母是含有碱金属的矾土硅酸盐。手感滑爽,细度为5～40微米,厚度约为0.5微米。云母粉粘附性很好,但遮盖力不强。如用化学方法在云母粉上镀一层 TiO_2,即成珠光粉质(含云母80%, TiO_2 20%)。

云母粉用于粉类化妆品中,使皮肤有一种自然的感觉。珠光粉质用于粉饼和唇膏中。

8·2·1·3　香水类原料

香水类原料是组成香水、发油等液体化妆品基体的原料。主要起溶解、稀释等作用,在化妆品中常用的是乙醇。

乙醇可用淀粉糖化方法或乙烯加水高压合成。作为香水和花露水的主要原料,要选用纯度较高的不含低沸点乙醛、丙醛和较高沸点的戊醇、杂醇油等,由乙烯加高压合成的乙醇纯度较高。

8·2·2　辅助原料

使化妆品成型,稳定或赋予化妆品以色、香及特定作用的原料称辅助原料。它在化妆品的配方中占的比重不大,但极为重要。

辅助原料包括乳化剂、香精、色素、防腐剂、抗氧剂等。

8·2·2·1　乳化剂

乳化剂是使油脂、蜡与水制成乳化体的原料。有很大一部分化妆品,如冷霜、雪花膏、奶液等是水和油的乳化体。

乳化剂是一种表面活性剂,就分子结构来说,都含有亲水和亲油的基团。如硬脂酸钠($C_{17}H_{33}COO^-Na^+$)是阴离子型乳化剂。

阳离子型乳化剂通常是高级胺的盐类,如二甲基十二烷基苄基氯化铵。

$$\left[C_{12}H_{25} - \underset{\underset{CH_3}{|}}{\overset{\overset{CH_3}{|}}{N^+}} - CH_2 - \bigcirc - Cl^- \right]$$

两性型乳化剂,如 N-十二烷基氨基丙酸。

$$\left[\begin{array}{c} H \\ | \\ C_{12}H_{25}-N-CH_2CH_2COOH \\ | \\ H \end{array} \right]$$

非离子型表面活性剂亲水和亲油倾向可用 HLB 值来表示。HLB 值依赖于亲水和亲油基的比例。一般认为,溶解或分散在油中的物质其 HLB 值较低,而溶解或分散在水中的物质则 HLB 值较高。

因此,要制取油包水(W/O)型乳剂可选用 HLB 小于或等于 6 的表面活性剂,而 HLB 值在 6～17 的,则适于制取水包油(O/W)型乳剂。

除了表面活性剂外,用作保护胶体的树胶等胶体物质以及硅胶、皂土、活性炭、氧化铝凝胶等也能起乳化剂的作用。

乳化剂的作用,主要是起乳化效能。即促使乳化体的形成,使乳化成细小的颗粒,提高乳化体的稳定性等。其次是控制乳化类型,即油包水型或水包油型。

常用乳化剂有

1) 阴离子型乳化剂

(1) 肥皂,$RCOO^-M^+$,R 为 $C_{11}～C_{28}$ 的直链饱和或不饱和烃基,M 为 Na、K、NH_4 等,形成水包油型乳剂。

常用的原料为硬脂酸($C_{17}H_{35}COOH$),膏霜配方中也有高碳脂肪酸,如廿二烷酸和廿六烷酸,这些脂肪酸存在于蜂蜡中。因此传统的冷霜配方以蜂蜡为原料,用硼砂或其他碱中和。

(2) 烷基硫酸盐,$ROSO_3^-M^+$,R 为 $C_{12}～C_{18}$ 烷基,M 为 K、Na、Mg、NH_4、一乙醇胺、二乙醇胺、三乙醇胺。纯度较差的烷基硫酸盐广泛用于液状或膏状香波中,而纯度高的产品被用作乳化剂及牙膏中的发泡剂。

2) 阳离子型乳化剂

主要是高分子胺及季铵盐,广泛用作杀菌剂及头发调理剂。如果作为乳化剂用于化妆品中,必须注意到它们同阴离子活性剂的配伍性。用这类化合物后产品的 pH 值较低,一般为 3～5,有助于维持皮肤的酸性膜。它们和皮肤及头发中的蛋白质有亲和作用,给头发以柔润感觉,并能改善头发的梳理性。

(1) 酰氨基胺 $RCONHCH_2CH_2N(C_2H_5)_2$,它由硬脂酸或油酸与多官能胺缩合而成。这类化合物能与有机或无机酸反应生成水溶性盐,是有效的阳离子乳化剂。

(2) 脂肪类季铵盐 $R\overset{+}{-}N(CH_3)_3X^-$;$R_2\overset{+}{N}(CH_3)_2X^-$;$R$ 为 C_8 $\sim C_{22}$,X 为卤素。

由于季胺盐的烷基链的长度不同,其杀菌和防止静电干扰的作用也不同,一般认为 $C_{12}\sim C_{18}$ 的化合物效能最好。可用作头发调理剂和抗静电剂,能使头发柔软,也能促使水包油乳剂的生成。

3) 两性型乳化剂

两性型乳化剂与离子型乳化剂相比较,它具有对皮肤刺激性小和毒性低的优点,同时两性型化合物大多具有去污力、杀菌和抑菌的能力以及发泡能力和柔软效能。因此可利用这些优点来制造香波和婴儿用品。乳化作用方面可与阴离子、阳离子和非离子物质一起使用。

(1) 羧酸型　内铵盐结构为:

$$
R-\underset{\underset{CH_2COOH}{|}}{\overset{\overset{CH_2COOH}{|}}{N^+}}-CH_2COO^-
$$

R 为 $C_{12}\sim C_{18}$ 羧酸盐具有水溶性良好、pH 值领域广阔、稳定性好等特点。对头发具有柔软作用,防静电干扰和湿润作用,因此可用于制造香波(洗发剂、头发漂洗剂、护发素)。

(2) 咪唑啉衍生物　结构为:

$$
\underset{R}{\overset{N=}{\underset{\diagdown}{C}}}\overset{CH_2COO^-}{\underset{CH_2CH_2OH}{N^+}}
$$

R 为 $C_9\sim C_{17}$ 的咪唑啉是具有代表性的两性乳化剂之一,它在各种乳化剂中的毒性对皮肤的刺激性和对眼睑刺激性最小,具有能增加头发的光泽以及柔软头发的功能,主要用于洗发护发类的制品。

4) 非离子型乳化剂

非离子型乳化剂广泛应用于化妆品中,因为它对阴离子、阳离子及两性离子化合物都有良好的配伍性。

(1) 聚氧乙烯化合物

$$RO(CH_2CH_2O)_nH \quad (R:C_{12}\sim C_{18})$$

$$RCOO(CH_2CH_2O)_nH \quad (R:C_{12}\sim C_{18})$$

$$R\text{——}\langle\ \rangle\text{——}O(CH_2CH_2O)_nH \quad (R:C_8\sim C_9)$$

上述通式中 R 基为烷基。有代表性的亲油基是高级脂肪醇、高级脂肪酸、烷基苯酚、烯基酰胺等。

这种表面活性剂的水溶性可通过测定浊点的方法来判断,在同一亲油基的情况下,聚氧乙烯链越长,则浊点越高,而亲水性就越好。这种表面活性剂的乳化能力和增溶能力都很好,因此在化妆品方面可作为乳膏和乳液等的乳化剂。

(2) 多元醇的脂肪酸酯 脂肪酸如月桂酸、棕榈酸、椰子酸、硬脂酸等与适当的多元醇如甘油、乙二醇、丙二醇等反应生成的脂是很有价值的乳化剂。

(3) 烷基醇酰胺 由脂肪酸与烷醇胺如甲乙醇胺,二乙醇胺和异丙醇胺缩合成烷基醇酰胺。有用 2 摩尔二乙醇胺与 1 摩尔脂肪酸缩合,也有用等摩尔缩合的。这些产品在香波、洗涤剂中作为增泡剂及泡沫稳定剂,也可用作乳化剂及乳剂稳定剂。

5) 自然界存在的乳化剂

(1) 羊毛脂 羊毛脂能促使油包水乳剂的生成。其有效的乳化剂成分为甾醇、羊毛醇及游离脂肪酸。羊毛脂虽然主要用作油包水乳化剂,也能与亲水性乳化剂一起使用,作为水包油乳剂的稳定剂。

(2) 蜂蜡 蜂蜡与其他乳化剂一起用在油包水乳剂中用作辅

助乳化剂。蜂蜡中的游离脂肪醇也可用作乳剂稳定剂。

（3）无机的水化胶体（白土）　这种胶体（白土）在化妆品中早已广泛用作乳剂稳定剂、增稠剂及颜料悬浮的辅助稳定剂。

8·2·2·2　香精

香精是赋予化妆品以一定香气的原料品。所有的化妆品都具有一定的优雅舒适的香气，它是通过在配制时加入一定数量的香精而获得的。

在化妆品中，香精属于关键性原料之一，一个产品是否能取得成功，香精亦是决定的因素。香精选用得当，不仅受消费者的喜爱，而且还能掩盖产品介质中某些不良气味；如果选用不当，那会给产品带来一连串的麻烦，如香气不稳定，变色，皮肤受刺激、过敏以及破坏乳化平衡等。

香精是由各种香料调配混合而成。化妆品用的香料有天然的和合成的两种。其天然香原料取自动物和植物。动物的有麝香、海狸香、灵猫香等少数品种；而取自植物的香料则品种多、来源广，如芳香植物的花、叶、枝、籽、梗、茎、树皮、果皮、果仁等约有 500 余种。合成香原料的品种则更多，约有 3100 种以上。

1）化妆品香精的香型

一定类型的香气叫做香型。化妆品的香型多数是采用各种香花香型。常用的香型有以下几种。

（1）玫瑰香型　主要原料是玫瑰油、香叶油、香叶醇、玫瑰醇、苯乙醇、羟基香草醛、乙酸香叶酯等。

适用于雪花膏、冷霜、胭脂、唇膏、发油等产品。

（2）茉莉香型　主要香原料为茉莉油、乙酸苄酯、甲位戊基桂醛、吲哚等。

适用于雪花膏、冷霜等产品。

（3）紫罗兰香型　主要香原料是紫罗兰酮、甲基紫罗兰酮、桂皮油、洋茉莉醛等。

适用于雪花膏、冷霜等产品。

（4）熏衣草香型　主要香原料为熏衣草油、香柠檬油、麝香酊、灵猫香酊等。

适用于花露水、发蜡、剃须用品等。

（5）檀香香型　主要香原料为檀香油、岩兰草油、柏木油等。

适用于香皂等产品。

（6）麝香玫瑰香型　以麝香（龙涎香）与玫瑰两种香型调合。

适用于香水产品。

（7）古龙香型　主要香原料为香柠檬油、柑桔油、橙花油、熏衣草油、迷香油等。

适用于香水、唇膏等产品。

对香精香型的爱好，往往因风俗习惯、民族、性格、气候、地理环境、个人爱好等而异。

2）化妆品的加香

化妆品的加香除了选择合适的香型外，还要考虑所选用的香精对产品质量以及使用效果有无影响。如对白色膏霜、奶液等必须注意色泽的影响。唇膏、牙膏等产品应考虑有无毒性。直接在皮肤上涂敷的产品应避免对皮肤有刺激性等。因此不同的产品对加香有不同要求。

（1）雪花膏　雪花膏一般用作粉底霜。选择香型必须与香粉的香型调和，香气不宜强烈，故香精用量不宜过多，能遮盖基质的臭味并散发出愉快的香气即可。一般用量约为 0.5%～1%。

（2）冷霜　冷霜含油脂较多，所用香精必须能遮盖油脂的臭气。一般用量约为 0.5%～1%。

（3）奶液　奶液加香与冷霜相同，但奶液中含水较多，为了使乳化稳定，宜少用香精或用一些水溶性香精。

（4）香粉　香粉不同于雪花膏，必须有持久的香气，对定香剂的要求较高。由于有粉底霜打底，对皮肤的刺激性因素可以考虑得少一点。但因粉粒间空隙多，与光和空气的接触面大，所以对遇光易变色、易氧化变质以及易聚合树脂化的香原料不宜使用。

（5）香水　香水本身就是香精的酒精溶液，因此对香精溶解度的要求极高，不宜采用含蜡多的香原料。其他如刺激性、变色等要求则不高,用量一般为 $10\% \sim 15\%$ 。

(6) 花露水　花露水是夏令卫生用品。形式上虽与香水相似,但其作用主要是杀菌、防痱、止痒和去污,因此对香气并不要求持久,可用一些易挥发的香精。

(7) 牙膏　牙膏是用于人体口腔卫生的产品,要求所用香精无毒性和刺激性,香气以清凉为主。

8・2・2・3　色素

色素是赋予化妆品一定颜色的原料。人们选择化妆品往往凭视、触、嗅等感觉,而色素是视觉方面的重要一环,色素用得是否适当对产品的好坏也起决定作用,因此色素对化妆品极为重要。

化妆品用的色素可分为合成色素、无机色素和天然色素三类。

1) 合成色素

从化工合成制得的色素称合成色素。化妆品用的色素纯度要求较高,类同食用色素。能用于食品、医药品和化妆品的色素,常用 F・D・&・C・表示(Food, Drug and Cosmetic Act 食品、药物及化妆品条例)。此种色素能溶于水,适用于护发水、古龙水、花露水、化妆水、膏霜类、蜜类和香波等产品。

2) 无机色素

常用的无机化妆品色素有氧化铁、碳黑、氧化铬绿等。无机色素都具有良好的耐光性,不溶于水及有机溶剂,能耐碱及弱酸。

3) 天然色素

常用的天然色素有胭脂树红、胭脂虫红、藏花红、紫草素、叶绿素、姜黄和叶红素等。

化妆品用的叶绿素要求绿色鲜艳、稳定,所以多采用叶绿素酮盐。叶绿素有对细胞组织再生的促进作用和抑菌性能。可制成含叶绿素的膏霜类。天然色素的特点是无毒性。

选用色素时,还应该注意其稳定性,并需严格控制一定的 pH 值。例如色素 F・D・&・C・3 号红,在 pH 值低于 6 时,能生成沉淀。

8·2·2·4 防腐剂和抗氧剂

防腐剂和抗氧剂是防止化妆品败坏和变质的原料。能防止微生物生长作用的叫防腐剂。能延长油脂酸败作用的叫抗氧剂。由于大多数化妆品均含有水分,而且含有胶质、脂肪酸、蛋白质、维生素等易受微生物作用而变质。因此,为了使化妆品质量得到保证,必须在化妆品中加入一定量的防腐剂和抗氧剂。其中尤其是防腐剂更为必要。

理想的防腐剂和抗氧剂必须具备以下条件:

(1)必须适合使用条件,能和大多数成分配伍无禁忌,在较大pH范围内保持效用,并不影响产品的pH值。

(2)必须溶于产品的基质,并达到一定的浓度。

(3)在极低含量时应具有抑菌功能。

(4)必须基本无色、无臭。

(5)必须无毒,并在使用浓度下不产生刺激性及敏感性,能长期保存。

(6)必须使用方便,经济合理。

虽然有很多具有抗微生物作用的防腐剂,但在化妆品中应用却受到上述条件的限制。化妆品中常用的防腐剂有以下几类:

(1)对羟基苯甲酸脂类(商业名称"尼泊金") 此类防腐剂用于化妆品中已有很久历史,至今仍广泛应用。此类物质不挥发,无毒性,稳定性好,气味极微,在酸、碱性介质中都有效。它除了有防腐功效外,并能抗植物油的氧化,因此是油脂类化妆品中常用的一类防腐剂。

（2）醇类　乙醇是应用较广的醇类防腐剂。在酸性溶液中（pH4～6）用量在15%以下，在中性或微碱性溶液中（pH8～10）用量须提高到17.5%以上。

醇类的缺点是仅对一部分微生物有效，同时易挥发，成本高，只适用于液体产品。

（3）Dowicil 200　这是70年代出现的一种抑菌剂，由于对皮肤无刺激、无过敏而被广泛应用。在膏霜类、香波中使用浓度一般为0.05%～0.1%，与尼泊金脂类互相配合使用，抗菌效果更好。适用于化妆品的pH范围为4～9。

（4）表面活性剂　在表面活性剂中离子型和两性型的抗菌能力最强，尤以阳离子表面活性剂使用较为普遍，但不能杀死孢子和真菌。在有机混合物中用以防止微生物的生长比杀菌更为有效。使用阳离子型表面活性剂时应注意配方中不能有相忌的成分。阴离子型表面活性剂仅对部分革兰氏阳性细菌有作用，且对阳离子型表面活性剂有对抗作用。非离子型表面活性剂基本上无抗菌能力。阳离子型和阴离子型表面活性剂还具有强化其他防腐剂的能力。它适用化妆品的pH范围为4～6。

防腐剂的使用浓度视产品而异。如果微生物种类，数量较多，则需要的防腐剂浓度要高。因此在化妆品的配方中虽然已加入一定量的防腐剂，但如果在生产过程中不注意环境卫生，使微生物带入量增多，那就等于降低了防腐剂的作用。

多数化妆品均含有油脂成分。油脂中的不饱和键很容易被氧化而变质，这种氧化变质称为酸败。不饱和油脂的氧化是一种连锁反应，只要其中有一小部分开始氧化，就会引起油脂的完全酸败。油脂中含不饱和键越多，就越容易被氧化。

影响油脂酸败的因素很多，如水分、空气、日光、酶、微生物等。氧是引起酸败的主要因素，没有氧的存在就不会发生氧化而引起酸败。然而要在化妆品中完全排除氧或和氧接触是办不到的。抗氧剂的作用是能阻滞油脂中不饱和键的氧化或者本身能吸收氧，其一般用量为0.02%～0.1%。

抗氧剂按结构可分为五类：

（1）酚类　没食子酸丙酯、二叔丁基对甲酚等。

（2）醌类　维生素E（生育酚）广泛用于膏霜类、蜜类等化妆品。

（3）胺类　乙醇胺、谷氨酸、酪朊、动植物磷脂等。

（4）有机酸,醇及脂　抗坏血酸、柠檬酸等。

（5）无机酸及其盐类　磷酸及其盐类、亚磷酸及其盐类。

8·2·2·5　粘合剂

粘合剂是使固体粉质原料粘合成型,或使含有固体粉质原料的膏状产品分散,悬浮稳定的辅助原料。在液体或乳化产品中这类原料还被用作增稠剂。

常用的粘合剂或增稠剂,通常是天然或合成的树胶类产品,如阿拉伯树胶、果胶、淀粉、甲基纤维素等。

8·2·2·6　滋润剂

滋润剂是使产品在贮存与使用时能保持湿度,起滋润作用的原料。

常用的滋润剂是多元醇类,如甘油、丙二醇、山梨醇等。

8·2·2·7　助乳化剂

助乳化剂是无机或有机碱性化合物,能与脂肪酸或其他类似物质作用形成表面活性剂而起乳化作用的辅助原料。如氢氧化钾、氢氧化钠、硼砂、三乙醇胺等。

8·2·2·8　洗涤发泡剂

洗涤发泡剂为具有洗涤发泡等作用的原料。是香波、剃须膏、牙膏等产品的主要组成。常用的有肥皂、烷基苯磺酸钠、月桂醇硫酸钠等。

8·2·2·9　收敛剂

收敛剂是能使皮肤毛孔收敛的原料。

常用的收敛剂有铝、锌等金属的盐类,如碱性氧化铝、氯化铝、硫酸铝、苯酚磺酸铝、苯酚磺酸锌等,主要用于抑汗化妆品。

巯基乙酸($HSCH_2COOH$)是用于卷发化妆品、脱毛化妆品的原料。水杨酸薄荷酯($C_{10}H_{19}OCOC_6H_4OH$)是防晒化妆品的原料。硝酸纤维素是指甲油的原料。白降汞($HgNH_2Cl$)是祛斑霜的原料等。

8·3　膏霜类化妆品

膏霜类化妆品是广泛使用的一类化妆品。它是一种主要由油、脂、蜡和水、乳化剂所组成的乳化体。膏霜类化妆品按其乳化性质可分为 W/O 型和 O/W 型两种。

W/O 型膏霜类的乳化体是水分散成微小的水珠被油所包围着。水珠的直径一般为 1~10 微米。水是分散相,再加入一至两种以上乳化剂使乳化体成为稳定状态。反之 O/W 型膏霜类的乳化体是油分散成微小的油珠被水所包围着,因此油脂是分散相,水则是连续相。同样需加入一至两种以上乳化剂使乳化体成为稳定状态。从膏霜类的形态看,自稠厚的半固体到流动的液体,呈半固体状态不能流动的膏霜类一般称做固体膏霜,如雪花膏、营养润肤霜、祛斑霜、粉刺霜、柠檬霜、冷霜、清洁霜等。呈液体状态能流动的膏霜称为液态膏霜,如奶液、清洁奶液、营养润肤奶液、防晒奶液等。

8·3·1　雪花膏类

雪花膏一般以硬脂酸为原料,经碱类(K^+、Na^+、NH_4^+ 等)溶液中和生成肥皂,即硬脂酸盐,它属于阴离子型乳化剂为基础的油/水型乳剂。这是一种非油腻性的护肤用品,涂在皮肤上水分蒸发后留下一层由硬脂酸、硬脂酸皂和保湿剂组成的薄膜,使皮肤与外界干燥空气隔离,能抑制表皮水分的蒸发,保护皮肤不致干燥、开裂或粗糙。保湿剂甘油、丙二醇等有粘附力,妇女们敷粉前先涂雪花膏,可以粘附香粉,同时使香粉粒子钻进皮肤毛孔。

8·3·1·1 雪花膏

雪花膏是硬脂酸、硬脂酸化合物和水的乳化物。为了获得保湿效果,另加保湿剂,适量香料和防腐剂。

雪花膏的乳化形状只有水包油型(油/水),10%～20%的油分散在水相中乳化而成。

雪花膏的主要成分是硬脂酸、碱类、多元醇。

1) 硬脂酸

一般采用工业三压硬脂酸,含有硬脂酸45%,棕榈酸55%左右,油酸0%～2%,控制碘价在2以下(碘价表示油酸的含量,碘价过高表示油酸含量较多),油酸含量高,颜色泛黄,影响雪花膏色泽,易引起贮存过程中的酸败,所以要选择颜色洁白,无特殊气味的硬脂酸,其中油酸含量越低越好。单压硬脂酸质量较差,不适于制造雪花膏。

2) 碱类

所用碱类有KOH、$NaOH$、NH_4OH、K_2CO_3、Na_2CO_3、硼砂等。K_2CO_3与硬脂酸起中和作用时,生成CO_2气体,易造成乳化体带有气泡,故较少使用。NH_4OH和三乙醇胺有特殊气味,和某些香料混合使用时易变色,质量难控制,故也较少使用。由$NaOH$制成的乳化剂稠度较大,往往导致乳化体有水分离析,使乳化体质量不稳定,因此一般较多采用KOH,为了提高乳化体的稠度,在采用KOH时加入少量$NaOH$,其质量比约为9:1。

3) 多元醇

雪花膏中最早一直采用甘油作为保湿剂。甘油至今仍是用得较多的一种保湿剂,另外还有山梨醇、丙二醇、1,3-丁二醇。特别是石油产品丁二醇有大量被采用的趋势。1,2-丙二醇,具有与甘油相似的外观和物性,无色,无臭,粘度比甘油低,使用感觉很好。1,3-丁二醇比丙二醇更具优点,在空气相对湿度较高或较低的情况下,都能保持皮肤相当的湿度。但用它作为保湿剂开发得较晚,因此,目前尚未充分发挥其特性。

多元醇除了对皮肤有保湿作用外,在雪花膏中有可塑作用,当雪花膏的配方中不加或少加多元醇,用手涂擦时,会出现"面条",如果在雪花膏中加入 5%甘油或丙二醇等,则可避免"面条"的出现。如在制造雪花膏加入香精的同时,加 1%白油,使乳化体增加润滑性,也可避免"面条"的现象。产品中增加多元醇的用量,则产品的耐寒性能也随之提高。

4）配方实例(％)

三压硬脂酸	14.0
单硬脂酸甘油脂	1.0
十六醇	1.0
白油#18	2.0
甘油	8.0
KOH	0.5
去离子水	73.5
香精和防腐剂	适量

5）制造过程

（1）加热溶解　将原料三压硬脂酸、单硬脂酸甘油脂、十六醇、白油#18 用甘油混合后加热到 90℃(加热锅可采用不锈钢夹套锅,也可采用耐酸搪瓷锅)。碱液(先配置成 8%～10%)和水亦分别加热到 90℃并维持 20 分钟。

（2）混合乳化　硬脂酸极易与碱起皂化反应,不论是将硬脂酸加入碱水溶液,还是碱液加到硬脂酸中都可以很好地进行皂化反应。在混合乳中,一般是先将加热后的水和碱液混合,再加到硬脂酸等混合油中并进行搅拌。叶浆式搅拌器的转速为 50～100 转/分。

（3）搅拌冷却　冷却速度要求较缓慢。用夹套温水回流冷却,如果回流温水与原料的温差过大,产品质量变粗。温差过小,则需延长搅拌时间。香精加入的温度为 58℃。

（4）静止冷却　停止搅拌后,经化验合格尚须静止冷却到 30～40℃,才可以进行装瓶,如装瓶时温度过高,冷却后体积会收缩,装瓶温度过低则膏体变稀薄。一般以隔一天包装为宜。

（5）包装　雪花膏是油/水型乳剂,水分挥发很容易产生干缩现象,所以包装密封很重要。沿瓶口刮平后,盖以硬质塑料薄膜,盖子衬有弹性的厚塑片或纸塑片。盖子旋紧后应留有整圆形瓶口的凹纹。制造设备、包装容器都必须注意工业卫生。

8·3·1·2　润肤霜

润肤霜有保护皮肤的作用。皮肤在干燥的环境中,特别在秋冬季节,容易引起瘙痒,严重者引起皱纹、角质化、皲裂等。

表皮上存在的脂类物质和水起乳化作用,产生脂类薄膜,可以防止上述影响。它在水分过多时形成水包油薄膜,而在脂肪过多时,形成油包水薄膜,这种乳化作用可以制止水分的过快蒸发,从而保持和调节角质层适当的含水量,在保持表皮的柔软上起了决定性作用。

润肤霜的作用在于使润肤物质补充皮肤中脂类物质,使得皮肤中水分得到平衡。经常涂用润肤霜,能使皮肤保持水分和健康,逐渐恢复柔软和光滑,因为水分是皮肤最好的柔软剂。能保持皮肤水分和健康的物质是天然调湿因子。可是要使水分从外界补充到皮肤中去是比较困难的,行之有效的方法是防止表皮角质层水分过量损失,而天然调湿因子有此功效。但天然调湿因子组成复杂,至今存在着未知成分。表皮角质层有控制水分、减少水分损失的作用,因此可把天然调湿因子看作是表皮角质层的组成部分。

人类表皮角质层脂肪中含有游离脂肪酸、脂肪酸三甘油酯、双甘油酯、胆甾醇酯类、烷烃、蜡类等。根据上述组成可以在润肤霜中考虑采用有效的润肤剂或润湿剂。

1）润肤剂

润肤剂能使表皮角质层水分减缓蒸发,不使皮肤干燥和刺激。润肤剂有羊毛脂及其衍生物,高碳脂肪醇、多元醇、角鲨烷、植物油、乳酸、脂肪醇等。

2）润湿剂

润湿剂是一种可以使水分传送到表皮角质层起结合作用的物质,皮肤水分的含量、润滑、柔韧直接和润湿剂有关。天然调湿因子能避免皮肤干燥，所以在配方中加入的组成物质，要与天然调湿因子相类似。吡咯烷酮羧酸和其钠盐是很好的保湿剂，乳酸和它的钠盐保湿作用仅次于吡咯烷酮羧酸钠，而且乳酸是皮肤的酸性覆盖物，能使干燥皮肤润湿和减少皮屑。

在上述润肤剂中加入营养物质，组成营养润肤霜。

（1）蜂王浆　含有多种维生素，微量酶及激素的复合体。其用量为 0.3%～0.5%。

（2）人参浸出液　含有抑制黑色素的天然还原物质和多种营养素，能增加细胞活力，延迟衰老。其用量为 5%～15%。

（3）维生素　有水溶性和油溶性两种，用于营养性化妆品的维生素主要是油溶性维生素 A、维生素 D 和维生素 E。

维生素 A 用于化妆品中防止因缺少维生素 A 而引起皮肤表皮细胞的不正常角化。维生素 A 受热易分解，这点应引起注意。

维生素 D 对治疗皮肤创伤有效。

维生素 E 是一种不饱和脂肪酸的衍生物，有加强皮肤吸收其他油脂的功能。如缺少维生素 E，会使皮肤干枯、粗糙、头发失去光泽，易于脱落，指甲变脆易折。含有维生素 E 的营养霜能促进皮肤的新陈代谢作用。

润肤霜内含有维生素的量（单位）约为：

维生素 A	1000～5000 单位/克
维生素 D	100～500 单位/克
维生素 E	0.5 克/100 克

维生素 A 和维生素 D 可以合用，其比例为 5：1 或 10：1。另外维生素 E 可作为稳定剂。其他营养润肤剂有胡萝卜油、蛋黄油、胎盘组织液、角鲨烷、维生素 B_1、维生素 B_{12}、维生素 C 和酒花油等。

润肤霜中加入上述营养物质时要重视工业卫生，使用有效的防腐剂或制成水/油型乳剂，以免杂菌繁殖。润肤霜 pH 值应控制在 4～6，与皮肤的 pH 值相似。如果 pH 值大于 7，偏微碱性，则表皮的天然调湿因子及游离脂肪酸遭到破坏。虽然使用时皮肤 pH

值又恢复平衡,但长久使用,必然引起皮肤干燥,得到相反效果。

3）配方实例（%）：

羊毛醇	5.0
白蜂蜡	10.0
鲸蜡	5.0
白油#18	29.0
硼砂	0.5
去离子水	50.5
香精和防腐剂	适量

4）制法

将油相部分加热到 80℃,过滤后放入有夹套的搅拌锅内。水相部分加热到 90℃,维持 20 分钟灭菌,然后冷却到 75℃,慢慢倒入油相中进行乳化反应,同时搅拌和通冷却水冷却,当温度降至 40℃时加香精,降至 35℃时可停止搅拌,化验合格后即可包装。

8·3·2　冷霜类

冷霜也称香脂或护肤脂。大多是 W/O 型乳剂。此类膏霜用蜂蜡-硼砂做乳化剂,即蜂蜡-硼砂体系的冷霜。

蜂蜡-硼砂水/油型膏霜类,当加入过量水或亲水性乳化剂时,能制成 O/W 型乳化体。由于使用地区气温和用途不同,在配方和操作上亦有所区别。热带地区使用的膏体,熔点要高一些,而寒带地区使用熔点要低一些。作为润肤和按摩用的乳化体,则往往要比清洁皮肤用的清洁霜稠厚一些。

质量好的冷霜、乳化体应是光亮、细腻、没有油水分离现象,不易收缩,稠厚程度适中便于使用。

冷霜是用于保护皮肤的用品。蜂蜡-硼砂所制成的 W/O 型乳化体是典型的冷霜,至于乳化体的稠度、光泽和润滑性要依靠配方中的其他成分,使用后要求能在皮肤上留下一层油性薄膜。W/O型冷霜中水分含量,可以从 10%～40%,因此,油、脂、蜡的变化幅度也很大。

（1）蜂蜡　蜂蜡是从蜜蜂的蜂巢中提取的天然蜡,混有沙土等杂质,颜色发黄,经加热熔解,沉淀去除杂质,将蜂蜡慢慢倒入剧烈搅动的冷水中,制成片状蜡花,冬季日晒两星期,夏季日晒一星期,即成白色略带微黄的漂白蜂蜡,经漂白后蜂蜡才能用于制造冷霜。含有微量特殊气味的蜂蜡,如果在配方中用量较高,对香气有影响时,可采用过热水蒸气在负压下脱臭。

制造冷霜的蜂蜡应符合下列理化指标:

酸价 17～24;熔点 57～64℃;相对密度（15/15） 0.950～0.968;皂化值 88～96;碘价 12;乙酰价 15～15.2;颜色 微黄;气味 类似蜂蜜的气味。

（2）羊毛脂　在 W/O 型乳化剂中以羊毛脂做润肤剂是很普遍的。羊毛脂粘腻稠厚而且有骨架,对皮肤有高度营养价值。稠厚的润肤薄膜能保持皮肤的水分。用过氧化氢脱色,过热蒸汽脱臭的精制羊毛脂色泽淡黄,气味较淡,质地光泽,能吸收水分和渗入皮肤。但美中不足的是,当羊毛脂用量较多时,乳化体表面由于失水和氧化,致使颜色变深。另外,羊毛脂的气味较重,一般采用较浓的香料以遮盖羊毛脂的气味,如玫瑰型或甜橙油等香型。经高压加氢的羊毛脂,其中 95% 以上的成分是脂肪醇,因此称为羊毛醇。羊毛醇含有胆固醇近 40%,而且吸水性能高于羊毛脂,颜色呈微黄,气味甚淡,而且不易酸败,在颜色、气味、对氧的稳定度、吸收性能、乳化的扩散性能方面都优于羊毛脂,所以羊毛醇在化妆品领域使用范围不断扩大,有逐渐取代羊毛脂的趋势。

（3）鲸蜡　由鲸脑中分离的鲸油和鲸蜡,主要组成是棕榈酸十六醇酯,能增加冷霜的润滑度,一般用做皮肤的软化剂和润肤剂。

（4）基本配方(%)

蜂蜡(酸价 17.5)	16.0
白油	44.7
水	38.0
硼砂	1.3
香精和防腐剂	适量

如果水分含量过高,在不能使乳化体变型(转变成 O/W 型)的情况下,乳化体会有水渗出,并粘附在容器壁上或浮于表面。出水严重者则有大量水析出。

8·3·3 奶液类

奶液是一种液态霜,早期制造的杏仁蜜和奶液是 O/W 型乳化体,采用钾皂做乳化剂,存放一段时间后奶液增厚,因此从瓶口不易倒出,后来用三乙醇胺和硬脂酸成皂做乳化剂,减少了增厚的趋势。但不足之处是某些香料变色及呈微碱性。近代有采用十六醇硫酸二乙醇胺或非离子型乳化剂,聚氧乙烯缩水山梨醇单油酸脂等做乳化剂,可配制成与皮肤类似酸度之奶液。

奶液的制取一般比固态膏霜困难,因为奶液要有很好的流动性,所以往往不易保持良好的稳定性,在贮存过程中易分层。

优良的奶液应符合下列条件:

(1)能使一般干燥的皮肤变得柔软、光滑,而且有润湿作用。

(2)奶液在室温时应保持流动性,乳化稳定,无水分析出。

(3)在皮肤上无粘腻的感觉,不影响汗液排出。

(4)显微镜下颗粒较小,小部分颗粒直径在 1～4 微米,颗粒圆整,分布均匀。

(5)有令人喜爱的香气,色泽洁白,对人体皮肤无刺激或过敏。现代奶液的发展趋向有润肤作用,也有润湿作用,可作为敷粉前打底用,或作为润滑皮肤之用,有很好的展开性能和渗透性能。

配方实例(%):

胆固醇	0.5
硬脂酸	3.0
白油	25.5
三乙醇胺	1.0
丙二醇	4.0

水	66.0
香精和防腐剂	适量

制法:油脂和乳化剂在同一容器中加热到 90℃,水溶液必须加热到 90℃,维持 20 分钟杀菌,然后冷到所需温度进行乳化。将水加入油中,用 1400 转/分的搅拌器快速搅拌,一般搅拌 3～10 分钟,然后用冷却水进行缓慢地冷却搅拌,在 40～50℃时加入香精,搅拌冷却到室温。

8·4 香水类化妆品

香水类化妆品主要是以酒精溶液作为基质的透明液体。

8·4·1 乙醇

香水类化妆品中含有很多乙醇。20 世纪 50 年代前乙醇大多由葡萄汁、糖蜜山芋或木屑水解液发酵制得。20 世纪 50 年代后大多采用乙烯在高压条件下经氧化制得的方法,经蒸馏后的乙醇纯度高,气味醇和,较其他方法生产的好,且阶格便宜。香水类化妆品中的乙醇在很多国家含量为 95%,乙醇对香水类化妆品的质量影响很大,不能带有丝毫杂味,否则会对香气起严重的破坏作用。

纯化乙醇较简单的方法有:

(1) 乙醇中加入 0.02%～0.05%高锰酸钾,剧烈搅拌,同时通空气鼓泡,如有棕色的二氧化锰沉淀,静止过滤除去。

(2) 每升乙醇中加入 1～2 滴 30%浓度的过氧化氢,在 25～30℃储存几天。

(3) 乙醇中加入 1%活性炭,每天搅拌几次,一星期后过滤待用。

(4) 每升乙醇中加入 0.5 毫升硫化银振摇,然后加氯化钙使银盐沉淀,再经蒸馏后备用。

(5) 在乙醇中加入少量香原料,放置 30～60 天,消除和调和乙醇气味,使气味醇和。

8·4·2 香精的预处理

各种天然和合成的单体香料经调配混合后称为香精。初调配的香精其香气往往不够协调,有多种方法可使之成熟。为了缩短香水类化妆品的生产周期,有必要将香精进行预处理。如先在香精中加入少量乙醇,然后移入玻璃瓶中,在 25~30℃和无光线的条件下储存几周后再配制产品。另外可将新鲜的和陈旧的同一品种香精混和,有助于加速香气的协调。

8·4·3 水质要求

香水类化妆品用的水质应采用新鲜蒸馏水、去离子水或脱去矿物质的软水。水中不能含有微生物。水中的微生物虽然会被加入的乙醇杀死而沉淀,但它会形成令人不愉快的气味,损害香水香气。水中如含有铁离子,则要对不饱和的芳香物质发生氧化作用,含有铜也是如此。如果没有条件得到优质水,则可加些螯合剂,如柠檬酸钠或葡萄糖酸,以抑制金属离子对水的污染,加入量为0.005%~0.02%。

香水类化妆品主要的品种有香水、古龙水、花露水、化妆水。

8·4·4 香水

香水是香精的酒精溶液,具有芬芳浓郁的香气,主要作用是喷洒于衣襟、手帕及发际使周身散发悦人的香气,是重要的化妆品之一。

香水中香精用量较高,一般约为 15%~25%,乙醇浓度为90%~95%,存在 5%水能使香气透发。浓度稍淡的香气中的香精用量为 7%~10%,必要时可加 0.5%~1.2%豆蔻酸异丙酯,它能使香水搽用部位的皮肤或衣服的内侧形成一层膜,而使留香永久。

香水的香型变化较多,据报道,到 1976 年世界各国较有名的香水牌号有 340 种之多,其中名牌 38 种,如我国创制的美加净香水属幻想香型,芳芳香水属兰花香型,在国内很流行。

香原料是决定香型和质量的关键原料,在高级香水中一般都使用茉莉、玫瑰和麝香等天然香料,但天然香料原料供应有限,近年来合成了很多新品种,以补充天然香料供应的不足。

香水的配制极为简单,只有香精和酒精,为防止在衣服或手帕上留下斑迹,通常都不加色素。香水生产过程亦简单,只须简单地混合均匀即可,但设备要求较高,不能与香精发生作用或促使香精变色和香味败坏,最好用不锈钢或搪玻璃、搪银、搪锡等设备。混合好的香水要经过至少三个月以上的低温陈化,陈化期有一些不溶性物质沉淀出来,过滤除去确保香水透明清晰。

8·4·5　古龙水

古龙水香精用量为 2%～5%,乙醇浓度为 75%～80%(或70%～85%)。传统的古龙水香精用量为 1%～3%,乙醇浓度为65%～75%。

古龙水是男用花露香水,其香气清新、舒适,在男用化妆品中占第一位。古龙水的香精中含有香柠檬油、柠檬油、熏衣草油、橙花油、迷迭香等。其生产过程基本上和香水相同。

8·4·6　花露水

花露水是一种用于沐浴后祛除一些汗臭,以及在公共场所解除一些秽气的夏令卫生用品。要求香气易于发散,并且有一定持久留香的能力。香精用量一般在 2%～5%之间,酒精浓度为 70%～75%。习惯上香精以清香的熏衣草油为主体,有的产品采用东方香水香型,如玫瑰麝香型,以加强保香能力,称为花露香水。

花露水的制法基本上与香水、古龙水相似。在配方中根据需要加入一些醇溶性色素,使之有清凉感觉。颜色以淡色、湖蓝、绿、黄为宜。花露水的价格低于香水。

8·5 香粉类化妆品

8·5·1 特性

香粉类化妆品是用于面部化妆的物品。其作用是使颗粒极细的粉质涂敷于面部以遮盖皮肤上的某些缺陷。根据使用上要求,应具有下列特性。

1）遮盖力

香粉涂敷在皮肤上,必须能遮盖住皮肤的本色,而赋予香粉的颜色,弥补皮肤的缺陷,增加皮肤的光泽。这一作用主要通过采用具有良好遮盖力的粉质原料来达到。常用的有氧化锌、二氧化钛和碳酸镁。这些物质称为"遮盖剂"。

2）吸收性

吸收性主要是指对香精的吸收,同样也包括对油脂和水分的吸收。香粉类产品一般以沉淀碳酸钙、碳酸镁、胶态高岭土、淀粉或硅藻土等作为香料的吸收剂。一般采用沉淀碳酸钙和碳酸镁较多。

3）粘附性

香粉最忌在涂敷后脱落,因此必须有很好的粘附性。硬脂酸镁、锌和铝盐在皮肤上有很好的粘附性,能增加香粉在皮肤上的粘着力。粘附剂的用量随配方的需要而决定,一般在 5%～15%之间。

4）滑爽性

香粉具有滑爽易流动的性能,才能涂敷均匀,所以香粉类产品的滑爽性能极为重要。这主要是依靠滑石粉,其用量往往达 50%以上。

8·5·2 香粉

香粉的种类除了按香味和色泽区分外,一般还根据对香粉的遮盖力、吸收性和粘附性等特征要求进行分类。

不同类型的香粉适用于不同类型的皮肤和不同的气候条件。油性皮肤采用吸收性和干燥性较好的香粉,而干性皮肤应采用吸收性较差的香粉。炎热潮湿的地区,皮肤容易出汗,需要吸收性较好的香粉;寒冷干燥地区,皮肤容易干燥开裂,因此宜采用吸收性较差的香粉。

配制吸收性较差的香粉,除了减少碳酸钙用量以外,还可以增加硬脂酸盐的用量,使香粉不易吸水。

香粉中使用色素应有较好的耐热、耐光与化学稳定性能。香粉用的色素一般采用不溶性的颜料,以防止被芳香油、汗液等溶解后引起色泽分布不均匀的现象。

香粉加香不宜过分浓郁,选用香精应具有化学稳定性,留香好,不会引起变质及变色,对皮肤应无刺激性。

香粉质量好坏完全决定于原料的质量。香粉中用量最多的基本原料是滑石粉,滑石粉的化学成分主要是硅酸镁($3MgO \cdot 4SiO_2 \cdot H_2O$)。优质的滑石粉具有薄层结构,并有和云母相似的定向分裂的性质,这种结构使滑石粉有滑爽和具有光泽的特性。适用于香粉的滑石粉必须洁白、无臭、有柔软光滑的感觉,其细度至少有98%以上能通过 200 目的筛孔,越细越好。

高岭土也是香粉的基本原料之一,有很好的吸收性能,并能去除滑石粉的闪光。其主要成分是天然的硅酸铝($Al_2O_3 \cdot 2SiO_2 \cdot 2H_2O$)。香粉用的高岭土也应该色泽洁白、细致均匀,不含水溶性的酸性或碱性物质。

碳酸钙(尤其是沉淀碳酸钙)是香粉中应用很广的一种原料。沉淀碳酸钙具有很好的吸收性,色白、无光泽,也能去除滑石粉的闪光,其缺点是在水中呈碱性反应,遇酸会分解,滑爽性差,吸收汗液后会在面部形成条纹,用量不宜过多。

碳酸镁主要用作吸收剂,吸收性比碳酸钙约强 3～4 倍,生产时往往先用碳酸镁与香精混合均匀吸收后,再和其他原料混合,纯度、色泽、细度等要求也和其他原料相同。因其吸收性强,用量过多会引起皮肤干燥,一般不宜超过 15%。

硬脂酸锌和硬脂酸镁用于香粉中增进粘附性,必须色泽洁白,质地细腻,具有脂蜡的感觉,能均匀涂敷在皮肤上形成薄膜,用量一般在 5%～15%左右。

氧化锌和钛白粉在香粉中的作用主要是遮盖。氧化锌对皮肤有缓和干燥和杀菌的作用。用量在 15%～25%对皮肤有足够的遮盖力而不致于太干燥。钛白粉虽然遮盖力强,但不易和其他粉料混合均匀,因此使用时最好和氧化锌一起混合使用。用量应小于10%。钛白粉对一些香料的氧化变质有催化作用,选用时要注意。

配方举例(%):

滑石粉	45.5
高岭土	8.0
碳酸钙(轻质)	8.0
碳酸镁	15.0
氧化锌	15.0
硬脂酸锌	8.0
香料和颜料	适量

香粉的生产方法比较简单。主要是混合、磨细及过筛。香粉的生产设备必须经常保持清洁,以防止在香粉生产过程中混入杂质而影响产品的质量。

8·5·3 粉饼

将香粉制成粉饼的形式,主要是便于携带,防止倾翻及飞扬。粉饼的使用效果和目的均与香粉相同。

粉饼有两种形式。一种是用湿海绵敷面作粉底用,一种是普通用的粉饼。

(1)作粉底用的粉饼 含有较多的油分的胶粘剂,有抗水作用。用油量可多达 25%,水溶性物质或水分散性原料最多 15%,其中包括保湿剂。

(2)普通粉饼 是较老的一种产品。其用法和香粉相同,即用粉扑敷于面部。

粉饼的生产方法是将胶水先和适量的粉混合均匀过筛后,再和其他粉料混合,然后在低温处放置数天使水分保持均衡,即可进行压制。粉料不能太干燥,否则会失去胶合作用。

8·5·4 爽身粉

爽身粉并不用于化妆,主要用于浴后在全身敷施,滑爽肌肤,吸收汗液,是男女老幼都适用的卫生用品。爽身粉原料和生产方法与香粉基本相同。对滑爽性要求较突出,而对遮盖力则要求很低。它的主要成分是滑石粉,其他还有碳酸钙、碳酸镁、氧化锌、高岭土、硬脂酸锌和硬脂酸镁等。此外爽身粉中含有一些香粉中所没有的成分,如有缓和杀菌消毒作用的硼酸等。爽身粉所选用的香精也有特点,即偏于清凉型。如选用薄荷脑等一些给人以清凉感觉的香料。

婴儿用的爽身粉,必须没有任何刺激性,香精用量应限制,一般在 $0.15\%\sim0.25\%$ 之间,最多不超过 0.4%。

8·6 毛发用化妆品

头发的作用不仅仅是保护头皮,而是保护整个头部。正常的头皮,其油性超过其他部位的皮肤。头发角质蛋白的表面也有一层薄的油层,可避免头发水分的损失,同时保持头发有光泽。此层油膜,直接保护着头发和头皮,减轻受风、雨和温度突变的影响。如果此层油膜比正常头发所含油分减少,即头发就会因失去水分而变得干枯,容易发脆而断裂。此时应使用润发油类以补充头发油分之不足。另外一种情况是头发经漂白、染发或烫发后,头发油膜的油分会损失很大,此时也需要用润发油来保护头发。其次某些合成洗涤剂制成的洗发香波,对于头发的脱脂作用较为严重,从保护头发的角度出发,使用香波洗发后,应使用润发油类,可以减少头发水分的损失而起到保护头发的作用。

8·6·1 头油

头油的主要作用是补充头发油分的不足,并增加头发光泽。由于各种原因,头发会失去天然油层薄膜,使头发显得无光泽,梳理时干燥、迟钝、易断裂和脱落。如果在头发上抹些头油可以克服上述现象。

很早的时候,都是用动、植物油脂作为保护头发的用品,后来由白油代替。白油可避免因贮存时间过长而产生的氧化问题。如果是喷雾包装形式的白油,可采用低粘度的白油;如果是瓶装的头油,则需用中或高粘度的白油。白油的质量要求主要是对日光、紫外光的稳定性,减少变色泛黄以及气味变化等。有些香精在白油中溶解度较差,因此在调香时要选择溶解度较好的香精,确保产品在贮存过程中不会有香精沉淀析出以及产品变浑浊等现象发生。

头油如采用两种或多种类的油脂复合使用,可增加润滑性和粘附性。

配方举例(%):

	配方一	配方二
白油	80.0	66.0
橄榄油	20.0	
花生油		34.0
香精,抗氧剂和颜料		适量

制法:将油脂加热到 60℃,加入香精,抗氧剂,搅拌使溶解,过夜澄清,然后装瓶。

8·6·2 头蜡

头蜡大多由凡士林为原料所制成,所以粘性较高,适合难于梳理成型的头发。使用头蜡可以使头发梳理成型,而且很服贴,头发的光亮度也可保持几天。其缺点是粘稠,油腻不易洗净。为了克服此缺点,在头蜡配方中可加入适量植物油或白油,以降低头蜡的粘度,增加滑爽的程度。

头蜡是不透明的,当蜡的含量增加时,不透明程度也随之增加,当加入高粘度白油,则透明度和润滑性增强。但由于加入白油后熔点降低,可能导致头蜡热天"发汗"出油,所以白油的加入量要控制在热天不渗油为宜。为了不使头蜡热天渗油,较理想的加入物是天然蜡和鲸蜡。

配方举例(%):

	配方一	配方二
白油	67.0	42.0
地蜡	11.0	8.0
羊毛脂	22.0	——
白凡士林	——	50.0
香精,抗氧剂,颜料		适量

制法:熔化所有原料,温度尽可能低一些,但应维持流动状态,加入香精搅匀,趁热浇入已烘热的玻璃瓶中,保温,使之逐步冷却并凝结成固体。

8·6·3 香波

香波是洗发用化妆品的专称。香波的作用除了洗净头发上的污垢与头屑以达到清洁的效果外,还使头发在洗后柔软、顺服,并留有光泽。要达到这样的要求并不容易,因为去垢力强的香波,往往会过多地脱去皮脂,使头发变得干枯,并难于梳理。

在选择香波的配方时,应考虑以下几个方面:

(1)产品的形态是液态、膏霜或粉状;

(2)产品的外观如色泽、澄清度或乳浊度等;

(3)泡沫量及其稳定度;

(4)使用要方便,洗涤时容易均匀分布在头发上;

(5)淋洗方便,容易清洗;

(6)洗后使头发保持光滑,即使干燥型头发也易于梳理,不会产生静电效应(乱发在梳理时易产生静电而使头发竖立);

(7)洗后头发留有光泽;

（8）对眼睛等必须无刺激性。

香波的主要原料是洗涤剂，经常使用的有肥皂、脂肪醇硫酸盐、聚氧乙烯脂肪醇硫酸盐和聚氧乙烯烷基酚硫酸盐等。

8·6·3·1　液体香波

最简单的液体香波是软皂（脂肪酸钾）的水溶液（约含 15％脂肪酸）。这类配方在理发店中较广泛采用，很少作为商品。现代化妆品工业生产的液体香波，较多采用合成洗涤剂制成。液体香波有制成透明的，也有制成乳液状的。

配方举例（％）：

	配方一	配方二
椰子油脂肪酸	21.0	20.0
油酸	28.0	26.5
丙二醇	22.0	26.0
三乙醇胺	29.0	27.5
香精，防腐剂，染料		适量

制法：将椰子油脂肪酸和油酸加入丙二醇中，加热搅拌至 60℃，加入三乙醇胺，中和至 pH7～8.5。上述香波用 60℃水稀释，加入量可根据粘度的需要，一般是香波与水之比 1：1～1：3，然后加入染料。

8·6·3·2　膏霜类香波

膏霜类香波是较新发展的香波类型，常含有羊毛脂等类脂肪物，使头发洗后更为光亮，柔软和顺服。

配方举例（％）：

	配方一	配方二
硬脂酸	3.0	3.0
羊毛脂	—	2.0
8％氢氧化钾溶液	5.0	5.0
十二醇硫酸钠	25.0	20.0
月桂酰二乙醇胺	3.0	5.0
磷酸五钠	10.0	—

	配方一	配方二
碳酸氢钠	10.0	12.0
水	44.0	53.0
香精,防腐剂和染料		适量

制法:将熔化的硬脂酸加到十二醇硫酸钠、氢氧化钾的水溶液中(90℃)搅拌,再加入月桂酰二乙醇胺和磷酸五钠,搅匀,此时仍为液体,最后加入碳酸氢钠,待溶解后即结成膏状,40℃时加入香精搅匀。

8·6·3·3　粉状香波

粉状香波洗发后,皮肤和头发感觉都比较干燥,所以只适用于油性头发。

配方举例(%):

	配方一	配方二
皂粉	85.0	
月桂醇硫酸钠	—	42.0
椰子油脂肪酸钠	—	28.0
碳酸钠	10.0	15.0
硼砂	5.0	15.0
香精		适量

制法:将香精和硼砂先搓和,经 40 目筛子过筛,然后和其他原料一起拌和均匀。粉状香波应有均匀的颗粒度,既要易于溶解,又应不易飞扬。

8·6·4　染发剂

染发剂的含义以前在我国仅仅指把白发或红发染成黑色。而现在还可以把黑色漂白脱色,染成红褐色、棕色等深浅不同的颜色。我国生产的主要染发剂是黑色和褐色两种。

染发剂必须附合以下几点要求:

(1) 染着良好,不伤头发。

(2) 使用时对身体无害。

(3) 暴露在空气、日光和盐水中不褪色。使用发油、香波等化妆品时,既不变色,也不溶出。接触酸、碱、氧化剂或还原剂等也不变色或褪色。

8·6·4·1 氧化染发剂

市售的永久性染发剂为氧化染发剂,对戏剧用、家庭用均适宜。头发经染色后接近天然颜色而且有光泽,染后头发无枯燥的感觉。氧化染发剂的主要原料是对苯二胺、胺基酚或此类化合物的衍生物。

市售氧化染发剂有各种形式。有膏状、液状和染发香波等。但它们的主要原料均相似。一般产品有两种包装,一种是含有形成颜色的原料,加入基质和载体,另一种是有氧化作用的显色剂。两者混合后立即均匀地抹在头发上,经 20～30 分钟后,用水洗净,灰白色的头发便染成黑色或棕黑色。

配方举例(%):

一号药剂:	对苯二胺	3.0
	2,4-二氨基甲氧基苯	1.0
	间苯二酚	0.2
	聚氧乙烯(10摩尔)油醇醚	15.0
	油酸	20.0
	异丙醇	10.0
	氨水(28%)	10.0
	去离子水	41.8
	抗氧化剂,金属离子螯合剂	适量
二号药剂:	双氧水(30%)	20.0
	去离子水	80.0
	过氧化氢稳定剂	适量

染料一般易被氧化,应尽量减少一号药剂接触空气的时间,而且必须注意勿使金属离子混入。二号药剂置于高温处易分解,使用时必须注意。

8·6·4·2 空气氧化染发剂

最早用对苯二胺溶液作为染发剂,其留在头发上让空气自然氧化,但需要数小时才行。1950 年研制成空气氧化染料(称为自动氧化染料),但在市场上销售不多。此种产品在室温条件下用于头发约 20~30 分钟,在空气氧化的条件下可使头发染色。其组成的化合物是聚胺、胺基羟基苯、醌、吡啶衍生物。例如:

空气氧化染料化合物	pH	染发颜色
6-硝基 2,4-二胺基酚盐酸盐	8.8	红棕色
2,4,6-三胺基酚三盐酸盐	7.0	金绿色
3,4-二胺基酚盐酸盐	9.4	棕色
2,5-二胺基茴香醚	9.0	灰蓝色
2,5-二胺基酚二盐酸盐	5.0	蓝紫色
1,2,4-三羟基苯	—	黑色
5-羟基 6,8-二胺基醌	—	棕色

8·6·5 烫发剂

使头发卷曲习惯上采用加热卷烫的方法,所以叫烫发。随着化妆品生产技术的发展和对头发物理化学性质进一步认识,已可以不用热烫而使头发卷曲,即所谓冷烫。

8·6·5·1 烫发剂

烫发剂是在电烫(或火烫)时使用的卷发剂。使用时,先将头发洗净,在卷曲成型时均匀涂在头发上,然后利用烫发工具加热到 100℃ 左右。加热完毕后,用水或稀酸冲洗残留在头发上的碱性,待干燥后即能保持卷曲的形状。

烫发剂的主要成分是亚硫酸盐,另外还加有一定的碱使维持适当的碱性。早期产品采用碳酸钾和硼砂以控制其碱性,在头发已受热变形时,仍会继续发生作用,对头发会引起一些损伤。较后的产品都采用挥发性碱如氨水、碳酸铵等。这类挥发性碱既能保持在头发卷烫过程中有一定碱性,又能在头发已软化变弱后受热挥发,减少对头发的过度作用。此外还可以加一些表面活性剂如肥皂、磺化蓖麻油等以增加其润湿性,加一些脂肪物使头发在烫后留下光泽不致干枯。

配方举例（%）：

亚硫酸钠（钾）	3.5
碳酸氢钠	2.0
硼砂	0.7
皂粉	0.4
水	配成 100%

8·6·5·2　冷烫发剂

冷烫发剂也叫冷卷发剂。使用时，同样应将头发洗净，然后在卷曲成型时同时涂上冷卷发剂，使维持一定时间后，用水冲洗干净，以氧化剂处理或曝露于空气中使氧化，干燥后即能保持卷曲。

冷烫发剂的主要成分是硫乙醇酸铵，其他成分大体上与烫发剂相仿。由于硫乙醇酸极易被氧化变质，用料必须纯净，特别应防止配方中混入能迅速促进硫乙醇酸氧化的铁离子。

游离氨含量和 pH 值对冷卷发剂配方有很大影响。pH 值一般应维持在 8.5～9.5，不同 pH 值及游离氨含量对卷发效果的影响如表 8-1 所示。

表 8-1　氨与 pH 值对硫乙醇酸卷发力的影响

卷发剂	pH 值	游离氨	卷发效果
7.8% 硫乙醇酸	2.0	—	弱或无效
9.2% 硫乙醇酸铵	7.0	0.05%	弱或无效
9.2% 硫乙醇酸铵	8.8	0.24%	弱
9.2% 硫乙醇酸铵	9.2	0.75%	适当
9.2% 硫乙醇酸铵	＞9.2	＞0.75%	过强

配方实例（%）：

	配方一	配方二
硫乙醇酸 75%	8.0	—

氨水 28%	7.0	2.0
硫乙醇酸铵	—	5.5
碳酸氢铵	—	6.5
润湿剂	0.1	—
水	84.9	86.0

如果 pH 值在 9.5 以上而无挥发性碱存在时,硫乙醇盐会变成脱毛剂而有使毛发发生脱落的危险。

8·6·5·3　中和剂

经过卷发剂处理以后,需要用中和剂使头发的化学结构在卷曲成型后回复到原有的状态,从而使卷发形状固定下来。另外还能起去除残留卷发剂的作用。

在卷发过程中,卷发剂起的是还原作用,中和剂起的是氧化作用。而一般卷发剂常采用空气氧化的办法。冷卷作用较快,而一般冷卷剂采用氧化中和剂处理的办法。中和剂可以采用稀的双氧水(约 3%,使用时以一倍水稀释)。也可以采用下列粉剂配方,使用时配成 2%~3% 溶液。

配方实例(%):

过硼酸钙(或溴酸钠)	56.0
磷酸二氢钠(或焦磷酸钠)	42.8
磷酸钠	1.2

8·7　口腔卫生用品

口腔卫生用品包括牙膏、牙粉、含漱水等。它们能除掉牙齿的食物碎屑、清洁口腔和牙齿、防龋、祛除口臭,并使口腔留有清爽舒适的感觉。

8·7·1　牙膏类

牙膏是最常用的清洁牙齿用品,每天早晚各一次刷牙,可以使牙齿表面洁白光亮,保护牙龈,减少龋蛀机会,并能对减轻口臭有效。好的牙膏具有良好的清洁作用和适当的摩擦作用,应不损牙釉,并对口腔无刺激作用。

牙膏的主要原料有下列六类物质。

(1)粉质摩擦剂　这是牙膏配方中的主体,目的是在刷牙时帮助牙刷清洁牙齿,去除污物和牙齿胶质薄膜的粘附物,防止新污物的形成。粉质摩擦剂一般是粉状固体,不可采用颗粒太粗、质地太硬的粉质,以免损伤牙釉。对于粉质的硬度、细度的形状均要加以选择。如果粉质硬于牙齿的结构,将对牙齿有磨损,软于牙齿的结构就不会磨损。常用的粉质摩擦剂有碳酸钙(重质比轻质的摩擦力强)、碳酸镁、磷酸三钙、磷酸氢钙、氢氧化铝等。

(2)表面活性剂　这是一种泡沫剂,有快速去污的效果。泡沫持久,有适当的稠度并使口腔有良好的感觉。它的作用是通过降低表面张力使污物悬浮而达到清洁作用。表面活性剂必须无毒、无刺激、无味,如月桂醇硫酸钠($C_{12}H_{25}OSO_3Na$)、月桂酰甲胺乙酸钠、月桂醇磺乙酸钠及 $ROCOCH_2SO_3Na$ 等。

(3)胶合剂　目的在于胶合膏体中的原料,使其有一种适宜的稠度,易于从牙膏管中挤出成型。如海藻酸钠、羧甲基纤维素钠($C_6H_9O_4 \cdot OCH_2 \cdot COONa)_n$、黄树胶粉等。

(4)保温剂　牙膏中加入保温剂的目的在于使膏体保持一定的水分、粘度和光滑程度,使牙膏管的盖子未盖也不致干燥发硬而挤不出。用作牙膏的保湿剂有甘油、山梨醇、丙二醇等。

(5)香精和染料　牙膏的香精,香气以水果香型、留兰香型为主,其他有薄荷、茴香、豆蔻等香型。药物牙膏加入适量香精和染料,能遮盖一部分药物的气味和颜色。香气是牙膏品质的重要因素之一。

(6)特殊加入物、甜味剂、防腐剂

配方举例(%):

甘油	30.0
羧甲基纤维素钠(中粘度至高粘度)	1.2

月桂醇硫酸钠	2.0
月桂醇单甘油脂磺酸钠	1.0
焦磷酸钙	40.0
水	22.4
糖精	0.2
香精	1.2
防腐剂	适量
硅酸镁铝	2

药物牙膏可以防治牙病,增进口腔卫生,达到健康目的。如含氟化合物的药物牙膏,对于牙齿的防龋作用,具有实际意义,还有水溶性叶绿素衍生物的药物牙膏。对于叶绿素牙膏的防龋作用,有人认为效果不够明显,但水溶性钠铜叶绿素对人体细胞组织的再生是有帮助的。

在牙膏中加入抗菌剂,可以杀灭或抑制口腔细菌。效果较好的药物牙膏,目前有反式 4-甲氨基环己烷 1-羧酸。

$$H_2NH_2C\!-\!\!\left\langle H \right\rangle\!\!-\!COOH$$

此酸易溶于水中,是一种有消炎作用的化合物。大多数情况下,一般药物几乎不能被口腔粘膜吸收,即使经相当长时间,吸收也较缓慢,这就是牙膏中药物有效成分不能发挥作用的原因。但 4-甲氨基己烷 1-羧酸有相当数量能被口腔粘膜吸收,而且在短时间内即可吸收。除具上述作用外,还能和牙膏中表面活性剂起互促效应,使它均匀地分散在口腔内,增强牙膏的清洁效果,对抑制口腔炎、出血性疾患、口臭的祛除也有效果。抽烟者的牙齿常被烟油污染,形成牙结石,使用含有 4-甲氨基环己烷 1-羧酸的牙膏,效果较好。4-甲氨基环己烷 1-羧酸的用量是 0.05%～1%。

8·7·2　牙粉类

牙粉的作用与牙膏相同,组成原料除不包括液体成分外,大体上也和牙膏相同,包括摩擦剂、洗涤剂、矫味剂和香精等。其中摩擦剂占比重较大,洁齿作用较为突出。制造过程简便、成本低廉为其优点,缺点是使用不方便,香气易消失。

配方举例(%):

碳酸钙	91.4
碳酸镁	7.0
糖精	0.05
香精	1.55

牙粉的生产方法比较简单,只须将粉料在具有带式搅拌器的拌粉机内拌和均匀。糖精可用少量水溶解后先与一部分粉料混合后加入。混合均匀后在 80 目的筛粉机上过筛,即可包装。

8·7·3 含漱水

含漱水的作用在于清洁口腔,掩盖口臭,并使口内留有清新舒适的感觉。

含漱水的主要组成是水和酒精,此外还有香精、甘油、杀菌剂、收敛剂、乳化剂等。

配方举例(%):

酒精	25.0
安息香酸	1.0
硼酸	3.0
香精	1.0
水	70.0

以上配方在使用时可稀释 10 倍。

含漱水的制造是先将香精和乳化剂等溶于酒精中,在不断搅拌下逐渐加入水溶性物质的水溶液,混合均匀后,冷到 5℃以下,存贮一周左右,即可过滤灌装。

9 农　　药

9·1　概　　述

9·1·1　农药在国民经济中的重要地位

农药是现代科学技术的产物,在保护农作物,防治病、虫、草害,消灭卫生害虫(苍蝇、蚊子等),改善人类生存环境,控制疾病,提供高质量农作物等方面均发挥着重要作用。

现今的农业生产已离不开农药的使用,它已成为植物免受病、虫、草害的有效保护手段之一。有人估计,如果没有农药,全世界因病、虫、草害造成粮食的严重损失可达 50% 左右。使用了农药可挽回损失约 15%,但仍有 35% 的农作物损失于病、虫、草害。

我国的农药工业是建国以后发展起来的。解放前,我国农药几乎全部依赖进口。建国初期,全国农药也仅有 3～4 个品种。经过 30 多年的努力,目前已形成较为完整的工业体系。农药产量不断增加,产品质量逐渐提高,新品种不断涌现。到 1984 年,全国农药生产品种有 80 余个,年产量近 20 万吨(以 100% 有效成分计),使我国农业主要病、虫和杂草的危害得到有效的控制。据统计,我国每年发生病虫害的面积为 22～24 亿亩次,化学农药的防治面积可达 18～20 亿亩次,挽回粮食约 1500 多万吨,棉花 30 多万吨,相当于 300 多万吨化肥增产的粮食,可供 6 千万人口一年的口粮。由此可见,农药对粮食增产起着极为重要的作用。一般来说,每使用一元钱的农药,可增加 2.5 元农产品收益。因此化学农药在农业生产中的地位已得到充分肯定。与此同时我国与世界上其他国家又淘汰了一批严重污染环境,对人、畜有害的农药,如滴滴涕、六六六等,均停止了生产和使用。

农药的应用面很广,除农业外,在林业、牧业、卫生防疫、粮食贮存、水果及蔬菜保鲜、调节农作物生长以及工业生产、国防建设等方面都有其特殊作用。

随着人们生活水平的提高,各种经济作物、饲料作物、中草药、花卉、食用菌等将会有新的发展,对农药也将会提出更多更高的要求。因此,可以说农药工业正处在一个新的发展时期,它的重要性将越来越被人们所认识。

9·1·2　农药的含义及其内容

所谓农药主要是指用来防治危害农作物的病菌、害虫和杂草的药剂。广义地说,除化肥以外,凡是可以用来提高和保护农业、林业、畜牧业、渔业生产及环境卫生的化学药品,都叫做农药。20 世纪 40 年代,化学农药出现以前,农药是以植物性农药和无机农药为主,随着社会生产力和科学技术的发展,化学农药占了主要地位,并出现了生物农药和农用抗菌素以及生物化学农药。

农药可根据其用途、作用和成分不同进行分类。

1) 按农药用途分类

用来防治害虫的叫杀虫剂,它又可分防治螨类(如红蜘蛛)叫杀螨剂;防治线虫的叫杀线虫剂;防治病害的叫杀菌剂;能消灭杂草的叫除草剂等。其中有的农药,既可以杀虫,又可以灭菌。有的具有杀虫、灭菌和除草等多种作用。因此,农药在分类时,一般以它的主要用途为主。

2) 按农药组成分类

(1) 化学农药　有机氯、有机磷农药等。

(2) 植物性农药　除虫菊、硫酸烟碱等。

(3) 生物性农药

化学农药在农业生产中占有突出的地位,但近年来,人们对化学农药的毒性和残留问题提出了意见,除改良品种、改进使用方法以消除污染环境之外,对发展微生物农药产生了很大兴趣并寄予希望。微生物农药的特点是选择性强，后患较小，故受到人们的欢迎。但就目前发展情况看，还远远不能适应农业生产的需要。因此，化学合成农药仍将被大量使用。

9·2　杀虫剂

杀虫剂是指能直接把有害昆虫杀死的药剂。在农药生产上杀虫剂产量最大，用途最广。

9·2·1　杀虫剂的分类

9·2·1·1　按药剂进入昆虫体的途径分类

（1）触杀剂　药剂接触到虫体以后，能穿透表皮，进入虫体内，使其中毒死亡。

（2）胃毒剂　药剂被害虫吃进体内，通过肠胃的吸收而中毒死亡。

（3）熏蒸剂　药剂气化后，通过害虫的呼吸道，如气孔、气管等进入体内，而中毒死亡。

（4）内吸剂　有些药剂能被植物根、茎、叶或种子吸收，在植物体内传导，分布到全身。当害虫侵害农作物时，即能中毒死亡。

9·2·1·2　按组成或来源分类

1）天然杀虫剂

（1）植物杀虫剂　某些植物的根或花中含有杀虫活性的物质，将其提取并加工成一定剂型，用作杀虫剂。如除虫菊酯、鱼藤根酮等。

（2）矿物性杀虫剂　石油、煤焦油等的蒸馏产物对害虫具有窒息作用，能起到杀虫的效果。

2）无机杀虫剂

无机化合物如砒霜、砷酸铝、氟硅酸钠等均具有杀虫的效果。

3）有机杀虫剂

合成的有机化合物具有杀虫作用的称有机杀虫剂。根据化合物的结构特征可分为：

(1) 有机氯杀虫剂　如氯丹、三氯杀螨砜等。

(2) 有机磷杀虫剂　如敌敌畏、乐果等。

(3) 有机氮杀虫剂　如西维因、速灭威、杀虫脒等。

4) 其他杀虫剂

生物化学农药等。

9·2·2　有机氯杀虫剂

在有机化合物分子中只含有碳、氢、氧和氯元素的称为有机氯化合物。具有杀虫能力的多氯烃衍生物叫做有机氯杀虫剂。

有机氯化合物用作杀虫剂是从 30 年代开始的，由于这类制剂对许多昆虫都有效，制造方便，价格便宜，宜大量生产，加上它对人、畜口服毒性较小，因此很快得到发展。在防治害虫上起了重要作用。但在长期使用过程中发现许多昆虫产生了抗性，又由于这类药物不易分解，在作物上、土壤里能残留很久，严重污染环境，破坏了生态系的自然平衡，造成人、畜体内的大量积累，威胁人类键康。为此世界上一些发达国家先后对残毒严重的有机氯杀虫剂，如六六六、滴滴涕等加以禁止或限制使用。我国在农药产量中，有机氯杀虫剂一直占首位，六六六、滴滴涕的产量都很大，但为了保证人民的健康，从 1983 年起，我国也正式停止生产。迅速发展其他新品种，以满足农业生产的需要。

有机氯杀虫剂产品举例如下。

1) 氯丹

氯丹化学名为氯化茚（又名八氯茚），其结构式如下所示。

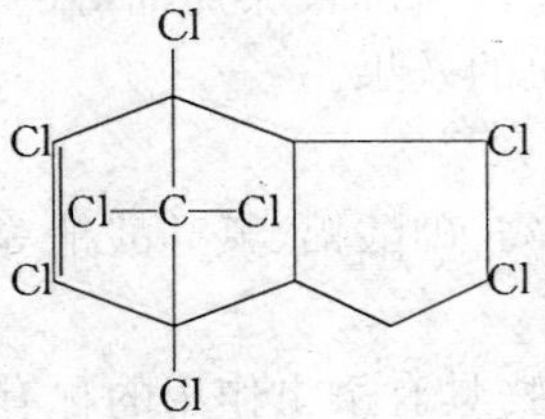

工业品氯丹是一个复杂的混合物,呈深褐色粘稠物,有一种臭味。毒性比滴滴涕小,白鼠口服急性致死中量 LD_{50} 为 570 毫克/千克。它对害虫有强烈的触杀、胃毒作用。

氯丹对各种害虫均有防治效力,尤其适用于地下害虫,能杀死红蜘蛛。

合成路线:

(1) 环戊二烯用氯气分段氯化,制得六氯环戊二烯。

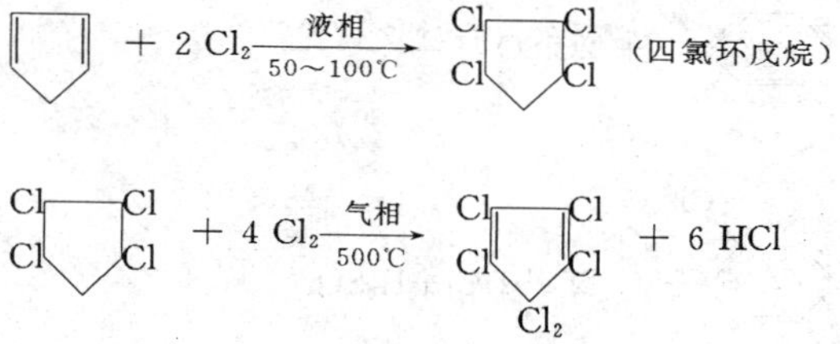

(2) 六氯环戊二烯和环戊二烯混在一起,自动放热而互相结合成为氯啶,然后再在四氯化碳溶液中通入氯气,氯化成为氯丹原油,含量一般为 $75\% \sim 76\%$。

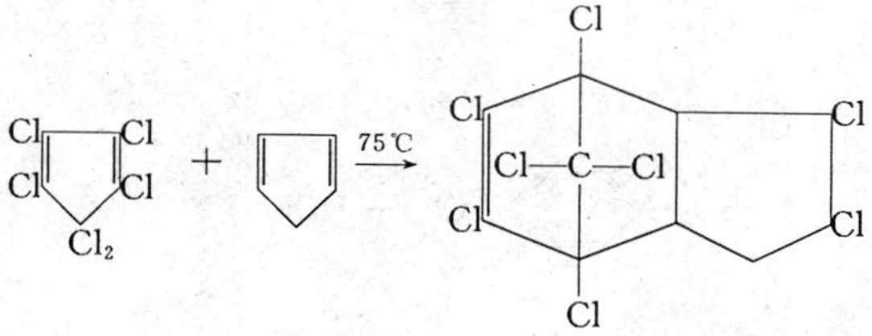

加工剂型有粉剂、可湿性粉剂、乳剂、乳膏、油剂和颗粒剂。

2) 三氯杀螨砜

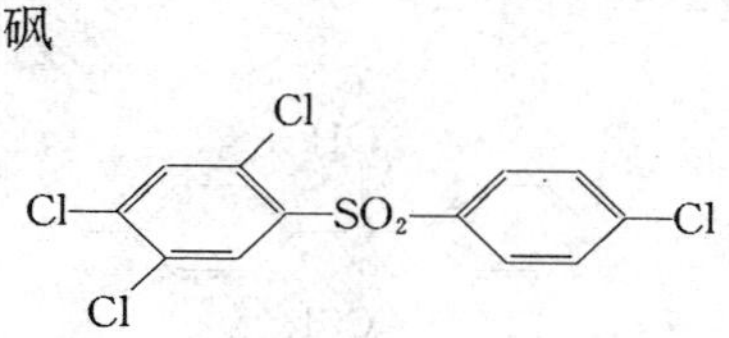

2,4,5,4′-四氯二苯基砜

三氯杀螨砜对幼螨及螨卵有防治效力，对有机磷产生抗性的螨类有效，但对成螨无效。

三氯杀螨砜的毒性很小，白鼠口服急性致死中量 LD_{50} 为 5000 毫克/千克。适用于棉花和果树，对作物无药害，是一个高效低毒的杀螨剂。

合成路线：

（1）三氯苯用氯磺酸进行氯磺化，得三氯苯磺酰氯。

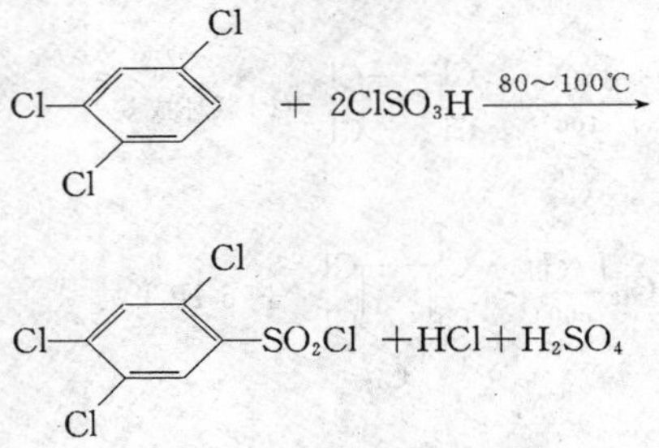
Cl
Cl
Cl
+ 2ClSO₃H
80～100℃
Cl
Cl
SO₂Cl
Cl
+HCl+H₂SO₄

（2）三氯苯磺酰氯和氯苯缩合即得到三氯杀螨砜。

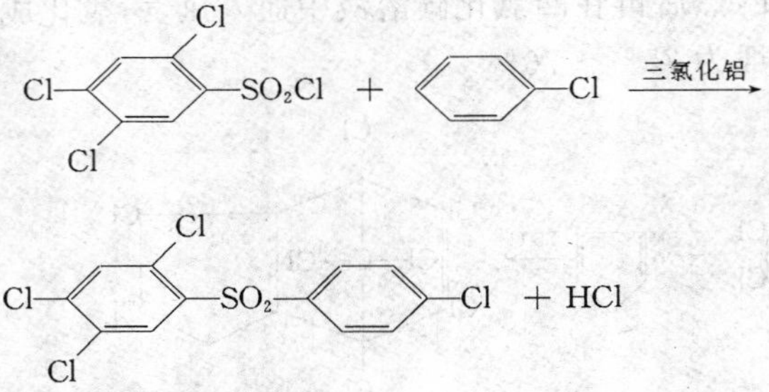
Cl
Cl
SO₂Cl
Cl
+
Cl
三氯化铝
Cl
Cl
SO₂
Cl
Cl
+ HCl

加工剂型有乳剂、粉剂、可湿性粉剂。

3）三氯杀螨醇

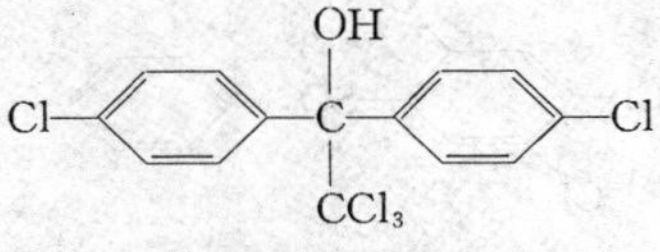
OH
Cl
C
Cl
CCl₃

1-(4,4′-二氯二苯基)-2-三氯乙醇三氯杀螨醇又名"开乐散",是一个结构近似于滴滴涕的产品,性质与滴滴涕也相似,不溶于水,也不易挥发,但生物活性却大不一样。三氯杀螨醇不杀虫,专杀螨类。在棉花、果树上使用,杀螨效率很高,不但能杀死卵还能杀死成螨。并具有速效、残效期长、不伤害天敌等优点。三氯杀螨醇的毒性比滴滴涕低,白鼠口服急性致死中量 LD_{50} 为 $684\sim809$ 毫升/千克。在动物体内不积累。

合成路线:

以滴滴涕为原料来制取三氯杀螨醇,原料比较方便,工艺也较简单,只需氯化和水解即可。

加工剂型有乳剂、可湿性粉剂。

9·2·3 有机磷杀虫剂

含磷有机化合物具有杀虫效能的制剂叫做有机磷杀虫剂。

20 世纪 30 年代在实验室发现有机磷化合物的生物活性,50 年代有机磷杀虫剂在工业上崭露头角,60 年代得到了迅速发展。全世界合成了数以万计的有机磷化合物,并进行了杀虫剂活性的广泛筛选。到目前为止,已有 50 多个可供使用的优良的有机磷杀虫剂品种。

我国从 1956 年开始生产有机磷杀虫剂,现已投产的有十几个品种,为我国农业丰收作出了重要贡献。

有机磷杀虫剂发展如此迅速,是因为它具有一系列特点。

（1）品种多 有机磷杀虫剂从化学结构上看,主要是磷酸酯衍生物。这类化合物的分子,可以改变的基团较多,因此只要变换基团即可合成出一系列化合物,并从中筛选出有效的杀虫剂品种。品种多,性能广泛,就能满足农、林、牧各方面的要求。品种多,用药的选择性大,在防治害虫时可以经常更换品种,避免害虫的抗药性。

（2）药效高 有机磷杀虫剂是药效最高的一种杀虫剂。

（3）作用方式好 大多数有机磷杀虫剂具有内吸作用,对害虫的杀伤力较强。

（4）无积累中毒 有机磷杀虫剂容易被植物体所分解,而且分解产物又是植物本身生长所需的肥料。因此有机磷农药施药后在植物、土壤中不会有积累中毒现象产生。

在有机磷杀虫剂的研究和应用中,发现有的有机磷杀虫剂还兼有杀菌作用,有的除杀虫外还能除草,因此对有机磷杀菌剂和有机磷除草剂的研究也是很有意义的。

9·2·3·1 有机磷杀虫剂的作用机理

有机磷杀虫剂对昆虫和哺乳动物的毒效作用,经研究发现主要是有机磷杀虫剂能抑制虫体内的胆碱酯酶。胆碱酯酶的正常生理作用是使乙酰胆碱水解。

$$CH_3-\overset{\overset{\displaystyle O}{\|}}{C}-O-CH_2CH_2-\overset{+}{N}(CH_3)_3 \ + \ H-OH$$

$$\underset{OH^-}{}$$

（乙酰胆碱）

$$\xrightarrow{\text{酶}} CH_3-\overset{\overset{\displaystyle O}{\|}}{C}-OH \ +HOCH_2CH_2-\overset{+}{N}(CH_3)_3OH^-$$

（胆碱）

（1）乙酰胆碱的生理作用 神经与神经、神经与肌肉之间是存在一个小的间隙而连接起来的。当神经冲动传达到连接部位时,它不能直接通过,此时在连接处会产生一种物质,这种物质就是乙酰胆碱,乙酰胆碱把神经冲动传递下去。但传递后乙酰胆碱必须立即消失,否则乙酰胆碱在连接部位会集积起来而造成过量刺激,引起肌肉收缩、麻痹、窒息,最后引起死亡。在正常的生理过程中,当乙酰胆碱传递了神经冲动之后,由于胆碱酯酶的存在,能及时使乙酰胆碱水解,不至于造成积累而引起死亡。使用有机磷杀虫剂后,胆碱酯酶被抑制,失去了胆碱酯酶的功能,引起乙酰胆碱的积集,起到把害虫杀死的作用。

（2）胆碱酯酶　酶是构成机体细胞与组织成分的一种特殊蛋白质。胆碱酯酶就是使胆碱酯水解的酶。胆碱酯酶的结构很复杂,现在还在研究中,现在只知道它的活性中心由两部分组成:一部分为阴离子部位;另一部分为酯动部位。有机磷杀虫剂和胆碱酯酶作用时,是与酯动部位发生作用。杀虫剂的磷原子和酶的酯动部位发生作用先生成中间复合物,而后分解生成磷酰酶,其反应如下:

$$
EH + \underset{RO}{\overset{RO}{>}}P\underset{X}{\overset{O}{<}} \rightleftharpoons EH \cdot \underset{RO}{\overset{RO}{>}}P\underset{X}{\overset{O}{<}}
$$

（胆碱酯酶）

$$
\longrightarrow E{-}\overset{\overset{O}{\|}}{\underset{\underset{OR}{|}}{P}}{-}OR \ + \ HX
$$

磷酰酶水解生成酶和无毒的磷酸酯类,被抑制的酶得到复活。

$$
E{-}\overset{\overset{O}{\|}}{\underset{\underset{OR}{|}}{P}}{-}OR \ + HOH \longrightarrow EH + HOP(O)(OR)_2
$$

如果磷酰酶的水解速度很快,那么酶很快就能复活,酶不能被抑制。但是这个水解反应进行得很慢,即磷酰酶比较稳定,因此可使害虫中毒而死。

9·2·3·2 有机磷杀虫剂的结构和生物活性的关系

有机磷杀虫剂可用下列通式表示：

$$\begin{array}{c} RO \\ \diagdown \\ RO \diagup \end{array} P \begin{array}{c} O(S) \\ \diagup \\ \diagdown \\ X \end{array}$$

各种取代基的变化对生物活性的影响：

1）R 基团的变化

R 基供电性越小，越容易进行磷酰化反应，磷酰化的顺序为：

甲基＞乙基＞异丙基

而磷酰酶的稳定性却和磷酰化反应顺序相反，

异丙基＞乙基＞甲基

我们希望磷酰化反应能力要强，可以迅速抑制胆碱酯酶，又要求生成的磷酰酶相对稳定，保持毒性，因此乙基是最适宜的。现在大多数有机磷杀虫剂为乙基或甲基。但对高等动物而言甲氧基的毒性小于乙氧基。把烷氧基换成胺基或烷硫基时，由于它们的供电性较强，不易发生磷酰化反应，生物活性有所下降。

2）X 基团的变化

X 基比 OR 基吸电性强，由于 X 基的存在，有机磷杀虫剂更容易和胆碱酯酶发生磷酰化反应，反应时 P—X 键断裂，X 被酶分子取代，生成磷酰酶，X 基的吸电子性越强，抑制胆碱酯酶的能力越强。

3） P=S 和 P=O 结构的影响

氧的电负性大于硫，因此 P=O 抗胆碱酯酶的活性比 P=S 强。含有 P=S 键的化合物在生物体内容易转变为 P=O 键化合物，显示出较强的毒性。直接合成 P=O 化合物，对哺乳动物的毒性较高，人、畜容易中毒。而 P=S 结构化合物，进入哺乳动物体内氧化成 P=O 化合物需要一定时间，给哺乳动物体内的解毒系统留有解毒的时间，使其毒性减小或消失，而在昆虫体内的解毒作用进行很慢。因此 P=S 键是高效低毒农药的一个重要结构。

9·2·3·3 有机磷杀虫剂产品举例

有机磷杀虫剂品种很多,下面就我国生产的主要品种作些介绍。

1) 敌百虫

敌百虫的结构如下:

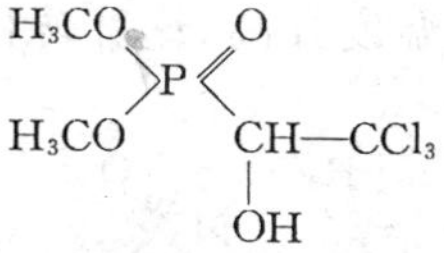

O,O-二甲基-(2,2,2-三氯-1-羟基)乙基膦酸酯

它是有机磷杀虫剂中较重要的一个品种,以其低毒、高效、使用范围广而著称。

敌百虫是一种广谱性杀虫剂,它虽然也有触杀作用,但主要是胃毒作用。所以对于嘴嚼口器的害虫杀伤作用最为突出。除对蔬菜、果树、松林多种害虫有良好防治效果外,对防治苍蝇、蟑螂、臭虫等卫生害虫也有效。

敌百虫对高等动物的毒性较低,大白鼠口服急性致死剂量 LD_{50} 为 560~630 毫克/千克。它对温血动物的毒性也很小,因此可以把它加到饲料中去,杀死牛、马、羊、猪等动物的肠胃寄生虫。

敌百虫的性质:纯净的敌百虫是白色晶体粉末,具有令人愉快的气味。工业品为白色或淡黄色固体,含有少量油状杂质。纯品熔点 83~84℃,沸点 96℃/10.66Pa(0.08mmHg)。在水中溶解度大,易溶于苯、醇、氯仿等有机溶剂中,但在石油类溶剂中溶解度较小。

敌百虫在中性溶液中是稳定的,在弱酸性溶液中会水解,脱去一个甲基,生成无毒的去甲基敌百虫。

$$\begin{array}{c}\text{H}_3\text{CO} \\ \text{H}_3\text{CO}\end{array}\text{P}\overset{\text{O}}{\diagup}\text{CH}\!-\!\text{CCl}_3 \xrightarrow{\text{HOH}} \begin{array}{c}\text{H}_3\text{CO} \\ \text{HO}\end{array}\text{P}\overset{\text{O}}{\diagup}\text{CH}\!-\!\text{CCl}_3$$
$$\underset{\text{OH}}{} \qquad\qquad\qquad\qquad \underset{\text{OH}}{}$$

$$+\ \text{CH}_3\text{OH}$$

此反应在 pH＝5 时就可以发生,当 pH＞5.5 时,逐渐转化为敌敌畏,随着碱性增强,温度升高,这种转化就加快。

$$\begin{array}{c}\text{H}_3\text{CO} \\ \text{H}_3\text{CO}\end{array}\text{P}\overset{\text{O}}{\diagup}\text{CH}\!-\!\text{CCl}_3 \longrightarrow \begin{array}{c}\text{H}_3\text{CO} \\ \text{H}_3\text{CO}\end{array}\text{P}\overset{\text{O}}{\diagup}\text{OCH}\!=\!\text{CCl}_2 \quad +\text{HCl}$$
$$\underset{\text{OH}}{}$$

这个反应是根据敌百虫制备敌敌畏的化学原理。

合成路线:

亚磷酸二甲酯和三氯乙醛进行加成反应即生成敌百虫。

$$\begin{array}{c}\text{H}_3\text{CO} \\ \text{H}_3\text{CO}\end{array}\text{P}\overset{\text{O}}{\diagdown}\text{H} \quad + \quad \text{H}\!-\!\overset{\overset{\text{O}}{\|}}{\text{C}}\!-\!\text{CCl}_3$$

$$\xrightarrow{95\sim100\,\text{℃}} \begin{array}{c}\text{H}_3\text{CO} \\ \text{H}_3\text{CO}\end{array}\text{P}\overset{\text{O}}{\diagup}\text{CH}\!-\!\text{CCl}_3$$
$$\underset{\text{OH}}{}$$

在实际生产中,三氯化磷和甲醇反应,先生成亚磷酸二甲酯

$$\text{PCl}_3+3\text{CH}_3\text{OH} \longrightarrow \begin{array}{c}\text{H}_3\text{CO} \\ \text{H}_3\text{CO}\end{array}\text{P}\overset{\text{O}}{\diagdown}\text{H} \quad +\text{HCl}+\text{CH}_3\text{Cl}\uparrow$$

反应中生成的副产物盐酸和氯甲烷,都是重要的化工原料。

上述方法称为二步法。在工业生产上另外也可采用一步法反应，即把上述原料(三氯化磷、甲醇、三氯乙醛)放在一个反应锅内，在减压下经过混合、酯化、脱酸、缩合和脱醛五步，合成了敌百虫。此法制造简单，产品收率高，我国均采用此法生产。

加工剂型有粉剂、可湿性粉剂、乳剂、液剂、颗粒剂、毒饵剂等。

2）敌敌畏

敌敌畏的化学结构如下：

$$\begin{matrix} H_3CO \\ \\ H_3CO \end{matrix} \bigg\rangle P \bigg\langle \begin{matrix} O \\ \\ OCH=CCl_2 \end{matrix}$$

O,O-二甲基-O-(2,2-二氯乙烯基)磷酸酯

敌敌畏是一种广谱性有机磷杀虫剂，具有速效、低毒、低残毒、无臭味等优点。1960 年日本和联邦德国开始生产，我国于 1962 年投入生产。

敌敌畏的性质：敌敌畏是油状液体，纯度越高，颜色越浅。沸点 $84℃/33.32Pa(1mmHg)$，易挥发，挥发度在 20℃时 145 毫克/米³。敌敌畏在水中溶解度只有 1%，和许多有机溶剂可以混合。敌敌畏的水解速度很快，在碱存在下，温度为 100℃时，经 1 小时可以完全水解，常温下一天即能完全水解。在酸性溶液中比较稳定。

$$\begin{matrix} H_3CO \\ \\ H_3CO \end{matrix} \bigg\rangle P \bigg\langle \begin{matrix} O \\ \\ OCH=CCl_2 \end{matrix} \quad + \ H_2O \ \xrightarrow{NaOH}$$

$$\begin{matrix} H_3CO \\ \\ H_3CO \end{matrix} \bigg\rangle P \bigg\langle \begin{matrix} O \\ \\ OH \end{matrix} \quad + \ CHCl_2CHO$$

所以敌敌畏成品中水分含量应小于千分之一。

敌敌畏在作物上喷洒后，因易挥发和水解，残效很短。一般经 2~3 天，即失去药效，同时在作物上没有残留毒性。

敌敌畏的毒性比敌百虫高 10 倍,它有胃毒、触杀和熏蒸作用。在空气中允许的最高浓度为 1 毫克/米³。对人、畜和温血动物毒性比较低。

由于敌敌畏具有很多优点,所以它的使用范围非常广泛。能防治嘴嚼口器害虫和刺吸口器害虫。可用于棉花、果树、蔬菜、烟草、茶叶、桑树等作物防治蚜虫、红蜘蛛、棉花红铃虫、苹果卷叶蛾、粘虫、菜青虫、菜螟等。还可用于粮库熏蒸杀虫。用它防治卫生害虫有特效。因此把它洒在家庭、宿舍、食堂、会议室以及飞机、轮船等公共场所都有极好的效果,而且没有不愉快的气味和残留痕迹。

合成路线:

敌敌畏的工业合成有两条路线。

(1)以敌百虫为原料,脱去氯化氢,再经分子重排,成为敌敌畏,此法又称为脱氯化氢法。

$$H_3CO \atop H_3CO \!\!\!\diagdown\!\! P \!\!\diagup\!\! {O \atop CH\!-\!CCl_3} \ \ \underset{\big|}{OH} \xrightarrow{\text{NaOH}} \ \ {H_3CO \atop H_3CO}\!\!\!\diagdown\!\! P\!\!\diagup\!\! {O \atop OCH\!=\!CCl_2}$$

$$+ \ NaCl \ + \ H_2O$$

由于敌百虫可以廉价得到,该方法在我国被普遍采用。加上采用此法多年以来,技术不断革新,产品的纯度和收率都已达到较高水平,工艺比较成熟。

(2)由亚磷酸三甲酯和三氯乙醛直接合成,称为直接法。

$$(CH_3O)_3P + Cl_3C\!-\!CHO \longrightarrow {H_3CO \atop H_3CO}\!\!\!\diagdown\!\! P\!\!\diagup\!\! {O \atop OCH\!=\!CCl_2} + CH_3Cl$$

该反应是放热反应,收率较高,可以直接得到纯度高、不含水的产品,并具有工艺流程短、设备少、操作人员少等优点。但由于原料亚磷酸三甲酯的质量不稳定和价格较贵等原因,此法尚未被广泛采用。

加工剂型有原油、乳剂(50%和80%)、油剂、气雾剂、熏蒸片、胶囊包层剂、颗粒剂等。

3）对硫磷和甲基对硫磷

对硫磷和甲基对硫磷的结构如下：

对硫磷
O,O'-二乙基-O-(对硝基苯基)硫代磷酸酯

甲基对硫磷
O,O'-二甲基-O-(对硝基苯基)硫代磷酸酯

对硫磷也叫1605。它是一种油状液体,工业品带黄或棕黄色,并略带蒜臭味。它不溶于水,能溶于多种有机溶剂。

对硫磷在我国使用较久。在防治各种不同的昆虫和螨类方面倍受欢迎。其广效性极好,约有400余种害虫能用它进行有效地防治。

对硫磷属触杀、胃毒药剂。它能渗透进植物体内,而对植物无药害,残效期约一星期。

对硫磷的特点是毒性高。白鼠口服急性致死中量 LD_{50} 为 3.6～13毫克/千克。经皮毒性也很高,LD_{50} 为 21 毫克/千克,是一个高效高毒的杀虫剂,使用时必须注意安全。

对硫磷主要用于棉花、果树方面防治蚜虫、红蜘蛛等。用于水稻,防治水稻螟虫、叶蝉等,用于拌种,可防治地下害虫。

甲基对硫磷的杀虫作用和应用范围与对硫磷相同,但毒性比对硫磷低。速效性比对硫磷强,而残效期短,一般为 2 天左右。

甲基对硫磷在工业生产中容易发生爆炸,必须严格控制,才能

避免。

合成路线：

对硫磷和甲基对硫磷工业生产的关键是中间体的合成。有很多不同的流程，正确选择合成路线是关键。下面介绍一条收率较高的合成路线。

$$(1)\ PSCl_3 + C_2H_5OH \longrightarrow\ C_2H_5O\overset{\displaystyle S}{\underset{\displaystyle \parallel}{-}}P-Cl_2\ +\ HCl$$

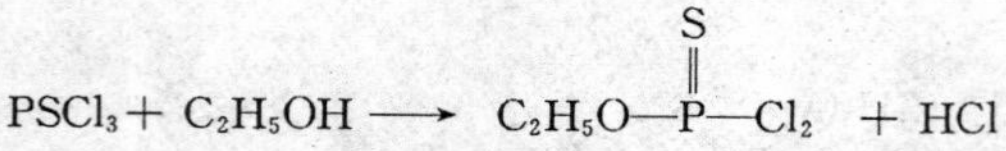

　　三氯硫磷　　　　　　　　　　乙基硫代磷酰二氯（二氯化物）

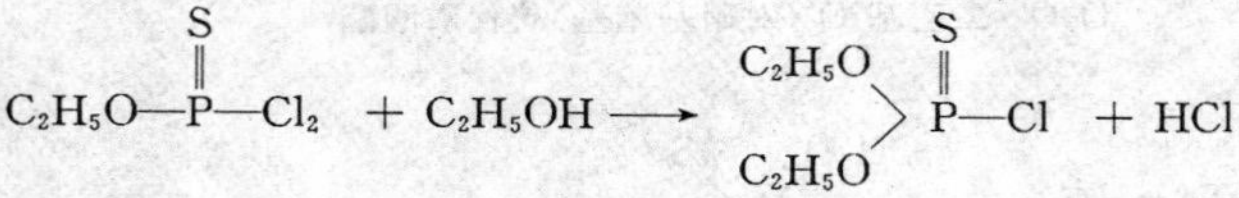

$$C_2H_5O\overset{\displaystyle S}{\underset{\displaystyle \parallel}{-}}P-Cl_2\ +\ C_2H_5OH \longrightarrow\ \begin{matrix} C_2H_5O \\ C_2H_5O \end{matrix}\!\!\!\!\diagdown\ \overset{\displaystyle S}{\underset{\displaystyle \parallel}{P}}-Cl\ +\ HCl$$

　　　　　　　　　　　　　　　二乙基硫代磷酰氯（氯化物）

上述反应必须在无水情况下才能提高收率。若将乙醇换成甲醇进行上述反应则得到甲基对硫磷的中间体，简称为甲基二氯化物和甲基氯化物。

$$(2)\ \begin{matrix} C_2H_5O \\ C_2H_5O \end{matrix}\!\!\!\!\diagdown\ \overset{\displaystyle S}{\underset{\displaystyle \parallel}{P}}-Cl\ +\ NaO-\!\!\!\left\langle\bigcirc\right\rangle\!\!\!-NO_2$$

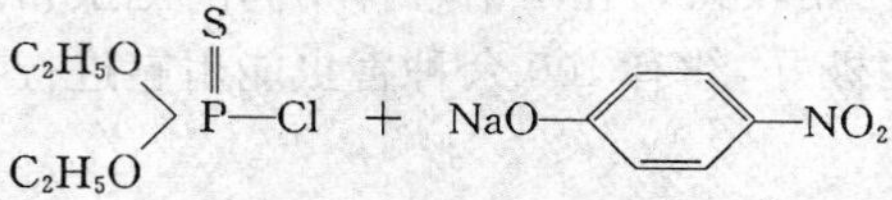

　　　　　　　　　　　　　　　　对硝基酚钠

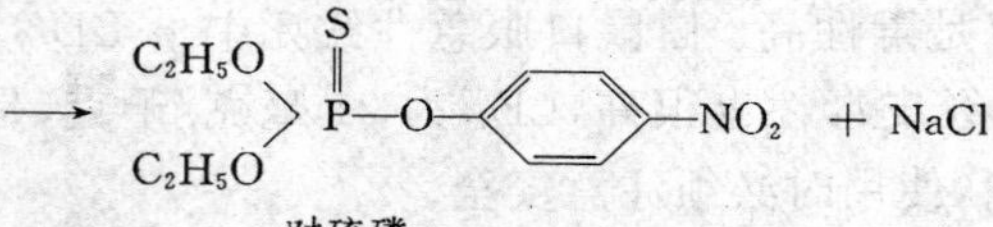

$$\longrightarrow\ \begin{matrix} C_2H_5O \\ C_2H_5O \end{matrix}\!\!\!\!\diagdown\ \overset{\displaystyle S}{\underset{\displaystyle \parallel}{P}}-O-\!\!\!\left\langle\bigcirc\right\rangle\!\!\!-NO_2\ +\ NaCl$$

　　　　　　　　　　对硫磷

$$\begin{matrix} C_2H_5O \\ C_2H_5O \end{matrix}\!\!\!\!\diagdown\ \overset{\displaystyle S}{\underset{\displaystyle \parallel}{P}}-Cl\ +\ NaO-\!\!\!\left\langle\bigcirc\right\rangle\!\!\!-NO_2$$

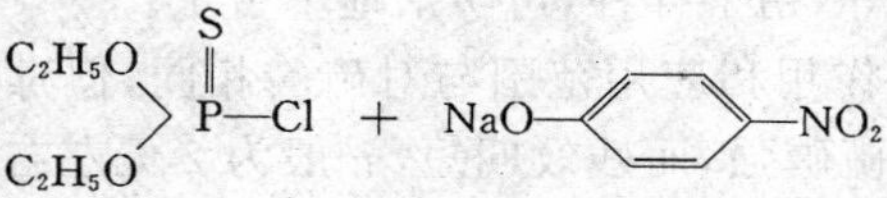

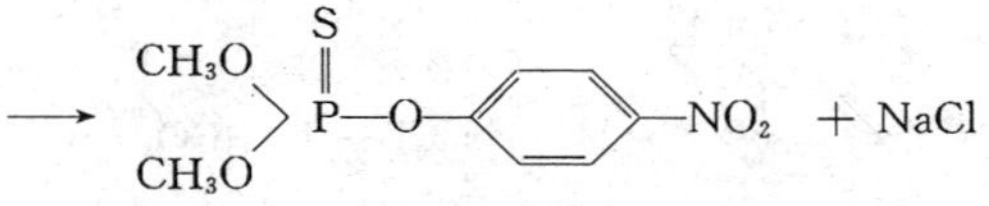

甲基对硫磷

这一步反应可用对硝基酚加纯碱代替对硝基酚钠。

加工剂型为粉剂、可湿性粉剂、45%与50%的乳剂、烟剂及各种混合剂。

4）杀螟松

杀螟松的化学结构如下：

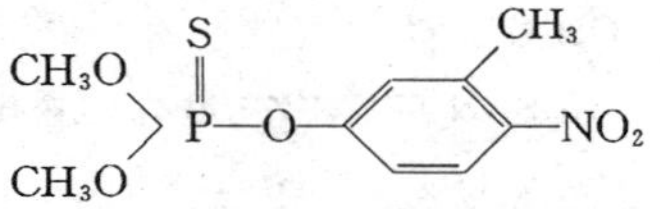

O,O′-二甲基-O-（3-甲基-4-硝基苯基)-硫代磷酸酯

它是浅黄色、不溶于水的油状液体，是一个高效、低毒、有较长残效期的、较为理想的杀虫剂。杀螟松白鼠口服急性致死中量 LD_{50} 为 250～430 毫克/千克。经皮毒性更小，生产和使用较为安全。

杀螟松是防治水稻螟虫的特效药，同时也具有广效性，对大豆、棉花、果树、茶树、蔬菜等多种害虫均有良好的防治效果。消灭苍蝇、蚊虫等卫生害虫，残效期可达 12 个星期以上。

杀螟松具有触杀和胃毒作用，对人畜毒性较低。

合成路线：

对硝基间甲酚和二甲基硫代磷酰氯缩合即可得到杀螟松。

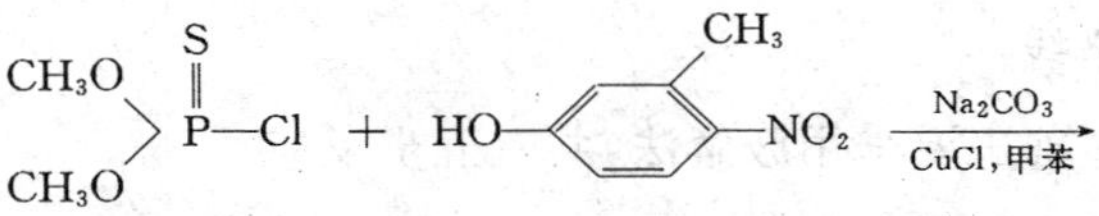

甲基氯化物

$$CH_3O \underset{CH_3O}{\overset{\displaystyle S}{\overset{\|}{>}}} P-O-\underset{}{\overset{CH_3}{\bigcirc}}-NO_2 \ + \ NaCl \ + \ NaHCO_3$$

加工剂型有乳剂（50％）、粉剂、可湿性粉剂。

5）乐果

乐果的化学结构如下：

$$CH_3O \underset{CH_3O}{\overset{\displaystyle S}{\overset{\|}{>}}} P-SCH_2CONHCH_3$$

O,O′-二甲基-S-(N-甲基氨基乙酰基)二硫代磷酸酯

它是一种高效、低毒、内吸性杀虫剂。在有机磷农药中和敌百虫并驾齐驱，是我国农药生产中吨位较大的产品之一。

乐果纯品是一种白色针状结晶，工业品是带黄棕色的油状液体，具有恶臭味。易溶于大多数有机溶剂，但在水中仅能溶解3％，挥发性很小，在酸性溶液中稳定，而在碱性溶液中则易迅速水解而失效。残效期短，在作物上药效仅能维持一星期左右。这对防治棉、麻等经济作物害虫是个缺点，但对蔬菜、果树等食用作物是个优点。没有残毒，不影响蔬菜和果实的质量。

乐果的应用极其广泛，除了由于气味关系茶树不能使用外，其他在棉花、果树、蔬菜、桑树以及其他大田作物上均可使用。主要杀蚜虫、螨虫、叶跳虫、水稻螟虫等多种害虫。

合成路线：

国内目前主要采用胺解法，共有五步反应。

（1）甲醇和五硫化二磷反应生成甲基硫化物

$$4CH_3OH + P_2S_5 \longrightarrow \underset{CH_3O}{\overset{CH_3O}{>}}\!\!P\!\!\overset{\displaystyle S}{\overset{\|}{-}}\!\!SH + H_2S\uparrow$$

甲基硫化物

（2）甲基硫化物用碱中和，生成钠盐：

$$\underset{CH_3O}{\overset{CH_3O}{>}}\!\!P\!\!\overset{\displaystyle S}{\overset{\|}{-}}\!\!SH + NaOH \longrightarrow \underset{CH_3O}{\overset{CH_3O}{>}}\!\!P\!\!\overset{\displaystyle S}{\overset{\|}{-}}\!\!SNa + H_2O$$

（3）氯乙酸和甲醇反应生成氯乙酸甲酯：

$$ClCH_2COOH + CH_3OH \longrightarrow ClCH_2COOCH_3 + H_2O$$

（4）甲基硫化物钠盐和氯乙酸甲酯反应生成 O,O′-二甲基-S-（乙酸甲酯)-二硫代磷酸酯：

$$\underset{CH_3O}{\overset{CH_3O}{>}}\!\!P\!\!\overset{\displaystyle S}{\overset{\|}{-}}\!\!SNa + ClCH_2COOCH_3$$

$$\longrightarrow \underset{CH_3O}{\overset{CH_3O}{>}}\!\!P\!\!\overset{\displaystyle S}{\overset{\|}{-}}\!\!SCH_2COOCH_3 + NaCl$$

（5）上述产物和甲胺进行胺解反应得乐果：

$$\underset{CH_3O}{\overset{CH_3O}{>}}\!\!P\!\!\overset{\displaystyle S}{\overset{\|}{-}}\!\!SCH_2COOCH_3 + NH_2CH_3$$

$$\longrightarrow \underset{CH_3O}{\overset{CH_3O}{>}}\!\!P\!\!\overset{\displaystyle S}{\overset{\|}{-}}\!\!SCH_2CONHCH_3 + CH_3OH$$

加工剂型有乳剂（40％,20％）、2％乐果粉剂、可湿性粉剂、颗粒剂等。

有机磷杀虫剂品种很多，表 9-1 所列产品可供参考。

表 9-1　重要有机磷杀虫剂

类型	名称	化学结构	化学名称	LD$_{50}$ (mg/kg)	防治对象
磷酸酯型	敌敌畏	CH$_3$O、CH$_3$O 与 P=O，OCH=CCl$_2$	O,O-二甲基-O-(2,2-二氯乙烯基)磷酸酯	98~136	广谱型，对卫生害虫特效
	二溴磷	CH$_3$O、CH$_3$O 与 P=O，OCHBrCCl$_2$Br	O,O-二甲基-O-(1,2-二溴-2,2-二氯乙烷基)磷酸酯	430	蚜虫，红蜘蛛，卷叶虫等
	久效磷	CH$_3$O、CH$_3$O 与 P=O，OCH=CHCONHCH$_3$，CH$_3$	O,O-二甲基-O-(β-甲基甲基氨基甲酰乙烯基)磷酸酯	16~21	棉蚜，红蜘蛛等
	灭蚜净	CH$_3$O、CH$_3$O 与 P=O，OCH=CHCOOC$_2$H$_5$，CH$_3$	O,O-二甲基-O-(β-甲基丙烯酸乙酯)乙烯基	10~12	抗性棉蚜，棉红蜘蛛等
	杀虫畏	CH$_3$O、CH$_3$O 与 P=O，OCH=CHCl，苯环上 Cl、Cl、Cl	O,O-二甲基-O[(2,4,5-三氯苯基)-2-氯乙烯基]磷酸酯	4000~5000	棉红蜘蛛，棉铃虫，水稻，螟虫，玉米螟虫，仓库害虫等

· 456 ·

类型	名称	化学结构	化学名称	LD$_{50}$ (mg/kg)	防治对象
酮磷酸脂型	对硫磷 (1605)	C_2H_5O、C_2H_5O—P(=S)—O—⟨苯环⟩—NO_2	O,O-二乙基-O-(对硝基苯基)硫代磷酸酯	6	棉蚜,棉红蜘蛛,果树蚜螨食心虫,地下害虫等
	甲基对硫磷	CH_3O、CH_3O—P(=S)—O—⟨苯环⟩—NO_2	O,O-二甲基-O-(对硝基苯基)-硫代磷酸酯	14～42	水稻螟虫,稻飞虱,叶蝉等
	杀螟松	CH_3O、CH_3O—P(=S)—O—⟨苯环,CH_3,NO_2⟩	O,O-二甲基-O-(3-甲基-4-硝基苯基)硫代磷酸酯		水稻螟虫,稻飞虱等
	辛硫磷 (倍倩松)	C_2H_5O、C_2H_5O—P(=S)—O—N=C(⟨苯环⟩)(CN)	O,O-二乙基-O-(α-肟基苯基乙腈)硫代磷酸酯	2000～2500	卫生害虫,土壤害虫,仓库害虫等
	倍硫磷	CH_3O、CH_3O—P(=S)—O—⟨苯环,SCH_3,CH_3⟩	O,O-二甲基-O-(3-甲基-4-甲硫基苯基)硫代磷酸酯	376	大豆食心虫,高粱蚜虫等
二硫代磷酸酯型	马拉硫磷	CH_3O、CH_3O—P(=S)—SCHCOOC$_2H_5$ / CH$_2$COOC$_2H_5$	O,O-二甲基-S-(1,2-二乙氧基羰基乙基)二硫代磷酸酯	1300	稻飞虱,蚜虫,叶蝉,红蜘蛛,仓库害虫等

类型	名称	化 学 结 构	化学名称	LD$_{50}$ (mg/kg)	防治对象
二硫代磷酸酯型	乐果	CH_3O, CH_3O—P(=S)—$SCH_2CONHCH_3$	O,O-二甲基-S-(N-甲基氨基乙酰基)二硫代磷酸酯	250	棉,麻作物害虫,蔬菜害虫等
	益果	CH_3O, CH_3O—P(=S)—$SCH_2CONHC_2H_5$	O,O-二甲基-S-(N-乙基氨基乙酰基)二硫代磷酸酯	125～168	蚜虫
	三硫磷	C_2H_5O, C_2H_5O—P(=S)—SCH_2S—C$_6$H$_4$—Cl	O,O-二乙基-S-(4-氯苯硫基甲基)二硫代磷酸酯	30	蚜虫,红蜘蛛等
	稻丰散	CH_3O, CH_3O—P(=S)—$SCHCOOC_2H_5$（苯基）	O,O-二甲基-S-(1-苯基-乙酸乙酯基)二硫代磷酸酯	198	水稻二化螟,三化螟等
硫醇型	氧乐果	CH_3O, CH_3O—P(=O)—$SCH_2CONHCH_3$	O,O-二甲基-S-(甲基甲酰胺)甲基硫醇磷酸酯	50	抗性蚜虫
	伏地松	CH_3O, CH_3O—P(=O)—S—C$_6$H$_4$—Cl	O,O-二甲基-S-对氯苯基硫醇磷酸酯	94	水稻三化螟,稻飞虱,叶蝉
酰胺型	甲胺磷	CH_3O, CH_3O—P(=O)—NH_2	O,S-二甲基硫代磷酰胺	189	抗性棉蚜,棉红蜘蛛

类型	名称	化　学　结　构	化学名称	LD$_{50}$ (mg/ kg)	防治对象
膦酸酯型	敌百虫	CH$_3$O　　O ＼／ P ／＼ CH$_3$O　　CHCCl$_3$ ｜ OH	O,O-二甲基- (2,2,2-三氯- 1-羟基)-乙基 膦酸酯	580	蔬菜,果树,茶,桑害虫及卫生害虫
	苯硫磷	C$_2$H$_5$O　　S ＼／ P ／＼ C$_2$H$_5$O　　O—◯—NO$_2$	O,O-二乙基- O-(对硝基苯基)硫代磷酸酯	36	螟虫

9·2·4　有机氮杀虫剂

有机氮杀虫剂中,首先发展起来并且投入生产的许多品种是氨基甲酸酯类。这类农药杀虫效果较好,作用迅速,有较强的选择性,在15℃以下效力也不变。可用于防治越冬幼虫。由于易分解消失,故对人、畜毒性较低,且在体内无积累中毒作用。

近年来,由于有机氯农药的残毒问题以及有机磷农药的抗性问题的出现,氨基甲酸酯类农药的地位显得更为重要,虽然它的杀虫范围不及有机氯和有机磷那么广泛,但在棉花、水稻、玉米、大豆、花生、果树、蔬菜等作物上都有一定的使用价值。

目前这类农药无论在化合物结构类型研究、品种开发、应用范围的开拓等方面,其速度都是相当快的。

9·2·4·1　结构与活性关系

甲酸酯分子中羧基碳原子上的氢被氨基取代的衍生物叫氨基甲酸酯。

$$H—\overset{\displaystyle O}{\overset{\|}{C}}—OR \longrightarrow H_2N—\overset{\displaystyle O}{\overset{\|}{C}}—OR$$

$$\text{R}'\text{HN}-\overset{\overset{\displaystyle O}{\|}}{\text{C}}-\text{OR} \qquad \underset{\underset{\displaystyle \text{R}'}{|}}{\overset{\overset{\displaystyle \text{R}'}{|}}{\text{N}}}-\overset{\overset{\displaystyle O}{\|}}{\text{C}}-\text{OR}$$

氨基甲酸酯的生物活性很早就引起人们的注意,但至今仍不够清楚。虽然有一定规律,但有些尚不能给予理论的解释。在合成工作中多少还带有一定的盲目性,有待进一步的研究和发展。

现就 N-烷基氨基甲酸取代苯酯为例,对其结构和生物活性关系进行论述。

通式:

$$\text{R}-\text{HN}-\overset{\overset{\displaystyle O}{\|}}{\text{C}}-\text{O}-\!\!\left\langle\!\!\!\bigcirc\!\!\!\right\rangle\!\!-\text{X}$$

(1) R 基的变化与活性的关系。

$$-\text{CH}_3 > -\text{C}_2\text{H}_5 > -\text{C}_3\text{H}_7 > -\text{CH}_2\text{C}_6\text{H}_5 > -\text{C}_6\text{H}_5$$

(2) X 基的变化与活性的关系

一般讲,X 基对水解越稳定,其活性就越强。例

$$\text{R}-, \text{RO}-, \text{RS}- > -\text{X} > -\text{NO}_2$$

但有一些实验结果,用上述规律难以解释。如当 X 为卤素时,

$$\text{I} > \text{Br} > \text{Cl} > \text{F}$$

取代位置是:邻位>间位>对位。X 为烷基时,异丙基和叔丁基活性最高,其他基团活性均降低,取代位置是间位>邻位和对位。当 X 为烷氧基时,也是异丙基和叔丁基活性最高,而取代位置是邻位>间位和对位。当 X 为烷硫基时,丁硫基活性最强,取代位置是邻位>间位>对位。

近年来报道的新型结构,如 N,N′-硫代双氨基甲酸酯、硫代二烷基氨基甲酸酯等,对氮原子上取代基作了改变,既改善了对哺乳动物的毒性,又不影响杀虫活性,在许多情况下,对害虫的生物活性有很大提高。

9·2·4·2 氨基甲酸酯杀虫剂的作用机制

氨基甲酸酯杀虫剂的杀虫作用与有机磷杀虫剂相同,都是对胆碱酯酶的抑制作用。但作用机制有所不同。有机磷杀虫剂是水解后抑制胆碱酯酶,而氨基甲酸酯是以它的分子和胆碱酯酶结合,形成分子化合物,水解后又恢复为氨基甲酸酯及活性酶。有机磷化合物水解速度大的,毒性较强,而氨基甲酸酯却与此相反,水解速度小的毒性更大。

9·2·4·3 氨基甲酸酯杀虫剂举例

1)西维因

N-甲基氨基甲酸-1-萘酯

西维因是氨基甲酸酯类杀虫剂的第一个品种,国外从 1959 年投入大规模生产,产量占这类农药的 70%~80%。

西维因为白色结晶固体,工业品含量大于 95%,熔点 142℃,微溶于水,易溶于有机溶剂,对光、热稳定。在酸性物质中较稳定,遇碱性物质易分解失效。

西维因是广效性杀虫剂,具有触杀、胃毒和微弱的内吸性。药效持久,对人、畜毒性低,白鼠口服急性致死中量 LD_{50} 为 560 毫克/千克。在体内无积累作用。

西维因的用途极为广泛。对棉、粮、果树、蔬菜等方面 150 多种害虫有很好的防治效果。特别对棉花上棉铃虫的防治效果更为突出,可代替滴滴涕在棉花上使用。

合成路线:

西维因的生产过程较简单,有两条合成路线。

(1)将甲萘酚和烧碱反应,制得萘酚钠,

然后与光气作用生成氯甲酸萘酯，

然后再与甲胺反应，使之转化为氨基甲酸酯，即西维因。

（2）高温法　甲胺和光气先反应生成异氰酸甲酯。

$$CH_3NH_2 + COCl_2 \longrightarrow CH_3NCO + 2HCl$$
异氰酸甲酯

然后把异氰酸甲酯和甲萘酚进行固相反应，生成西维因。

　　方法（1）设备简单，操作方便，成本低，适合一些地方小厂生产。而方法（2）有利于连续化生产，且设备少，产量大，但耗电量大，操作技术要求较高,但从长远考虑,方法(2)更有发展用途。

加工剂型:粉剂、25%和50%的可湿性粉剂。

2)杀螟丹

杀螟丹的化学结构如下:

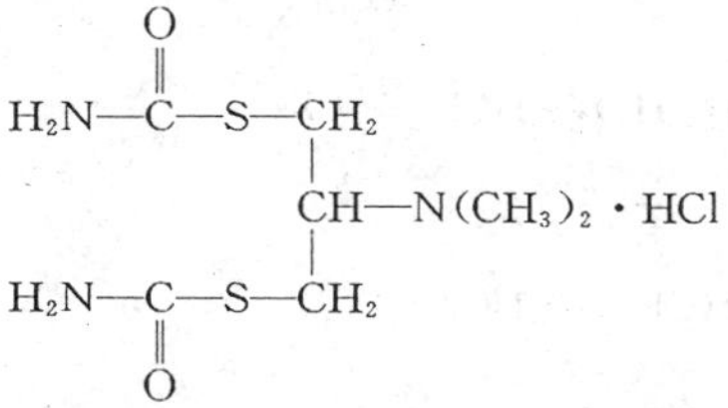

S,S'-〔2-(N,N-二甲胺基)丙撑〕-双-硫代氨基甲酸酯盐酸盐

纯品杀螟丹为白色柱状结晶,分解点 $183 \sim 185.5℃$,易溶于水,微溶于甲醇,难溶于乙醇,不溶于丙酮、乙醚、氯仿等有机溶剂。在酸性条件下比较稳定,遇碱不稳定。

杀螟丹具有内吸及触杀作用,并有较长的残效,杀虫力强,对二化螟虫有特效。对鳞翅目和鞘翅目有卓效。对蚜虫、棉花红蜘蛛、地下害虫等亦有明显的效果。

杀螟丹对小白鼠致死中量 LD_{50} 为 165 毫克/千克。对家蚕有剧毒,因此在桑园附近施药时,要注意风向,防止污染桑叶。

杀螟丹的杀虫机理和有机磷杀虫剂不同。它不能使胆碱酯酶的功能受到阻碍,乙酰胆碱仍正常地为胆碱酯酶所分解。但它能侵入神经细胞连接处,遮断一个细胞所分泌的乙酰胆碱传递给第二个神经细胞的作用。这样神经细胞不仅不发生正常兴奋,而且不能传递刺激第二个神经细胞,从而造成麻痹,引起死亡。

合成路线:

杀螟丹的合成反应步骤较多,而且中间产物均有多种合成方法,现就我国工业生产中采用的方法予以介绍。

(1)胺解或甲胺基化(工业上简称为甲基化)

$$CH_2{=}CH{-}CH_2Cl \ + \ HN(CH_3)_2 + \ NaOH \xrightarrow[CCl_4]{45^\circ C}$$

$$CH_2{=}CH{-}CH_2N(CH_3)_2 \ + \ NaCl \ + \ H_2O$$

（2）加成反应（包括盐酸化、氯化、中和三个反应）

$$CH_2{=}CHCH_2N(CH_3)_2 \ + \ HCl \xrightarrow[CCl_4]{0\sim10^\circ C} \ CH_2{=}CHCH_2N(CH_3)_2 \cdot HCl$$

$$CH_2{=}CHCH_2N(CH_3)_2 \cdot HCl \ + \ Cl_2 \xrightarrow[CCl_4]{10\sim20^\circ C}$$

$$\overset{\displaystyle Cl}{\underset{\displaystyle |}{C}}H_2{-}\overset{\displaystyle Cl}{\underset{\displaystyle |}{C}}HCH_2N(CH_3)_2 \cdot HCl$$

$$\overset{\displaystyle Cl}{\underset{\displaystyle |}{C}}H_2{-}\overset{\displaystyle Cl}{\underset{\displaystyle |}{C}}H{-}CH_2{-}N(CH_3)_2 \cdot HCl \ + \ NaOH \longrightarrow$$

$$\overset{\displaystyle Cl}{\underset{\displaystyle |}{C}}H_2{-}\overset{\displaystyle Cl}{\underset{\displaystyle |}{C}}H{-}CH_2N(CH_3)_2 \ + \ NaCl \ + \ H_2O$$

（3）硫代硫酸化

$$(CH_3)_2NCH\overset{\displaystyle Cl}{\underset{\displaystyle |}{C}}H{-}\overset{\displaystyle Cl}{\underset{\displaystyle |}{C}}H_2 \ + \ 2\,Na_2S_2O_3 \xrightarrow[68\sim72^\circ C]{75\%CH_3OH}$$

$$(CH_3)_2NCH(CH_2S_2O_3Na)_2 + \ 2\,NaCl$$

4）氰化

$$(CH_3)_2NCH(CH_2S_2O_3Na)_2 + \ 2\,NaCN \xrightarrow[H_2O]{8\sim12^\circ C}$$

$$(CH_3)_2NCH(CH_2SCN)_2$$

（5）水解

$$(CH_3)_2NCH(CH_2SCN)_2 + \ 2\,CH_3OH \ + \ 3\,HCl \xrightarrow{0\sim10^\circ C}$$

$$(CH_3)_2NCH(CH_2SCONH_2)_2 \cdot HCl \ + \ 2\,CH_3Cl$$

以上各步反应，杀螟丹的总收率达 45% 左右。

加工剂型：粉剂。

3）杀虫脒

杀虫脒的化学结构如下：

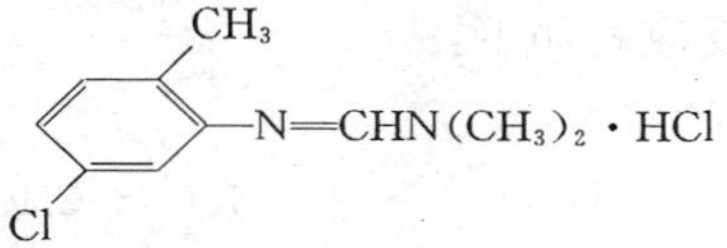

N(2-甲基-5-氯苯基)-N′,N′-二甲基甲脒盐酸盐

它于 1962 年首先由瑞士汽巴公司合成,商品名称 Galecron(中文音译为"家里灵"),它不仅具有强烈的杀死和抑制卵孵化的作用,而且对鳞翅目初龄幼虫有明显的拒食和驱避作用。它对二化螟虫的防治效果优于杀螟松。目前我国主要用于防治水稻二化螟、三化螟及水稻卷叶虫等。它的杀虫能力比六六六原粉强 10 倍,它是替代六六六的重要品种。

杀虫脒(盐酸盐)易溶于水,可直接配成水剂,便于使用。

合成路线：

合成杀虫脒的方法文献资料中介绍较多,其中有三个方法工业价值较大,其合成路线如下所示：

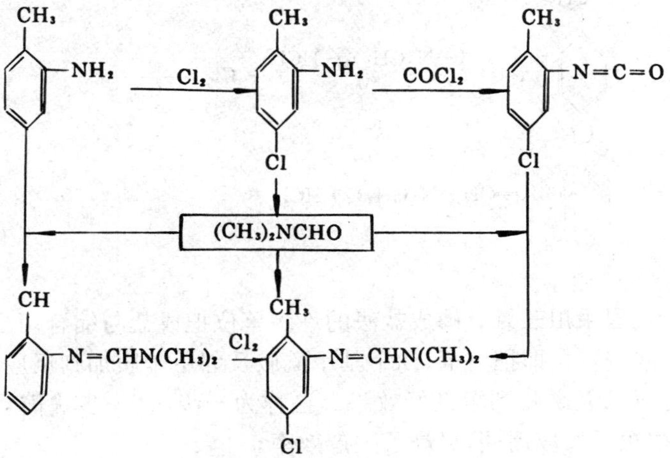

先氯化,再与二甲基甲酰胺作用的方法叫做先氯代法;先与二甲基酰胺作用再氯代的方法,叫做后氯代法;经过异氰酸酯的方法

称为异氰酸酯法。后氯代法反应步骤少，有利于连续化，目前国内均采用此法。其反应式如下：

（1）成盐反应

$$(CH_3)_2NCHO + COCl_2 \xrightarrow{<0℃} [(CH_3)_2\overset{+}{N}=CHCl]Cl^- + CO_2$$

或 $(CH_3)_2NCHO + POCl_3 \longrightarrow \{[(CH_3)_2\overset{+}{N}=CHO]_2POCl\}Cl_2^-$

$$(CH_3)_2NCHO + SOCl_2 \longrightarrow [(CH_3)_2\overset{+}{N}=CHO—SOCl]Cl^-$$

（2）缩合反应

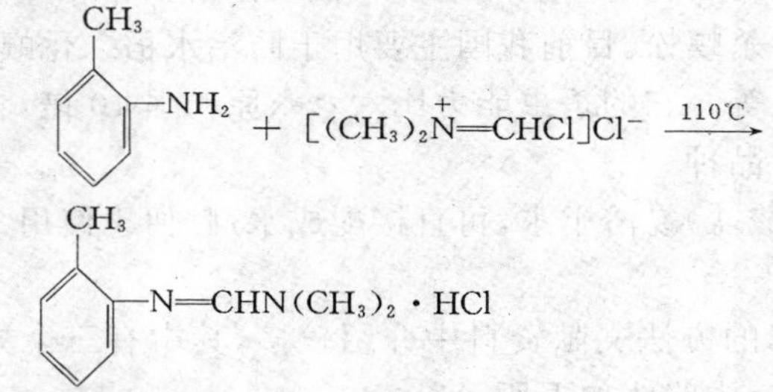

（3）氯化反应

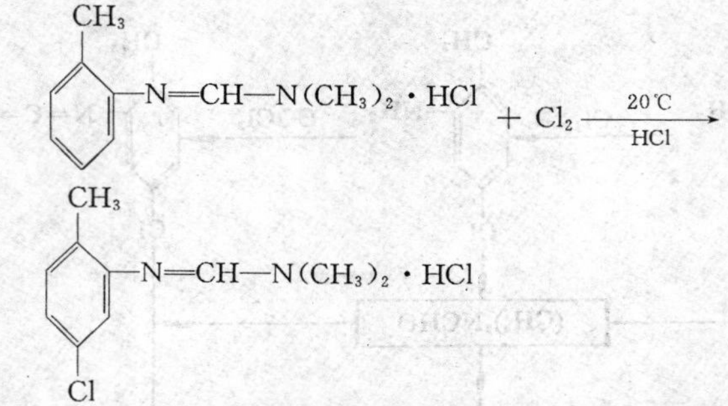

我国采用三氯氧磷成盐法的许多单位把成盐与缩合两步合并在一起进行。即把溶剂、二甲基甲酰胺及邻甲苯胺加到反应器中，滴加三氯氧磷收到了良好效果。这称为一步法，一步法简化了操作，缩短了反应周期，提高了生产效率。

加工剂型：粉剂。

表 9-2 为重要的氨基甲酸酯杀虫剂。

表 9-2　重要的氨基甲酸酯杀虫剂

名称	化学结构	化学名称	熔点(℃)	LD_{50} (mg/kg)	防治对象
西维因	OCONHCH₃（萘环）	N-甲基氨基甲酸-1-萘酯	142	265	稻象虫,棉花及果树害虫
速灭威	OCONHCH₃，CH₃	3-甲基苯-N-甲基氨基甲酸酯	76~77	268	稻象虫,苹果食心虫
灭杀威	OCONHCH₃，CH₃，CH₃	3,4-二甲基苯-N-甲基氨基甲酸酯	79~80	60	稻象,稻飞虱
叶蝉散	OCONHCH₃，CH(CH₃)₂	2-异丙基苯-N-甲基氨基甲酸酯	96~97	150	叶稻蝉,稻飞虱

（续表）

名称	化学结构	化学名称	熔点（℃）	LD₅₀(mg/kg)	防治对象
巴沙	OCONHCH₃ / CHCH₂CH₃ CH₃	2-仲丁基苯基-N-甲基氨基甲酸酯	23～30	340	稻象虫,稻飞虱
残杀威	OCONHCH₃ / OCH(CH₃)₂	2-异丙氧苯基-N-甲基氨基甲酸酯	91～92	100	稻象虫,棉花,果树,卫生害虫
除害威	OCONHCH₃ CH₃ H₃C N(CH₂CH—CH₂)₂	4-N,N-二丙烯胺基-3,5-二甲基苯-N-甲基氨基甲酸酯	68～69	48	稻象虫,果树害虫

名称	化学结构	化学名称	熔点(℃)	LD₅₀ (mg/kg)	防治对象
雪扑威	OCONHCH$_3$ 苯环带 Cl	2-氯苯基-N-甲基氨基甲酸酯	91~92	150	稻象虫
多杀威	OCONHCH$_3$ 苯环带 SC$_2$H$_5$	4-S-乙基苯-N-甲基氨基甲酸酯	83~84	109	果树害虫
抗蚜威	CH$_3$, CH$_3$, (CH$_3$)$_2$NOCO, N(CH$_3$)$_3$ 嘧啶环	2-N-二甲基-4,5-二甲基嘧啶-N-二甲基氨基甲酸酯	90	147	蚜虫

9·2·5　其他类型杀虫剂

大约在 15 世纪，人们发现除虫菊的花有杀虫作用。除虫菊属于菊科，是多年生宿根性草本植物，一般生长在靠赤道附近的高地上，除虫菊花中的杀虫成分，总称除虫菊酯，其化学结构为：

$$H_3C \\ \diagdown C=CH-CH-CH-C-O- ... -R'$$

除虫菊酯在除虫菊花中的含量一般为 $0.5\% \sim 3\%$，虽然除虫菊酯具有优良的药效，但除虫菊花受到土壤、气候等栽培条件的限制，供应量受到限制，而且花费劳力多，生产成本很高。于是很多国家先后进行了除虫菊酯的人工合成。在模拟天然除虫菊酯结构的基础上，合成了一系列化合物，选择其中药效好而结构又比较简单的品种作为工业产品。这些产品与天然除虫菊酯的结构类似，把它们统称为拟除虫菊酯。目前世界上已商品化的拟除虫菊酯有 10 多个品种，它们的结构通式为：

$$CH_3 \\ \diagdown C=CH-CH-CH-C-OR$$

R 不同，拟除虫菊杀虫剂的品种也不同，几个重要品种列于表 9-3。

拟除虫菊酯对害虫的击倒和杀伤作用，以及对人畜的安全方面，都可以与天然除虫菊酯相媲美，有的比天然除虫菊酯优越得多。

表 9-3　重要的拟除虫菊酯品种

名　　称	R　的　结　构
丙烯菊酯	H_3C—，CH—CH=CH_2 环戊烯酮结构
胺菊酯	—CH_2—N（邻苯二甲酰亚胺）
苯胺菊酯	—（苯基）—N（邻苯二甲酰亚胺）
苄呋菊酯	—CH_2—（呋喃环）—CH_2—（苯基）
苯氧苄菊酯	—CH_2—（苯基）—O—（苯基）

　　过去由于在农田里使用剧毒农药,造成残毒和污染环境,影响人体健康。因此世界各国都在寻找高效低毒的农药品种。除虫菊酯具有对人畜均无毒,而且大部分害虫对它不产生抗性,所以拟除虫菊酯类的研究更为引起人们的重视。

　　除虫菊酯对昆虫的作用方式,目前尚不十分清楚。一般认为它们抑制了昆虫神经的传导,首先引起运动神经麻痹,使之击倒,最后死亡。但在浓度较低时,被击倒的昆虫过一段时间又能恢复活力。因此需要击倒浓度的三倍量,才能使昆虫的死亡率和击倒率相同。这种从麻痹中恢复的作用是由于昆虫体内微粒氧化酶促使除虫菊酯解毒的结果。人们发现,有些物质能抑制这种酶的解毒作用。如果把这些物质加到除虫菊酯中能提高药效很多倍。这些物质本身无毒,但能提高杀虫剂的药效,故称为增效剂。除虫菊酯往往和增效剂或其他杀虫剂混配使用,以克服除虫菊酯使击倒的昆虫又苏醒的缺点。

我国已研制了几个品种,但因成本较高,主要用于防治卫生害虫,在农作物上使用还不具备条件。

胺菊酯合成:

胺菊酯是现有的拟除虫菊酯中击倒害虫能力最强的品种。它是通过菊酰氯和 N-羟甲基-3,4,5,6-四氢邻苯二甲酰亚胺酯化而成的。

1)菊酰氯的合成

(1)合成 2,5-二甲基己二烯

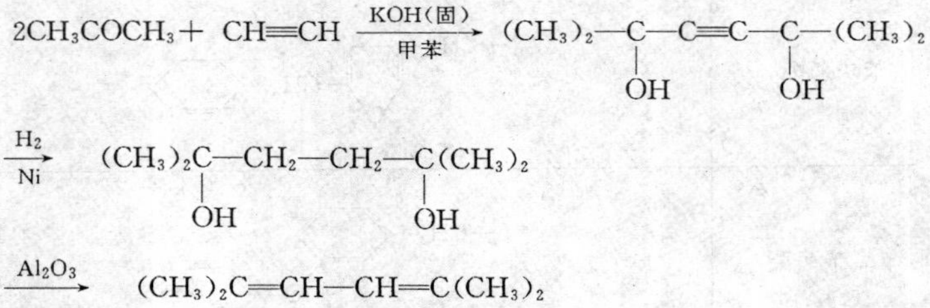

$$2CH_3COCH_3 + CH\!\equiv\!CH \xrightarrow[\text{甲苯}]{\text{KOH(固)}} (CH_3)_2\!-\!\underset{\underset{OH}{|}}{C}\!-\!C\!\equiv\!C\!-\!\underset{\underset{OH}{|}}{C}\!-\!(CH_3)_2$$

$$\xrightarrow[\text{Ni}]{H_2} (CH_3)_2\underset{\underset{OH}{|}}{C}\!-\!CH_2\!-\!CH_2\!-\!\underset{\underset{OH}{|}}{C}(CH_3)_2$$

$$\xrightarrow{Al_2O_3} (CH_3)_2C\!=\!CH\!-\!CH\!=\!C(CH_3)_2$$

(2)合成重氮乙酸乙酯

$$H_2NCH_2COOH + CH_3CH_2OH(\text{无水}) + HCl(\text{干燥})$$

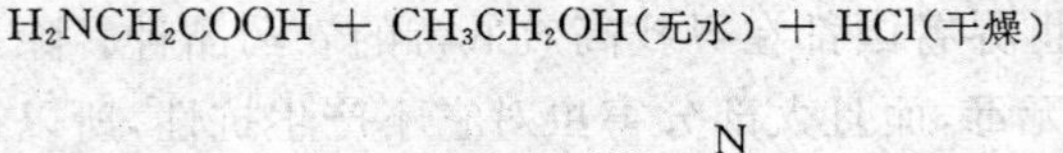

$$\longrightarrow HCl\cdot H_2NCOOC_2H_5 \xrightarrow[\text{重氮化}]{NaNO_2} \underset{N}{\overset{N}{\big\|}}\!\!\!>\!CHCOOC_2H_5$$

(3)菊酰氯的合成

$$(CH_3)_2C\!=\!CH\!-\!CH\!=\!C(CH_3)_2 + \underset{N}{\overset{N}{\big\|}}\!\!\!>\!CHCOOC_2H_5$$

$$\longrightarrow \quad (CH_3)_2C=CH-HC \underset{\underset{H_3C}{\overset{|}{\underset{CH_3}{C}}}}{\overset{\displaystyle \overset{\displaystyle H}{\underset{|}{N}}-\underset{\|}{N}}{\underset{\displaystyle }{\bigtriangleup}}}C-COOC_2H_5 \qquad \xrightarrow{-N_2}$$

$$\longrightarrow \quad (CH_3)_2C=CH-CH-CH-COOC_2H_5$$
$$\underset{H_3C \quad CH_3}{\overset{|}{\underset{|}{C}}}$$

$$\xrightarrow[-C_2H_5OH]{KOH} \quad (CH_3)_2C=CH-CH-CH-COOK$$
$$\underset{H_3C \quad CH_3}{\overset{|}{\underset{|}{C}}}$$

$$\xrightarrow[正庚烷]{H_2SO_4} \quad (CH_3)_2C=Cl-CH-CH-COOH$$
$$\underset{H_3C \quad CH_3}{\overset{|}{\underset{|}{C}}}$$

$$\xrightarrow{SOCl_2} \quad (CH_3)_2C=CH-CH-CH-COCl$$
$$\underset{H_3C \quad CH_3}{\overset{|}{\underset{|}{C}}}$$

2) N-羟甲基-3,4,5,6-四氢邻苯二甲酸亚胺的合成

$$CH_2=CH-CH=CH_2 \quad + \quad \underset{\underset{O}{\|}}{\overset{\overset{O}{\|}}{\underset{CH-C}{\overset{CH-C}{\diagup}}}}O \quad \xrightarrow[70℃]{C_6H_6} \quad \xrightarrow{} \quad \xrightarrow[200℃]{P_2O_5}$$

3）胺菊酯的合成

9·3 杀菌剂

　　菌是一种微生物，它包括真菌、细菌、病菌等。杀菌剂是指对菌类具有毒性又能杀死菌类的一类物质。杀菌剂可以抑制菌类的生长或直接起毒杀作用。故可用来保护农作物不受病菌的侵害或治疗已被病菌侵害的作物。

　　杀菌剂的作用可以直接杀死病菌或抑制病菌的继续生长和繁殖。当用药后，菌不再生长，也不繁殖，我们就说菌被"杀死"了。有的情况是用药后，菌不再生长，繁殖，但当药物在菌体上去掉后，菌又继续生长繁殖。或者用药后,菌不再继续繁殖,但菌能继续生长,这两种情况所使用的药剂叫抑菌剂。还有一类药物,当渗透到作物体内后,能改变作物的新陈代谢,使作物对菌产生抗性,达到不害病或减轻病害的目的,这类药剂称为增抗剂。

杀菌剂、抑菌剂、增抗剂作用虽有差异,但均包括在杀菌剂里。

杀菌剂不仅在农、林、牧业上应用非常重要,而且有的品种还被用到工业上。如高效、低毒、低残毒的内吸性杀菌剂"多菌灵"生产后,替代了高毒性的现已被淘汰的有机汞制剂,有效地防治了水稻、三麦、油菜等作物的一些病害,为我国农业丰收起了重要作用。同时发现将"多菌灵"用于纺织工业上,防治棉纱发霉,效果也很显著。

近年来在调查中发现,当前农业生产中菌害比虫害要严重得多,病害远超过虫害。经济作物的病害比粮食作物更为严重。由此杀菌剂的研究和生产是十分迫切的任务。

9·3·1 杀菌剂的分类

杀菌剂可以按化学组成分类,也可按杀菌剂的作用方式分类。

1) 按化学组成分类

(1) 无机杀菌剂

(2) 有机杀菌剂　按不同化学结构类型又可分成丁烯酰胺类、苯并咪唑类等。

2) 按作用方式分类

(1) 化学保护剂　以保护性的覆盖方式施用于作物的种子、茎、叶或果实上,防止病菌的侵入。

(2) 化学治疗剂分内吸性和非内吸性。

内吸性——药剂能渗透到植物体内,并能在植物体内运输传导,使侵入植物体内的菌全部被杀死。

非内吸性——一般不能渗透到植物体内,即使有的能渗透入植物体内,也不能在植物体内传导,即不能从施药部位传到植物的各个部位。

9·3·2 杀菌剂的作用原理

杀菌剂的种类繁多,性质复杂,又受到菌、植物和环境的影响,所以杀菌的机理不完全相同。杀菌剂的作用机理通常按杀菌剂对菌的作用方式可分为:

1) 破坏菌的蛋白质的合成

蛋白质是组成细胞的主要成分,由几百个氨基酸经缩合后聚合而成。由于结构不同,蛋白质的功能也不同。当使用杀菌剂后,蛋白质的合成被破坏,细胞的组成也被破坏,细胞的生长发育受到影响,直至细胞变性死亡。

2) 破坏细胞壁的合成

细胞壁是在生物细胞外面的一层无色透明、有一定硬度的薄膜状物质。它由脂蛋白、类脂质、粘多糖、纤维素等高分子物质组成。不同的菌,细胞壁组成不同。如葡萄球菌的细胞壁,是靠形成糖肽链而生成。如果杀菌剂的作用破坏了糖肽链的生物合成,则细胞壁的功能也就受到了破坏。

3) 破坏菌的能量代谢

菌为了合成体内的各种成分,以维持生长和保持体温,需要不断地消耗能量,这些能量来源靠菌体内产生的各种生物化学反应,是在生物酶的催化作用下进行的。生物酶主要由蛋白质组成。这些蛋白质中有巯基(SH)、氨基(NH_2)、金属离子等。不同的酶对不同的生化反应起催化作用。如果这些含—SH、NH_2 和金属离子的酶被破坏掉,那么靠这些酶催化的生物化学反应就不能进行。这样,使能量的代谢作用受到破坏。生物细胞就会缺少某一成分而引起细胞的畸形发展直至变性死亡。

4) 破坏核酸的代谢作用

核酸是菌类细胞不可缺少的重要化学成分,是遗传的主要物质基础。它和细胞的生长、发育、分化以及蛋白质的合成有关。

核酸是由上千个核甙酸组成,如果某一个核甙酸被抑制,则核酸的代谢作用就要受到影响。

5）改变植物的新陈代谢

一些病菌侵入植物体内后，由于植物具有菌生长、繁殖的条件和环境，因而菌可以在植物体内生长、繁殖而使植物染病。一些内吸性杀菌剂进入植物体内以后，可以改变植物的新陈代谢，能增强对病菌的抵抗力。

9·3·3　杀菌剂的化学结构与生物活性的关系

杀菌剂的化学结构和生物活性的关系，是一个既复杂又很重要的问题。至今，尚在探索和研究。

通常认为，具有活性的化合物，其分子结构中必须有活性基和成型基。所谓活性基即对生物有活性的"化学结构"。"活性基团"也可称为"毒性基团"。成型基即在具有同一类"活性基团"的化合物中，对"生物活性"有影响的各种"取代基团"。"成型基团"又称为"助长发毒基团"。此外，杀菌剂的电离度、表面活性、反应活性等都与生物活性有关。下面就活性基和成型基作一介绍。

1）活性基团

现有的杀菌剂分子结构中，通常认为以下几种类型的功能团是活性基团。

（1）具有不饱和双键或叁键，它们可与生物体中—SH，—NH_2等基团发生加成作用，因而具有生物活性。如 —S—C≡N ；—N=C=S 等。

（2）具有 N—C—S— 等结构的化合物，可与生物中的金属
　　　　　　　$\parallel$
　　　　　　　S

元素形成螯合物，而具有生物活性。

（3）具有—S—CCl_3； —S—CCl_2—$CHCl_2$； —O—CCl_3；
R—S—S— 等结构的化合物，能使生物体中的—SH 基团钝化，
　　$\downarrow$
　　O

和—SH 基反应生成硫代光气（ Cl—C—Cl ），而具有生物活性。
　　　　　　　　　　　　　　　　　$\parallel$
　　　　　　　　　　　　　　　　　S

（4）具有与核酸中的碱基腺嘌呤、鸟嘌呤、胞嘧啶等相似结构的基团，它们能抑制或破坏核酸的合成，对生物具有活性。

活性基团对病菌产生活性的条件，就是要能进入菌体内和菌体的某些成分化合，方能达到目的。

2）成型基团

成型基团通常是指亲油性基团，或是具有油溶性的基团。一个杀菌剂要进入菌体内，先要通过菌体的外层结构细胞壁和细胞膜，或进入细胞壁里。这样才能充分发挥杀菌剂的分子活性。

杀菌剂进入细胞的能力与分子中成型基的性质有密切关系。

成型基团的结构对穿透力有着显著的影响。例如杀菌剂分子中的脂肪基是一种能促进透过细胞防御屏障的成型基团。另外，还要求分子中脂肪基的形状和所透过的菌类的细胞膜上的酯基形状具有一定的相似性。不同菌的细胞膜上的脂肪基的结构是不同的。

一般认为，直链的烃基比带有侧链的烃基穿透力强；低级烃基穿透力强；对卤素来讲，原子小的穿透力强，即 F＞Cl＞Br＞I。

对同一类杀菌剂，它的分子结构中含有什么样的成型基团穿透力最好，杀菌活性最高，主要通过各种实验而得，还不能完全根据化合物的结构来判断它的杀菌毒性。

9·3·4 保护性杀菌剂

1）福美双

福美双的化学结构如下：

$$(CH_3)_2N-\overset{\underset{\|}{S}}{C}-S-S-\overset{\underset{\|}{S}}{C}-N(CH_3)_2$$

N,N′-四甲基二硫代双甲硫羰酰胺

福美双是一个高效、低毒有机硫杀菌剂，是有机汞农药的一个代用品种。它对白鼠口服急性致死中量 LD_{50} 为 865 毫克/千克。纯品为浅黄色结晶，熔点为 155～156℃。主要用于处理种子和土壤。

防治禾谷类作物的黑穗病、赤霉病以及各种作物的苗期立枯病。也可喷洒防治一些果树、蔬菜的病害。

合成路线：

过去一直采用钠盐法，即用二甲胺、氢氧化钠和二硫化碳进行缩合，然后采用不同氧化剂（H_2O_2，$NaNO_2$ 或 Cl_2）进行氧化制得。

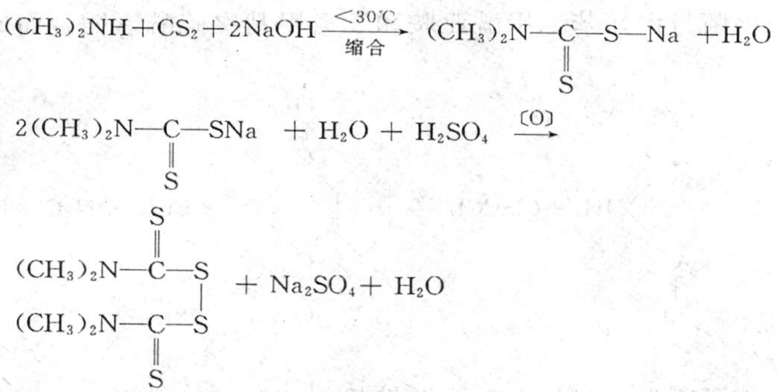

$$(CH_3)_2NH + CS_2 + 2NaOH \xrightarrow[\text{缩合}]{<30℃} (CH_3)_2N\overset{\displaystyle}{\underset{\underset{S}{\|}}{C}}\!-\!S\!-\!Na + H_2O$$

$$2(CH_3)_2N\overset{}{\underset{\underset{S}{\|}}{C}}\!-\!SNa + H_2O + H_2SO_4 \xrightarrow{[O]}$$

$$\begin{array}{l}(CH_3)_2N\overset{}{\underset{\underset{S}{\|}}{C}}\!-\!S \\ (CH_3)_2N\overset{}{\underset{\underset{S}{\|}}{C}}\!-\!S \end{array}\Big| + Na_2SO_4 + H_2O$$

现在有些工厂采用铵盐法代替钠盐法生产。优点是可以节约大量的液碱和盐酸，去除了用盐酸精制工序，改善了操作条件，减轻了设备腐蚀，提高产品收率 5%，消除了有害废水的排放，含氮废水可作农肥，又降低了成本。

加工剂型：可湿性粉剂

2）灭菌丹

灭菌丹的化学结构如下：

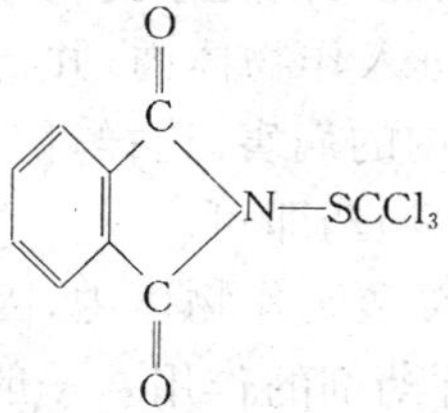

N-三氯甲硫基邻苯二甲酰亚胺

它是一个白色结晶固体，熔点 177℃。工业品略带浅棕色，含量90%以上。

灭菌丹毒性特别低,白鼠口服急性致死中量LD_{50}为10 000毫克/千克。灭菌丹是一个广谱型杀菌剂,杀菌范围相当广泛,效力也较强,可防治粮食、蔬菜、果树等作物的多种病害,对作物生长有刺激作用。同时还能防治家蚕僵病。

合成路线:

灭菌丹由邻苯二甲酰亚胺和三氯甲基次硫酰氯缩合而成。

加工剂型:40%、50%可湿性粉剂,5%、7%粉剂。

9·3·5 化学治疗剂

化学治疗剂是继保护性杀菌剂之后发展起来的一大类杀菌剂。从保护性杀菌剂到内吸性治疗剂,从作物体外防病到体内治病,这是杀菌剂发展史中的重要突破。

化学治疗剂是指能够进入植物体内,既可杀死侵害植物的病菌,并能增强植物的抗病能力的化学药物。它的特点是:

(1)能从施药部位进入作物体内,并传导到作物其他部位,因而可以防治侵入作物体内的病害。这样,使用时就不需要喷洒得很均匀,一般采用浇灌方法施药即可。

(2)由于它能内吸渗透到作物体内,因而受自然环境、气候的影响较小,可以充分发挥药剂的作用。一般用药量较少。

(3)一般对病害的选择性较强,疗效也较高。

产品举例:

多菌灵　多菌灵也称苯并咪唑44#,化学结构如下:

苯并咪唑-2-氨基甲酸甲酯

　　纯品为白色结晶粉末,熔点 306℃（分解）,工业品为淡黄色粉末,熔点大于 290℃。

　　多菌灵是一个高效、低毒、低残毒的广谱型内吸杀菌剂。

　　我国浙江一带是粮、棉、油菜作物高产区。但由于气温高、湿度大,水稻、三麦、油菜等作物的各种病害威胁比较严重。多菌灵对防治三麦赤霉病、水稻纹枯病、稻瘟病、油菜菌核病、棉花苗期病及苹果腐烂病等都有效果。另外纺织工业上用它来防治棉纱发霉。人工种植人参防治付锈病,甜菜用它增产和提高糖分都已获得显著效果。

　　多菌灵毒性很小, 对白鼠急性口服急性致死中量 LD_{50} 为 5000 毫克/千克。

　　合成路线:

　　多菌灵的合成有三条路线:

　　（1）从邻苯二胺开始,先闭环生成氨基苯骈咪唑,然后再接上甲酸甲酯基（—$COOCH_3$ 基）。

　　（2）先合成氰胺基甲酸甲酯（NC—NH—$COOCH_3$）而后再与邻苯二胺闭环。

　　（3）先合成伐菌灵的结构:

最后闭环。

从原料来源、成本、设备和工艺路线、收率等考虑,路线(2)比较合理,我国目前工厂生产大多采用这个方法。即

(A) 氯甲酸甲酯的制备　由光气和甲醇进行酯化反应得到

$$COCl_2 + CH_3OH \longrightarrow ClCOOCH_3 + HCl$$

(B) 氰胺基甲酸甲酯的合成

由氰胺化钙(石灰氮)先进行水解反应,再与氯甲酸甲酯发生氰胺化反应。

$$2CaCN_2 + 2H_2O \longrightarrow Ca(NHCH)_2 + Ca(OH)_2$$

$$Ca(NHCN)_2 + ClCOOCH_3 \longrightarrow NCNHCOOCH_3 + CaCl_2$$

(C) 多菌灵的合成

氰胺基甲酸甲酯与邻苯二胺,在盐酸存在下进行缩合反应,即可生成多菌灵。

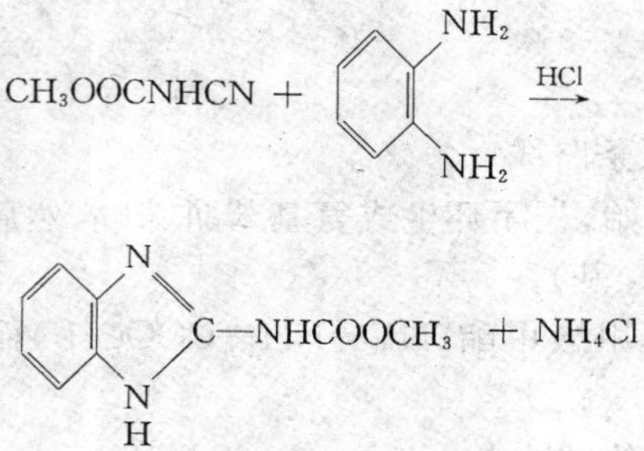

加工剂型:50%可湿性粉剂。

重要的杀菌剂列于表 9-4。

表 9-4 重要的杀菌剂

类型	名称	化学结构	化学结构	熔点℃	LD$_{50}$ (mg/kg)	防治对象
有机磷杀菌剂	稻瘟净 (内吸性)	$\begin{array}{c}C_2H_5O\\C_2H_5O\end{array}\!\!>\!\!P\!\!\underset{\|}{\overset{O}{}}\!\!-S-S-CH_2-\bigcirc\!\!-Cl$	O,O-二乙基-S-苯基硫代磷酸酯	120~130	237.3	稻瘟病,油菜菌核病,纹枯病等
	异稻瘟净 (内吸性)	$\begin{array}{c}(CH_3)_2CHO\\(CH_3)_2CHO\end{array}\!\!>\!\!P\!\!\underset{\|}{\overset{O}{}}\!\!-SCH_2-\bigcirc$	O,O-二异丙基-S-苯基硫代磷酸酯	22.5~23.8	662	稻瘟病,纹枯病,小粒菌核病等
	克瘟散	$C_2H_5O-P\!\!\underset{\bigcirc}{\overset{O}{\|}}\!\!-S-\bigcirc$	O-乙基-S,S-二苯基二硫代磷酸酯		214	广谱型杀菌剂,稻瘟病,纹枯病,小粒菌核病,褐色叶枯病,麦类赤霉病,芝麻叶枯病,叶蝉,飞虱,稻蓟蚂
含硫杀菌剂	代森锌	$\begin{array}{c}CH_2-NH-C\!\!\underset{\|}{\overset{S}{}}\!\!-S\\ \|\qquad\qquad\qquad Zn\\ CH_2-NH-C\!\!\underset{\|}{\overset{S}{}}\!\!-S\end{array}$	乙撑双二硫代氨基甲酸锌		5200	蔬菜,果树,烟草上多种病害,麦类锈病,稻瘟病,纹枯病,立枯病

类型	名称	化 学 结 构	化学结构	熔点℃	LD$_{50}$ (mg/kg)	防 治 对 象
含硫杀菌剂	代森铵	CH$_2$—NH—C—SNH$_4$ CH$_2$—NH—C—SNH$_4$ (S, S)	乙撑双二硫代氨基甲酸铵	72.5	450	梨黑星病,黄瓜霜霉病,白粉病,甘薯,黑斑病等
	二硝散	(SCN, NO$_2$, O$_2$N 苯环结构)	2,4-二硝基硫氰代苯	155~156	3100	粮食,果树,蔬菜等作物病害,白粉病,稻霉病,小麦赤霉病
有机氯	土壤散	(NO$_2$, Cl 五氯硝基苯结构)	五氯硝基苯	145	1650~1710	麦类黑穗病,棉花立枯病,果树白纹羽病等
	氯硝散	(NO$_2$, Cl 三氯二硝基苯结构)	三氯二硝基苯	88~95	500	棉花苗期病害(立枯病,类猝病),禾谷类黑穗病,谷子白发病等
	五氯酚	(OH, Cl 五氯苯酚结构)	五氯苯酚	190~191	35	除草,灭钉螺,木材防腐等

类型	名称	化学结构	化学结构	熔点℃	LD$_{50}$(mg/kg)	防治对象
有机氯	克菌丹	（N·SCCl$_3$结构）	N-三氯甲硫基-4-环己烯-1,2-二甲酰亚胺	172	10 000	广谱型杀菌剂,可防治大田、果树、蔬菜等多种病害
	灭菌丹	（N·SCCl$_3$结构）	N-三氯甲硫基邻苯二甲酰亚胺	177	10 000	防治粮食、蔬菜、果树等作物的多种病害
氨基磺酸类	敌锈钠（内吸性）	H$_2$N—〇—SO$_3$Na·2H$_2$O	对氨基苯磺酸钠			小麦锈病、花生锈病
	地克松（内吸性）	(CH$_3$)$_2$N—〇—N=N—SO$_3$Na	对二甲基氨基苯偶氮磺酸钠			种子处理

（续表）

类型	名称	化学结构	化学结构	熔点℃	LD$_{50}$ (mg/kg)	防 治 对 象
杂环类	多菌灵（内吸性）	（结构式：N-（2-苯并咪唑基）-氨基甲酸甲酯）	N-（2-苯并咪唑基）-氨基甲酸甲酯	306	5000	稻瘟病，纹枯病，小粒菌核病，油菜菌核病，三麦赤霉病，棉花苗期病害，禾谷类黑穗病，甘薯黑斑病，瓜类白粉病等
	萎锈病（内吸性）	（结构式：2,3-二氢-5-甲酰替苯胺基-6-甲基-1,4-氧硫杂芑）	2,3-二氢-5-甲酰替苯胺基-6-甲基-1,4-氧硫杂芑	93～95	3200	黑穗病，小麦锈病，苗病害，谷子白发病等
	叶枯净（杀枯净）	（结构式：5-氧吩嗪）	5-氧吩嗪	222～223	2944	水稻白叶枯病
	甲基托布津	（结构式：1,2-双（3-甲氧基-2-硫脲基）苯）	1,2-双（3-甲氧基-2-硫脲基）苯	177～178	7000	广谱型杀菌剂，对粮，棉，油等果木等作物的多种病害有防治作用

类　型	名　称	化　学　结　构	化学结构	熔点℃	LD$_{50}$ (mg/kg)	防　治　对　象
杂环类	敌枯双	HC$\stackrel{N-N}{\underset{S}{\|}}$C—NH—CH$_2$—NH—C$\stackrel{N-N}{\underset{S}{\|}}$CH	N,N'-甲撑-双(2-氨基-1,3,4-噻二唑)	197～198	3275	防治水稻白枯病、柑桔溃疡病
其他杀菌剂	稻瘟酞	[结构式]	4,5,6,7-四氯苯酞	209～210	5000	防治水稻瘟病
	抗菌剂401(乙基大蒜素)	CH$_3$CH$_2$—S—SCH$_2$CH$_3$	S-乙基-硫代亚磺酸乙酯		46.7	棉花,甘薯,水稻病害
农田抗菌素	春雷霉素(内吸性)	[结构式]		206～210		水稻瘟病
	灭瘟素				2000	水稻瘟病
	井岗霉素				10g/kg	水稻纹枯病

9·4 除草剂及植物生长调节剂

除草剂也叫除莠剂,就是用于除草的化学药剂。

杂草是农业生产的大敌,它同作物争夺阳光、水分、肥料和空间等生长条件,而且又是传播病虫害的媒介。因此杂草的滋生妨碍了作物的生长,严重影响农产品的产量和质量。

过去多采用人工除草,劳动强度大,费工费时,除草效果不好。近年来用除草剂来消灭杂草,既省力又能促进作物的增产。大多数除草剂对人、畜毒性较低,在环境中能逐渐分解,对哺乳动物无积累中毒危险。所以除草剂正成为农业增产的重要措施之一。

9·4·1 除草剂分类

除草剂可按作用范围、作用方式和化学结构进行分类。

1)按作用范围分类

(1)非选择性除草剂(灭生性除草剂) 不分作物和杂草全部杀死。这类除草剂主要用于除去非耕地的杂草。如公路、铁路、操场、飞机场、仓库周围环境等。

(2)选择性除草剂 在一定剂量范围内,能杀死杂草而不伤害作物的药剂,叫选择性除草剂。如敌稗能杀死稻田中的稗草而对水稻无损害。

2)按作用方式分类

(1)触杀型除草剂 不能在植物体内运输传导,只能起触杀作用的药剂。如敌稗、五氯酚钠等。

(2)内吸性除草剂 又称传导性除草剂,被植物吸收后,遍布植物体内。如 2,4-滴、西玛津等。

3)按化学结构分类

(1)苯氧脂肪类;

(2)酰胺类;

(3)均三氮苯类;

表 9-5　国内外除草剂的主要品种

类型	通用名称	化学名称	结构式
苯氧乙酸类	2,4-滴	2,4-二氯苯氧乙酸	苯环(2-Cl, 4-Cl)—OCH_2—C(=O)—OH
	2甲4氯	2-甲基-4-氯苯氧乙酸	苯环(CH_3, 4-Cl)—OCH_2—C(=O)—OH
	2,4,5-涕	2,4,5-三氯苯氧乙酸	苯环(2-Cl, 4-Cl, 5-Cl)—OCH_2—C(=O)—OH
酰胺类	敌稗	3,4-二氯苯丙酰胺	苯环(3-Cl, 4-Cl)—NHC(=O)—CH_2CH_3
	毒草安	N-异丙基氯乙酰苯胺	苯环—N(CH(CH_3)CH_3)—C(=O)—CH_2Cl

类　型	通用名称	化学名称	结　构　式
均三氮苯类	西玛津	2,4-二乙胺基-6-氯均三氮苯	Cl—C、N＝C—NHC$_2$H$_5$，H$_5$C$_2$HN—C、N
	阿特拉津	2-异丙胺基-4-乙胺基-6-氯均三氮苯	Cl—C、N＝C—NHCH（CH$_3$）CH$_3$，H$_5$C$_2$HN—C、N
	扑灭津	2,4-二异丙胺基-6-氯均三氮苯	Cl—C、N＝C—NHCH（CH$_3$）CH$_3$，（H$_3$C）（H$_3$C）HCHN—C、N
	扑草净	2,4-二异丙胺基-6-甲硫基均三氮苯	SCH$_3$，C、N＝C—NHCH（CH$_3$）CH$_3$，（H$_3$C）（H$_3$C）HCHN—C、N

类　型	通用名称	化　学　名　称	结　构　式
取代脲类	敌草隆	N,N-二甲基-N'-(3,4-二氯苯基)脲	
	伏草隆	N,N-二甲基-N'-(3-三氟甲基苯基)脲	
	利谷隆	N-甲基-N-甲氧基-N'-(3,4-二氯苯基)脲	
	除草剂一号	N,N-二甲基-N'-对氯苯基硫脲	
醚　类	除草剂	2,4-二氯-4'-硝基二苯醚	

类　型	通用名称	化学名称	结　构　式
酚类	五氯酚	2,3,4,5,6-五氯苯酚	五氯苯酚结构（苯环带 OH，五个 Cl）
氨基甲酸酯类	灭草灵	N-3,4-二氯苯基氨基甲酸甲酯	$Cl_2C_6H_3-NH-\overset{\overset{\textstyle O}{\|}}{C}-OCH_3$
	燕麦灵	4-氯-2-丁炔基-N-间氯苯基氨基甲酸酯	$ClC_6H_4-NH-\overset{\overset{\textstyle O}{\|}}{C}-OCH_2C\equiv CCH_2Cl$
	杀草丹	S-(4-氯苄基)-N,N-二乙基硫代甲酸酯	$ClC_6H_4-CH_2-S-\overset{\overset{\textstyle O}{\|}}{C}-N\overset{C_2H_5}{\underset{C_2H_5}{}}$
	燕麦敌一号	S-2,3-二氯丙烯基-N,N-二异丙基硫代氨基甲酸酯	$Cl-CH=\overset{\overset{\textstyle}{\|}}{\underset{\underset{\textstyle Cl}{}}{C}}-CH_2-S-\overset{\overset{\textstyle O}{\|}}{C}-N\overset{CH(CH_3)_2}{\underset{CH(CH_3)_2}{}}$

（4）取代脲类；

（5）酚及醚类；

（6）氨基甲酸酯及硫代氨基甲酸酯类；

（7）其他类。

表 9-5 为国内外除草剂的主要品种。

9·4·2　除草剂的选择性及其作用机制

9·4·2·1　除草剂的选择性

不同的植物对同一药剂有不同的反应，其原因比较复杂。简单地说有以下几种情况。

（1）药品接触或粘附在植物体上的机会不同　例如煤油是一种能杀死各种植物的灭生性药剂，但如果用在洋葱田里则杂草可杀死，而洋葱很安全，原因是洋葱的叶子是圆锥状直立的，外面有一层蜡质，因此喷洒煤油油滴在洋葱叶子上根本沾不住。一般来说狭小叶子比宽阔叶子受药机会少，竖立的叶子比横展的叶子受药机会少。把药品撒在土壤表层时，深根性植物比浅根性的植物接触机会少。

（2）药品被植物吸收的能力不同　各种植物的表皮都具有不同的保护组织，施药后，药物能否进入体内，进入多少，与植物保护组织的构造有关。如果表皮有厚蜡质，则药物就不易渗透入植物体内，此植物也就不易被药物杀死。

（3）植物内部生理作用不同　植物在施药后，有的受害较重，有的却很轻或者无害。这主要是由于药物进入植物体内后，不同植物表现出不同的生理特性。如"西玛津"用在玉米田里，由于玉米体内有一种能分解"西玛津"的解毒物质，因此只要玉米吸入不太多，就不会受害，但对其他杂草来讲，因为体内没有这类物质，所以引起死亡。

9·4·2·2　除草剂的作用机制

除草剂的作用主要是扰乱植物机能的正常运转，使维持植物生长不可缺少的结构起不可逆的变化，同时使植物的内部环境被破坏,最后导致植物的死亡。

如光合作用是植物生长的重要生理机能之一。植物的叶子,在阳光下,依靠叶绿素,利用光能,吸收空气中二氧化碳和水制成潜藏着化学能的有机物(如葡萄糖)和放出氧气。植物的这一光合作用可把简单的无机物制造成复杂的有机物,并把太阳能转变成化学能。除草剂的作用就是利用除草剂的毒性作用改变叶绿体本身结构,破坏叶绿素和自然界的天然联系,使光合作用不能很好地进行,使植物叶子很快枯萎,最后导致死亡。

有些除草剂能导致植物生长反常。植物组织中具有一定比例的各种生长素,这种比例决定细胞的分裂、生根、发芽等生理变化。如果生长素的比例发生变化,植物的正常生长就会发生变化。如2,4-滴是一种生长素类除草剂,它所引起的生长作用很像在植物体内的乙酸类生长素。因此,在生长中的植物,如果引入了人工合成的 2,4-滴生长素到细胞中,使植物细胞中的生长素失去原来的平衡,引起生长反常。如根、茎、叶的生长反常、缺乏叶绿素、光合作用降低等,所有这些变化最后导致植物的死亡。

9·4·3 除草剂

9·4·3·1 苯氧脂肪酸类除草剂

苯氧脂肪酸类除草剂,以苯氧乙酸类应用最广。如 2,4-滴、2,4,5-涕等,这是一类内吸性传导型除草剂,具有很强的选择性。

这类除草剂被植物根、茎、叶所吸收,在浓度较低时能刺激植物的生长,是一种植物生长调节剂,在浓度高时能破坏植物新陈代谢过程而杀死植物。它通过药物在植物体内传导,使植物生长畸形,逐渐导致植物死亡。

例:2,4-滴

2,4-二氯苯氧乙酸

合成方法：

（1）先苯酚氯化，然后与氯乙酸缩合，这方法称先氯化法。

（2）苯酚和氯乙酸缩合，然后进行氯化，这方法称后氯化法。

$$\text{(苯氧乙酸)} \quad + Cl_2 \xrightarrow{60\sim70\text{℃}} \text{(2,4-二氯苯氧乙酸)}$$

方法(1)可以避免制备氯乙酸钠的麻烦,反应釜不必用耐腐蚀的材料,但苯酚在氯化过程中容易产生较多的异构体,降低了 2,4-滴的收率,影响产品质量。后氯化法先缩合,再氯化可得到较好的产品,故工业上大多采用方法(2)生产 2,4-滴。

2,4-滴对人畜安全无毒,大白鼠口服急性中毒致死中量 LD_{50} 为 500 毫克/千克。主要用于水稻、麦类、玉米、高粱、甘蔗等农田中。对双叶子、莎草料及一些恶性杂草有很好的防治效果。

加工剂型:粉剂、浓水剂。

9·4·3·2　酰胺类除草剂

这是一类发展迅速、新品种较多的除草剂。

敌稗

3,4-二氯苯丙酰胺

敌稗是一种选择性除草剂,它对大多数禾科和双叶子杂草有较强的杀伤作用,而对禾科中的稻属作物近于无害,所以被称为"属间除草剂"。它是水稻生育期间使用非常有效的除稗剂,杂草接触到敌稗很快就失去水分干枯而死。

敌稗纯品为白色针状结晶,熔点为 91~92℃,难于溶于水,易溶于苯、乙醇等有机溶剂。一般情况下,它对酸、碱和盐稳定,在土壤中易分解。敌稗毒性较低,LD_{50} 为 1384 毫克/千克。对人、畜安全,也不会被皮肤吸收而中毒。敌稗对水生动物的毒性也较低,水中含 10ppm 的敌稗,对鱼虾等无毒害作用。

合成路线:

(1) 以对硝基氯苯为原料,经氯化、还原、缩合而制得。

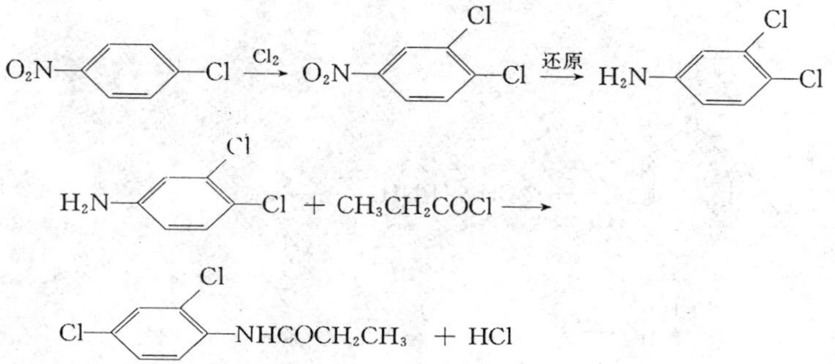

（2）以邻二氯苯为原料，经硝化、还原、缩合而制得敌稗。

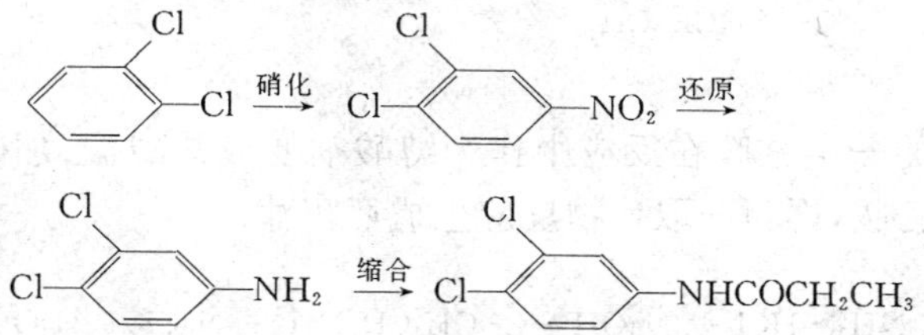

加工剂型：乳剂。

9·4·3·3　均三氮苯类除草剂

均三氮苯类是内吸性传导型选择性除草剂。具有用药量少、药效高、杀草范围广、残效期长等特点。主要用于玉米、高粱和其他作物的除草，能有效地杀死阔叶杂草。剂量高时，可作为土壤消毒剂。主要品种西玛津、扑草净等。这类药剂，对人、畜、鱼类毒性较低。

例：西玛津

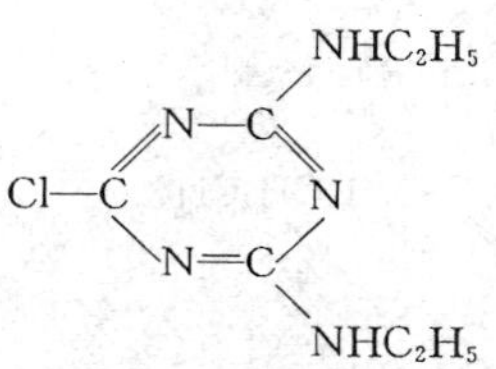

2-氯-4,6-二乙胺基均三氮苯

合成方法：

用表面活性剂将三聚氯氰扩散于水中，在均相下和乙胺发生一取代反应：

$$+ \ 2 \ CH_3CH_2NH_2 \xrightarrow{0\sim5℃}$$

$$+ \ CH_3CH_2NH_2 \cdot HCl$$

　　加入的一半乙胺在反应中作为缚酸剂变成盐酸盐，加碱中和后生成的乙胺，再和一取代物反应生成西玛津。

$$CH_3CH_2NH_2 \cdot HCl + NaOH \longrightarrow CH_3CH_2NH_2 + NaCl + H_2O$$

$$+ \ CH_3CH_2NH_2 + NaOH \xrightarrow{50℃}$$

$$+ \ NaCl + H_2O$$

9・4・3・4　取代脲类除草剂

　　取代脲类是内吸性传导型除草剂，同时具有一定的触杀作用。这类除草剂发展较快。它具有药效高、用量少、杀草谱广、水中溶解度小、残效期长、既可在出芽前又可在出芽后使用等特点。但大多选择性较差。所以目前对这类除草剂的研究重点是提高其选择性，从原来用于灭生性及阔叶作物扩大到禾谷类作物的农田。我国已投入生产的品种有敌草隆、除草剂一号及绿麦隆。

例:敌草隆

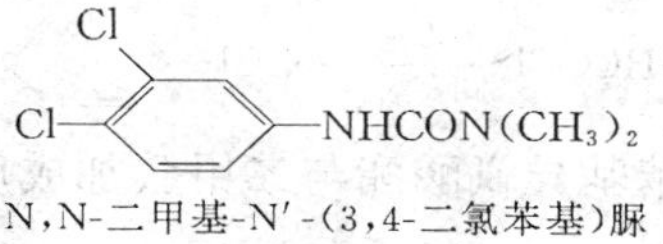

$$Cl-C_6H_3(Cl)-NHCON(CH_3)_2$$

N,N-二甲基-N′-(3,4-二氯苯基)脲

敌草隆是一种高效、广谱型除草剂，适用于水稻、棉花、玉米、大豆、果园等地的除草。

合成方法:

以对硝基氯苯为原料，经氯化，还原制得 3,4-二氯苯胺。再用合成脲类的一般方法合成敌草隆，其反应式如下:

（1）氯化

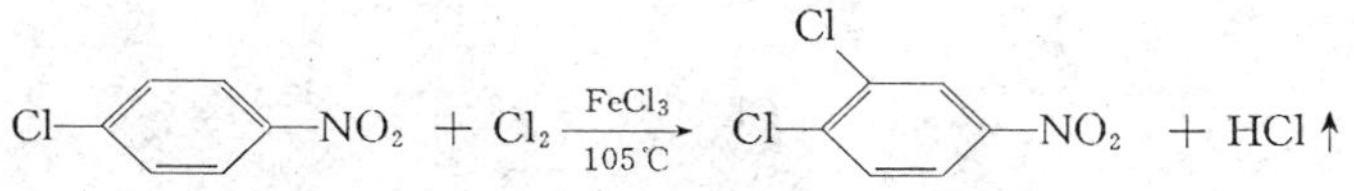

$$Cl-C_6H_4-NO_2 + Cl_2 \xrightarrow[105℃]{FeCl_3} Cl-C_6H_3(Cl)-NO_2 + HCl\uparrow$$

（2）还原

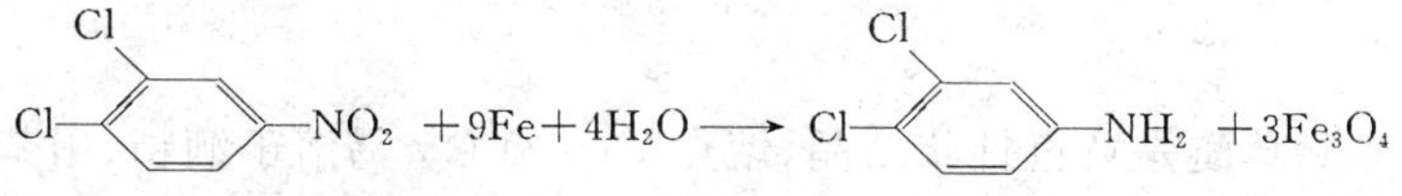

$$Cl-C_6H_3(Cl)-NO_2 + 9Fe + 4H_2O \longrightarrow Cl-C_6H_3(Cl)-NH_2 + 3Fe_3O_4$$

（3）光气化（酯化）

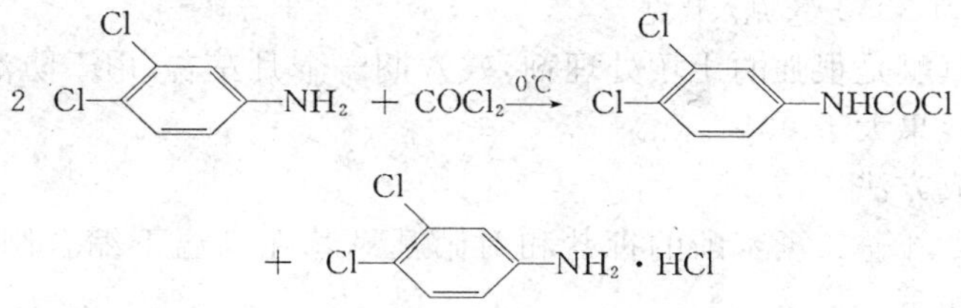

$$2\ Cl-C_6H_3(Cl)-NH_2 + COCl_2 \xrightarrow{0℃} Cl-C_6H_3(Cl)-NHCOCl$$

$$+ Cl-C_6H_3(Cl)-NH_2 \cdot HCl$$

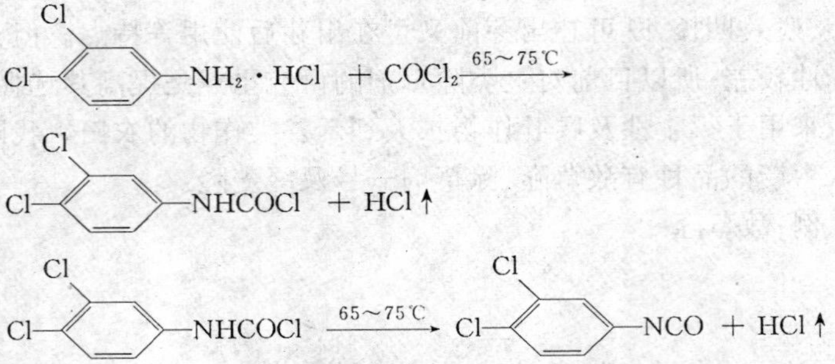

(4) 3,4-二氯苯基异氰酸酯与二甲胺加成反应

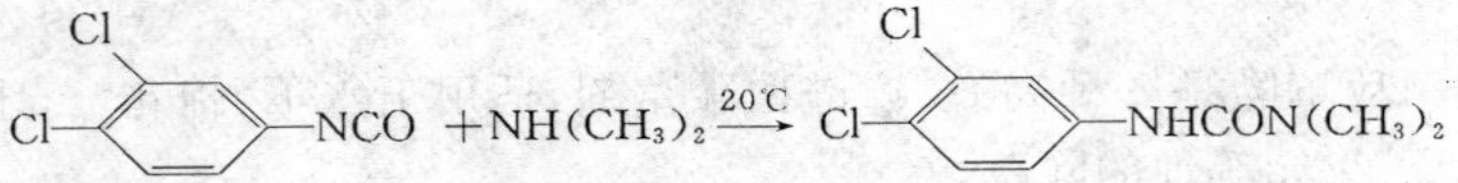

加工剂型:25%及50%可湿性粉剂。

9·4·3·5　酚及醚类除草剂

这一类除草剂中,我国应用较广泛的是五氯酚和除草醚。

例:除草醚

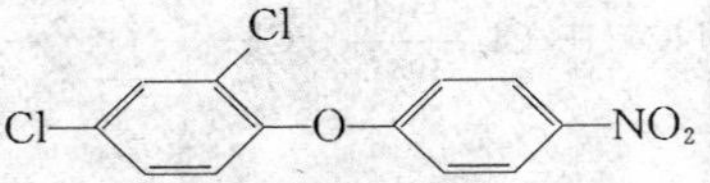

2,4-二氯-4′-硝基二苯醚

除草醚是黄色针状结晶,熔点 70～71℃。易溶于酒精、甲苯等有机溶剂。在碱性条件下较稳定。对人、畜、鱼类都安全,大白鼠口服 LD_{50} 为 3050 毫克/千克。

除草醚是很强的土壤处理剂,残效期一个月左右。用于防治水稻杂草效果大于 90%。

合成方法:

用 2,4-二氯苯酚的钾盐和对硝基氯苯在高温下缩合制得,反应式如下:

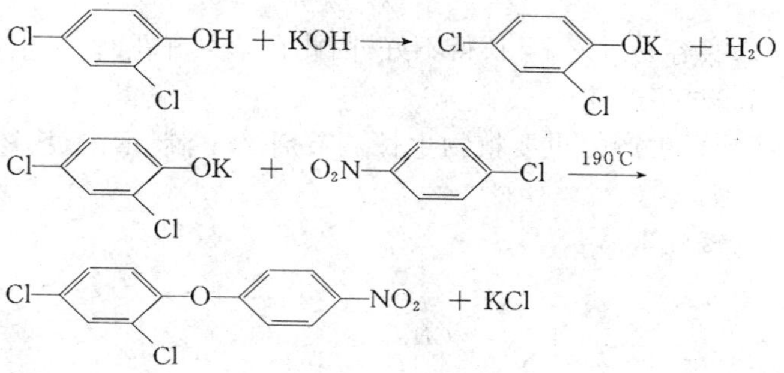

（2,4-二氯苯酚）Cl——OH + KOH → Cl——OK + H_2O

Cl——OK + O_2N——Cl $\xrightarrow{190℃}$

Cl——O——NO_2 + KCl

加工剂型：粉剂、25％乳剂、颗粒剂等。

9·4·4 植物生长调节剂

9·4·4·1 什么是植物生长调节剂

在高等绿色植物体内有一种能促进和抑制植物生长的代谢产物，它是植物生命活动不可缺少的物质。人们把这种由植物本身合成的有机化合物称为植物生长素。为了提高农作物的产量和质量，用人工方法合成了一系列类似植物生长素活性的化合物，来控制植物的生长发育和其他生命活动，把人工合成的这类化合物称为植物生长调节剂。

9·4·4·2 植物生长调节剂的用途

（1）抑制植物的生长。如马铃薯、洋葱等贮存时易发芽，用植物生长调节剂处理可以防止发芽。又如早春霜冻时，用抑制剂处理果树，可以推迟果树发芽。

（2）促进植物生长，使果实提早成熟。

（3）处理插条，加速植物繁殖，对果树栽培和城市绿化具有重大意义。

（4）使植物抗倒伏，提高植物抗旱、抗寒、抗病、抗盐碱等能力。

（5）提高植物的结果率，防止收获前落果，使作物增产。

（6）疏花、疏果。如苹果往往开花和结果过多，造成营养供应不足,果实容易脱落,且长得不好。因此在苹果开花时,用生长调节剂来消除过多的花。

我国已生产的重要植物生长调节剂 2,4-滴、增产灵、矮壮素、矮健素等。

例:矮壮素

$$\left[\begin{array}{c} CH_3 \\ | \\ H_3C-N-CH_2CH_2Cl \\ | \\ CH_3 \end{array} \right]^{+} Cl^{-}$$

氯乙基-三甲基氯化铵

纯品为无色结晶。熔点 240~241℃,易溶于水,且在水中稳定,不溶于苯、二甲苯、醇。化学性质稳定,但遇强碱起反应破坏其化学结构。

矮壮素可使作物的植株长得粗壮,使作物增加抗倒伏、抗干旱、抗涝、抗寒等能力。主要用于小麦、水稻、玉米、烟草等作物。

合成方法:

用卤代脂肪烃和三甲胺直接合成。其反应式表示如下:

$$9HCHO + 2NH_4Cl \xrightarrow{150℃} 2(CH_3)_3N \cdot HCl + 3CO_2 + 3H_2O$$

$$(CH_3)_3N \cdot HCl + NaOH \xrightarrow{100℃} (CH_3)_3N + NaCl + H_2O$$

$$ClCH_2CH_2Cl + (CH_3)_3N \xrightarrow{105℃}$$

$$\left[\begin{array}{c} CH_3 \\ | \\ H_3C-N-CH_2CH_2Cl \\ | \\ CH_3 \end{array} \right]^{+} Cl^{-}$$

加工剂型:50%水剂。

表 9-6 所列为重要的植物生长调节剂。

表 9-6 重要的植物生长调节剂

类型	名称	化学名称	化学结构	生物活性及应用
芳基脂肪酸类	异生长素	3-吲哚乙酸		可促进植物插枝生根，加速繁殖
		α-萘乙酸		可催根。防止落果，促进和制薯类储存期发芽
脂肪酸及环烷酸类	赤毒素（九二〇）	5-羟基-5-芴酸丁酯		具内吸性，能抑制和促进植物生长和发育
		2-氯-5-羟基-5-芴酸甲酯		在很宽浓度范围内对植物无害，而起生理调节作用

（续表）

类型	名 称	化学名称	化 学 结 构	生物活性及应用
脂肪酸及环烷酸类	赤霉素（九二〇）			促进茎叶生长、提早开花、促进种子、块茎、块根发芽、增加结果率或形成无子果实，应用广
卤代苯氧脂肪酸	2,4-滴	2,4-二氯苯氧乙酸		防止倒伏、抑制无效分蘖、促进水稻增产，早熟
	增产灵	对-碘苯氧乙酸		用于小麦、水稻、棉花、大豆、玉米、油菜、花生增产约10%以上，蔬菜可增产30%～40%

类型	名称	化学名称	化学结构	生物活性及应用
季铵盐类	矮壮素 (C. C. C)	氯乙基三甲基氯化铵	$\left[ClCH_2CH_2-\overset{\overset{\displaystyle CH_3}{\mid}}{\underset{\underset{\displaystyle CH_3}{\mid}}{N}}-CH_3 \right]^+ \quad Cl^-$	用于小麦、水稻、玉米等，使茎秆粗壮，节间缩短，叶片长宽加厚加宽，叶色深绿，小麦分蘖早，粒重增加
其他	乙烯利	氯乙基膦酸	$ClCH_2CH_2-\overset{\overset{\displaystyle O}{\parallel}}{P}\Big\langle \begin{matrix} OH \\ OH \end{matrix}$	对蔬菜、水果有催熟作用
	青鲜素	顺丁烯二酸酰肼		抑制马铃薯、洋葱贮存时发芽

9·5 农药加工

9·5·1 农药加工的意义

各种农药的原药本身具有杀虫、杀菌、除草的性能,但是绝大多数农药品种不能直接用来防治农作物的病、虫、草害。只有把这些原药经过加工处理,制成一定的剂型,才能充分发挥其作用。其主要原因是:

(1)绝大多数农药原药是脂溶性的,它们不溶于水。如不加工成一定剂型不便于使用,也不易粘在作物的植株上和虫、菌体上。这样就不能有效地发挥农药的防治作用。同时未经加工的原药容易烧伤农作物,发生药害。

(2)用量少,农药的用量一般是很少的,每亩地多至几千克少至几克。这样少的药量,要均匀地分布或喷洒在作物上是有困难的,因此需经加工处理。

(3)提高药效,如敌百虫直接溶解后喷洒在小麦上,防治小麦粘虫效果不佳,如果加工成粉剂后再使用,杀虫效果达90%以上,而且使用也方便。

所以农药经加工后,对提高药效、改善农药性能、降低毒性、稳定质量、节省农药用量,便于使用等方面起着极其重要的作用。

9·5·2 农药制剂的基本类型

农药加工剂型有多种多样,而且不断有新的剂型问世,现将常用剂型介绍如下:

1)粉剂

粉剂是最常用的一种剂型。它是把原药和大量填料按一定比例混合研细。一般细度为 95％能通过 200 目筛。使用填料有滑石粉、陶土、高岭土等。这些填料的加入主要起稀释作用。

粉剂特点是加工方便，喷洒面积大。在栽培密集的作物里也可使用。粉剂不易产生药害。

缺点是用量大、成本高，由于加入大量填料，运输量增大。

2）可湿性粉剂

由农药原药、填料和润湿剂经过粉碎加工制成的粉状机械混合物。一般细度为 99.5％能通过 200 目筛。加水后能分散在水中。可供喷雾使用。药效比粉剂高，但比乳剂差，且技术要求较高。

3）可溶性粉剂

由原药的填料粉碎加工制成。细度 98％通过 80 目筛。加水溶解即可供喷雾使用。

4）乳剂

原药加溶剂、乳化剂配成透明油状物，不含水，又称"乳油"。使用时按一定比例加水稀释配成乳状液称为乳剂，可供喷雾用。

乳剂比可湿性粉剂容易渗透到昆虫表皮，因此防治效果好。缺点是因为用了大量溶剂（苯、甲苯等），成本高。

5）液剂

原药溶于水，不加其他助剂，直接用水稀释使用。因没有加助剂其展着性能较差。

6）胶体剂

用一种本身是固体或粘稠状的原药，经加入分散剂加热处理后，药剂以很小的微粒分散在分散剂中，冷却后为固体，而药剂仍保持微粒状态。稍加粉碎，即成胶体剂。胶体剂加水后由于分散剂溶于水中，药剂微粒即能很稳定地悬浮在水中，可供喷雾使用。一般粒度为 1～3 微米，最大粒子不超过 5 微米。

7）颗粒剂

原药加某些助剂后，经加工制成大小在 30～60 目之间的一种微粒状制剂。或是将药剂的溶液或悬浮液撒到 30～60 目的填料颗粒上，当溶剂挥发后，药剂便吸附在填料颗粒上。

优点是药效高、残效长、使用方便，并能节省药量。

由于作物品种和虫害种类的多样性，作物生长阶段和施药地点不同，病虫害发生期不同，各地区自然条件不同，因此一种原药往往可以加工成多种剂型。但总的要求是要做到经济、安全、合理、有效地使用农药。

10 光谱增感染料和
彩色显影成色剂

10・1 概　　述

　　一般卤化银乳剂,由于对光的敏感性仅局限于 400～500 纳米的蓝紫光和紫外光部分,而对 500～760 纳米的红、绿光很不敏感,因此黑白照相就无法拍摄出实际景物的真实色彩来,不能还被摄物本来的颜色,这显然给如实记录大自然景色带来十分遗憾。1873年,H・W・福格尔首先发现在卤化银乳剂中加入某种染料后可将其感色范围从蓝光区扩展至可见光的整个区域和近红外区(700～1300 纳米),因此把此种染料称之为光谱增感染料。1911 年进一步发现了彩色显影过程。直到 1936 年才应用这种成色原理制成了可供实际使用的彩色感光材料。半个世纪来通过大量科研工作,使彩色照相日趋完善,现在国际上已能生产数百种性能良好、能真实反映大自然丰富色彩的彩色感光材料。

10・2 彩色感光材料制造原理

10・2・1 成像

　　由前章染料可知,白光是由各种单色光组成,白光通过三棱镜后便色散成为一条按赤、橙、黄、绿、青、蓝、紫排列的彩色光带,称为光谱。当色散不充分时,白光仅分解为红、绿、蓝三种色光,称作原色光。它们各约占整个光谱的三分之一。如从白光中分别减去三种原色光,则可相应地得到黄、品红、青三种补色光:

白光－蓝光＝黄光

白光－绿光＝品红光

白光－红光＝青光

由补色光等量相加可得另一原色光,这一叠加法,通常称作减色法:

黄光＋品红光＝红光

黄光＋青光＝绿光

品红光＋青光＝蓝光

三种补色光如以不同强度混合,可产生天然色光,此为制造彩色感光材料的减色法原理。另外由原色光等量相加可得另一补色光,称加色法,三种原色光以不同强度混合也可产生各种天然色光。

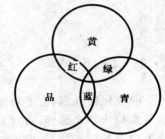

红光＋绿光＝黄光

红光＋蓝光＝品红光

绿光＋蓝光＝青光

现代彩色感光材料大都按减色法原理成像的,因加色法制造工艺复杂,且成像质量较差而被淘汰。

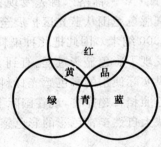

10·2·2　结构

彩色感光材料中目前应用最为广泛的是多层彩色胶片,在片基或纸基上涂有多层感光乳剂,也就是将不同的乳剂分层涂布在片基上,其每一层乳剂都具有特殊性能,在冲洗加工后显示出一定的颜色。能感受蓝光,冲洗后显示黄色的感蓝层含有成黄色成色剂的卤化银乳剂(成黄色层);感受绿光,冲洗后显示品红色的感绿层含有感绿增感剂及产生品红色成色剂的卤化银乳剂(成品红层);

以及感受红光,并在冲洗后显出青色的感红层含有感红增感剂和成青色成色剂的卤化银乳剂(成青色层)。由于感绿层和感红层都能感受一定量的蓝光,因此在此两层乳剂及感蓝层之间加了黄滤色层,使它吸收通过感蓝层的全部蓝光,而只透过红光、绿光。此外为了防止光晕现象产生,在片基背后涂有一层蓝绿色或黑色物质的防光晕层。此两层:黄滤色层中黄色和防光晕层中蓝绿色或黑色物质,在后面显影加工过程中均能去除掉。各层之间排列顺序按感光材料特性和要求有所不同。胶片经曝光后,再经彩色显影,同时得到银的影像和彩色影像,经过漂白把银氧化成银盐,最后经定影去除影像中银盐和未曝光部分的卤化银,即得到鲜艳的彩色影像。按成像原理多层彩色胶片可分为彩色负片、彩色正片、彩色反转片和相纸。

10·3 光谱增感染料

10·3·1 概述

光谱增感染料是一种能使卤化银乳剂的感色范围予以扩展的有机染料,并非所有的染料都具有增感作用,大部分染料具有降低破坏乳剂感光度的副作用,常用的光谱增感染料在化学结构上看,有菁染料及份菁染料两大类。

10·3·1·1 菁染料

菁染料为胲离子插烯物,其通式为:

$$\left(\begin{array}{c} Y \\ \diagdown \\ C-(CH=CH)_n-CH=C \\ \diagup \\ \overset{+}{N} \\ | \\ R \end{array} \right. \left. \begin{array}{c} Y \\ \diagup \\ \diagdown \\ N \\ | \\ R \end{array} \right)$$

分子中两个氮原子是碱性杂环的一部分,Y 为组成杂环的杂原子,根据不同的杂环,菁染料有硫菁、氧菁、硒菁等。在两个氮原子之间有次甲基链相联,按次甲基链长度不同,菁染料又可分为:一次甲基菁、三次甲基菁(碳菁)、五次甲基菁(二碳菁)、七次甲基菁(三碳菁)等。染料的主体是阳离子。

10·3·1·2 份菁染料

份菁染料是酰胺的插烯物,其通式为:

$$\left(\begin{array}{c}
Y \\
| \\
C = (C-C)_n = C \\
| \qquad\qquad | \\
N \qquad\qquad N
\end{array}\right)$$

分子中氮原子为碱性杂环的组成部分,羰基是酸性杂环的一部分。多甲川链 $n = 0$ 称为份菁,$n = 1$ 称份碳菁(二甲川份菁),$n = 2$ 称份二碳菁(四甲川份菁),其他依次类推。染料是非离子型的。

菁染料具有非常鲜艳色泽,但由于其对光坚牢度较差,极易褪色,故而一般不作为织物染色用。作为光谱增感剂使用的菁染料要求具有极高纯度,少量杂质的存在会严重影响其增感作用。

光谱增感染料使用时,都将它溶解在醇溶液中,然后将它加至感光乳剂中,所用量极少,按摩尔比只需卤化银的 $1/2000 \sim 1/20000$,每千克乳剂中仅需几~十几毫克,每一个增感染料对不同乳剂都有一个最佳用量,此时才能发挥其最佳增感作用。

10·3·2 菁染料的光吸收

菁染料的光吸收作用及其结构与光吸收作用关系是研究其光谱增感作用的主要基础。通常根据乳剂感色范围的要求来选择合适的染料。

10·3·2·1 多甲川链长度的影响

随着多甲川链长度的增加,染料的最大吸收波长向长波方向

移动。例如在以下结构中:

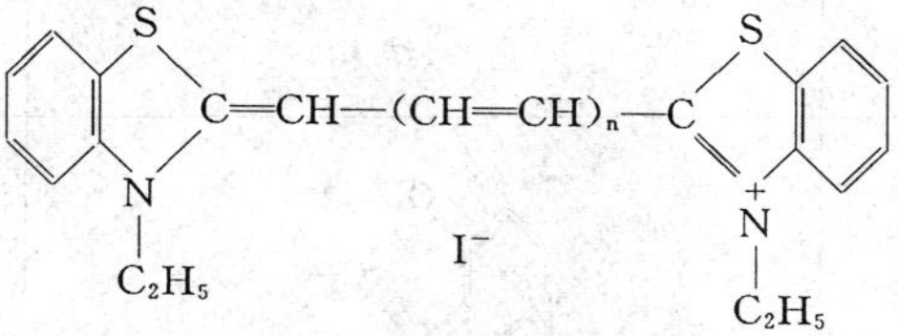

当 $n=0,1,2,3$ 时,它们在甲醇中最大吸收波长 λ_{max} 分别为 $432,557,650,758$ 纳米,由此可见当 n 增加 1 时,其 λ_{max} 发生约 100 纳米的红移。以上四个染料的吸收峰跨越整个可见光谱区,如果链更长可获得更长的红外区吸收染料,但随着链的增加染料光稳定性越差。

10·3·2·2 杂环核的影响

由各种不同杂环核构成的菁染料,它们的最大吸收波长是不同的,表 10-1 列出了具有各种不同杂环核的 N,N'-二乙基对称碳菁染料的最大吸收波长,杂环核的碱性按次序增大(排斥电子的相

表 10-1 碳菁染料在乙醇中的最大吸收波长

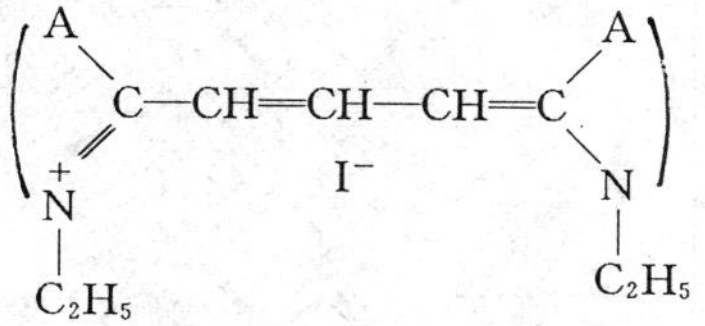

杂 环 核 A	化 学 结 构	λ_{max}^{EtOH} (nm)
吡咯	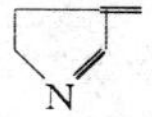	424
噻唑啉	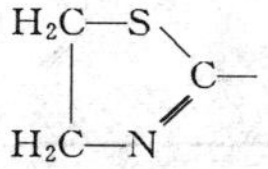	444

杂环核 A	化学结构	λ_{max}^{EtOH} (nm)
苯并噁唑		482
N-乙基苯并咪唑		496
噻唑		543
3,3-二甲基氮茚		545
苯并噻唑		557
吡啶-(2)		562
苯并硒唑		567

杂 环 核 A	化 学 结 构	λ_{max}^{EtOH} (nm)
α-萘并噻唑		594
β-萘并噻唑		597
吡啶-(4)		602
喹啉-(2)		605
喹啉-(4)		704

对强度），由此可见当连接杂环核的多甲川链长度相同时，碱性较小的杂环核生成的菁染料，吸收较短波长的光，碱性较大的杂环核生成的菁染料，吸收波长较长的光。

当多甲川链两端分别由两个不同的杂环核相连时，则生成不对称菁染料，此不对称菁染料的最大吸收波长常位于由两个母核形成的对称菁染料的最大吸收波长算术平均值更短的波长处（永远不会在更长波长处）。

$$\lambda \leqslant \frac{1}{2}(\lambda_1 + \lambda_2)$$

例如：不对称菁

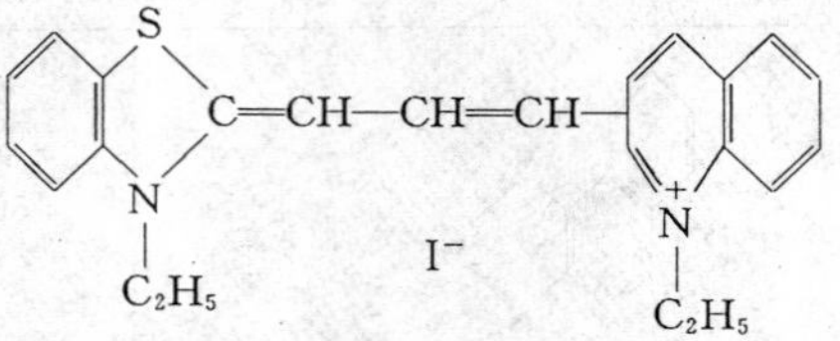

$\lambda_{max} = 580$ 纳米

相对应的对称型菁染料为：

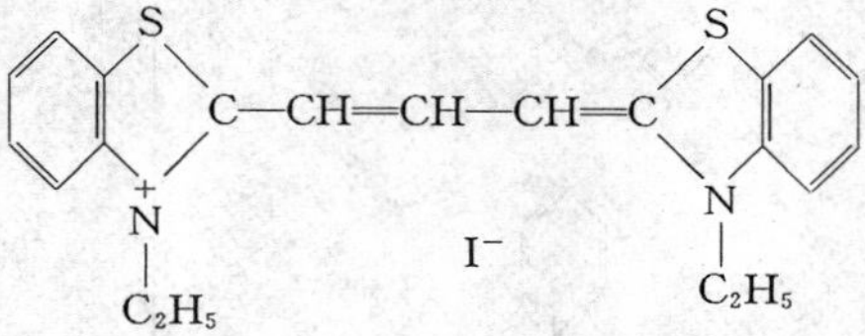

$\lambda_{max} = 557$ 纳米

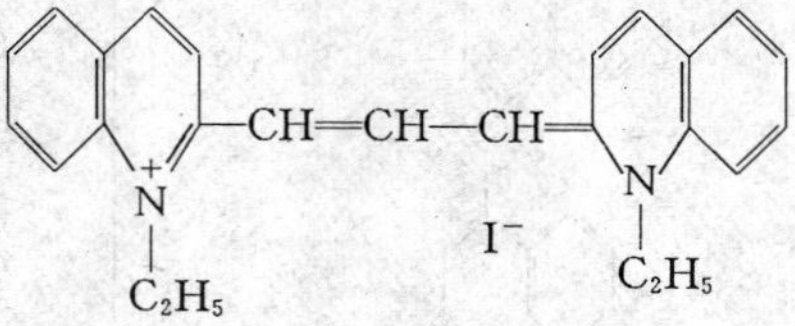

$\lambda_{max} = 605$ 纳米

按上式计算不对称菁 $\lambda_{max} = \frac{1}{2}(557 + 605) = 581$ 纳米，与实际测得的最大吸收波长 580 纳米基本一致。

10·3·2·3 取代基的影响

在菁染料分子中以引入各种取代基方法来改变其吸收性质达到增感要求，具有很大应用及理论研究意义。

一般在菁染料的杂环氮原子上，改变不同的烷基对染料光吸收效应不太明显；若杂环核不断并合苯环，则染料最大吸收波长红移。此规律可由表 10-1 中可看出，当杂环噻唑，变为苯并噻唑、α-萘并噻唑、β-萘并噻唑时，其最大吸收波长依次增大；在菁染料多甲川链上引入取代基对染料光吸收影响,对噻碳菁染料来说,中位引入烷基、氨基后染料最大吸收波长紫移,使染料颜色变浅,但引入叔丁基和各种芳核,杂环核时,则染料最大吸收波长红移。噁碳菁不同于噻碳菁和硒碳菁,中位引入烷基后其最大吸收波长反而红移。

表 10-2　噻碳菁甲川链中位取代基影响

取 代 基 R	λ_{max} (nm)	$\Delta\lambda$ (nm)	取 代 基 R	λ_{max} (nm)	$\Delta\lambda$ (nm)
H	557		叔-C_4H_9	592	35
CH_3	544	−13		561	4
C_2H_5	547	−10	O_2N	570	13
$N(C_2H_5)_2$	468	−89		575	18
NH	501	−56		585	28

10·3·3 杂环中间体的合成

10·3·3·1 用于菁染料的碱性杂环合成

1）2-甲基-4,5-二苯基噻唑

以二苯乙醇酮（安息香）为原料，用亚硫酰氯氯化后，再用硫代乙酰胺环构而成

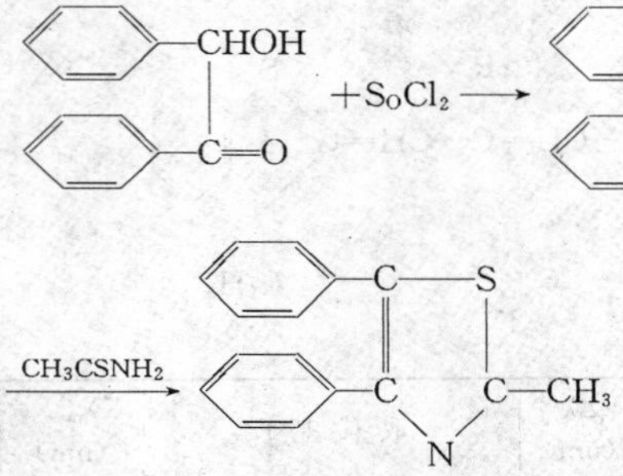

2）2-甲基苯并噻唑

以硫代乙酰苯胺在碱溶液中用赤血盐环构而成。

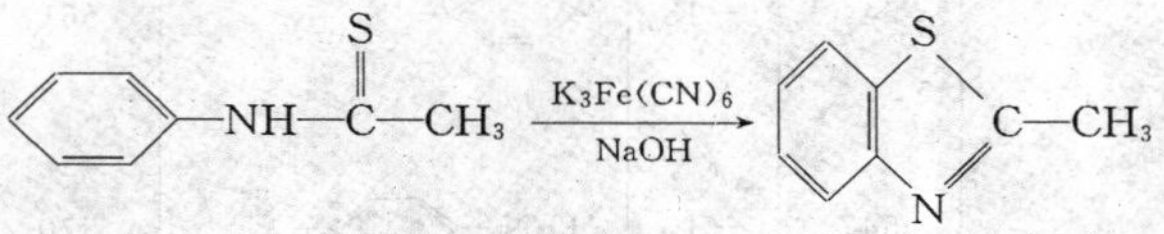

也可用邻硝基氯苯及其衍生物为原料合成，其方法为：

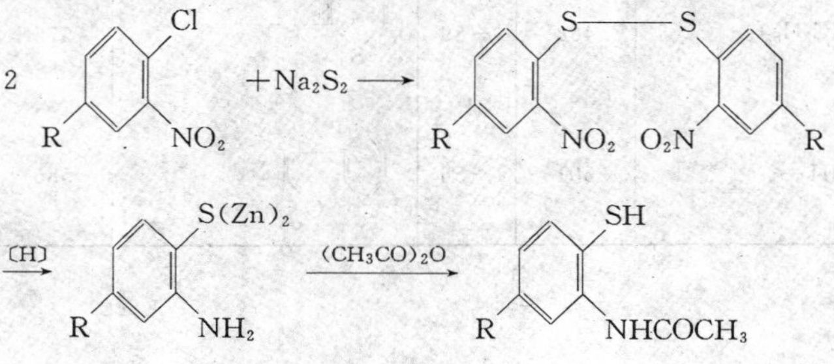

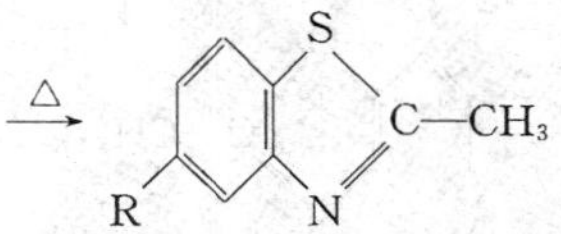

$\xrightarrow{\triangle}$

（结构式：苯环上带 S—C—CH₃ 的苯并噻唑环，取代基 R，N）

二硝基二苯基二硫化物也可用邻硝基苯胺合成：

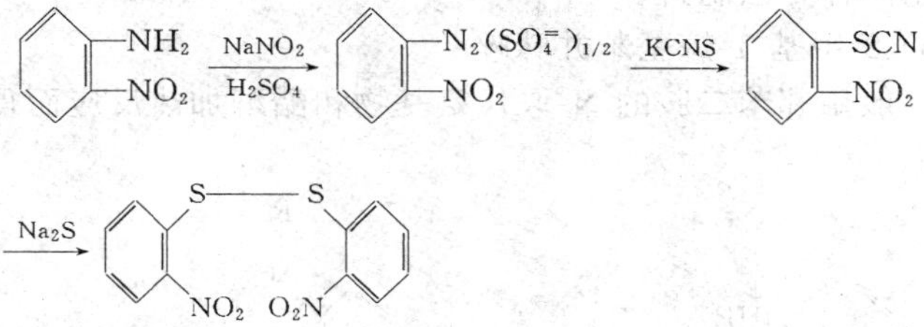

（反应式：邻硝基苯胺 $\xrightarrow[H_2SO_4]{NaNO_2}$ 重氮盐 $N_2(SO_4^=)_{1/2}$，NO_2 $\xrightarrow{KCNS}$ SCN、NO_2 取代苯）

（反应式：$\xrightarrow{Na_2S}$ 二硫化物结构，带 NO_2、O_2N）

　　由 2-甲基苯并噻唑及其衍生物构成的菁染料具有较好的光谱增感性能而被广泛应用。其他如 2-甲基-β-萘并噻唑、2-甲基-5-氯基-苯并噻唑、2-甲基-6-甲氧基苯并噻唑等均可用上述方法制备。

3）2-烷硫基苯并噻唑

由 2-巯基-苯并噻唑烷化而成

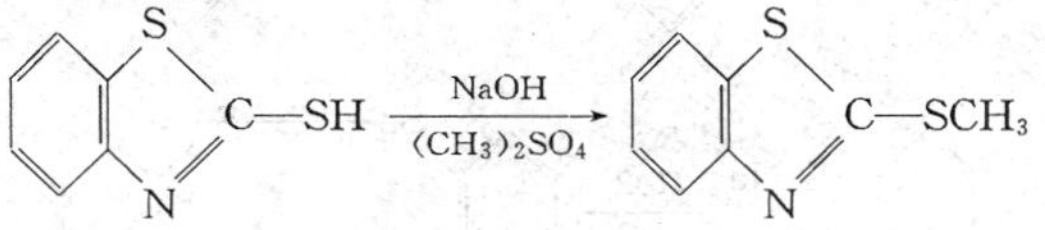

（反应式：苯并噻唑-2-C—SH $\xrightarrow[(CH_3)_2SO_4]{NaOH}$ 苯并噻唑-2-C—SCH₃）

2-巯基-苯并噻唑由苯胺与二硫化碳及硫作用而成：

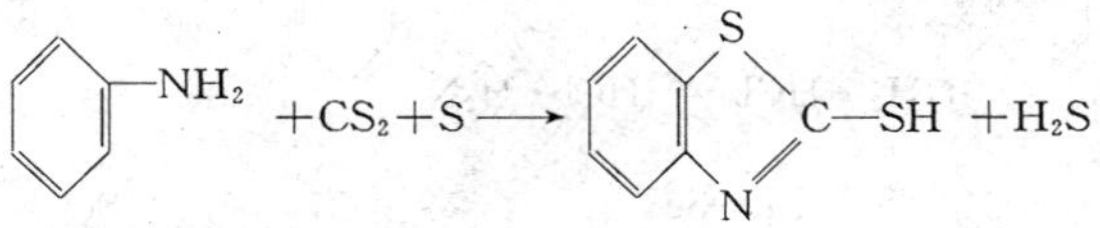

（反应式：苯胺 $+CS_2+S \longrightarrow$ 苯并噻唑-2-C—SH $+H_2S$）

4）2-甲基苯并噁唑

由邻氨基苯酚以醋酐酰化环构而成

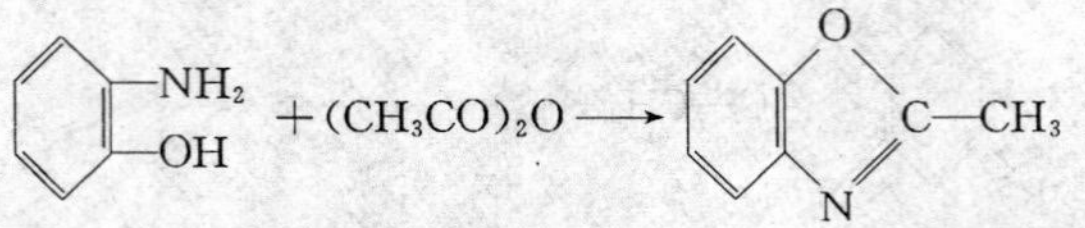

2-甲基-5,6-二甲基苯并噁唑可用 4,5-二甲基-2-羟基苯胺为原料用同样方法制备。

5）2-甲基-1-烷基苯并咪唑

一般用邻苯二胺的 N-取代氨基物和醋酐加热反应而得。

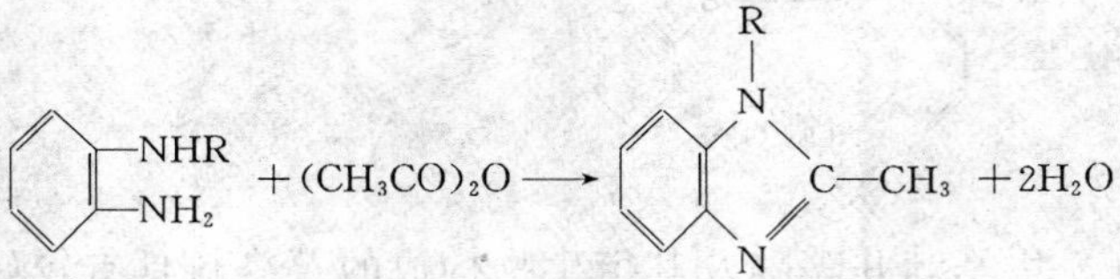

6）2-甲基-苯并硒唑

以邻-硝基苯胺为原料重氮化后与硒氰化钾作用，然后还原生成邻氨基硒酚，再氧化后成二硒化物，经酰化环构即成

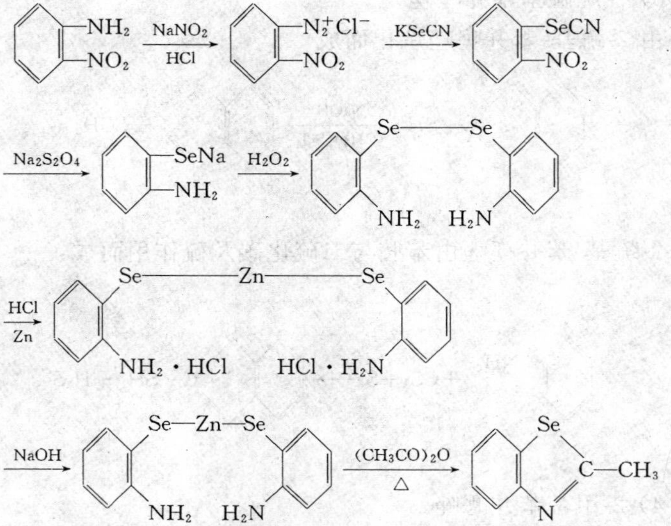

同样 2-甲基-5-甲氧基苯并硒唑可用 3-硝基-4-氨基苯甲醚为原料制备。

7) 2,3,3-三甲基氮茚

用甲基异丙基酮和苯肼作用而成

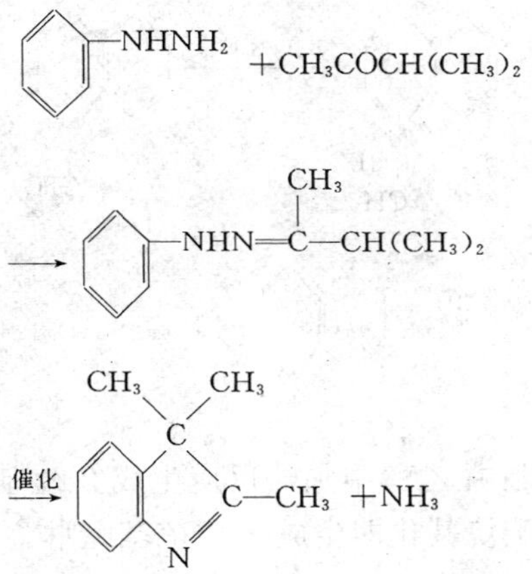

$$+CH_3COCH(CH_3)_2$$

$$+NH_3$$

8) 4-甲基喹啉及 2-甲基喹啉

以甲基乙烯酮与苯胺在乙醇溶液中加热回流反应可制得

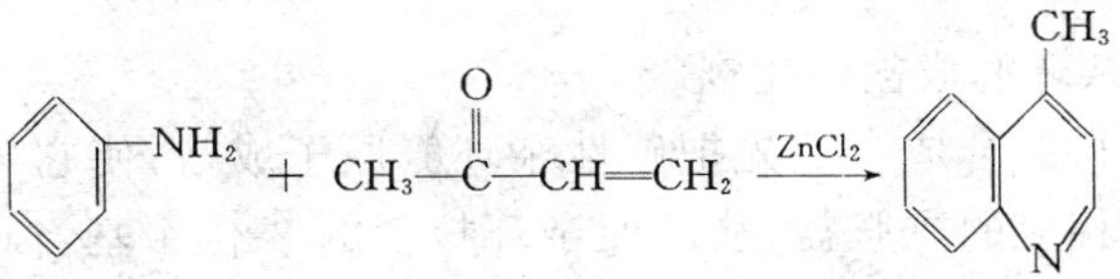

以苯胺和乙醛缩合,则生成 2-甲基喹啉

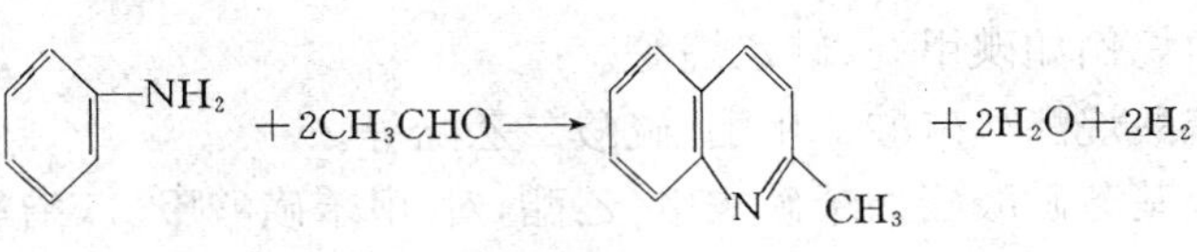

$$+2H_2O+2H_2$$

9）2-碘喹啉及 2-甲硫基喹啉

用喹啉的甲基碘盐,在碱性条件下以铁氰化钾反应生成 N-甲基二氢喹啉酮,再以五氯化磷氯化成 2-氯喹啉,最后用氢碘酸反应生成 2-碘喹啉。

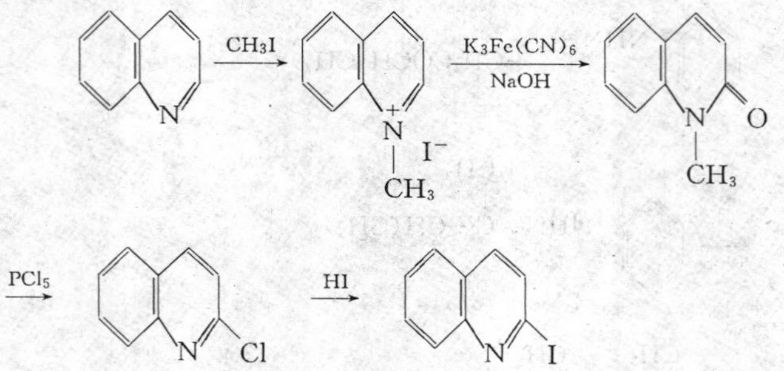

如以 2-氯喹啉和硫脲在乙醇中加热反应生成 2-巯基喹啉,再在碱溶液中以硫酸二甲酯烷基化即生成 2-甲硫基喹啉。

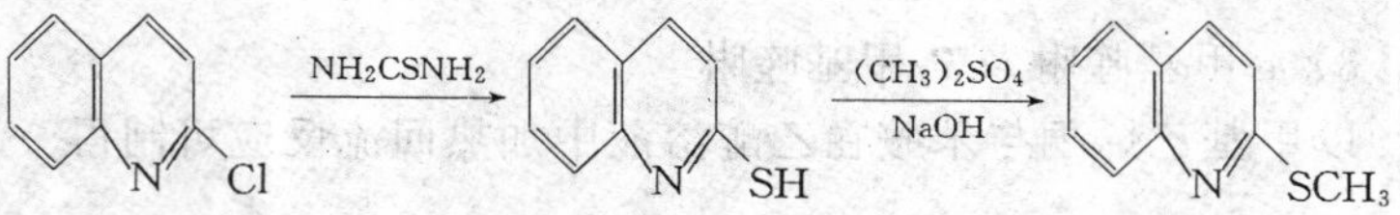

10）杂环的成盐烷化剂

菁染料的合成一般先把碱性杂环氮原子成盐,使它与烷化剂反应生成相应的季胺盐,从而使杂环核上的 2-位甲基、卤原子、烷硫基更为活泼,然后在原甲酸三乙酯等缩合剂存在下缩合生成菁染料。

常用烷化剂主要有:

卤烷例如碘甲烷、碘乙烷等。

硫酸烷酯如硫酸二甲酯、硫酸二乙酯等。

烷基芳磺酸酯如苯磺酸甲、乙酯,对-甲苯磺酸甲、乙酯等。

卤烷是较弱的烷化剂,硫酸烷酯是较活泼的成盐剂,常被用作不能与卤烷成盐的杂环的成盐剂,烷基芳磺酸酯的活泼性虽然比硫酸烷酯小,但能引入长烷基且毒性也小。烷基以甲基、乙基用得最广。

10·3·3·2 用于份菁染料的酸性杂环合成

1) 乙基罗丹宁(3-乙基-2-硫代噻唑啉酮-〔4〕)

以二硫化碳与乙胺反应生成二硫代乙氨基甲酸钠盐,再以氯乙酸钠反应经醋酸酸化而成。

$$C_2H_5NH_2+CS_2 \longrightarrow \underset{\displaystyle SH}{\overset{\displaystyle S}{\parallel}}C-NHC_2H_5 \xrightarrow{NaOH} NaS-\overset{\displaystyle S}{\overset{\displaystyle \parallel}{C}}-NHC_2H_5$$

$$NaS-\overset{S}{\overset{\parallel}{C}}-NHC_2H_5 +ClCH_2COONa \longrightarrow \underset{NHC_2H_5}{\overset{S-CH_2COONa}{C=S}} +NaCl$$

$$\underset{NHC_2H_5}{\overset{S-CH_2COONa}{C=S}} +CH_3COOH \longrightarrow \left[\begin{array}{c} H_2C-S \\ O=C \quad C=S \\ N \\ C_2H_5 \end{array}\right] +NaOH$$

2) 1-苯基-2-硫代-3-乙基-咪唑啉酮-〔4〕

以苯氨基乙酸乙酯和异硫氰酸乙酯反应而成:

$$\text{〔苯基〕}-NHCH_2COOC_2H_5 \xrightarrow{C_2H_5N=C=S} \left[\begin{array}{c} H_2C-N-\text{〔苯基〕} \\ O=C \quad C=S \\ N \\ C_2H_5 \end{array}\right]$$

3) 3-乙基-2-硫代噁唑啉酮-〔4〕

以氯乙酸为起始主要原料,通过一系列反应而成:

· 523 ·

$$\underset{\substack{|\\ \text{COOH}}}{\text{CH}_2\text{Cl}} \xrightarrow{\text{K}_2\text{CO}_3} \underset{\substack{|\\ \text{COOK}}}{\text{CH}_2\text{OH}} \xrightarrow[\text{KOH}]{\text{CS}_2} \text{KOOC} \underset{\substack{|\\ \text{SK}}}{\overset{\substack{\text{H}_2\text{C}-\text{O}\\|}}{\text{C}=\text{S}}}$$

$$\xrightarrow{\text{ClCH}_2\text{CONH}_2} \underset{\substack{|\\ \text{OH}}}{\text{O}=\text{C}} \underset{\substack{|\\ \text{S}-\text{CH}_2\text{CONH}_2}}{\overset{\substack{\text{H}_2\text{C}-\text{O}\\|}}{\text{C}=\text{S}}} \xrightarrow{\text{C}_2\text{H}_5\text{NH}_2} \underset{\substack{|\\ \text{OK}}}{\text{O}=\text{C}} \underset{\substack{|\\ \text{NHC}_2\text{H}_5}}{\overset{\substack{\text{H}_2\text{C}-\text{O}\\|}}{\text{C}=\text{S}}}$$

$$\xrightarrow{\text{H}_2\text{SO}_4} \underset{\substack{\\ \text{C}_2\text{H}_5}}{\text{O}=\text{C}\underset{\text{N}}{\overset{\text{H}_2\text{C}-\text{O}}{}}\text{C}=\text{S}}$$

4）1,3-二乙基-丙二酰脲

又名 N,N′-二乙基巴比妥酸,以二乙基脲素与丙二酸在醋酸介质中缩合而成,脲素和乙胺盐酸盐反应可生成二乙基脲素。

$$\text{NH}_2\text{CONH}_2 + 2\text{C}_2\text{H}_5\text{NH}_2 \cdot \text{HCl} \longrightarrow \underset{\substack{\\ \text{H}_5\text{C}_2\text{NH}}}{\overset{\text{H}_5\text{C}_2\text{NH}}{}}\text{C}=\text{O}$$

$$\underset{\substack{\\ \text{H}_5\text{C}_2\text{NH}}}{\overset{\text{H}_5\text{C}_2\text{NH}}{}}\text{C}=\text{O} + \underset{\substack{\\ \text{COOH}}}{\text{H}_2\text{C}}\overset{\text{COOH}}{} \xrightarrow{(\text{CH}_3\text{CO})_2\text{O}} \text{H}_2\text{C}\underset{\substack{\\ \text{O}}}{\overset{\text{O}}{}}$$

10·3·4 菁染料的合成

10·3·4·1 概述

对于简单的一甲川菁染料,可将两种杂环季胺盐在有机溶剂及碱性物质存在下,经缩合反应而成,常用的有机溶剂为乙醇、吡啶、醋酐等。碱性物质有乙醇钠、六氢吡啶、三乙胺等。例如：

$$S \quad \overset{a+}{C}-SCH_3 \quad + \quad :H_2C \overset{}{\underset{N^+}{\text{(喹啉环)}}} \longrightarrow$$

（上式左侧苯并噻唑环，N 上连 C_2H_5，I^-；右侧喹啉环 N 上连 C_2H_5，X^-）

$$\longrightarrow \quad S-C\!=\!CH-\overset{}{\underset{N^+}{}} \quad X^-$$

反应中 2-甲基杂环季胺盐先和碱性物质作用，失去一分子卤化氢，生成亚甲基碱，很易和各种亲电子试剂反应；而另一带有活性负原子基团的杂环季胺盐分子中，由于共轭效应而使联接负原子基团的碳原子带正电，而成为亲电子试剂。从而二者很易反应而生成染料。因此两种杂环中间体其一必须含有活性甲基的杂环季铵盐，第二种组分必须含有一个负原子基团联接在杂环核碳原子上的季胺盐。

三甲川菁可用缩合剂原羧酸酯 $RC(OC_2H_5)_3$（$R=H$，CH_3，C_2H_5 等）、二苯基甲脒 $\langle\!\!\rangle-NHCH\!=\!N-\langle\!\!\rangle$，与两分子 2-甲基杂环季胺盐在有机溶剂作为介质中反应而成对称或不对称染料。按缩合剂原羧酸酯中 R 不同可制取甲川链中位有无取代基的三甲川菁。

例如：

$$2 \quad \overset{O}{\underset{N^+}{C-CH_3}} \quad + \quad HC(OC_2H_5)_3 \longrightarrow$$

（左侧萘并噁唑环，N 上连 C_2H_5，$C_2H_5SO_4^-$）

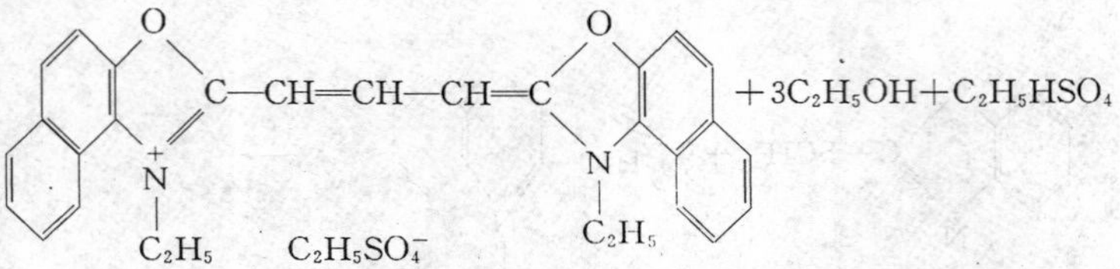

$$+3C_2H_5OH+C_2H_5HSO_4$$

以 C_2H_5 $C_2H_5SO_4^-$ 结构表示于图中。

10·3·4·2 黑白照相材料用菁染料

黑白照相材料所用卤化银乳剂,由于它只对蓝紫光敏感,故称盲色乳剂。为扩大其感色范围,常选用光谱增感染料来实现,按其感色范围可分为感绿增感染料和感红增感染料,当加入此两类染料后,它的感色性就包括可见光的全部区域,这种乳剂称全色性的,一般摄影用的负片都是这种全色片。对自然界的各种色彩能以不同深浅的黑色表示出来,这样所摄到图像尽管是黑白的,但感觉层次丰满给人以一种艺术享受。

1)感绿增感染料

大都是一甲川菁染料,增感染料 1555 是黑白胶片常用的感绿增感剂,其结构式为:

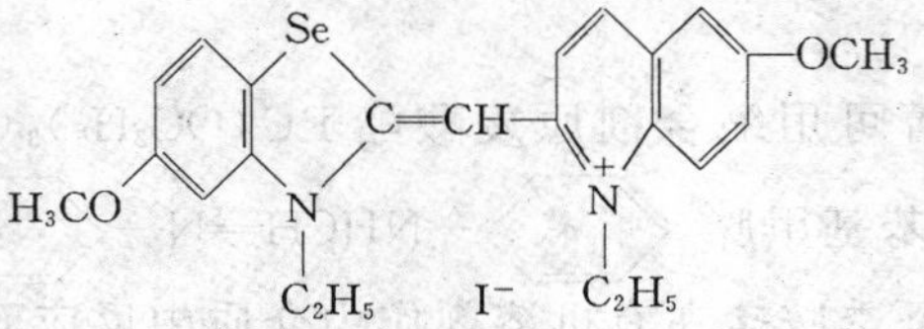

它在甲醇中最大吸收波长 500 纳米,其最大增感波长 555 纳米,增感范围为 510~580 纳米。

增感染料 1555 的合成方法是将 2-甲基-5-甲氧基苯并硒唑碘乙烷盐和 2-乙硫基-6-甲氧基喹啉碘乙烷盐,两者溶于无水乙醇后,以六氢吡啶做溶剂,加热回流而成。

2-乙硫基-6-甲氧基喹啉碘乙烷盐合成的简单示意如下:

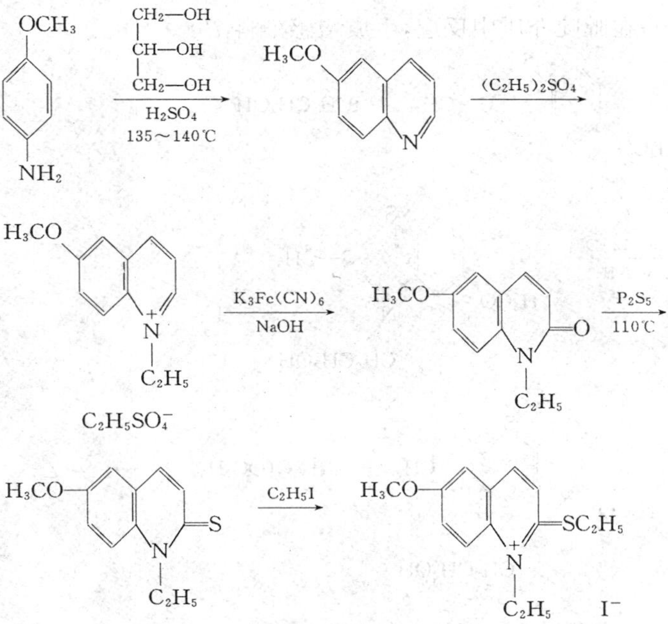

2) 感红增感染料

感红增感染料主要是三甲川菁类染料,增感染料 798 是黑白胶片常用的感红增感剂,其结构式为:

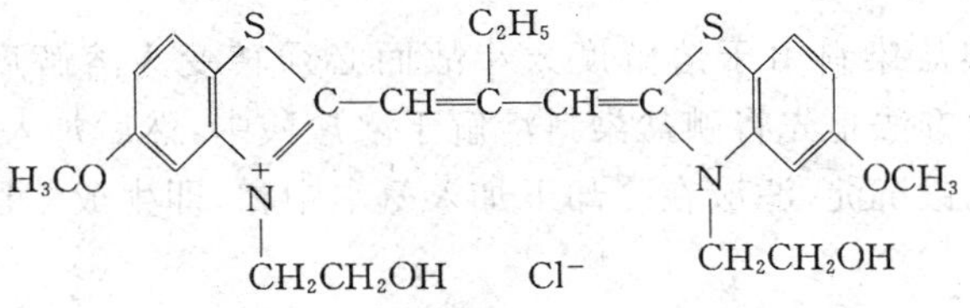

它在甲醇中最大吸收波长为 560 纳米,最大增感波长为 650 纳米,增感范围为 560～680 纳米,常与增感染料 1555 配合使用。

增感染料 798 的合成方法为:先将 5-甲氧基-2-甲基-苯并噻唑与碘乙醇烷基化反应生成羟乙基碘盐。然后以原丙酸三乙酯为缩合剂,在吡啶介质中反应,生成增感染料 798。

$$\text{H}_3\text{CO}\underset{N}{\overset{S}{\bigcirc}}\text{C}-\text{CH}_3 \ + \ \text{ICH}_2\text{CH}_2\text{OH}$$

$$\xrightarrow[\text{30 小时}]{110\sim120\text{℃}}$$

$$\text{H}_3\text{CO}\underset{\overset{+}{N}}{\overset{S}{\bigcirc}}\text{C}-\text{CH}_3 \qquad \text{I}^-$$
$$\quad\quad\quad\quad\text{CH}_2\text{CH}_2\text{OH}$$

$$2\ \text{H}_3\text{CO}\underset{\overset{+}{N}}{\overset{S}{\bigcirc}}\text{C}-\text{CH}_3 \ + \ \text{C}_2\text{H}_5\text{C(OC}_2\text{H}_5)_3 \longrightarrow$$
$$\quad\quad\quad\text{CH}_2\text{CH}_2\text{OH}$$

$$\text{H}_3\text{CO}\underset{\overset{+}{N}}{\overset{S}{\bigcirc}}\text{C}-\text{CH}=\overset{\overset{\text{C}_2\text{H}_5}{|}}{\text{C}}-\text{CH}=\text{C}\underset{N}{\overset{S}{\bigcirc}}\text{OCH}_3 \quad \text{I}^-$$
$$\quad\quad\text{CH}_2\text{CH}_2\text{OH}\quad\quad\quad\quad\text{CH}_2\text{CH}_2\text{OH}$$

生成的碘盐染料由于溶解度太小故而必须转变为溶解度大的氯
盐。转盐方法是先将碘盐染料溶解于浓盐酸中,然后加入氯化银,
滤去碘化银沉淀,滤液在冷却下加入氨水中和,即生成紫黑色氯盐
结晶。

如果 5-甲氧基-2-甲基-苯并噻唑用氯乙醇成盐,这样后面制
得染料阴离子为氯,不必再进行转盐过程,但氯乙醇成盐条件较苛
刻,需 140℃反应 30 余小时才成。

10·3·4·3　彩色感光材料用菁染料

欲使多层彩色片的各乳剂层具备不同的感色性能,就必须采

用适当的光谱增感剂来分别地使各层乳剂对相应色光进行感光，当然其中感蓝光乳剂层是不加光谱增感染料的。

1）感绿层增感染料

多层彩色片用感绿增感染料主要是碳菁类染料，适用于彩色负片的有：3,3′-二丙基磺酸-5,5′-二氯基-9-乙基噁碳菁内铵盐，其结构为：

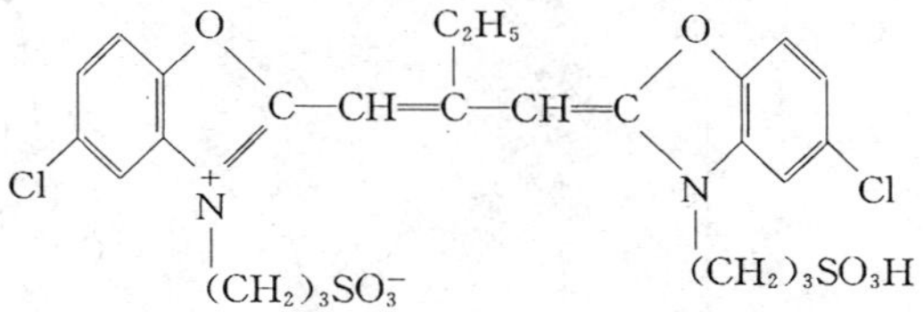

（ Ⅰ ）

它的最大吸收波长为 497 纳米，最大增感波长为 552 纳米。

再如 5,5′,6,6′-四氯-1,1′,3-三乙基-3′-丁基磺酸咪碳菁内铵盐，其结构为：

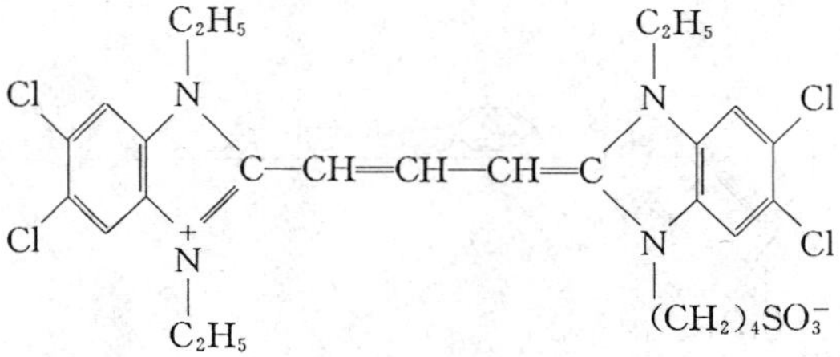

（ Ⅱ ）

它的最大吸收波长为 514 纳米，最大增感波长为 570 纳米。两个染料前者的感色波长偏于短波区域，后者偏于长波区域，两者如复配使用，则可使卤化银乳剂具有较宽阔的感绿波长范围。上述咪碳菁染料是以二苯基甲脒为缩合剂与等摩尔的 2-甲基苯咪唑季胺盐反应，生成 β-苯胺基乙烯基衍生物，然后在硝基苯溶剂中和另一摩尔 2-甲基苯并咪唑反应而成，方法如下：

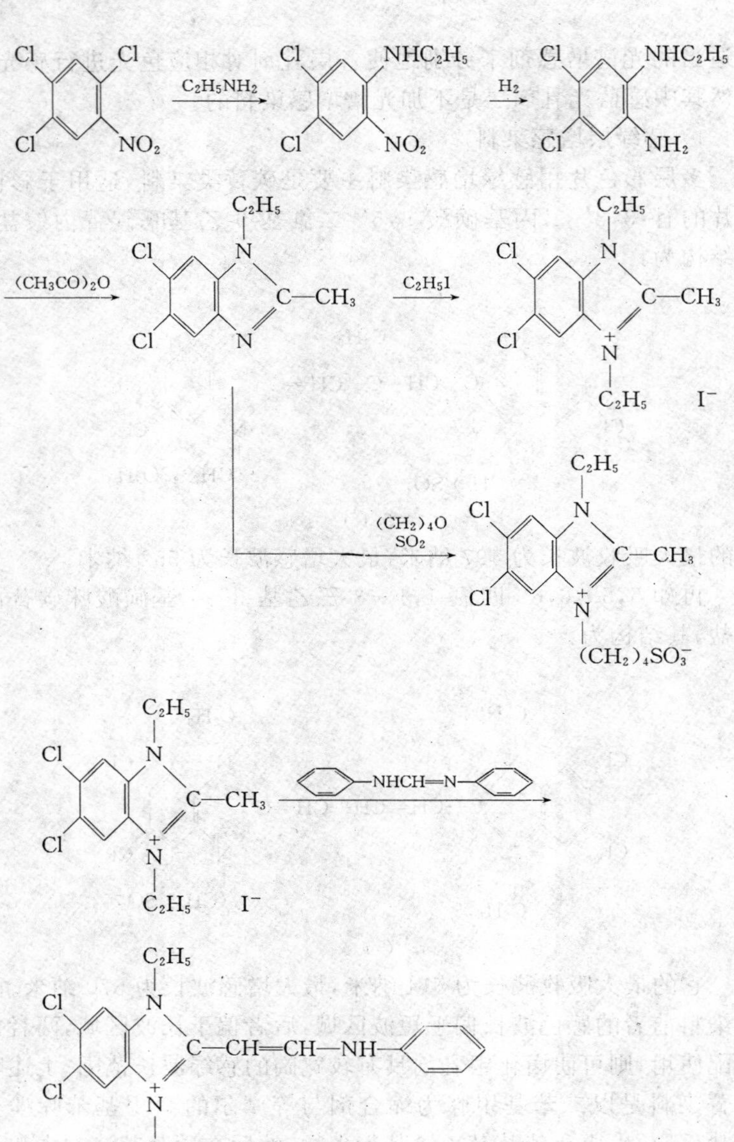

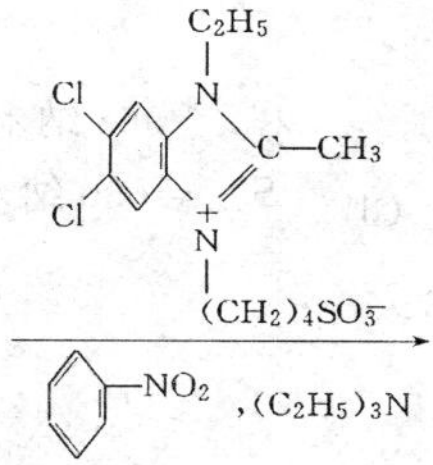

（Ⅱ）

用于彩色正片的感绿层用增感染料有：

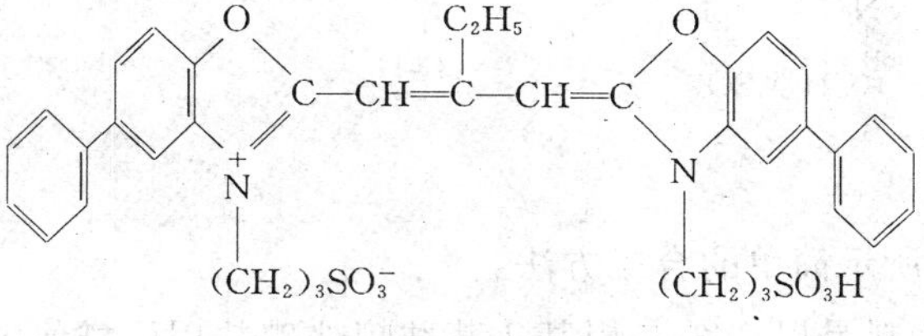

3，3′-二丙基磺酸-5，5′-二苯基-9-乙基-噁碳菁内铵盐，其最大吸收波长 504 纳米，最大增感波长 545～550 纳米。

2）感红层增感染料

在彩色负片感红层中所用增感染料，为提高其感光度，现在都用几种增感染料组成超增感方法，例如下面有三个染料(a)、(b)、(c)组成的增感染料，显示了较好的感红增感性能，其性能优于各自的感红性能。S_{max}表示最大增感波长，

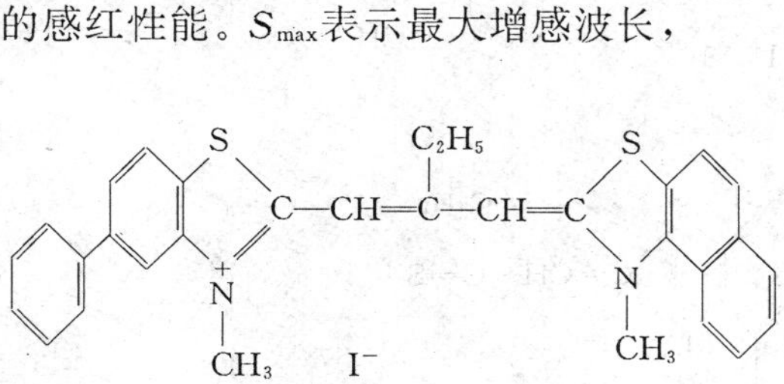

$\lambda_{max}=565$ 纳米
$S_{max}=650$ 纳米

(a)

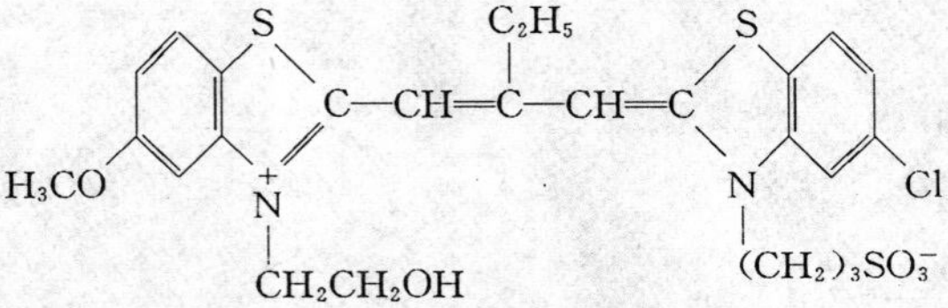

(b)

λ_{max} = 565 纳米
S_{max} = 650 纳米

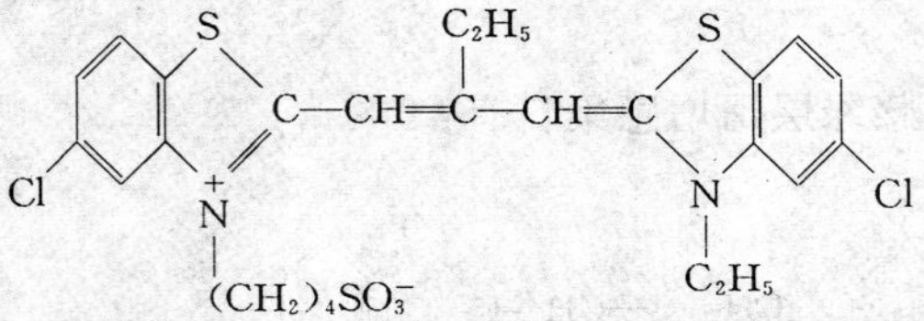

(c)

λ_{max} = 555 纳米
S_{max} = 650 纳米

下面所示简单的合成方法：

(a)染料是以 2,3-二甲基β-萘并噻唑碘盐用丙酰氯酰化，然后硫化生成β-甲硫基乙基乙烯基衍生物，再和 2,3-二甲基-5-苯基苯并噻唑碘盐缩合而成：

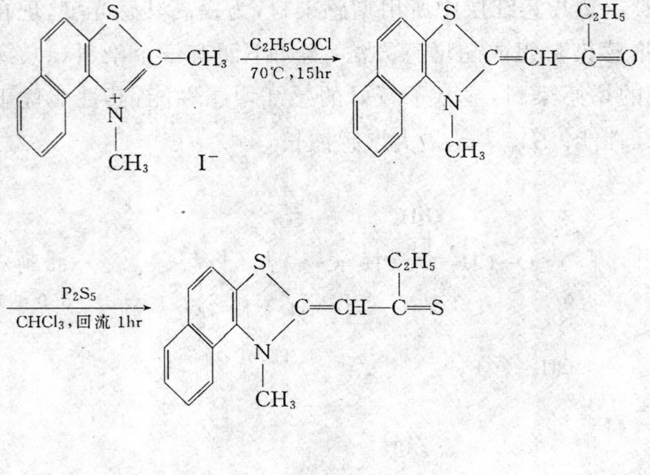

（b）染料的合成是将 2-甲基杂环季胺盐以酸酐酰化，再和另一分子 2-甲基杂环季胺盐缩合而成。

(c)染料的合成与上法基本相似,将 2-甲基-5-氯苯并噻唑的碘盐以丙酰酰化,然后以对甲苯磺酸乙酯成盐,最后和 2-甲基-5-氯苯并噻唑的丁基磺酸季胺盐缩合而成。

作为彩色胶片感红层用增感染料,目前还大都采用份菁类的罗丹菁染料,因此类染料对成色剂较稳定,且有较狭窄的感光区。

10·3·5 份菁染料的合成

份菁染料是一种非离子型中性多甲川染料,共轭双键通过氧原子和氮原子相连,氮原子是菁染料中的碱性杂环。氧原子是含有—COCH$_2$—基团的环状羰基亚甲基化合物。常用的有:

烷基罗丹宁   海棠宁   2-硫代噁唑啉酮-〔4〕

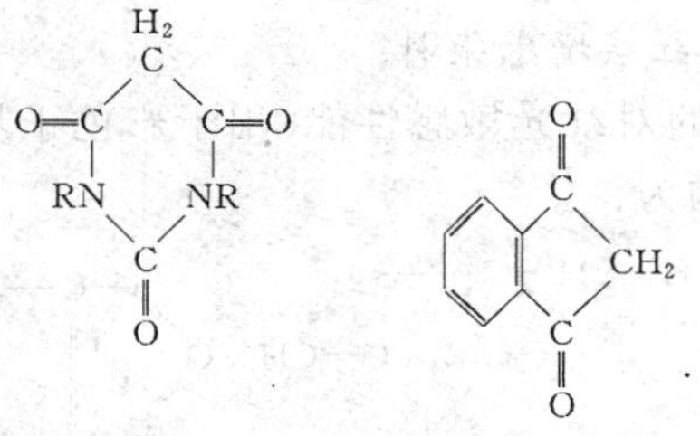

巴比妥酸　　　　　1,3-茚二酮

份菁染料的合成方法常以碱性杂环季胺盐和上述羰基亚甲基化合物缩合而成。

除了简单份菁染料有一个碱性氮杂环与另一个酸性杂环（羰基亚甲基化合物）组成外，还有一种由份菁染料衍生的三核菁，它是由两个碱性杂环核和一个酸性杂环核组成。从它结构上看一半是个份菁，另一半是菁类，份菁和菁发色团共轭相联成为一个整体，故也称份菁菁。例如：

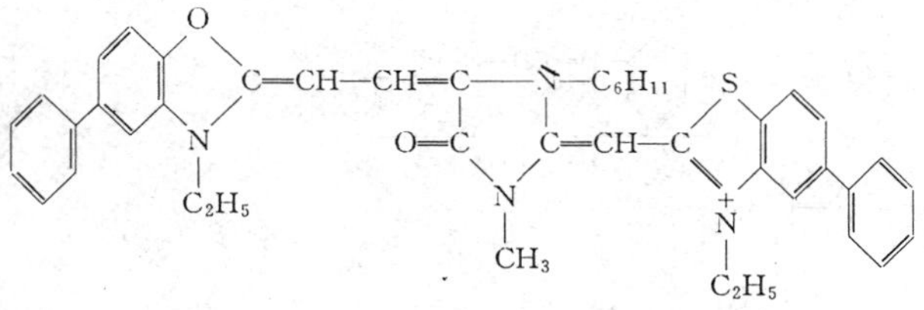

$\lambda_{max}=650$ 纳米
$S_{max}=705$ 纳米

由于三核菁具优良应用性能，常被用作彩色多层胶片的感红增感剂。上例被用作负片感红染料。

10·3·5·1　感绿层增感染料

适用于彩色正片中的感绿增感染料有：

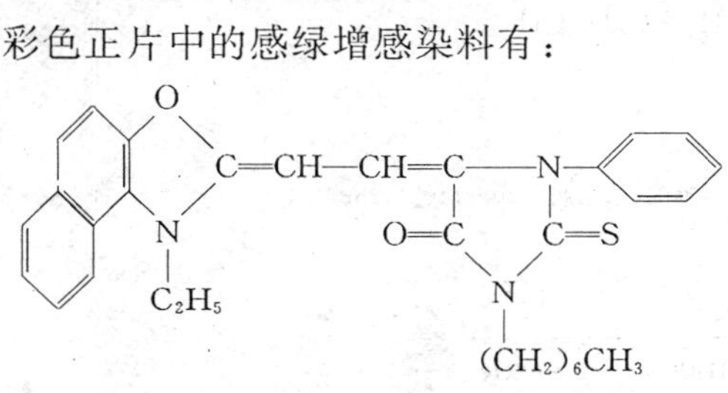

它的 $\lambda_{max}=500$ 纳米；$S_{max}=550$ 纳米。

10・3・5・2 感红层增感染料

三核菁具有显著的对红光敏感性能,用于彩色正片感红层的增感染料 1833,其结构为:

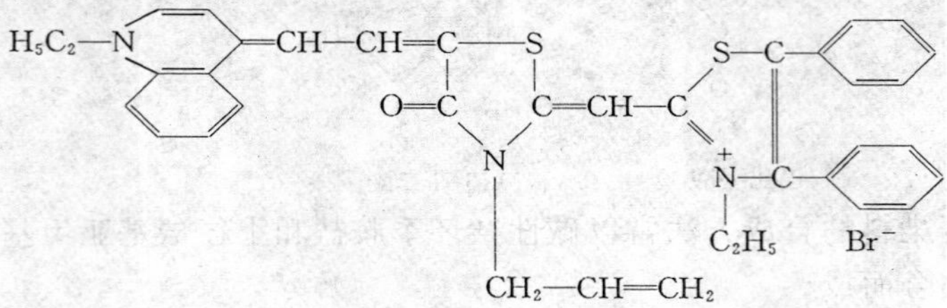

在甲醇中最大吸收波长为 660 纳米,它的最大增感波长为 700~705 纳米。它的合成方法为:先以丙烯基罗丹宁和 N-甲基-二苯基甲脒缩合,再以 1-乙基-4-甲基喹啉季胺盐反应生成份菁。然后与噻唑季胺盐缩合而成:

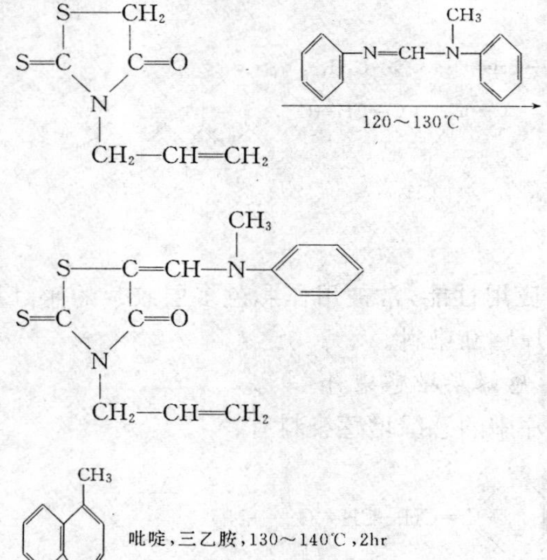

增感染料 3501 也是彩色正片感红层用增感剂,它的最大吸收波长为 660 纳米,最大增感波长为 695 纳米,它也是三核菁染料,其合成方法是先由环状羰基亚甲基化合物与碱性杂环生成一甲川菁,然后与另一杂环季胺盐反应生成三核菁:

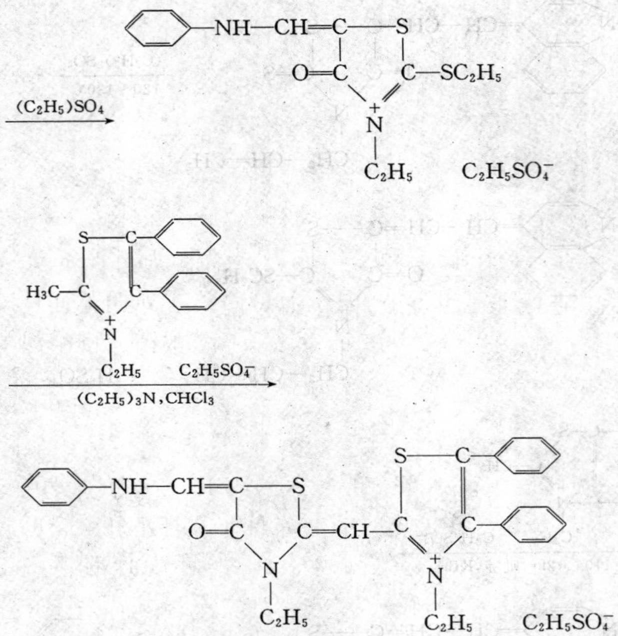

$(C_2H_5)SO_4$

$C_2H_5SO_4^-$

$C_2H_5SO_4^-$
$(C_2H_5)_3N, CHCl_3$

（ I ）

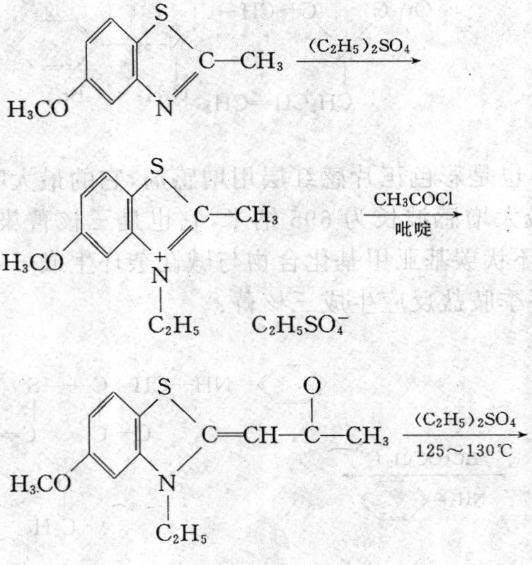

$C_2H_5SO_4^-$

$(C_2H_5)_2SO_4$

$\dfrac{CH_3COCl}{吡啶}$

$C_2H_5SO_4^-$

$\dfrac{(C_2H_5)_2SO_4}{125\sim130℃}$

$$增感染料\ 3501$$

10·4 彩色显影成色剂

10·4·1 概述

彩色显影成色剂是银盐彩色感光材料显影时能与彩色显影剂的氧化产物反应而生成染料的有机物,简称成色剂。这些染料的光谱吸收必须符合多层片减色法彩色摄影要求,黄色染料能吸收小于 500 纳米的光线;品红染料能吸收 500～600 纳米光线;青色染料能吸收 600～700 纳米的光线。

对黄色成色剂的化学结构一般说均为开链状亚甲基化合物,如取代的苯甲酰基乙酰苯胺:

成品红色成色剂均为环状亚甲基酮化合物,如吡唑酮类:

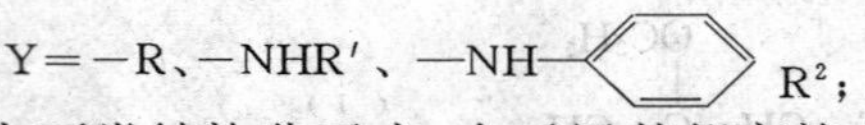
Y=—R、—NHR′、—NH—
R²;

以上两类结构分子中，在亚甲基邻旁均有羰基相联结，由于这些吸电子基团影响，使亚甲基上氢被活泼起来，称活性亚甲基，具有较大反应能力，它能释放出氢原子，与显影剂的氧化产物偶合，生成甲亚胺染料：

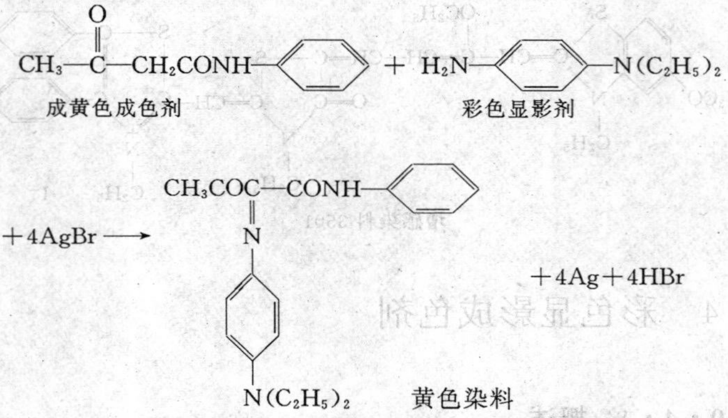
成黄色成色剂
彩色显影剂
+4AgBr
+4Ag+4HBr
黄色染料

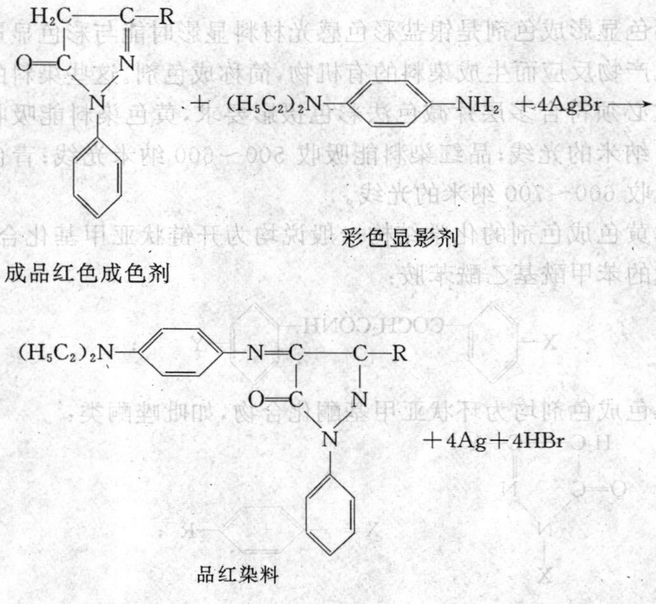
+4AgBr
彩色显影剂
成品红色成色剂
+4Ag+4HBr
品红染料

成青色成色剂大多为苯酚或 α-萘酚类化合物,如:

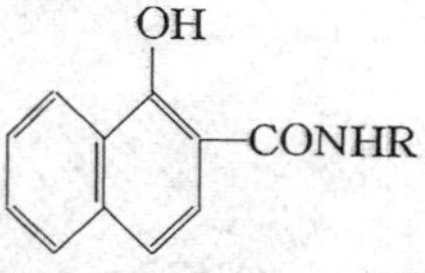

,R:烷基或苯基,结构中羟基对位存在一个活泼氢原子,能与彩色显影剂的氧化产物反应生成吲哚苯胺类染料,显青色。

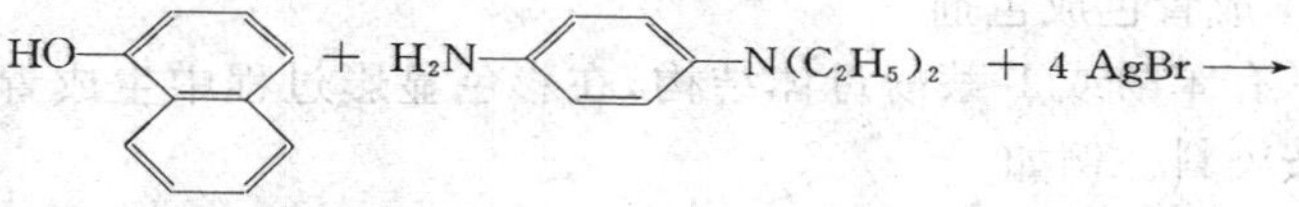

成青色成色剂

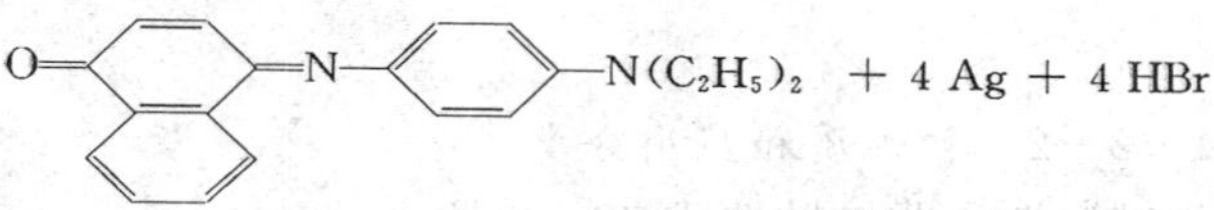

青色染料

10·4·2 分类

按彩色显影剂氧化产物与成色剂生成不同颜色的染料,成色剂可分为成黄、成品红及成青色成色剂三类;按其在乳剂中固定方法可分为水溶性和油溶性成色剂两大类;按其使用方法可分为内偶式及外偶式成色剂两大类。

10·4·2·1 按生成染料颜色分类

1) 成黄色成色剂

具有开链状酰基乙酰芳胺母体结构,在彩色显影过程中生成黄色偶氮甲碱染料。例如

成黄色成色剂

2) 成品红色成色剂

具有环状亚甲基酮结构,在彩色显影过程中生成红色偶氮甲碱染料。例如

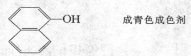

成品红色成色剂

3）成青色成色剂

具有苯酚或 1-萘酚母体结构,在彩色显影过程中生成青色吲哚苯胺染料。例如

成青色成色剂

10·4·2·2　按性质和应用分类

可分为扩散性和非扩散性成色剂两类。

1）扩散性成色剂

在彩色显影液中加入成色剂,在彩色显影过程中它就扩散到乳剂层中,并作用生成染料,称扩散性成色剂,因为它是在显影时才扩散到感光材料中起作用,故也称外偶式成色剂。如:

成黄色成色剂:

$-COCH_2COOC_2H_5$

成品红色成色剂:

成青色成色剂：

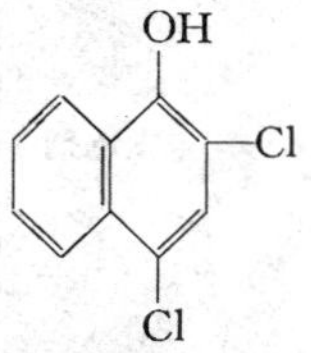

2）非扩散性成色剂

成色剂被固定在感光乳剂中，使它不能扩散，此类成色剂称非扩散性成色剂。由于此类彩色感光材料冲洗加工简便，故而被广泛应用，又因为它是直接加到感光乳剂层中起作用，故又称内偶式成色剂。它又可分为水溶性及油溶性成色剂两种。

水溶性成色剂：分子中具有水溶性基团，并带有长碳链烷基，以加重其分子量，防止其在各乳剂层中扩散。使用时只要将其配成5%的碱性水溶液加入乳剂中，即能均匀分散，使用较为简便，但用这类成色剂制成彩色片，色彩不够鲜艳，且易褪色，不能长期保存，因此水溶性成色剂向油溶性成色剂发展。

常用水溶性成色剂有：

成黄色成色剂：

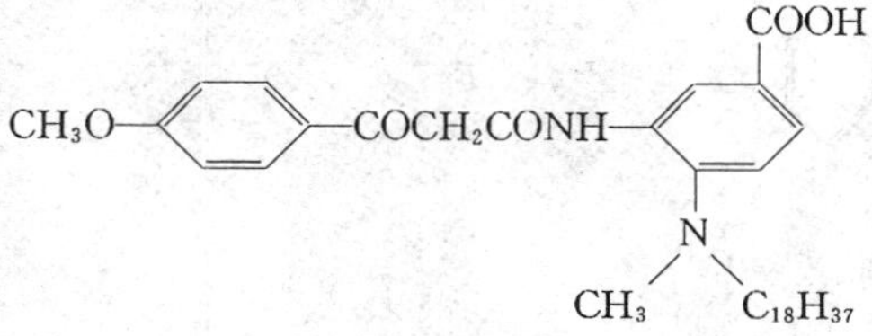

成色剂 521

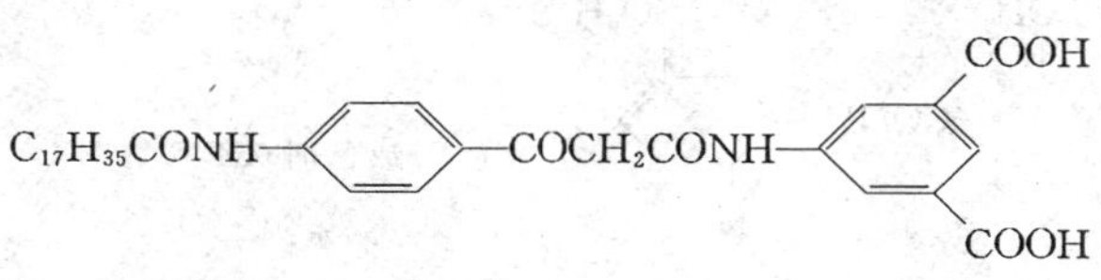

成色剂 535

成品红色成色剂：

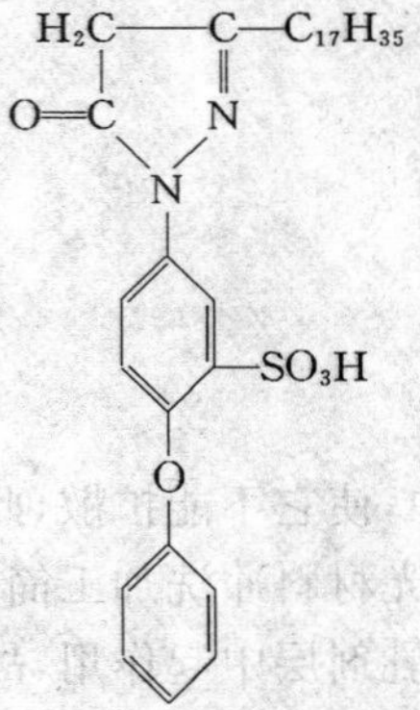

成色剂 169

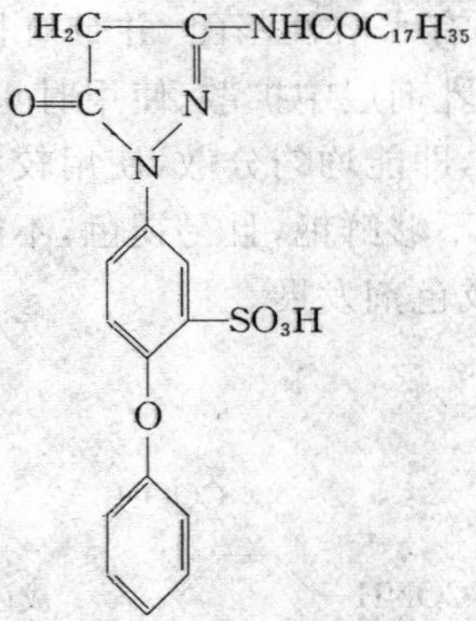

成色剂 130

成青色成色剂：

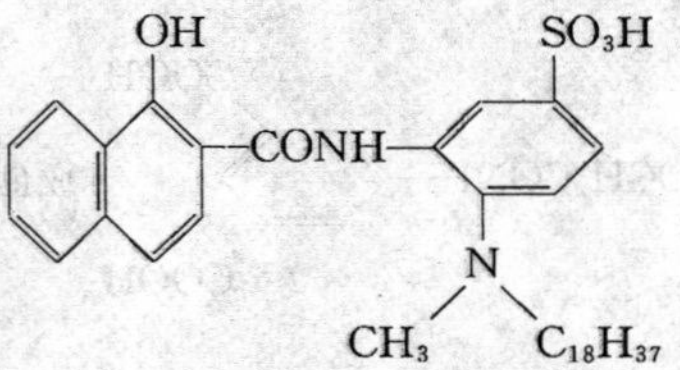

成色剂 654

成色剂 546

　　油溶性成色剂：分子中引入油溶性基团如 2,4-二叔戊基苯酚、间十五烷基苯酚等,它能溶于邻苯二甲酸二丁酯、磷酸三苯酯等有机溶剂中,然后以极小油滴分散在明胶水溶液中,形成高度分散稳定乳液,最后加到感光乳剂中,由它生成染料色彩鲜艳、不易褪色等优点。

　　常用油溶性成色剂有:

　　成黄色成色剂:

　　成品红成色剂:

$$H_2C \quad C-NHCO- -NHCOCH_2O- -C_5H_{11}(t)$$

(成黄色成色剂结构) 带有 O=C、N、N、Cl、Cl、Cl 取代苯环，侧链 $C_5H_{11}(t)$

成青色成色剂：

$$\underset{OH}{\text{萘}}-CONHCH_2CH_2CH_2O--C_5H_{11}(t),\ C_5H_{11}(t)$$

$$\underset{OH,\,Cl}{\text{萘}}-CONHCH_2--OC_{16}H_{33}$$

上列各式中 t 为特戊基。

10·4·3　彩色显影反应机理

彩色显影时，显影剂 N,N-二烷基对苯二胺，首先被曝过光的银离子氧化为半醌离子，然后

$$H_2N--N{\overset{R_1}{\underset{R_2}{<}}} \quad + AgX$$

$$\longrightarrow H_2\overset{+}{N}--N{\overset{R_1}{\underset{R_2}{<}}} \quad + Ag + X^- \cdots\cdots(1)$$

再进一步氧化为醌二亚胺离子(T^+)，醌二亚胺离子

在碱性介质中，

$$H_2\overset{+}{N}-\!\!\!\!\bigcirc\!\!\!\!-N\big<{R_1 \atop R_2} + AgX$$

$$\longrightarrow HN\!=\!\!\!\!\bigcirc\!\!\!\!=N\big<{R_1 \atop R_2} + Ag + X^- + H^+ \cdots\cdots(2)$$

$$(T^+)$$

迅速脱胺，生成醌亚胺。

$$HN\!=\!\!\!\!\bigcirc\!\!\!\!=N\big<{R_1 \atop R_2} \xrightarrow{k_1} HN\!=\!\!\!\!\bigcirc\!\!\!\!=O + HN\big<{R_1 \atop R_2} \cdots\cdots(3)$$

另一方面对成色剂来说，它在碱性介质中解离成成色剂阴离子(C^-)：

$$X\!-\!CH_2\!-\!Y + OH^- \longrightarrow X\!-\!\overset{..}{CH}\!-\!Y + H_2O$$

成色剂　　　　　　　　　(C^-)

醌二亚胺离子与成色剂负离子偶合，而形成染料隐色体，进一步被氧化成染料(D)：

$$HN\!=\!\!\!\!\bigcirc\!\!\!\!=N\big<{R_1 \atop R_2} + :CH\big<{X \atop Y} \xrightarrow{k_2} X\!-\!CH\!-\!HN\!-\!\!\!\!\bigcirc\!\!\!\!-N\big<{R_1 \atop R_2}$$

$$\xrightarrow[\text{快}]{k_3} X\!-\!C\!=\!N\!-\!\!\!\!\bigcirc\!\!\!\!-N\big<{R_1 \atop R_2} \cdots\cdots(4)$$

$$(D)$$

成色剂活性应该说有两个方面：其一是指成色剂参与偶合反应的速度，称化学活性。另一是指成色剂在乳剂层的显影过程中产生一定染料影像的光密度的速度，称照相活性。

成色剂的化学活性可用偶合反应速度常数 k_2，与脱氨反应速

度常数 k_1 之比 k_2/k_1 表示,按反应(3)和(4)式,用化学反应动力学推导:

$$\frac{k_2}{k_1} = \frac{2.303 \lg \dfrac{C_0}{C_0 - D}}{T_0 - D}$$

式中　k_2——偶合反应速度常数;

　　　k_1——脱氨反应速度常数;

　　　C_0——成色剂起始浓度;

　　　T_0——显影剂氧化产物起始浓度;

　　　D——偶合反应无限长时间后染料浓度。

显然,k_2/k_1 值越大,偶合反应就越快。

在彩色显影的反应动力学研究中,发现在一定的显影时间内,彩色胶片的显影也服从 ELVEGARD 的反差系数方程式:

$$\gamma = A \log t + B$$

式中　γ——不同彩色显影时间得出反差;

　　　t——显影时间;

　　　B——系统常数。

从上式可知反差 γ 与显影时间 t 成直线关系,斜率 A 越大,照相活性越高,因此 A 值大小称成色剂照相活性常数,称成色剂的照相活性。

照相活性 A 和化学活性 k_2/k_1 间关系可用下述经验公式表示:

$$A = 3.55 \, e^{-15.9 \times 10^2 (k_1/k_2)}$$

表示了 A 值与偶合速度关系。

显影过程中偶合反应动力学服从二级反应方程式,染料生成的速度与醌二亚胺正离子浓度和成色剂负离子浓度乘积成正比:

$$\frac{d[D]}{dt} = k_2 [T^+][C^-]$$

式中　D——生成染料浓度;

　　　T^+——醌二亚胺离子浓度;

　　　C^-——成色剂阴离子浓度;

k_2 ——偶合反应速度常数。

10·4·4 成色剂的合成

10·4·4·1 水溶性成色剂的合成

1）成黄色成色剂

以苯甲酰乙酰苯胺为母体结构的化合物可以由 β-酮酸酯与胺类反应而成。

成色剂 535 的合成：

结构式

$$C_{17}H_{35}CONH-\!\!\!\!\bigcirc\!\!\!\!-COCH_2CONH-\!\!\!\!\bigcirc\!\!\!\!\begin{matrix}COOH\\\\COOH\end{matrix}$$

以对-硝基苯甲酰乙酸乙酯和 1-氨基-3,5-苯二甲酸甲酯缩合，经水解、还原，再和十八-酰氯反应而成。

$$O_2N-\!\!\!\!\bigcirc\!\!\!\!-COCH_2COOC_2H_5 + H_2N-\!\!\!\!\bigcirc\!\!\!\!\begin{matrix}COOCH_3\\\\COOCH_3\end{matrix} \xrightarrow{120℃}$$

$$O_2N-\!\!\!\!\bigcirc\!\!\!\!-COCH_2COHN-\!\!\!\!\bigcirc\!\!\!\!\begin{matrix}COOCH_3\\\\COOCH_3\end{matrix} \xrightarrow{NaOH}$$

$$O_2N-\!\!\!\!\bigcirc\!\!\!\!-COCH_2COHN-\!\!\!\!\bigcirc\!\!\!\!\begin{matrix}COONa\\\\COONa\end{matrix} \xrightarrow{CH_3COOH}$$

$$O_2N-\!\!\!\!\bigcirc\!\!\!\!-COCH_2COHN-\!\!\!\!\bigcirc\!\!\!\!\begin{matrix}COOH\\\\COOH\end{matrix} \xrightarrow[Fe,HCl]{[H]}$$

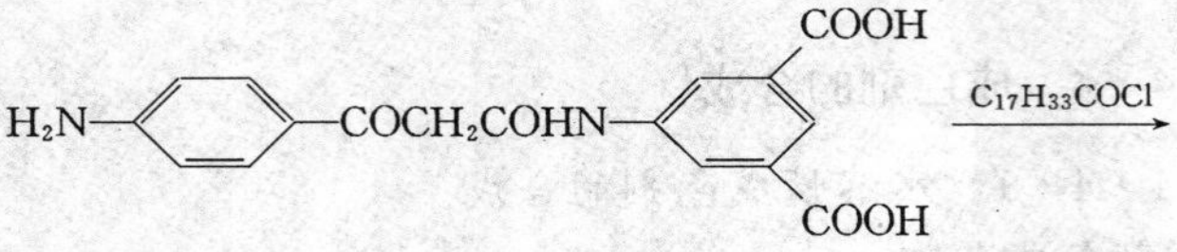

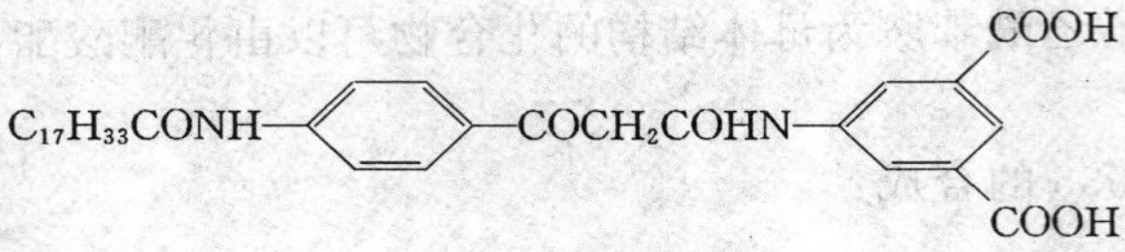

它有较高的活泼性,常用于彩色负片中,但溶解度较差,生成的染料色泽也不纯正。

成色基 521:

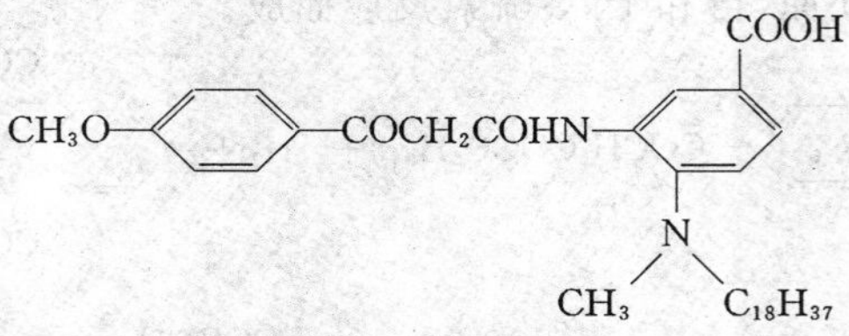

它是由甲氧基苯甲酰乙酸乙酯和 4-甲基十八烷氨基-3-氨基苯甲酸缩合而成。因其反应活泼性较小,因此只应用于彩色正片中,但生成的染料色泽纯正。

2) 成品红色成色剂

成品红色成色剂母体结构吡唑酮类衍生物可参照"染料"有关章节合成。

成色剂 169 的合成:

结构式

以十八酰乙酸乙酯和对-苯氧基苯肼间磺酸加热反应而成。

$$C_{17}H_{35}COCH_2COOC_2H_5 +$$

它的偶合反应速度快,在彩色负片、正片和相纸中均可使用。

对苯氧基苯肼间磺酸的合成路线为:

3) 成青色成色剂

成色剂 654 的合成：

结构式：

以 1-羟基-2-萘甲酸苯酯和 4-(N-十八烷基-N-甲基)氨基 3-氨基苯磺酸钠缩合而成

它具有较好的照相性能,适用于彩色负片。

原料 4-(N-十八烷基-N-甲基)氨基-3-氨基苯磺酸钠,由甲基十八胺和 4-氯-3-硝基-苯磺酸钠缩合,还原制得:

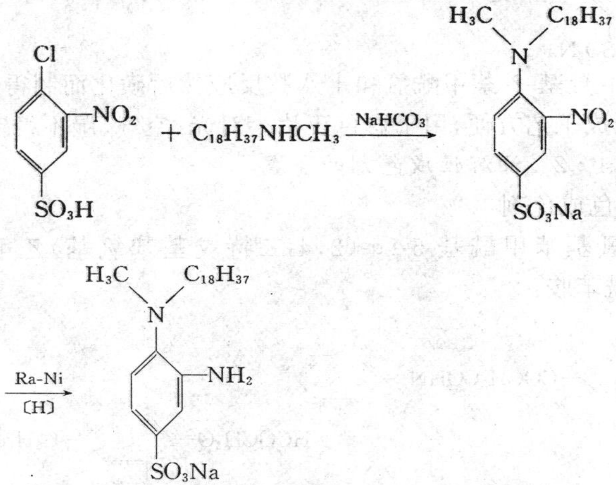

原料 1-羟基-2-萘甲酸苯酯可由 1-萘酚羧化成 1-羟基-2-萘甲酸,然后和三苯酚磷酸酯反应而成。

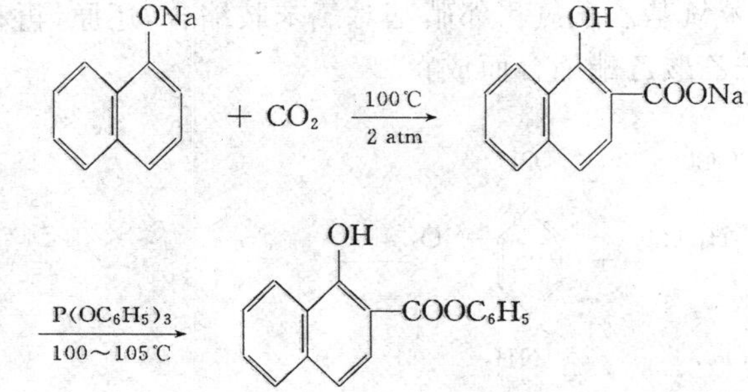

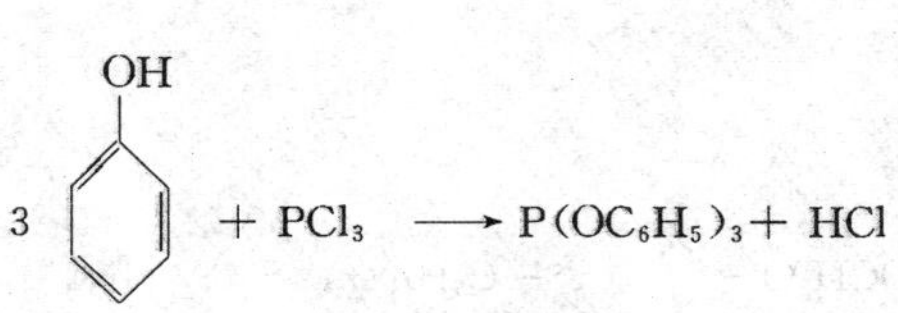

$$3 \ \text{C}_6\text{H}_5\text{OH} + PCl_3 \longrightarrow P(OC_6H_5)_3 + HCl$$

成色剂 546:

$$\text{(structure: naphthalene with OH, CONHC}_{18}\text{H}_{37}\text{, SO}_3\text{Na)}$$

　　它是由 1-羟基-2-萘甲酰氯和十八胺反应然后磺化而制得。它结构简单，合成工艺方便，用于彩色正片。对光、空气、湿不稳定。

　　10・4・4・2　油溶性成色剂的合成

　　1）成黄色成色剂

　　α-对甲氧基苯甲酰基-5-〔α-(2,4-二特戊基苯氧基)乙酰胺基〕-2-氯乙酰苯胺：

$$\text{H}_3\text{CO}\text{—}\bigcirc\text{—COCH}_2\text{COHN—}\bigcirc\text{(Cl, NHCOCH}_2\text{O—}\bigcirc\text{—C}_5\text{H}_{11}(t),\ \text{C}_5\text{H}_{11}(t))$$

此成色剂发色率较高，色彩鲜艳可用于彩色负片。它的制法是由 2,4-二特戊基苯氧乙酰氯和邻硝基对氯苯胺缩合，还原，再和对-甲氧基苯甲酰乙酸乙酯缩合而成：

$$\text{OCH}_2\text{COCl}\text{—}\bigcirc\text{—(C}_5\text{H}_{11}(t),\ \text{C}_5\text{H}_{11}(t))\ +\ \text{Cl, NO}_2, \text{NH}_2\text{-}\bigcirc\ \longrightarrow$$

$$\text{O}_2\text{N, Cl}\text{-}\bigcirc\text{-NHCOCH}_2\text{O—}\bigcirc\text{—C}_5\text{H}_{11}(t),\ \text{C}_5\text{H}_{11}(t)$$

$$\xrightarrow{\text{〔H〕}} \text{H}_2\text{N}-\overset{\text{Cl}}{\underset{\text{NHCOCH}_2\text{O}-\text{C}_5\text{H}_{11}(\text{t})}{\bigcirc}}$$

$$\xrightarrow{\text{H}_3\text{CO}-\bigcirc-\text{COCH}_2\text{COOC}_2\text{H}_5}$$

$$\text{H}_3\text{CO}-\bigcirc-\text{COCH}_2\text{COHN}-\overset{\text{Cl}}{\bigcirc}$$

另一油溶性成黄色成色剂为 α-特戊酰基-5-〔γ-(2,4-二特戊基苯氧基)丁酰胺基〕-2-氯乙酰苯胺,其结构式为:

$$(\text{CH}_3)_3\text{CCOCH}_2\text{COHN}-\overset{\text{Cl}}{\bigcirc}-\text{NHCO(CH}_2)_3\text{O}-\bigcirc-\text{C}_5\text{H}_{11}(\text{t})$$

因偶合反应活性较低,一般用于彩色正片。

2)成品红色成色剂

1-(2′,4′-二甲基-6′-氯)苯基-3-〔α-(间-正十五烷基苯氧基)〕-正丁酰胺基-吡唑酮-(5)

H₂C—C—NHCOCH—O—⟨ ⟩—C₁₅H₃₁ (structure with pyrazolone ring, O=, N, N, substituents H₃C, Cl, CH₃, C₂H₅)

此油溶性成品红成色剂,用于彩色正片。它的制法由间二甲苯为起始原料制成 1-(2′,4′-二甲基-6′-氯)苯基-3-氨基吡唑酮,和 α-(间十五烷基苯氧基)正丁酰氯反应而成:

（反应式：间二甲苯 —H₂SO₄/HNO₃→ 硝基化合物 —Ra-Ni〔H〕→ NH₂ 化合物）

（—(CH₃CO)₂O→ NHCOCH₃ 化合物 —Cl₂→ Cl 取代化合物）

（—H₂O→ NH₂ 化合物 —HONO→ 重氮盐 N⁺≡N·Cl⁻ —Na₂SO₃ / NaHSO₃→）

$$\underset{\substack{\text{Cl} \quad \text{CH}_3 \\ \text{CH}_3}}{\text{NHNH}_2} \; + \; \underset{\text{HN}}{\overset{\text{OC}_2\text{H}_5}{\text{C--CH}_2\text{COOC}_2\text{H}_5}} \longrightarrow$$

$$\underset{\substack{\text{H}_3\text{C} \quad \text{Cl} \\ \text{CH}_3}}{\overset{\text{H}_2\text{C}}{\underset{\text{O}}{\bigg|}} \;\overset{\text{C--NH}_2}{\bigg|} } \; + \; \underset{\text{ClCOCHO}}{\overset{\text{C}_2\text{H}_5}{\bigg|}} \overset{\text{C}_{15}\text{H}_{31}}{\bigcirc} \longrightarrow$$

$$\underset{\substack{\text{H}_3\text{C} \quad \text{Cl} \\ \text{CH}_3}}{\overset{\text{H}_2\text{C}}{\underset{\text{O}}{\bigg|}} \;\overset{\text{C--NHCOCHO}}{\underset{\text{C}_2\text{H}_5}{\bigg|}} \overset{\text{C}_{15}\text{H}_{31}}{\bigcirc}}$$

另一油溶性成品红色成色剂是 1-(2′,4′,6′-三氯)苯基-3-〔间-(2″,4″-二特戊基苯氧基)乙酰胺基〕苯甲酰胺基吡唑酮-(5)，其结构式为：

$$\underset{\substack{\text{Cl} \quad \text{Cl} \\ \text{Cl}}}{\overset{\text{H}_2\text{C}}{\underset{\text{O}}{\bigg|}} \;\overset{\text{C--NHCO}}{\bigg|}} \bigcirc \underset{\text{NHCOCH}_2\text{O}}{} \bigcirc \underset{\substack{\text{C}_5\text{H}_{11}(\text{t}) \\ \text{C}_5\text{H}_{11}(\text{t})}}{}$$

适用于彩色负片,它的合成法是由 1-(2′,4′,6′-三氯)苯基-3-氨基吡唑酮-(5),先由间硝基苯甲酰氯缩合,经还原再与 α-(2,4-二特戊基苯氧基乙酰氯缩合而成。

3)成青色成色剂

1-羟基-N-〔δ-(2′,4′-二特戊基苯氧基)正丁基〕-2-萘甲酰胺

它的制备方法是由 δ-(2,4-二特戊基苯氧基)丁胺与 1-羟基-2-萘甲酸苯酯缩合而成。

原料 δ-(2,4-二特戊基苯氧基)丁胺的合成法为:先由 γ-丁内酯与液氨反应得 γ-羟基丁酰胺,再与亚硫酰氯反应得 γ-氯丁腈。以此与 2,4-二特戊基苯酚反应生成 γ-2,4-二特戊基苯氧基丁腈。进而用 Ra-Ni 作催化加氢而成。

$$CH_2CH_2CH_2C=O \xrightarrow{NH_3} HO—CH_2CH_2CH_2CONH_2$$

$$\xrightarrow{\text{SOCl}_2} \text{Cl}-\text{CH}_2\text{CH}_2\text{CH}_2\text{CN}$$

$$\xrightarrow{\qquad} \text{NCH}_2\text{CH}_2\text{CH}_2\text{CO}-\text{C}_5\text{H}_{11}(t)$$

(reagent above arrow)

HO— —$\text{C}_5\text{H}_{11}(t)$ with $\text{C}_5\text{H}_{11}(t)$ substituent; product has —$\text{C}_5\text{H}_{11}(t)$ and $\text{C}_5\text{H}_{11}(t)$ substituents

$$\xrightarrow[\text{(H)}]{\text{Ra-Ni}} \quad t\text{H}_{11}\text{C}_5-\ -\text{O(CH}_2)_4\text{NH}_2$$

with $\text{C}_5\text{H}_{11}(t)$ substituent

该油溶性成青色成色剂适宜应用于彩色负片。

主要参考文献

[1] Venkataraman K. The Chemistry of synthetic dyes. Vol, I-VIII. New York: Academic Press, 1950—1980.

[2] Griffiths J. Color and constitution of Onganic molecules. London: Academic Press, 1976.

[3] Rosen M J. Surfactants and Interfacial Phenomena. New York: John-Wiley & Sons, 1978.

[4] 北原文雄,王井康胜,早野茂夫,等. 表面活性剂. 北京:化学工业出版社,1987.

[5] 赵国玺. 表面活性剂物理化学. 北京:北京大学出版社,1984.

[6] Paul S. Surface Coatings Science and Technology. New York: John Wiley & Sons, 1985.

[7] Turner G P A. Introduction to Paint Chemistry and Priciples of paint Technology. 2nd ed. London: Chapman & Hall, 1980.

[8] 北京航空学院,天津油漆厂. 油漆结构学与施工(上、下册). 北京:国防工业出版社,1978.

[9] Bedoukian P Z. Perfumery and Flavoring Synthetice. Amsterdam: Elsevier Scientific Pub. Co., 1967.

[10] 池田铁作. 化妆品学. 任犀,译. 北京:中国轻工业出版社, 1983.

[11] James T H. The Theory of the photographic process. 4th ed. New York: Macmillan publishing Co. Inc., 1977.